油茶有害生物及害虫天敌丛书

油茶有害生物

韦 维 杨忠武 吴耀军 奚福生 主编

中国林业出版社
China Forestry Publishing House

"油茶有害生物及害虫天敌丛书"

《油茶有害生物》

主　编：韦　维　杨忠武　吴耀军　奚福生

图书在版编目（CIP）数据

油茶有害生物 / 韦维等主编 . —— 北京：中国林业出版

社 , 2024.10. —— ISBN 978-7-5219-2812-9

Ⅰ . S794.4

中国国家版本馆 CIP 数据核字第 2024C5P557 号

责任编辑：张　健

版式设计：黄树清

出版发行：中国林业出版社（100009，北京市西城区刘海胡同7号，电话：010-83143621）

电子邮箱：cfphzbs@163.com

网　　址：www.cfph.net

印　　刷：河北京平诚乾印刷有限公司

版　　次：2024 年 10 月第 1 版

印　　次：2024 年 10 月第 1 次印刷

开　　本：889 mm×1194 mm 1/16

印　　张：27.5

字　　数：720 千字

定　　价：228.00 元

本书编委会

主　编： 韦　维　杨忠武　吴耀军　奚福生

副主编： 廖旺姣　刘晓蔚　郭　飞　靳宝川　邹东霞

编　委：（按姓氏拼音排序）

艾彩霞　蔡　娅　常明山　陈健武　樊东函　高　醇　管凯华　郭　萍

郝丙青　何家枢　何奕响　黄　东　黄　宁　黄　婷　黄宝新　黄彩丽

黄国荣　黄华艳　黄丽芸　黄乃秀　蒋　媛　蒋国秀　蒋晓萍　蒋学建

雷利堂　李　况　李福党　李栅霖　李懋辅　李思燕　梁星星　梁秀豪

廖建华　林美英　刘　宏　刘　凯　龙　娟　罗　辑　罗来凤　马宏伦

梅国锋　蒙　芳　莫爱媛　莫颖颖　欧阳洁英　彭雪迪　祁　彪　秦元丽

邱峙嵩　闪　瑶　宋文杰　苏成林　孙秀秀　王东雪　王国全　王鸿彬

吴方圆　夏莹莹　向　俊　杨丽萍　杨秀好　阳文林　叶　航　叶家义

于松毛　曾雯珺　赵　广　赵程劼　赵鹏飞　郑道君　郑霞林　钟雅婷

周　通　周映霞　朱　力　ดร.กัลยกร พิราอรอภิชา　Phạm Tường Lâm

组织编写： 广西壮族自治区林业科学研究院

　　油茶（*Camellia* spp.）是山茶属植物中种子含油率较高，且有一定栽培经营面积树种的统称，为世界四大木本油料植物之一。主要产于我国，日本、越南、泰国、老挝、缅甸、柬埔寨、印度、印度尼西亚、菲律宾、马来西亚、尼泊尔等国家亦有分布。其主要产品茶油的不饱和脂肪酸含量超过90%，有"东方橄榄油"的美誉，同时也是联合国粮食及农业组织重点推广的健康型食用油之一。油茶是多年生木本作物，适宜在我国南方山区发展，大力发展油茶等木本油料作物产业是保障国家粮油战略安全的重要举措，也符合发展林业生产不与粮争地的原则。油茶兼具良好的经济效益、生态效益和社会效益，既可以推动生态文明建设，也可为乡村振兴奠定产业兴旺基础。

　　随着近年来油茶种植面积持续增长、国际贸易往来频繁、气候变暖等因素影响，油茶有害生物灾害多发、为害严重，油茶林经济效益及其生态系统受到极大威胁。2005年以来，编者在中国南方主要油茶产区及泰国、越南等地系统开展了油茶有害生物及其天敌的调查与研究，筛选出油茶重要有害生物230种及害虫天敌195种，编撰成"油茶有害生物及害虫天敌丛书"《油茶有害生物》《油茶害虫天敌》两书。

　　本书重点研究分析归纳出油茶有害生物分布、为害状况、不同时期的辨识特征、发生规律和控制技术等，提出以营林措施为主，物理防治、天敌保护利用、生物与仿生制剂防治、低毒药剂防治为辅的有害生物综合控制体系，通过生产实践推广，控制灾害发生，提高油茶林质量和产量。

本书行文简洁明了，图片清晰而全面，生动地展示了油茶有害生物为害特点和识别特征，重点呈现了害虫的幼虫识别要点和控制技术，图文并茂，逻辑性强，科学性、趣味性兼备。本书可使读者轻松掌握有害生物的辨识及防治要点，不仅适用于专业读者，也适用于广大的茶农和昆虫爱好者，是宣传生态文明的佳作。

本书出版填补了澜沧江－湄公河地区油茶有害生物研究的空白，并可为该地区油茶有害生物预防和控制提供参考。

感谢科技部和财政部国家科技基础条件平台国家林业和草原科学数据中心、国家林业和草原局东盟林业合作研究中心、广西林业实验室、广西林业有害生物天敌繁育工程技术研究中心、广西特色经济林培育与利用重点实验室、广西油茶良种与栽培技术创新中心等平台，外交部澜湄合作资金项目"澜沧江－湄公河地区油茶良种选育"、广西面向东盟的数字化示范标杆项目"澜沧江－湄公河地区油茶有害生物智能识别"、广西林业科技推广示范项目"油茶有害生物智能识别体系构建与应用"等项目对本书的支持。感谢越南林业大学何文勋（Ha Van Huan）副教授、博士和阮文风（Nguyen Van Phong）博士，泰国猜帕他纳基金会项目主管提拉潘先生（Teeraphan Toterakun）等专家对编者在越南、泰国调查工作给予的支持和帮助。

编　者

2024 年 10 月

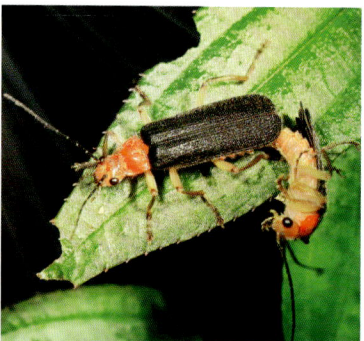

目 录 CONTENTS

前言

第一章　油茶病害

黑盘孢目　　1　油茶炭疽病 2
　　　　　　2　油茶黑斑病 6
　　　　　　3　油茶灰斑病 8
　　　　　　4　油茶叶枯病 10
球壳孢目　　5　油茶白星病 12
橘色藻目　　6　油茶藻斑病 14
外担菌目　　7　油茶叶肿病 16
　　　　　　8　油茶网饼病（网烧病、白霉病）...........................18
多孔菌目　　9　油茶半边疯病（白朽病）.......................................20
球壳孢目　　10　油茶赤叶斑病 22
丛梗孢目　　11　油茶软腐病（落叶病）...24
　　　　　　12　油茶黄化病 27
　　　　　　13　油茶枝肿病 29
檀香目　　　14　油茶桑寄生（油茶离瓣寄生）...........................30

第二章　油茶害虫

（一）食叶性害虫

直翅目　　　1　罕蝗（陌生罕蝗）..33
　　　　　　2　印度黄脊蝗 34
　　　　　　3　桂南越北蝗 35
　　　　　　4　短角外斑腿蝗（短角异斑腿蝗）........................37
　　　　　　5　短额负蝗（尖头蚱蜢）...39
　　　　　　6　棉蝗（大青蝗）...41
　　　　　　7　变色乌蜢 43
　　　　　　8　绿金钟（梨蜡蛉、绿蜡蛉）................................45
　　　　　　9　长瓣树蟋（紫竹蛉、竹蛉）................................46
　　　　　　10　秋掩耳螽 47
　　　　　　11　日本条螽（露螽、梅雨虫、点绿螽）.................48
　　　　　　12　双叶拟缘螽（螽蟖）..50
　　　　　　13　黑膝剑螽 52
鞘翅目　　　14　红胸异跗花萤 53
　　　　　　15　黑红胸异跗花萤 54
　　　　　　16　毛角豆芫菁 55
　　　　　　17　丽叩甲（松丽叩甲）..57

18 酸浆瓢虫 59

19 竹绿虎天牛（竹虎天牛）.......................... 61

20 阔边梳龟甲 63

21 蓝绿象（绿鳞象、大绿象）...................... 64

22 赭丽纹象 66

23 茶芽粗腿象甲（茶四斑小象甲）.............. 68

24 棕长颈卷叶象（摇篮虫）.......................... 70

25 柑橘灰象（灰鳞象鼻虫、泥翅象鼻虫）...... 72

26 广西灰象 74

27 堇色突肩叶甲 76

28 甘薯叶甲（红薯叶甲）.............................. 77

29 三带隐头叶甲 79

30 黑额光叶甲 80

31 齿负泥虫 82

32 红负泥虫 83

33 蓟跳甲 85

34 旋心异跗萤叶甲 86

35 模跗连瘤跳甲 87

36 菜无缘叶甲（大猿叶虫）.......................... 88

37 日榕萤叶甲 90

鳞翅目 38 蜡彩蓑蛾（尖壳袋蛾、铁钉虫、油桐蓑蛾）...91

39 小蓑蛾（桉蓑蛾）.................................... 93

40 丝脉蓑蛾（线散蓑蛾）.............................. 95

41 螺纹蓑蛾（蟥纹蓑蛾）.............................. 97

42 茶大蓑蛾（小窠蓑蛾、茶蓑蛾、茶袋蛾）......98

43 大蓑蛾（大窠蓑蛾）.............................. 101

44 褐蓑蛾 104

45 茶细蛾 105

46 中华新木蛾 107

47 绢祝蛾 108

48 灰双线刺蛾（两线刺蛾、双线刺蛾）........ 110

49 白痣姹刺蛾 112

50 窃达刺蛾 114

51 黄刺蛾 116

52 丽绿刺蛾 120

53 媚绿刺蛾 122

54 油茶奕刺蛾 124

55 窄斑褐刺蛾 125

56 中国扁刺蛾（黑点刺蛾）...................... 127

57 绿脉锦斑蛾 129

58 茶柄脉锦斑蛾（茶斑蛾）.............................130
59 黄点带锦斑蛾（茶点带锦斑蛾）.................132
60 野茶带锦斑蛾（野茶斑蛾）.....................133
61 柑橘黄卷蛾（褐卷叶蛾）.........................135
62 拟后黄卷蛾...137
63 茶长卷蛾（黄卷叶蛾、褐带长卷蛾、棉褐带
   卷蛾、茶淡黄卷叶蛾、柑橘长卷蛾）.........138
64 瓜绢野螟（瓜绢螟）.................................141
65 波纹枯叶蛾（波纹杂毛虫）.....................142
66 油茶大枯叶蛾（油茶大毛虫、杨梅毛虫）.........144
67 大斑尖枯叶蛾（大斑丫毛虫）.................147
68 茶蚕蛾（茶蚕、三线茶蚕蛾）.................149
69 半灰钩蚕蛾...153
70 乌桕大蚕蛾（皇蛾、蛇头蛾、霸王蛾）.........155
71 杧果天蛾...157
72 丝棉木金星尺蛾（大叶黄杨尺蛾）.........158
73 油茶尺蠖...160
74 油桐尺蠖（量步虫、油桐尺蛾）.................162
75 茶尺蠖（茶尺蛾、小茶尺蛾）.................164
76 钩翅尺蛾...166
77 大钩翅尺蛾...168
78 茶用克尺蛾（云纹尺蛾）.........................170
79 亚星岩尺蛾（茶岩尺蛾、银尺蛾、白尺蛾、
   青尺蛾）...172
80 樟翠尺蛾...174
81 杨扇舟蛾（白杨天社蛾、杨树天社蛾）.........176
82 间掌舟蛾（竖线舟蛾）.............................179
83 茶白毒蛾（白毒蛾、花毛虫、毒毛虫）.........181
84 无忧花丽毒蛾...183
85 大丽毒蛾...185
86 茶茸毒蛾...187
87 环茸毒蛾...189
88 半带黄毒蛾...191
89 折带黄毒蛾（柿叶毒蛾、杉皮毒蛾、黄毒蛾）.........
  192
90 星黄毒蛾...194
91 缘点黄毒蛾...196
92 茶黄毒蛾（茶毒蛾、油茶毒蛾）.................198
93 幻带黄毒蛾...201

94 杧果毒蛾（黑边花毒蛾） 202

95 棉古毒蛾 204

96 双线盗毒蛾（棕衣黄毒蛾） 206

97 盗毒蛾（桑斑褐毒蛾、纹白毒蛾、桑毒蛾、

黄尾毒蛾） 208

98 鹅点足毒蛾 210

99 直角点足毒蛾 212

100 簪黄点足毒蛾 214

101 白点足毒蛾 215

102 茶点足毒蛾 216

103 点足毒蛾 1 217

104 点足毒蛾 2 218

105 分鹿蛾 219

106 蕾鹿蛾（茶鹿蛾、黄腹鹿蛾） 220

107 明鹿蛾 222

108 南鹿蛾（鹿子蛾） 223

109 清新鹿蛾 225

110 春鹿蛾 226

111 伊贝鹿蛾（邻鹿蛾） 227

112 条纹艳苔蛾（条纹苔蛾） 228

113 黄雪苔蛾 230

114 蓝黑闪苔蛾 231

115 巨网苔蛾（巨网灯蛾） 232

116 优美苔蛾 233

117 八点灰灯蛾 234

118 粉蝶灯蛾 236

119 弧角散纹夜蛾 237

120 斜纹夜蛾（连纹夜蛾） 238

121 卓矍眼蝶 241

122 报喜斑粉蝶（报喜黄粉蝶、红肩斑粉蝶） 242

123 玳灰蝶 245

（二）刺吸性害虫

缨翅目 1 中华管蓟马（中华简管蓟马、中华单管蓟马、

华管蓟马、中华皮蓟马） 247

半翅目 2 岱蝽 249

3 麻皮蝽（黄斑蝽、臭屁虫） 251

4 茶翅蝽（臭板虫、臭大姐） 253

5　稻绿蝽 255

6　珀蝽（朱绿蝽） 257

7　丽盾蝽（苦楝盾蝽） 259

8　半球盾蝽 261

9　横带宽盾蝽 263

10　油茶宽盾蝽（油茶蝽、茶籽盾蝽、蓝斑盾蝽） ....
　　　　　　　　　......................264

11　华沟盾蝽（棉盾蝽） 267

12　肩勃缘蝽 268

13　黑须棘缘蝽 269

14　纹须同缘蝽 271

15　黄胫侎缘蝽 273

16　翩翅缘蝽 275

17　粒足赭缘蝽 276

18　条蜂缘蝽（白条蜂缘蝽） 277

19　点蜂缘蝽 279

20　棉红蝽（棉二点红蝽、离斑棉红蝽、
　　二点星红蝽） 281

21　硕蝽（大臭蝽） 283

22　斑缘巨蝽（花边蝽） 285

23　巨蝽 287

24　长白蚧（日本白蚧、梨白片盾蚧） 289

25　山茶片盾蚧 290

26　考氏白盾蚧（贝形白盾蚧） 291

27　堆蜡粉蚧（橘鳞粉蚧） 293

28　矢尖蚧（矢坚蚧、矢尖盾蚧、箭头蚧） 294

29　伪角蜡蚧 296

30　日本履绵蚧（草履蚧） 298

31　吹绵蚧（澳洲吹绵蚧） 300

32　橘二叉蚜（茶二叉蚜、茶蚜、可可蚜） 302

33　烟翅白背飞虱 305

34　油茶粉虱（油茶黑胶粉虱） 306

35　龙眼鸡（龙眼樗鸡、龙眼蜡蝉） 308

36　眼纹疏广蜡蝉 309

37　圆纹宽广蜡蝉 311

38　可可广翅蜡蝉 312

39　斑点广翅蜡蝉（点滴广蜡蝉） 313

40　眼斑广翅蜡蝉 315

41　八点广翅蜡蝉 316

42 丽纹广翅蜡蝉（粉黛广翅蜡蝉）..........................318
43 柿曲广蜡蝉 319
44 娇弱鳎扁蜡蝉 321
45 碧蛾蜡蝉（碧蜡蝉、青翅羽衣）..........................322
46 白蛾蜡蝉（紫络蛾蜡蝉、白翅蜡蝉）..........................324
47 褐缘蛾蜡蝉（褐边蛾蜡蝉、青蛾蜡蝉）..........................326
48 锈涩蛾蜡蝉 328
49 蚱蝉（黑蚱蝉）..........................329
50 斑蝉 332
51 红蝉（红娘子、花蝉、黑翅红娘子）..........................334
52 绿草蝉（草春蝉）..........................335
53 落叶松尖胸沫蝉 336
54 中华丽沫蝉 337
55 东方丽沫蝉 338
56 白盾弧角蝉 340
57 褐三刺角蝉 342
58 黑尾大叶蝉 344
59 大青叶蝉 346
60 小贯小绿叶蝉（小贯松村叶蝉）..........................347
61 奴塔小绿叶蝉 349
62 杧果扁喙叶蝉（杧果叶蝉）..........................350
63 黑颜单突叶蝉 352

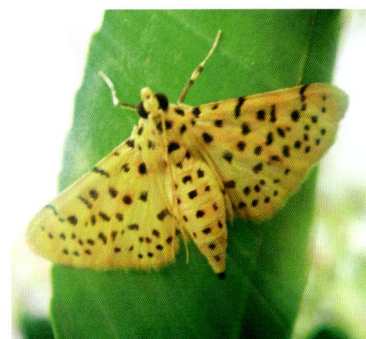

（三）钻蛀性害虫

鞘翅目
1 山茶象（油茶象甲、茶籽象甲）..........................354
2 茶天牛（楝树天牛、楝闪光天牛）..........................356
3 星天牛（柑橘星天牛）..........................358
4 黑跗眼天牛（油茶蓝翅天牛、茶红颈天牛、节结虫）..........................362
5 沟翅土天牛 363
6 蔗根土天牛（蔗根锯天牛、蔗根天牛）..........................364
7 油茶瘦花天牛 366
8 黄带楔天牛（黄带楔天牛）..........................368
9 黑双棘长蠹 369
鳞翅目
10 茶堆沙蛀蛾（茶木蛾、茶枝木掘蛾）..........................371
11 油茶织蛾（茶枝镰蛾、茶枝蛀蛾、茶蛀梗虫）..........................373
12 相思拟木蠹蛾 376

13　咖啡豹蠹蛾（茶枝木蠹蛾、咖啡木蠹蛾、
棉茎木蠹蛾）……………………………………379
14　桃蛀螟……………………………………………382

（四）地下害虫

直翅目　1　东方蝼蛄（土狗）……………………………386
　　　　2　黄脸油葫芦（北京油葫芦）………………387
等翅目　3　土垅大白蚁…………………………………389
　　　　4　黑翅土白蚁（黑翅大白蚁）………………393
　　　　5　台湾乳白蚁（家白蚁）……………………395
鞘翅目　6　海丽花金龟…………………………………398
　　　　7　小金花金龟…………………………………400
　　　　8　白星花金龟南方亚种（白星花潜）………401
　　　　9　铜绿异丽金龟（铜绿丽金龟）……………402
　　　　10　红脚异丽金龟（红脚绿丽金龟、大绿丽金龟）………
　　　　　　………………………………………………404
　　　　11　棉花弧丽金龟（无斑弧丽金龟）…………407
　　　　12　华胸突鳃金龟………………………………409
　　　　13　东方绢金龟（黑绒金龟子、天鹅绒金龟子、
　　　　　　东方金龟子）………………………………411
双翅目　14　黄色大蚊…………………………………413
　　　　15　斑大蚊………………………………………414

第三章　油茶其他有害生物

柄眼目　1　同型巴蜗牛…………………………………417

参考文献　………………………………………………419

中文名索引　……………………………………………421

学名索引　………………………………………………425

第一章

油茶病害

1 油茶炭疽病

病原：无性态为胶孢炭疽菌、有性态为围小丛壳菌

学名：*Colletotrichum gloeosporioides* Penz、
Glomerella cingulata (Stonem.) S.& S.

分类：黑盘孢目 MELANCONIALES　黑盘孢科 Melanconidaceae

分布与为害　在我国广大油茶产区普遍发生，如湖南、江西、广西、四川、重庆、贵州、广东、浙江、福建、云南、安徽、江苏、河南、海南、台湾、陕西和甘肃等地。为害油茶的叶、果实、芽、花蕾和枝梢等地上部分，导致落叶、落果、芽枯、落蕾和枝梢枯死，严重影响油茶的生长和茶籽产量。亦为害茶和山茶。

症状　叶片上病斑多发生在叶尖和叶缘，呈半圆形或不规则形，褐色至黑褐色，有轮纹，边缘紫红色，后期病斑中央呈灰白色，有轮生小黑点。嫩芽感病，初为褐色小点，渐变成黑褐色，后期病斑干缩枯死。花蕾的病斑多在基部鳞片上，不规则形，黑褐色，后期呈灰白色，上有小黑点。果实上病斑初为褐色小点，渐成棕褐色或黑褐色的圆形病斑，后期病斑出现轮生小黑点，即病原菌的子实体，天气潮湿时可产生许多粉红色分生孢子堆。一个果实上可见一至数个病斑，病斑扩展可相连成片。近成熟期果实感病，病斑可从中间裂开，成熟种子上病斑为褐色，种仁为黑褐色。病斑面积至果面的 1/4~1/3 时，容易造成落果。枝梢病斑发病初期在其基部产生褐色舌状斑，渐变为椭圆形，边缘红色或红褐色，略凹陷；后期呈黑褐色，中部灰白色，有黑色小点及纵向裂纹；若病斑环树梢一周，梢部逐渐枯死；在枝条和树

引起芽枯

病害使苗嫩茎变黑

病苗与健苗

同期播种的健康苗

嫩叶发病

叶尖开始感病

起自叶缘的病斑

干上可产生椭圆形或梭形、中央凹陷的溃疡斑，其下木质部呈黑色。

病原菌　无性阶段为胶孢炭疽菌，其分生孢子盘生于寄主表皮下或表皮细胞内，后期表皮破裂可外露，黑褐色，形状似薄盘状至座褥状，直径 40~1000μm；分生孢子梗较短，有时长达 60μm，无色或基部褐色，无或有分隔；在分生孢子盘边缘生有黑色具 3~5 个隔膜的刚毛，厚壁，大小为 17.4~60.9μm×2.9~4.4μm。分生孢子单胞，无色，长椭圆形，大小为 12~19μm×4~6μm，分生孢子聚集成堆时为淡红色或橘红色。有性阶段为围小丛壳菌，其子囊壳单生或几个丛生，直径 85~300μm；子囊棒形或柱形，大小为 35~80μm×8~14μm；子囊孢子 8 枚呈不规则双行排列，椭圆形或纺锤形，大小为 9~30μm×3~8μm。该菌对气温适应范围

很宽，8~39℃都可生长或萌发，孢子生长最适温 20~25℃，菌丝生长最适温 25~28℃。

核果炭疽菌 Colletotrichum fructicola、暹罗炭疽菌 Colletotrichum siamens、博宁炭疽菌 Colletotrichum boninens、山茶炭疽菌 Colletotrichum camellia、哈锐炭疽菌 Colletotrichum horii 和卡哈瓦炭疽菌 Colletotrichum kahawae 也能引发此病。其中，核果炭疽菌分布范围最广，分离率最高，已上升为油茶炭疽病的主要致病菌。

发生特点　病原菌以菌丝体和分生孢子在叶、芽、枝、果等病部及芽痕、蕾痕内越冬。油茶新梢在春季最早发病，随之是新生嫩叶。分子孢子借风雨传播。侵染途径以伤口为主，也可从自然孔口入侵。油茶在 4、7、9 月所萌发的嫩梢、嫩叶均可发病，木质化后的枝梢和老叶很少发病。果实发病始于 4~5 月，至 8~9 月果实膨大生长期

达发病高峰期；花蕾多在 7~8 月发病。病害的发生和蔓延与气温、湿度密切相关，日平均气温回升到 15℃以上且持续 10 天，病害即可发生。春雨多，发病则重。一般丘陵地发病重于山区，低山区重于高山区，阳坡、山脚、林缘发病重于阴坡、山顶和林分内。林分密度大的发病重于稀疏林分。施氯化钾的轻于单施尿素的林分。油茶各物种、各类型、各无性系间抗病性差异显著，中果油茶以黄皮扁圆果型品种抗病力较强，青皮圆果型品种较易感病，大果油茶类品种落果率较高。果实角质层厚、表皮细胞层次多且排列紧密的、果皮内单宁含量高的品种抗病性较强。

主要控制技术措施 （1）加强预测预报。设置固定监测点，定期踏查，严密监视病害发生发展动态，做好病害的预测预报工作。重点是及时发现发病中心，正确预报寄主新梢出现期，以指导及时正确防治。（2）选育并推广种植或换冠嫁接抗病良种。（3）加强营林防治技术措施。清除林内的重病株，结合垦复及修剪，清除病叶、病枝、枯梢、病蕾及病果，以减少病源。刮除大枝与主干上的病斑，涂波尔多液保护伤口。加强抚育管理，合理密植，保持通风透光，提倡在油茶林内间作绿肥，追施有机肥和磷、钾肥，控施氮肥。（4）药剂防治。在春梢生长时，喷施 1% 波尔多液加 2% 茶枯，或 50% 多菌灵可湿性粉剂 500~1000 倍液 2~3 次；在初夏果实发病高峰前 10 天左右，喷施 50% 退菌特可湿性粉剂 500~1000 倍液，或 75% 百菌清 800~1000 倍液；或 25% 咪鲜胺乳油 500~1000 倍液，或 10% 苯醚甲环唑水分散颗粒剂 2000~2500 倍液，或 30% 苯醚甲环唑·丙环唑乳油 3000~3500 倍液，或 25% 嘧菌酯悬浮剂 600~1000 倍液，隔 10 天喷 1 次，视病情确定用药次数。

叶与果都感染病害

严重患病嫩梢

轮纹状子实体

病叶背面

典型后期病斑

果实上的病斑

果实顶半部病斑

病果开裂

病果发病传染中

2　油茶黑斑病

病原： 无性态为蔷薇放线孢菌、有性态为蔷薇双壳菌

学名： *Actincnema rosae* (Lib.)Fr.、*Dipocarpon rosae* Wolf

分类： 黑盘孢目 MELANCONIALES　黑盘孢科 Melanconidaceae

分布与为害　在我国广大油茶产区普遍发生，如湖南、江西、广西、四川、重庆、贵州、广东、浙江、福建、云南、安徽、江苏、河南、海南、台湾、陕西和甘肃等地。为害油茶的幼枝、叶、芽、花柄、果实等地上部分，导致落叶、枯枝、落蕾、落果等，对油茶生长和产量有一定影响。亦为害茶、山茶、蔷薇、月季等植物。

症状　叶片上病斑初生时为褐色放射状、边缘有不明显的病斑，逐渐扩展后呈紫褐色至黑褐色、圆形或不规则形病斑，主要发生在叶片背面，叶片正面也有病斑的印影。发病后期病斑边缘明显，患病部位坏死，并导致植株下部叶片发黄、早期脱落。后期病斑上发生黑色、略有光泽的疱状突起，即为病原菌的分生孢子盘。

病原菌　无性态为蔷薇放线孢菌，分生孢子盘生于角质层下，分生孢子双细胞，椭圆形或葫芦形，分隔处缢缩，无色，大小为 18~25μm×5~6μm。有性态为蔷薇双壳菌，子囊盘生于叶的正面，球形至盘形，深褐色，直径 100~230μm，裂口辐射状；子囊圆筒形，70~80μm×15μm；子囊孢子长椭圆形，双细胞，大小不等，无色，20~25μm×5~6μm。我国尚未发现有性态。

发生特点　病原菌以菌丝体在病枝、病叶或

叶片正面早期病斑

病斑与子实体

前期病斑

新叶、老叶背面病斑

老叶正面后期病斑

病落叶上越冬，翌年早春遇适宜温湿度形成分生孢子，借风雨、飞溅水、昆虫等传播，多次重复侵染，整个生长季节均可发病，当气温24℃左右、相对湿度98%左右时，发病较为严重。病菌萌发侵入的适宜气温为20~25℃，炎热高温及干旱季节病害扩展缓慢；雨水是病害流行的主要条件，降雨早和多雨的年份，发病早且重。孢子落在潮湿的叶面上约6小时就能发芽侵入叶子组织内生成新菌丝，经发育再繁殖出大量新孢子。林分过密、通风不良、光线不足、低洼积水地、管理粗放等均有利于发病和流行。

主要控制技术措施 （1）加强预测预报。设置固定监测点，定期踏查，严密监视病害发生发展动态，做好病害的预测预报工作。重点是及时发现发病中心，以指导及时正确防治。（2）选育并栽种抗病品种，淘汰敏感品种。（3）加强林分管理，合理密植、科学施肥，促进植株生长健壮，提高抗病力。及时清除并销毁病叶，减少病源。（4）休眠季节向患病植株喷洒3波美度石硫合剂；生长季节要在发病高峰前喷洒90%百菌清500倍液进行预防，发病初期可喷洒50%多菌灵500倍液或70%甲基托布津700~800倍液。

3 **油茶灰斑病**

病原：无性态为茶褐斑拟盘多毛孢菌

学名：*Pestalotiopsis guepinii* (Dasm.) Stey

分类：黑盘孢目 MELANCONIALES 黑盘孢科 Melanconidaceae

分布与为害 在我国南、北油茶产区多有发生，如湖南、江西、广西、四川、重庆、贵州、广东、浙江、福建、云南、安徽、江苏、河南、海南、台湾、陕西和甘肃等地，主要发生在长江流域以南油茶主产区。主要为害油茶的叶片，严重时可导致落叶，影响油茶生长。亦为害茶、山茶和茶梅。

症状 油茶叶片感病后常产生有限和无限两类病斑。无限病斑多发生在叶尖或叶缘，初生时为黑褐色小点，逐渐向周围健部呈扇状扩展，渐变暗红褐色，边缘不明显，其外缘呈墨绿色侵蚀状，原侵入点逐渐坏死，变褐变焦，病斑上有较

小的黑色颗粒，略凸起；病斑较大，占叶面 1/4 以上。有限病斑型，在发病初期先在叶面上产生黑色小点，扩展后略凹陷，灰褐色至灰白色，叶背面茶褐色，病斑多为不规则形，病、健部的分界明显；病斑外缘围以深褐色线，当直径大于 0.1cm 时，产生 1~2 个小的黑色颗粒，即病原菌的分生孢子盘，略凸起，后随病斑扩大逐渐增多，分散，较均匀，有时可排成环状。

病原菌 分生孢子盘生于表皮下，后突破表皮外露，黑色，直径 90~170 μm；分生孢子纺锤形，有 4 个分隔，中间的细胞为橄榄色，两端的细胞无色，大小为 14~28 μm×5.0~6.4 μm，顶端有

有限病斑前期症状

有限病斑型后期症状

无限病斑

初期为害状

中下部叶片感病严重

鞭毛2~3根。何学友（2016年）在《油茶常见病及昆虫原色生态图谱》一书中认为，油茶灰斑病的病原菌无性态是为茶拟盘多毛孢菌 *Pestalotiopsis theae*，并介绍在Ainsworth(1973)的分类系统中拟盘多毛孢属隶属于半知菌亚门腔孢纲黑盘孢目黑盘孢科。

发生特点　该病以菌丝体或分生孢子盘在被害叶上或病残体内越冬。翌年春季环境条件适宜时，即产生分生孢子，借风雨传播，在水滴中发芽。多从伤口和衰弱部分侵入寄主，产生新病斑。夏季高温易造成寄主灼伤，有利病菌侵染，故夏季病害较重。植株生长势衰弱，排水不良，高温高湿等有利于病害的发生和扩散蔓延。

主要控制技术　（1）加强预测预报。设置固定监测点，定期踏查，严密监视病害发生发展动态，做好病害的预测预报工作。重点是及时发现发病中心，正确预报寄主新梢出现前的芽萌动期，以指导及时正确防治。（2）加强营林防治技术措施。及时清除病树、病枝、病叶，减少病源。及时抚育管理，增施磷钾肥，促进植株生长健壮，提高抗病力。（3）在原发病中心区及其周围林分，为保护新梢，在芽萌动时，喷施50%苯莱特可湿性粉剂1000~1500倍液，或50%退菌特可湿性粉剂1000倍液，或50%施保功或使百克可湿性粉剂1000倍液。

<table>
<tr><td rowspan="3">**4**</td><td rowspan="3">**油茶叶枯病**</td><td>病原：小孢拟盘多毛孢菌、茶拟盘多毛孢菌</td></tr>
<tr><td>学名：*Pestalotiopsis microspora* (Speg.) Batista &Peres、
Pestalotiopsis theae (Sawada) Steyaert</td></tr>
<tr><td>分类：黑盘孢目 MELANCONIALES　黑盘孢科 Melanconidaceae</td></tr>
</table>

分布与为害　在我国主要分布于湖南、广西、海南、贵州和河南等地；在国外分布于泰国。主要为害叶片和嫩梢，造成叶尖、叶缘干枯，严重时引起落叶、新梢枯死，影响寄主生长发育。

症状　多从叶尖或叶缘开始发病；感病初期，出现褐色小病斑，圆形或椭圆形，随着病情发展，病斑逐渐扩大，后期病斑呈红褐色，病斑连片形成大枯斑，面积可达叶片面积一半或以上，病健部交界明显，后期病斑上产生黑色小粒点。病害严重发生时，常造成提早脱落，新梢出现枯死现象。

病原　茶拟盘多毛孢菌病原菌在 PDA 培养基上培养，菌丝棉絮状，生长旺盛，菌落呈黄白色轮纹状，背面呈黄褐色轮纹。子实体散生或聚生，分生孢子堆墨汁状。菌株在灭菌康乃馨叶片上，分生孢子载孢体盘状，分生孢子由 5 个细胞组成，梭形，直或中部略弯，大小为 24.56~32.43 μm×5.09~8.30 μm（平均为 26.95 μm×6.61 μm）；具 2~3 个隔膜，中间 3 个细胞黄褐色，顶部与基部细胞无色；顶部细胞近似三角形，其上着生 2~3 根附属丝，无色，不分支，顶端呈匙状膨大，长 15.91~29.04 μm（平均 21.04 μm）；基部细胞锥形，无色，具单根不分支的附属丝，长 3.24~9.08 μm（平均 6.15 μm），附属丝末端呈球状膨大。

为害状

叶缘病斑

叶尖病斑

病斑中后期

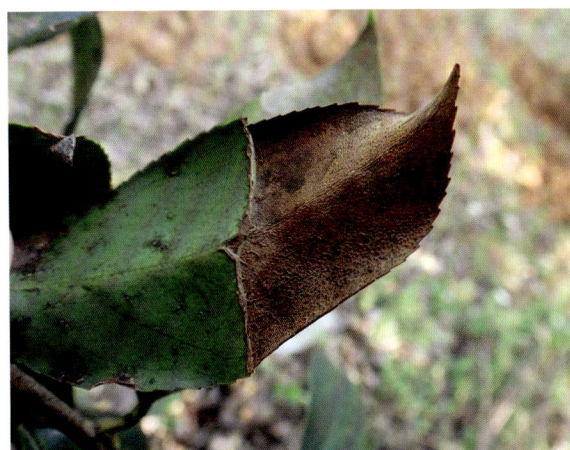
叶背病斑症状

发生特点 病菌主要在寄主及其病残体上越冬，翌年气候条件适宜时产生分生孢子，通过风雨、昆虫等传播、侵染发病，病叶上新形成的分生孢子进行多次再侵染。高温多雨、植株生长衰弱有利于病害发生。

主要控制技术措施 （1）加强营林措施。合理密植，以免阳光不足，植株生长衰弱，有利于病害发生发展；剪除病枝、病叶，清除林地病残体，并集中烧毁。（2）化学防治。各地应根据当地历年发病的实际情况，结合田间观察确定喷药时期。可供选用的药剂有25%咪鲜胺乳油750~1000倍液、25%嘧菌酯悬浮剂600~1000倍液、10%苯醚甲环唑水分散颗粒剂2000~2500倍液、30%苯醚甲环唑·丙环唑乳油3000~3500倍液、1%石灰等量式波尔多液等。

叶背病斑后期病斑（摄于泰国）

5　油茶白星病

病原：茶叶点霉菌
学名：*Phyllosticta theaefolia* Hara
分类：球壳孢目 SPHAEROPSIDALES　球壳孢科 Sphaeropsidaceae

分布与为害　在我国广大油茶产区普遍发生，如湖南、江西、广西、四川、重庆、贵州、广东、浙江、福建、云南、安徽、江苏、河南、海南、台湾、陕西和甘肃等地。主要为害嫩叶、嫩芽、嫩茎及叶柄，以嫩叶为主。亦为害山茶花和茶等。

症状　感染嫩叶时，先出现针尖状褐色点，渐扩展成直径1~2mm的灰白色圆形斑，中央略凹，边缘具暗褐色至紫褐色隆起线。潮湿时，病部散生黑色小颗粒，当出现大量病斑时，有的可融合成不规则形大斑，叶片变形或卷曲。叶脉感病时叶片可变扭曲或畸形。嫩茎上的病斑前期暗褐色，后期灰白色，病部现黑色小颗粒，病梢节间长度显著缩短，严重时扩散至整梢，导致枯梢。

病原菌　该病可由几种真菌引起，在我国为茶叶点霉菌，分生孢子器球形或扁球形，埋生于寄主表皮下面，顶端有孔口，孢子圆形或椭圆形，无色，有1~2个油球大小为7.2~10.5μm×6.6~9.2μm。

发生特点　病菌以菌丝体和分生孢子器在病叶、病茎中越冬。翌年春季气温在10℃以上、寄主展叶初期，在潮湿条件下形成孢子器，通过气流、雨溅传播，从气孔或茸毛基部侵染嫩叶或嫩茎，入侵1~3天后出现新病斑；只要条件合适，可多次重复侵染，病害扩散蔓延。此病属低温高湿型病害，气温在16~24℃、相对湿度大于80%以上易发病；旬平均气温高于25℃、相对湿度在70%以下时不利发病；全年发病期在春、秋两季，5月是发病高峰期。高山区油茶林比丘陵区发病重、缺肥、偏施氮肥、林地缺肥贫瘠、树势衰弱的林分发病较重。

主要控制技术措施　（1）加强预测预报。设置固定监测点，定期踏查，严密监视病害发生发展动态，做好病害的预测预报工作。重点是及时

前中期病斑

子实体

后期病斑融合或脱落呈孔状

为害状

发现发病中心，正确预报寄主展叶初期，以指导及时正确防治。（2）加强营林技术防治措施。如及时摘除病叶及患病嫩茎，减少侵染源；加强抚育管理，增肥复合肥或磷钾肥，增强树势，提高抗病力。（3）药剂防治。对染病植株或林分，在3月底至4月初开始喷药，可选用50%福美双可湿性粉剂600倍液，或75%百菌清可湿性粉剂800倍液，或50%托布津1000倍液，或70%甲基托布津可湿性粉剂1500倍液，或50%多菌灵可湿性粉剂1000倍液，视病情隔7~10天再喷1次。

6 **油茶藻斑病**

病原：红锈藻菌
学名：*Cephaleuros virescens* Kunze
分类：橘色藻目 TRENTEPOHLIALES　橘色藻科 Trentepohliaceae

分布与为害　我国广大油茶产区都有发生，如湖南、江西、广西、四川、重庆、贵州、广东、浙江、福建、云南、安徽、江苏、河南、海南、台湾、陕西和甘肃等地。主要为害树冠中、下部老叶片，轻则影响光合作用，重则引起落叶，影响植株生长和林分产量。亦为害八角、肉桂、龙眼、黄檀、米老排、火力楠、阴香、含笑、桂花、白玉兰、冬青等多种阔叶树的叶片或枝条。

症状　主要发生在老叶上，感染后叶的正、背面均可产生针头大小圆形病斑或"十"字形纹，逐渐呈放射状向四周扩展呈圆形或不规则形病斑，病斑上可见细条状毛毡状物，后期病斑圆形或近圆形，稍隆起，呈暗褐色，表面光滑，有纤维状纹理，边缘不整齐。

病原菌　病部上的绒毡状物即为藻类的营养体。以后丝状营养体向空中长出游动孢囊梗，此梗顶端膨大，又生 8~12 个小梗，小梗顶端各生 1 个椭圆形或球形的游动孢子囊，大小为 14.5~20.3 μm×16.0~23.5 μm；孢子囊成熟后遇水时即会游出椭圆形、具 2 根鞭毛的游动孢子。寄生的藻类以单细胞的假根深深地侵入寄生组织内。

发生特点　病原菌以营养体在病叶中越冬。翌年春季在高湿条件下，产生游动孢子囊和游动孢子，游动孢子在水中萌发，从叶片角质层侵入，在叶片表皮细胞及角质层之间蔓延。叶片感染后又在病部表面产生游动孢子，借风雨飞溅传播，使病害不断扩散蔓延。由于这种藻菌寄生性较弱，常为害生长衰弱的植株。林分郁闭、树冠过密、

孢子梗及孢子囊

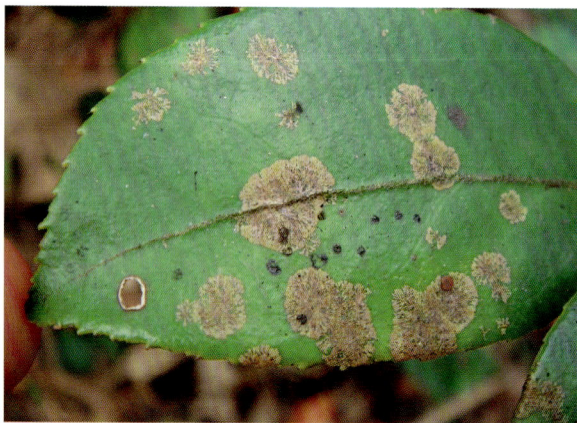

病斑群发

典型病斑

病害使叶片发黄

后期穿孔症状

大型病斑

嫩叶感病

严重病叶

后期为害状

通光透光不良、空气湿热、长势差的林分容易感染发病。

主要控制技术措施　（1）加强预测预报。设置固定监测点，定期踏查，严密监视病害发生发展动态，做好病害的预测预报工作。重点是及时发现发病中心及发病初盛期，以指导及时正确防治。（2）加强营林技术防治措施。及时抚育管理，清除徒长枝和病枝，开沟排水，改善通风透光条件。适当增施磷、钾肥，提高植株抗病力。（3）药治防治。在早春或晚秋发病初期于发病严重林分开始喷药，这种藻类对铜素很敏感，药剂可选用27%铜高尚悬浮剂600倍液，或0.6%~0.7%石灰半量式波尔多液，或30%绿得保悬浮剂400倍液等。

7 油茶叶肿病

别名：茶饼病、茶苞病

病原：细丽外担菌

学名：*Exobasidium gracile* (Shirai) Syd.

分类：外担菌目 EXOBASIDIALES　外担菌科 Exobasidiaceae

分布与为害　主要分布于长江流域以南各油茶产区，如湖南、四川、重庆、广西、江西、广东、浙江等。主要为害油茶的嫩叶、嫩梢、芽及子房，降低结果率，影响油茶产量，在局部地区如广西宁明县曾造成较大损失。亦为害茶、山茶花、杜鹃、大叶栎等植物。

症状　由于发病的器官和时间不同，症状表现有所差异。主要发病形态是病原侵染的当年不发病，越夏后才发病，其症状表现为整体性，病叶正面初生黄绿色、浅红棕色病斑，颜色渐变深，迅速扩大，变成肥耳状；有的整个嫩梢受害，多个肥大叶片聚在一起，形似鹰爪。花芽和幼果受害后形成中空的桃形茶苞，一般直径5~8cm，有些会更大。在发病高峰前后，嫩叶被侵染，会产生约1cm略凹下的圆形病斑，

此类病斑后期变干枯引起落叶。茶苞等病部后期表皮开裂，露出灰白色粉状子实体层，又会被霉菌污染变成暗黑色，逐步干缩，可成年悬挂枝头而不脱落。

病原菌　担子环棒状，无色，大小为115~173μm×5~10μm；担子上有2~4个小梗，每小梗着生1个孢子；担孢子椭圆形或倒卵形，单胞，无色，成熟时颜色加深，有1~3个隔膜，大小为5.2~5.9μm×14.8~16.5μm。

发生特点　病原菌的菌丝体在植物组织中越夏。担孢子借气流传播，潜育期7~17天。每年发生1次。病菌孢子的萌发，侵入并导致发病要有3个条件，即水分、温度和叶龄。最适发病气温是12~18℃，空气相对湿度在79%~88%，阴雨连绵的天气有利于发病。病菌以孢子萌发后产生的芽

感病初期

中后期病斑

嫩叶肿大呈肥耳状

嫩叶肿大呈肥耳状

嫩梢发病扩展中

嫩梢感病中后期

嫩梢被害状

病斑后期症状

幼果肿大呈桃形茶苞

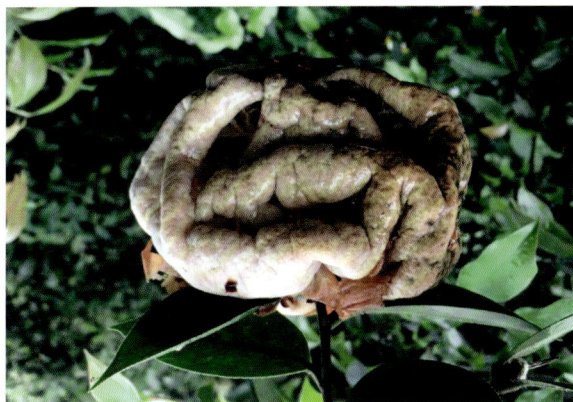
茶苞病部后期

管从气孔或直接穿透侵入植物组织。病菌容易侵入半个月内的油茶新萌叶片，并引起发病且产生主要发病形态。在广西宁明县12月底至翌年1月开始发病，2~3月初为发病高峰。林分过密、通风不良、阳光不足、雨日多等形成阴湿环境容易发病；更新的分蘖嫩枝叶片较易感病，在树冠中、下部发病较多。大叶的大果油茶比小叶的小果油茶发病重，萌动早、发叶快的油茶品种发病较重。

主要控制技术措施　（1）加强预测预报。设置固定监测点，定期踏查，严密监视病害发生发展动态，做好病害的预测预报工作。重点是及时发现发病中心及正确预报寄主展叶初盛期，以指导及时正确防治。（2）加强营林技术防治措施。在担孢子成熟飞散前及时摘除病叶、病果，并烧毁或淹埋，可有效减少侵染病源。在病害严重地区选用较抗病高产的优良品系。（3）在重病区根据病情预测预报，可于每年新叶期时喷施1%波尔多液或石灰、硫黄粉来保护植株免受病菌侵染。

8	**油茶网饼病**	别名：网烧病、白霉病
		病原：网状外担菌
		学名：*Exobasidium reticulatum* Ito & Sawada
		分类：外担菌目 EXOBASIDIALES　外单菌科 Exobasidiaceae

分布与为害　在我国主要分布于广西、浙江、安徽、江西、福建、湖南、贵州、台湾等地。主要为害成叶，病叶常枯萎脱落，发生严重时对生长及产量都有明显影响。亦为害茶、山茶等。

症状　主要发生在成叶上，也为害老叶和嫩叶。首先在叶片上产生针头大小的斑点，淡绿色，边缘不明显；以后病斑渐渐地扩大，有时扩展到整个叶片；色泽也变为暗褐色，病叶变厚，同时在叶片背面沿着叶脉出现白色网状突起，故名网饼病；叶片有时向上卷；后期病斑变成紫褐色或紫黑色，这时病叶常枯萎死亡而脱落。一般不为害嫩芽，病菌可由叶片通过叶柄蔓延至嫩茎部，引起褐枯症状，也可从落叶的叶柄处侵入引起枝枯。

病原菌　叶背病斑上网状物是菌丝，白粉状物是子实层。担子长棍棒状至圆筒形，大小 $63\sim135\,\mu m \times 3\sim4\,\mu m$。顶端着生小梗4个，每个小梗上着生担孢子1个。担孢子单胞无色，倒卵形或椭圆形，大小 $8\sim12\,\mu m \times 3\sim4\,\mu m$，发芽时生出1个隔膜，成为双细胞，从两端或一端长出芽管。

发生特点　与茶饼病一样，属低温高湿型病害。病菌以菌丝体在病叶中越冬。翌年春季菌丝体又形成新的病斑，在潮湿条件下，病斑上形成白色粉末，即子实体，成为发病的初侵染源。担

重病枝

叶片正面病斑

叶片枯斑脱落

病害导致叶片脱落、茶果变小

孢子主要随风雨传播，侵入叶片后10天左右产生新的病斑，60~70天后扩大为网状大型病斑；以后病斑上又形成白粉，产生孢子，不断为害油茶叶片。各地发生时间的差异取决于气候，一般在低温高湿条件下发生较重，平均气温19~25℃、叶面有水膜的条件最适于该病的发生与流行；一年中以春秋两季为发生盛期，浙江、安徽等地一般在秋季（9~10月）发生最多；台湾等地1~5月发生较重。由于担孢子在直射阳光下或干燥条件下很快丧失萌芽力，因此，在比较阴湿的油茶园山间地带发生较重，平缓地区油茶园则发病较轻。

主要控制技术措施 （1）营林技术措施。应以栽培技术防治措施为主，适地适树，选用抗性品种。加强抚育管理，增施磷钾肥，适当修剪控制密度，促进通风透光，增强植株抗病能力。（2）根据发生规律，以秋季防治最为重要，在发病期前10天左右，喷施75%百菌清可湿性粉剂1000倍液等可取得较好防治效果，也可用0.6%~0.7%石灰半量式波尔多液进行防治。

9 油茶半边疯病

别名：白朽病
病原：碎纹伏草菌
学名： *Corticium scutellare* Bertk & Curt
分类： 多孔菌目 POLYPORALES　伏革菌科 Corticiaceae

分布与为害　在我国主要分布于广西、广东、浙江、江西、湖南等地。是老油茶林内常见的为害严重的病害，主要为害树干、大侧枝，引起腐朽，被害植株初期长势变弱，叶片发黄，继而引起落叶、落花、落果，严重时半边植株或全株枯死。一般老油茶林发病率 10%~50%，导致严重经济损失。

症状　主要发生在树干基部及中部，亦为害主根，严重时发展到枝条上。发病多从背阴面基部开始，发病后树皮凹陷，皮层腐烂，木质部变色干枯，随之病斑快速纵向发展呈长宽带状；表面初为淡灰色，渐变为黄白色，后期长出一层白色菌膜即菌丝体及担子果，紧铺在死皮层上；染病的木质部呈黄褐色腐朽；最后病部下陷形成溃疡病，边缘常长出愈伤组织——棱痕，木质部则变成白色腐朽。病斑纵向发展快于横向发展，因而容易导致树木半边枯死。

病原　病菌的担子果薄，平铺于基物表面，不易剥落，表面光滑，近白色，渐变为淡黄白色或玉色，蜡质，龟裂成微细小块；剖面厚 65~200μm，

树干上的病斑

病斑放大

树干上的连片病斑

引起落叶及枯枝

导致油茶逐步枯萎

导致油茶逐步死亡

导致油茶小片枯死

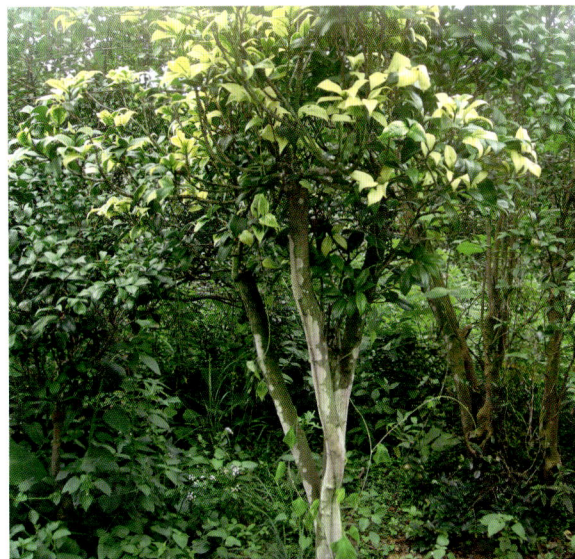

导致嫁接茶花树冠生长不良

无色，无油囊体，菌丝壁薄，其上有结晶体。担子呈棍棒状，无色，大小为 $16\mu m \times 6\mu m$；担孢子单细胞，无色，透明发亮，卵圆形，大小为 $4\mu m \times 5\mu m$。

发生特点 多发生于20年生以上老油茶林内，20年以下的树龄很少发病。各林龄期大致发病率：20多年生林约10%，60多年生林约30%，80多年生林约47%；尤其以老油茶树桩萌发出来的植株发病最重；实生中龄林几乎不发病。在密林、阴坡、山凹等阴湿林分发病较重；伤口多的树易被病菌感染，发病重；土壤瘠薄、抚育管理差的林分发病较多。在江西，日平均气温达13℃时，病斑开始发展，7~8月日平均气温29℃以上，病斑在8~9月就扩大到45cm以上。

主要控制技术措施 （1）加强抚育，及时垦复和施肥，提高植株抗病力。冬季至早春，及时砍除发病严重的植株、树桩、病枝，集中烧毁，减少侵染源。（2）宜选择阳坡地营造油茶林，合理控制密度，不要过密。（3）用组培苗林或用实生林改造萌条老林。（4）对轻病枝、干、初期病株应及时刮治感病部位，及时喷涂氯化锌或涂1：3：15波尔多浆。

10	油茶赤叶斑病	病原：茶生叶点霉菌
		学名：*Phyllosticta theicola* Petch
		分类：球壳孢目 SPHAEROPSIDALES　球壳孢科 Sphaeropsidaceae

分布与为害　在我国主要分布于广西、广东、江西、浙江、江苏、安徽、湖南、湖北、河南等地。主要为害成叶和老叶，造成叶尖、叶缘干枯，严重时引起大量落叶、落花、落果，影响寄主生长发育和产量。

症状　多发生于成叶，也为害老叶、嫩叶，先由叶尖或叶缘开始发生，逐渐向里蔓延；也有斑块状病斑。初期病斑淡褐色，渐为赤褐色、不规则的大型病斑，可扩展至半叶乃至全叶，病斑内颜色较为一致；后期在病斑边缘常有稍隆起的深赤褐色线纹，病部和健部分界明显；后期病斑上产生许多稍突起的黑色小粒点（分生孢子器）。病斑背面较正面色浅，为黄褐色。

病原　病原菌分子孢子器球形，埋生，顶端有孔口，直径76~122μm，高76~129μm。分生孢子卵圆形、圆形或椭圆形，无色，内有1~2个油球，后期溶解消失，大小为7~11μm×7~9μm。

发生特点　病菌常以菌丝体或分生孢子器在病叶组织内越冬。翌年5月形成孢子，分生孢子借雨水传播，在一定气温条件下随雨水溅又可进行再侵染，高温高湿有利于病害发生发展。华南地区一般4~5月开始发病，6~8月为发病盛期，8月上中旬病叶陆续脱落。夏季少雨干旱，缺乏水分使油茶抗病力降低，有利于病害传播流行，发病较重。干旱季节由于油茶树体抗病力降低，发病严重。普通油茶发病较重，其他如红花油茶、

初期病斑淡黄色

后期病斑赤褐色

后期病斑布满全叶

引起落叶及茶果变小

苍梧白花油茶、大果油茶、博白大果油茶等，发病较轻较少；茶树发病也较重；阳坡地、梯田及土层浅薄、根系发育不良的油茶林病害较重。

主要控制技术措施 （1）选择良好的宜林地造林是关键，注意防旱，增强保水性；加强抚育管理，促进植株根系吸水能力。（2）油茶林内间种绿肥，压青，增加有机质，逐步改良土壤；适当间种其他阔叶树种或适宜的农作物，减少地面辐射。（3）发病前期喷洒 1% 波尔多液，防治病害扩展；严重病区在夏季干旱前期及时喷施 50% 多菌灵可湿性粉剂 800~1000 倍液，可防止病害流行。

嫁接茶花树同样发病

11 油茶软腐病

别名：落叶病

病原：油茶伞座孢菌

学名：*Agaricodochium camellia*, Liu, Wei & Fan

分类：丛梗孢目 MONILIALES　丛梗孢科 Moniliaceae

分布与为害　在我国亚热带油茶产区均有不同程度发生；在国外分布于泰国。主要为害叶片和果实，也能侵害幼芽及嫩梢。受害油茶树叶片、果实大量脱落，严重影响生长和结果。该病在成林中常块状发生，单株受害严重。一般植株发病率达 1.1%~15.8%（浙江武义林场），比较严重的林分发病株率可达 29.9%（江西红亮垦殖场），严重受害林分可达 73.8% 甚至达 100%（广西桂林雁山）。对油茶苗木的为害尤为严重，在病害暴发季节，往往几天内就可使成片苗木感病，引起大量落叶，严重时发病株率达 100%，严重受害的苗木整株叶片落光而枯死。

症状　叶片上的病斑多从叶缘或叶尖开始发病，也可在叶片任何部位发生。侵染点最初出现针尖大的黄色水渍状斑，中心可见一稍隆起的接种体蘑菇形分生孢子座的遗留物。叶片侵染点一个到多个，几个小病斑可扩大联合呈不规则形大病斑。侵染后如遇连续阴雨天气，病斑扩展迅速，边缘不明显，叶肉腐烂，呈淡黄褐色，形成"软腐型"病斑。这种病叶常在两三天内纷纷落叶。侵染后如遇转晴，病斑扩展缓慢，棕黄色至黄褐色，中心褐色，边缘明显，形成"枯斑型"病斑。

这种病叶不易脱落，有的可留在树上越冬。病害能侵染未木质化的嫩梢和幼芽。受害芽或嫩梢初呈淡黄褐色，并很快凋萎枯死，呈棕褐色，可留在树上越冬。条件适宜时其上可产生大量蘑菇形分生孢子座。感病果实最初出现水渍状淡黄色斑点，斑点逐渐扩展成为土黄色至黄褐色圆斑，与炭疽病初期症状相似，但软腐病病斑色泽较浅。侵染后如遇阴雨天，病斑迅速扩大，圆形或不规则形，病部组织软化腐烂，有棕色汁液溢出。如遇高温干旱天气，病斑呈不规则形开裂。

病原菌　多寄主病菌，除侵害普通油茶外，也侵害小果油茶、攸县油茶、越南油茶、浙江红花油茶、红山茶、茶树等山茶属树种，还侵害其他 14 科 50 多种植物。在不同环境条件下形成两种形态特征和习性完全不同的分生孢子座。在通风湿润、干湿交替条件下，病斑上形成蘑菇形分生孢子座；这种分生孢子坐垫状、半球形，具短柄，近白色至淡灰色，成熟时顶部宽 313~563 μm，高 113~225 μm（柄部在内），由许多从柄部顶端辐射状伸向边缘的分生孢子梗所组成，容易脱落。新鲜的蘑菇形分生孢子座具有很强的侵染能力。在培养皿内保湿，不遇寄主时，蘑菇形分生

不同感病期病斑

病叶背面特征

叶片中部病斑

叶缘病斑

叶尖病斑

不同部位的病斑

孢子座产生大量分生孢子，覆盖表面，形成"黑顶蘑菇"，则丧失其侵染能力。在高湿、不通风条件下，病斑上常形成非蘑菇形分生孢子座；这种分生孢子座黑色，垫状，无柄，单生或连生，与叶组织连在一起，不易脱落，成熟时周缘被分生孢子梗和分生孢子所覆盖，宽57~168μm，高45~85μm，没有侵染能力。林间常在病落叶堆中可找到。分生孢子梗无色，5~8横隔，稍弯曲，双叉分枝5~9次，产孢细胞外露，瓶梗单点产孢。分生孢子淡青色，近球形，基部平截，无隔，直径2.1~3.7μm，基生，连生，常发生粘连而呈黑色黏质孢子团。

发生特点 病菌以菌丝体和未发育成熟的蘑菇形分生孢子座在病部越冬，包括留于树上越冬的病叶、病果、病枯梢及地上病落叶、病落果。

翌春当日平均气温回升到10℃以上，越冬菌丝开始活动，雨后陆续产生蘑菇形分生孢子座，是病害的初侵染源。晚秋侵染的病斑黄褐色，是病菌主要的越冬场所和初侵染源。越冬病叶及早春感病叶，在阴雨天气，能反复产生大量蘑菇形分生孢子座。当环境不宜侵染时，蘑菇形分生孢子座能在病斑部或侵染处渡过干旱期，到下次降雨时再行传播侵染。气温在10~30℃，蘑菇形分生孢子座均能发生侵染，但以15~25℃发病率最高。超过25℃发病率显著下降，低于15℃，能发生侵染，但潜育期长，病程缓慢。蘑菇形分生孢子座的传播和侵染都需要雨水及高湿的环境，因此在适宜侵染的温度范围内，空气湿度与病害发生的关系十分密切。据试验，在不保湿条件下，相对湿度低于98%，便不能发生侵染。在林间只有阴雨天才能满足这一条件。所以油茶软腐病只在阴雨天发生。每次中到大雨后，林间相继出现许多新病株、新病叶；雨量大，雨日连续期长，新病叶出现多；反之则病叶少；4~6月是南方油茶产区多雨季节，气温适宜，是油茶软腐病发病高峰期。10~11月小阳春天气，如遇多雨年份将出现第二个发病高峰。山凹洼地、缓坡低地、油茶密度大的林分发病比较严重；管理粗放、萌芽枝、脚枝丛生的林分发病比较严重。

主要控制技术措施 （1）控制策略。在控制技术措施上应以营林技术措施为主，加强培育管理，提高油茶林的抗病能力；采穗圃、苗圃等可考虑药剂防治。（2）营林技术措施。改造过密林分，适度整枝修剪，去病留健，去劣留优，既是增产措施，又是防病措施；冬春结合整枝修剪，清除越冬病叶、病果、病枯梢；选择土壤疏松、排水良好的圃地育苗，加强苗圃管理；圃地要及时松土除草，培育大苗时密度要适宜，适度修剪，发现病苗及时清除，防止蔓延；病果种子可能带菌，避免从病树上采种。（3）化学防治措施。波尔多液、多菌灵、退菌特、甲基托布津等药剂均有较好的防治效果；1：1：100等量式波尔多液，晴天喷药后附着力强，耐雨水冲刷，药效期持续20天以上，防效达84.4%~97.7%，是目前较理想的药剂；喷药时间以治早为好，第一次喷药在春梢展叶后抓紧进行，以保护春梢叶片；雨水多、病情重的林分，5月中旬至6月中旬再喷1~2次，间隔期20~25天。

重病株

重病株上的病斑

发病果实开裂

叶缘发病

12 油茶黄化病

分布与为害 在我国油茶产区不同程度地普遍发生。主要是病苗或病树的树叶不同程度的发黄，叶脉褪绿，树势衰弱；严重时树叶变黄白色，叶尖和叶缘呈烧焦状，整株植株在新梢上的叶片黄化较重，可逐步导致落叶，树势衰弱，逐渐死亡。

症状 黄化病指的是叶面均匀地变为黄白色，根据病原不同又可分为两种类型。一类是生理性黄化，病因较多，较为常见的是缺铁性黄化，植株新叶发黄，严重时叶片变褐干枯；此外缺硫、缺氮以及光照过强、浇水过多、低温、干旱等也会引起叶片黄化。另一类是病理性黄化，主要由类菌原体引起的传染性病害，发病初期树梢叶片逐渐变小，变薄，随着病情加重，腋芽萌生，形成细小丛生侧枝，严重时全株叶片黄化，长势衰弱，逐渐枯死。

发生特点 生理性黄化病无传染性，病树全年呈现黄化症状，以新梢生长期的叶片最明显，幼树和新栽油茶树发生此类黄化病的比例较高，新叶黄化重于老叶；土壤偏碱、土质黏重、通透性差、地下水位较高等均可加重发病程度。而病理性黄化病则有传染性，病理性黄化病在发生黄化症状时常常伴随丛枝现象，即不定芽增生变多而呈"扫帚状"；这类病害可通过叶蝉等刺吸式口器昆虫、嫁接等途径传播，患病2~3年后会逐渐枯死。

初期病斑

前期病斑

中期病叶

中后期病叶

油茶黄化病

花叶病斑

重病株

主要控制技术措施 对生理性黄化病，一般采用缺什么微量元素就补哪种微量元素的方法，如缺铁型黄化就施用高铁、硫酸亚铁喷施叶面，如可在5月中下旬新梢生长期喷洒0.2%~0.3%硫酸亚铁溶液2~3次，每次间隔15天，注意喷洒均匀；缺多种元素黄化的可用叶绿素叶面肥1∶1500兑水喷施叶面。

对病理性黄化病，可采取：（1）及时防治叶蝉等病源传播介体；（2）改进繁殖方式，避免通过嫁接等方式传播；（3）采用无毒母株繁殖；（4）药剂防治：采用四环素、黄龙宝药肥等药剂治疗。

病原 引起油茶枝肿病的原因在不同地区、不同林分均有不同。有的是寄生性种子植物所致;有的可能与茶吉丁虫和蓝翅天牛等昆虫为害有关;有的可能就是冠瘿病,由根癌细菌引起;有的可能是某些生理因素引起。

分布与为害 在我国各油茶产区均有不同程度发生;笔者在2019年到泰国考察时也见有分布。

症状 在油茶枝干上形成几个,甚至数十个、上百个肿瘤,轻者导致树势生长衰弱,重者引起受害枝干上的叶片萎蔫、枯死,受害植株显著减产乃至绝产。油茶肿瘤着生在油茶的主干或枝条上,大小不一,形态多样,一般为2~10cm。有的表面粗糙开裂,有的用力触之呈碎粒状。

发生特点 油茶幼树和老树都可以发病,以老油茶林发病较多;病害多数零星分布或呈团状分布,很少成片发生,但发病植株一般都比较严重;尤其是生长衰弱、隐蔽、湿度大、杂草丛生、荒芜的林分发病严重。该病是一种慢性病,从侵染到病枝枯死常常需要数年的时间,且蔓延速度也比较慢。

主要控制技术措施 根据不同的发病原因采取相应的防治措施。如果是寄生性种子植物为害造成的,彻底清除其病源;如果是昆虫为害引起的,及时防治害虫;如果是生理因素引起的,应加强抚育管理。发病严重的植株多数失去经济价值,恢复比较困难,可将其整株挖除后补植。

严重发病枝条

肿瘤放大照

肿瘤表面特征

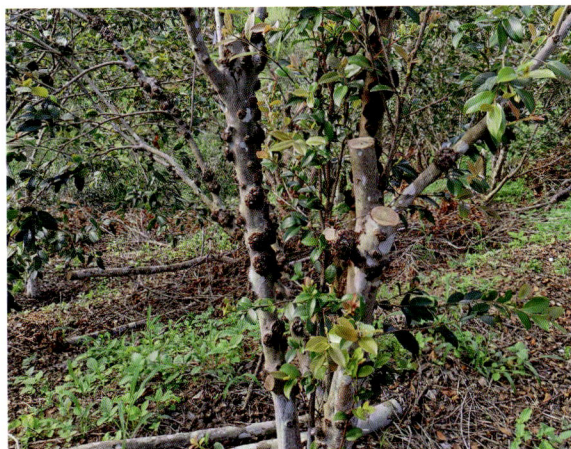

在油茶枝干形成大量肿瘤

14 油茶桑寄生

别名：油茶离瓣寄生
寄生物：红花寄生
学名：*Loranthus parasiticue* (L.) Merr
分类：檀香目 SANTALALES　桑寄生科 Loranthaceae

分布与为害　在我国主要分布于广西、广东、福建、海南、台湾、云南、湖南等长江流域以南各地。寄主较广，主要寄生于山茶科、樟科、柿科、大戟科等植物。据报道，广西百色市油茶因桑寄生导致减产达 40% 以上。桑寄生的茎叶可入药，具祛风除湿、强壮、安胎等功效。

症状　桑寄生植株高 0.7~1.0m，幼枝、叶密被锈色短星状毛。小枝灰色，具密生皮孔。叶纸质，通常对生，黄绿色，卵形、椭圆形，长 2~4cm，宽 1~2cm。总状花序，1~2 个腋生，具 2~4 朵；花红色，被星状短毛；花瓣 4 枚，披针形，长 7~9mm。果卵球形，红色或橙色。花期 4~6 月，果期 8~10 月。被害树木的枝条或主干，出现大小及多少不等的寄生物小灌丛；由于桑寄生的枝叶与寄主植物有很大不同，故容易分辨。受害树木一般表现为落叶早，翌年发叶迟，叶变小，延迟开花或不开花，易落果或不结果。被寄生处肿胀，木质部纹理混乱，出现裂缝或空心，易风折；严重时枝条枯死或全株枯死。

病原　桑寄生是双子叶植物纲檀香目桑寄生科桑寄生亚科下一类寄生植物的总称。在我国为害油茶的桑寄生科植物主要为桑寄生（红花寄生 *Loranthus parasiticue*），为常绿小灌木，高约 1m；枝叶发达；叶近对生或互生，长 3~8cm，宽 2.5~5cm，幼叶下面被黄褐色星毛；聚伞花序 1~3 个聚生于叶腋，具 1~3 朵花，花两性，紫红色，长 2~25cm；浆果椭圆形，长 8mm，具小瘤状突起。除桑寄生外，还有离

新定殖并扩展

桑寄生萌芽的新枝条

寄生与被寄生关连处

油茶桑寄生树体

开花多个阶段并存

盛开的花朵

开花、花谢、结果各阶段同存

瓣寄生 *Helixanthera parasitica*、油茶离瓣寄生 *Loranthus samsoni*、毛叶桑寄生 *L. yadoriki*、鞘花 *Macrosolen cochichinensis*、锈毛钝果寄生 *Taxillus levinei*、毛叶钝果寄生 *T. nigrans*、黔桂大苞寄生 *T. esquirolii*、大苞桑寄生 *T. maclurei* 等均能寄生油茶。

发生特点 桑寄生植物具有能进行光合作用的叶绿素，而缺乏正常植物的根，故属半寄生植物。它们的浆果成熟期多正值其他植物无果的休眠期，鸟类觅食困难，乌鸦、斑鸠、土画眉、麻雀等喜食此类浆果。浆果内果皮木质化，内果皮有一层白色物质，含槲皮素，味苦涩而黏，有保护种子的功能；种子即使被鸟类吞食，经过消化道也不丧失生活力；种子自鸟嘴吐出或随粪便排出后，靠内果皮上的黏性物附于树皮上；吸水萌发时必须有合适的温度和光线；如果缺乏光照，种子便不能萌发。萌发的种子在胚根尖端与寄主接触处形成吸盘，并分泌消解酶，自伤口或无伤体表，以初生吸根钻入寄主枝条皮层达于木质部。因此，树木枝条最初受害大都在较幼嫩时期，4~5年以上老枝上便很少有侵染发生。种子从萌发到钻入皮层可在10天内完成。进入寄主体内的初生吸根分化出次生吸根，与寄主的导水组织相连，从中吸取水分和无机盐。在根吸盘形成后数日，即开始形成胚叶，发展茎叶部分。如有根出条，则沿着寄主枝条延伸，每隔一段距离形成一新的

桑寄生果实

吸根钻入寄主皮层，并形成新的枝丛，寄生物多年生，植株在寄主枝干上越冬，每年产生大量种子传播为害。

主要控制技术措施 （1）坚持每年清除一次桑寄生植株，数年便见成效，可有效控制其扩展。实践证明，成灾林分往往是经营粗放，不做清除工作的林分。桑寄生常有根出条，因此在砍除时，除将已成长的寄生植株砍去外，还必须除尽根出条和组织内部吸根延伸所及的枝条，才能收到应有效果，否则容易复萌。此外，砍除时间应在果实成熟之前进行。桑寄生多可入药，砍除桑寄生植株既可除害又可获利，一举两得，容易推行。（2）应用化学药剂铲除桑寄生植物也有一定效果；自然界有一些桑寄生的寄生菌类和昆虫，但未见做生防试验。

第二章

油茶害虫

（一）食叶性害虫

1	罕蝗	别名：陌生罕蝗
		学名：*Ecphanthacris mirabilis* Tinkham
		分类：直翅目 ORTHOPTERA　斑腿蝗科 Catantopidae

分布与为害　在我国分布于广西、广东、贵州、云南、西藏等地；在外国分布于越南等。寄主植物有油茶、蔓生秀竹等。成虫、若虫取食寄主植物叶片，啃食嫩枝、小枝等，被害严重者叶片被吃光，仅残留叶柄或主脉，影响寄主生长发育。

形态特征　体色暗褐色。触角基部淡红褐色，其余暗色。后翅金橙红色。后足股节外侧具 2 不明显的黑褐色斜带，内侧、下侧橙红色。后足胫节、跗节橙红色。**雄成虫**　体长 19.4~23.9mm。体中型。颜面隆起具粗大刻点，在中眼以上宽平，中眼以下具浅沟，颜面侧隆线粗，隆起，近平行，下端近唇基略扩大。头顶宽，具中纵沟，在复眼间具横沟，沟前有 2 小瘤突，沟后有 2 大瘤突；后头部在复眼后具长形隆起 2~3 个。触角超过前胸背板后缘，中段一节的长度为宽度的 2.5~3.0 倍。复眼长卵形，复眼纵径为横径的 1.7 倍，而为眼下沟长度的 1.2 倍。颊部具不规则的长方形或圆形瘤突。前胸背板屋脊形，纵隆线被前、后横沟深切，被中横沟浅切，而呈鸡冠状背板上具粗大瘤突；沟前区与沟后区长度几相等；缺侧隆线；后缘圆直角形，边缘波形。前胸背板突锥形，顶尖。中胸背板侧叶间中隔与侧叶几等宽；后胸腹板侧叶分开。前翅狭长，超过后足股节顶端，前后缘近平行，前缘近基部膨大，翅顶斜方形，脉纹平行，横脉与中脉垂直。后翅与前翅等长。后足股节上隆线具粗大锯齿，上膝侧片长于下膝侧片。后足胫节基部 1/4 呈弓形，无外端刺。鼓膜器发达，孔卵圆形。肛上板呈三角形，基部中央具纵沟；尾须锥形，顶尖；下生殖板短锥形。**雌成虫**　体长 25.7~31.0mm。体型较雄成虫明显为大。触角较短，刚到达后足股节的基部。中胸腹板中隔宽，其最小宽度为长度的 1.4 倍。下生殖板后缘突出，顶圆形；产卵瓣细长，端部呈钩状，顶端尖细，边缘光滑。余同雄性。

发生特点　各地 1 年均发生 1 代，以卵块在土中越冬。其余发生特点参考本书"棉蝗"的相关内容。

天敌　天敌丰富，有关情况参考本书"棉蝗"的相关内容。

主要控制技术措施　参考本书"棉蝗"的油茶蝗虫类害虫主要控制技术措施。

成虫侧面观

成虫背面观

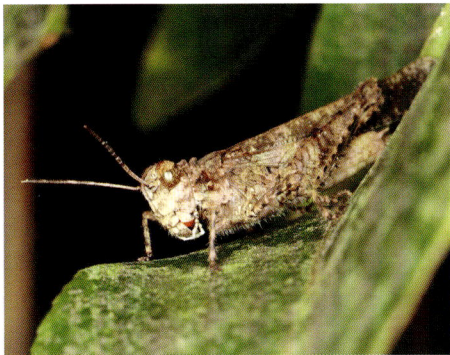

成虫头胸部侧面特征

2 印度黄脊蝗

学名：*Patanga succincta* (Johansson)

分类：直翅目 ORTHOPTERA　斑腿蝗科 Catantopidae

分布与为害　在我国主要分布于福建、台湾、广东、海南、广西、贵州、云南等地；在国外分布于越南、泰国、缅甸、印度、巴基斯坦、印度尼西亚、爪哇岛、美国等。杂食性，主要为害油茶、油桐、桉、木麻黄、竹子、多种园林花卉果树、多种农作物及杂草等。成虫、若虫取食寄主植物叶片，啃食嫩枝、小枝等，被害严重者叶片被吃光，仅残留叶柄或主脉，影响寄主生长发育。

形态特征　体黄褐色，背面有黄色纵条纹。颊部在眼下具 1 黑纹，直到颊下缘，黑纹前、后包以淡黄色条。前翅端半部具有许多狭条形暗斑，后翅基部紫红色或本色。后足胫节黄褐色。**雄成虫**　体长 52~60mm，前胸背板 11~12mm，前翅 55~57mm，后足股节 30~31mm。体大型而狭长。头大而短，短于前胸背板。颜面部略具稀疏小刻点，颜面隆起宽，侧缘在中眼下略收缩。在中眼以下具宽浅沟，颊部及后头光滑。复眼卵形，复眼纵径约为横径的 1.8 倍，略长于眼下沟长度。触角丝状，细长，超过前胸背板后缘。前胸背板前缘略呈三角形突出，后缘圆弧形突出；中隆线明显，较低，无侧隆线，3 条横沟明显切断中隆线；沟前区长于或等于沟后区；前胸背板侧片高度大于宽度。前胸腹斑突稍向后倾斜，顶端较尖锐。中胸腹板侧叶间中隔的长度为最狭处的 2.0~2.7 倍，侧叶最长处为最狭处的 1.2~1.3 倍。前翅狭长，

自然态雄成虫背面观

超过后足胫节中部，长为宽的 6.5~7.4 倍。后足股节较细长，上侧之上隆线具细齿，中部齿较稀少。后足胫节无外端刺。肛上版近三角形，具中纵沟。尾须较宽略向上和向内弯曲，顶端微下指并呈钝圆形。下生殖板长锥形，略上曲，顶尖。**雌成虫**　体长 70~79mm，前胸背板 14mm，前翅 70mm，后足股节 38~39mm。体型较雄性大。尾须短锥形；下生殖板后缘中央具长三角形突起；产卵瓣外缘光滑无细齿。

发生特点　各地 1 年均发生 1 代，以卵块在土中越冬。其余发生特点参考本书"棉蝗"的相关内容。

天敌　天敌丰富，有关情况参考本书"棉蝗"的相关内容。

主要控制技术措施　参考本书"棉蝗"的油茶蝗虫类害虫主要控制技术措施。

自然态雄成虫侧面观

自然态雄成虫侧背面观

3　桂南越北蝗

学名：*Tonkinacris meridionalis* Li

分类：直翅目 ORTHOPTERA　斑腿蝗科 Catantopidae

分布与为害　在我国目前仅知分布于广西；在国外分布于越南、泰国等。主要寄主植物有竹、油茶、八角枫、白饭树、九里明等，有时也为害玉米、高粱等。以成虫、若虫取食寄主叶片，一般其单独为害不很严重。

形态特征　体黄褐色。触角蜡黄色，第14~15节以后黑褐色。从复眼后方向后沿前胸背板侧片至前翅前缘有1条黑色宽纵条纹及1条黄色狭纵条纹；从两复眼之间向后沿前胸背板背面和前翅肘脉域形成1条梭形黑斑；复眼以下颜面、颊部及前胸背板侧片下部均呈黄褐色。后翅暗淡，翅脉黑色。足黄褐色，后足股节上侧在两侧隆线之间具有2个明显的黑斑，端部黑色；后足胫节蓝黑色，跗节色较浅；胫节刺黑色。**雄成虫**　体长27~28mm，前翅长10~12mm；属中等体型，较匀称，具粗密刻点和稀疏的绒毛。头较短，短于前胸背板，头顶略呈三角形；顶端宽圆，在两复眼间具纵沟；侧面观颜面稍后倾，颜面隆起两侧隆线几乎平行，中央具纵沟；两复眼间的距离等于触角基节的长度；头侧窝缺如。触角丝状，较长，26节，明显超过前胸背板后缘。复眼卵圆形。前胸背板前缘在中隆线处微内凹，后缘呈圆弧形；中隆线较弱，缺侧隆线；前、中横沟较短，后横沟长且明显，都割断中隆线；沟前区较长，约为沟后区的1.5倍；前胸腹板突圆锥形，顶端向后倾斜；中胸腹板的长度短于宽度，中隔略呈正方形；后胸腹板两侧在凹窝后彼此分开。前、后翅均较发达；前翅超过后足股节的中部。后足股节上隆线具细齿，其胫节缺外端刺，胫节密被白色绒毛，其内、外缘各具9枚刺。腹部末节背板的后缘具有小三角形的尾片；肛上板略呈三角形，顶端宽圆，中央具纵沟，端部略呈舌状隆起；尾须顶端明

成虫对油茶叶为害状

成虫背面观

交尾成虫侧面观

成虫侧腹面观

若虫背面观

显向内弯曲；下生殖板略呈三角形，顶端宽圆。

雌成虫　体长 36~39mm，前翅长 18.0~19.5mm，头顶略呈圆弧形，两复眼距等于自复眼到头顶的距离。触角丝状，共 24 节。前胸背板 3 条横沟均明显，均割断中隆线；后横沟位于近后端。肛上板略呈三角形，中央具纵沟，近中部有 1 条不明显的横沟。尾须侧扁，略呈三角形，顶端略尖。上、下产卵瓣略呈弯钩状，上产卵瓣上缘具细小齿。其余形态同雄成虫。

发生特点　1 年发生 1 代，以卵囊在土中越冬。每年 5 月初开始若虫孵化，在广西南部 6~7 月蝗蝻和成虫开始大量取食甘蔗叶、竹叶及其他寄主如油茶叶等，8~9 月为害高峰期；广西北部地区约延迟 10 天。10 月中旬以后成虫选择低湿向阳、土质疏松的疏林地、草地和田埂等处产卵，

蝗蝻侧面观（摄于泰国）

成虫随之陆续死亡。成虫在产卵时，分泌胶质物黏连草屑、土粒等结成卵囊。

天敌　参考本书"棉蝗"的相关内容。

主要控制技术措施　参考本书"棉蝗"的油茶蝗虫类害虫主要控制技术措施。

短角外斑腿蝗

别名：短角异斑腿蝗
学名：*Xenocatantops brachycerus* (C. W. Llemse)
分类：直翅目 ORTHOPTERA　斑腿蝗科 Catantopidae

分布与为害　在我国主要分布于广西、广东、福建、四川、云南、西藏、江西、浙江、江苏、河北、北京、甘肃等地；在国外分布于越南、缅甸、尼泊尔、印度、斯里兰卡等。杂食性，主要为害油桐、油茶、肉桂、八角、板栗、甜竹、毛竹、马尾松、葛麻藤、红背桐、铁树、红桑、茉莉、朱槿、茶树、桃、水羽木、柚子、木槿、罗汉果、猕猴桃、金花茶、烟草及禾本科作物等。主要以蝗蝻和成虫取食叶片为主，叶片被吃光后，也取食嫩梢、嫩枝甚至树皮，为害严重时，影响寄主树生长、发育、结果及产量。

形态特征　**雄成虫**　体长 19~22mm；前翅长 17~19mm。体黄褐色或暗褐色，后胸前侧片上具淡黄色纵条。前翅褐色，密布黑褐色细碎斑点。后翅透明。后足股节外侧黄褐色，具 2 个黑色大斑，在基部与膝前部各具 1 个黑色小斑点；内侧上缘黄褐色，其余部分橙红色，具有 4 个黑斑；膝部外侧暗褐色，内侧下膝侧片顶端橙红色。后足胫节橙红色。跗节黄褐色。腹部黄褐色。体中小型，粗壮。颜面略倾斜，与头顶呈圆直角形；颜面隆起在中眼处略收缩，全长具浅中沟。头顶在复眼间部分的侧缘明显隆起，具中纵沟；眼间距颇小于颜面隆起在触角之间的宽度。后头具明显的中隆线。触角粗短，未达前胸背板后缘，中段一节的长宽几相等或长度为宽度的 1.3 倍。复眼卵形，复眼纵径为横径的 1.4~1.6 倍，而为眼下沟长度的 1.8 倍。前胸背板在中部稍收缩，背面较平，密布粗大刻点；前缘平直，后缘呈钝角形突出；中隆线明显，无侧隆线；3 条横沟均明显切断中隆线，后横沟几位于背板中部。前胸腹斑突圆

成虫在油茶树上

成虫侧面特征

成虫背面观

成虫交尾状

若虫背侧面观

直翅目

斑腿蝗科

柱形，略向后倾斜，顶钝圆。中胸腹板侧叶宽度大于长度，中隔的长度为最狭处的2倍；后胸腹板侧叶后端毗连。前翅狭长，超过后足股节的顶端。后足股节粗短，股节的长度为宽度的3.2~3.6倍，上隆线具细齿；膝侧片顶圆形。后足胫节无外端刺。后足跗节第3节略长于第1节；爪间中垫大，到达爪的顶端。肛上板长多边形，两侧缘直或略凹，基半部中央具纵沟，尾须锥形，略内曲，顶圆；下生殖板短锥形，顶钝圆。**雌成虫** 体长27~31mm；前翅长17~19mm。肛上板三角形，中央具横沟，基半中央具纵沟；尾须短锥形；上产卵瓣之上外缘不平滑，具不规则的钝齿，末端钩状；下生殖板后缘中央三角形突出。余同雄成虫。

发生特点 1年发生1代，以卵在土中越冬。翌年4月中、下旬孵化为跳蝻，5~6月羽化为成虫。羽化后5~7天交配，一生交配2~3次。成虫产卵于沟埂、路边、疏残林、林边隙地等背风向阳、植被覆盖度中等的场所，产卵深度2~3cm。蝗蝻8~10时和16~18时为取食高峰。成虫在全天均能取食，10时以前和16~18时为取食高峰。该害虫普遍分布于平地至低海拔山区，常见于草丛及人工林中活动，体色会随环境改变，但后足腿节的黑色斑纹一般是稳定的。

天敌 参考本书"棉蝗"的相关内容。

主要控制技术措施 参考本书"棉蝗"的油茶蝗虫类害虫主要控制技术措施。

5 短额负蝗

别名： 尖头蚱蜢
学名： *Atractomorpha sinensis* Bolivar
分类： 直翅目 ORTHOPTERA　锥头蝗科 Pyrgomorphidae

分布与为害　在我国主要分布于广东、广西、海南、台湾、福建、浙江、安徽、江苏、上海、山东、江西、湖南、湖北、河南、河北、山西、陕西、甘肃、青海、四川、贵州、云南等地；在国外分布于越南、日本等。主要寄主植物有油茶、油桐、桉、柳、竹、茶、柿、乌桕、泡桐、蝴蝶果、米老排、黄梁木等多种林木，还为害多种农作物、花卉、蔬菜、果树等。初龄若虫群集叶背啃食叶肉使被害叶呈网状，大龄若虫和成虫分散活动为害，可将叶片吃成缺刻或孔洞，严重时能将全叶吃光，残留枝条，影响林木生长或花卉植物观赏价值。

形态特征　成虫　体长，雄虫 19~23mm，雌虫 28~35mm；前翅长，雄虫 19~25mm，雌虫 22~31mm。体中小型，匀称。体色有淡绿色、草绿色、褐色、淡黄色、褐黄色等。后翅玫瑰红色或红色。头锥形，顶端较尖；颜面颊向后倾斜，与头顶组成锐角；头顶较短，其长度略长于复眼之最长径；触角较短粗，剑状；复眼卵形，眼后具 1 列颗粒。前胸背板具少数颗粒，前缘平直，后缘钝圆形，中、侧隆线均明显，后横沟位于中后部；侧片后缘具膜区，后下角钝角形，向后突。前、后翅较长，远离后足股节顶端，后翅略短于前翅；前翅狭长，超过后足股节，顶端的长度为翅长的 1/3，翅顶较尖。后足股节外侧下隆线不特别向外突出。雄虫肛上板三角形，尾须短于肛上版之长；下生殖板端部为圆弧形。雌虫产卵瓣粗短，上缘具细齿。体较雄虫为粗大，中胸腹板侧叶间的中隔为长方形，其宽略大于长。上下产卵瓣粗短，其顶端较弯，上产卵瓣外缘具钝齿。

若虫　初孵若虫体淡绿色布有白色斑点；复眼黄色，前、中足有紫红色斑点。**卵**　卵块外有黄褐

成虫正在在交配

成虫正在交配

老成虫及其为害状

成虫侧面观

成虫背面观（摄于越南）

色分泌物封固，单粒卵为乳白色，略呈弧形。

发生特点　据报道，华东、华中等地区 1 年发生 2 代，以卵在土中越冬。华南地区在 1~2 月尚可见到少数成虫或若虫，气温较高的天气可继续活动、取食为害并完成发育；可见，越冬现象不明显。越冬代卵于翌年 4 月孵化，5~6 月达盛期，6~7 月为第 1 代成虫羽化及产卵期，8~9 月为孵化盛期，11~12 月产卵越冬。据杨子琦等观察，南昌越冬代卵期约 160 天，第 1 代 15 天；若虫期共 5 龄，第 1 代历期 36~57 天，第 2 代 31~54 天；成虫期约 50 天。成、若虫多栖息在枝叶上取食，有群集为害习性。多选择杂草较少的荒地产卵，卵以块状产于土中，外被胶质物，每块卵有卵粒 10~25 枚。雄成虫交配时伏于雌成虫背上可随之爬行数天而不散，故得负蝗之名。

天敌　可参考本书"棉蝗"的相关内容。

主要控制技术措施　参考本书"棉蝗"的油茶蝗虫类害虫主要控制技术措施。

6 **棉蝗**

别名：大青蝗
学名：*Chondracris rosea* (De Geer)
分类：直翅目 ORTHOPTERA　蝗科 Acrididae

分布与为害　在我国主要分布于北京、河北、内蒙古、广西、广东、海南、云南、山东、陕西、江苏、浙江、湖北、湖南、江西、福建、台湾等地；在国外分布于日本、朝鲜、越南、泰国、菲律宾、缅甸、尼泊尔、印度、斯里兰卡、印度尼西亚、爪哇岛等。杂食性，主要为害油茶、油桐、桉、木麻黄、竹子等。成虫、若虫取食寄主植物叶片及啃食嫩枝、小枝等，被害严重者叶片被吃光，仅残留叶柄或主脉；状如火烧，影响生长、开花、结果和产量；或啃光枝干或主干树皮，造成折枝、折干，使其上部分主梢或侧梢枯死。近年来，广西局部地区的油茶、油桐林及桉树林曾多次较严重受害。

形态特征　成虫　体长，雌虫 56~81mm，雄虫 48~56mm；前翅长，雌虫 50~62mm，雄虫 43~46mm。体鲜绿带黄色，后翅基部玫瑰色。头大，头顶宽短，顶端圆钝。触角细长，丝状，28 节。前胸背板中隆线显著并被 3 条横沟切割，后缘呈直角形。前胸腹板突长圆锥状，颇向后倾斜，顶端达中胸。前、后翅发达，几乎到达后足胫节中部，前翅狭长，后翅略短于前翅。前、中足基节和腿节绿色，胫节和跗节则为淡紫红色；后足腿节健壮、匀称，青绿色，胫节细长，淡紫红色，外侧具刺两列，内列刺较外列刺粗长，刺黄白色，刺端黑色。**卵**　卵粒长圆柱形，中间稍弯，初产时黄色，后变褐色，卵粒长 6~9mm，宽 1.7~2.0mm；卵块长圆筒形，长 40~80mm，外面黏有 1 层薄膜，卵块上部为产卵后排出的乳白色泡状物所覆盖，每个卵块有卵 38~175 粒。**跳蝻**　共有 6 龄，形似成虫，低龄时体色较淡绿，大龄阶段翅芽明显。

发生特点　各地 1 年均发生 1 代，以卵块在土中越冬。翌年 4 月孵化为跳蝻，6~7 月陆续羽化为成虫，成虫取食 10 多天后，于 7~10 月交尾产卵，然后相继死去，成虫寿命 35~45 天。成虫交尾高峰期为 7~8 月，交尾多在白天进行，有多次交尾习性，交尾后又可取食。产卵高峰期为 7 月下旬至 8 月中旬，多在每天 11~13 时产卵，产卵时，用产卵瓣掘土成穴，穴深可达 70~100mm，将腹部完全插入土中，每雌一生产卵 1~2 块。蝗蝻第 2 龄前食量小，只取食嫩叶，群聚性强；第 3 龄后食量渐增，开始上树为害；第 5、6 龄后开始分散取食为害，成虫期扩散更广。成虫通常选择砂壤土幼林地、萌芽条较多、阳光充足的疏林地、与林中空地交接的林缘产卵；而土壤颗粒太细、质地黏重、通透性差的黏土或砖红壤土，不适于棉蝗产卵，极少发生棉蝗灾害。营林集约度不高，新造林的幼林阶段，林中空地杂草多，疏残林，管理不善的萌芽林及林缘，是棉蝗发生成灾的主要场所。

天敌　捕食性天敌卵期有红头芫菁等；成、若虫期有多种蚂蚁、螳螂、猎蝽、蜘蛛、鸟类、

成虫侧面观

成虫腹侧面观

大龄跳蝻

为害状

啃食树皮

环食树皮导致主干枯死

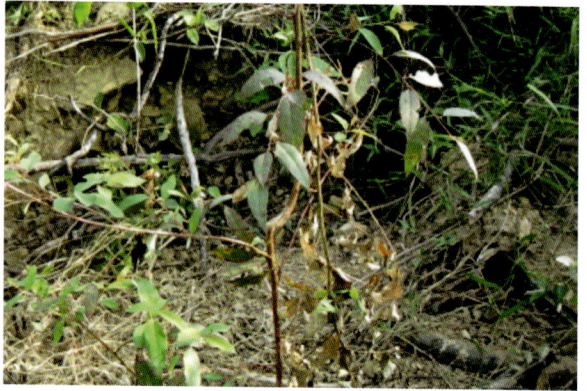
为害致使主干折断

青蛙等。寄生性天敌卵期有黑卵蜂等；成、若虫期有寄生蝇、蝗单枝虫霉、白僵菌等。天敌对该虫种群有重要控制作用，应加强保护利用。

油茶蝗虫类害虫主要控制技术措施 （1）加强预测预报。设置固定监测点，定期踏查，严密监视害虫发生发展动态，做好害虫预测预报工作。重点是产卵密度较高的地点和低龄蝗蝻发生期，以利于在跳蝻第1龄末期前（即上大树前）及时做好虫源地施药防治，提高防治效果。（2）加强营林技术措施。在寄主为害区种群密度较高的地段，冬、春季铲除田埂和荒地2~3cm深的草皮，晒干或沤肥，消灭蝗卵。开垦田边地头荒地，消灭蝗虫发生地。人工挖卵及捕灭跳蝻。对棉蝗的防治应砍除萌条，营造混交林；油茶林与木麻黄林及竹林之间种植隔离带。（3）人工防治。在蝗虫产卵比较集中的地方，尽力适时实施人工挖卵及捕打跳蝻及成虫。（4）加强生物防治。蝗虫的天敌很多，这些天敌对蝗虫种群有重要控制作用，要切实加强保护和利用，尤其是切勿滥施农药，使用农药一定要适时、适地（即林地）、适药量、安全。还可以采取在林地放鸡、养鸭等措施来消灭蝗虫。（5）药剂防治。①在大部分跳蝻第1龄末至第2龄初时（即未上大树、大竹前）必须施药防治，可选用以下方法：每亩*用15~20g森得保可湿性粉剂1500~2000倍液喷雾；或喷施25%灭幼脲3号悬浮剂1000~1500倍液；或喷施20%除虫脲，或喷施5%吡虫啉可湿性粉剂1500~2000倍液；或竹腔注射吡虫啉，或爱福丁油剂；或喷施0.5亿个活芽孢/mL苏云金杆菌液；或喷施1亿个活芽孢/mL青虫菌乳剂等；在坡陡或树高的林分可选用每公顷300g森得保可湿性粉剂加30~35倍中性载体粉剂喷撒；在气候条件适宜时，也可喷撒100亿个孢子/g白僵菌粉剂。②用混有农药的尿液装入竹槽，放到虫源地林间诱杀成虫。

---

*1 亩 ≈ 666.67m²

7　变色乌蟥

学名：*Erianthus versicolor* Ingrisch

分类：直翅目 ORTHOPTERA　蟥科 Eumastacidae

分布与为害　在我国主要分布于广西等地。主要寄主有油茶、竹子、桉及其他禾本科植物。主要以若虫及成虫取食叶片，造成缺刻。该害虫在油茶林内种群数量一般不高，不会单独对寄主形成灾害。

形态特征　体色黄褐色或红褐色，活体颜色较鲜艳，尤其在前翅后端有"品"字形透明斑块。复眼后和颊区呈黄绿色。触角黄褐色，复眼黄褐色或黑褐色，前胸背板在中隆线附近为黑褐色，两侧呈黄绿色带纹延伸到前翅前缘脉和亚前缘脉，前胸背板侧片后缘具1个略呈三角形黑色斑。中后胸侧片及前、中足黄绿色。后足股节黄绿色，上隆线和外侧上隆线之间具3个黑色环。后足胫节褐色。腹部黑褐色，第3、6节黄绿色。**雄成虫**　体长21~22mm，前翅长19.0~19.5mm；体中型，较细长。头部向上昂起。头短，短于前胸背板，头顶的上方突出，略呈双晶形，顶尖，具中隆线，头顶宽度，与一眼等宽。颜面垂直，正面观似马头形，颜面隆起，中间具中隆线，在触角之间至侧单眼处消失，颜面隆起在中单眼之下收缩，纵沟深。复眼卵形，复眼纵径为横径的2.2倍。触角丝状，13节，较短，短于前足股节，基部第2、3、4节较细，其中段一节的长度几与第2、3节之和相等，端部数节较短，顶端较钝。前胸背板前缘中

若虫背侧面观

若虫侧面观

央略凹陷，后缘呈圆弧形，中隆线明显，无侧隆线；侧片下缘后端之半呈直线倾斜，与后缘组成类直角，中胸腹斑侧缘宽度略大于长度，侧叶间的中隔较宽，其宽度为长度的 1.7~1.8 倍，后胸腹斑侧叶的后端部分毗连。前翅发达，不到达、到达或超过腹部末端，翅顶斜切，后翅略短于或与前翅等长。后足股节较细长，其长度为最宽处的 4.5~6.5 倍，股节上隆线具细齿，下缘光滑，上下膝侧片顶端均呈锐刺状，后足胫节与股节等长，具内、外端刺，外侧具刺 24~26 个，内侧具刺 21~23 个，内侧刺比外侧刺长且大。后足跗节第 1 节的外缘具 6~7 刺，内缘所具刺小，不明显，第 1 跗节长度为第 2、3 节之和。中垫较发达，呈三角形，略短于爪。腹部末节背板后缘具明显的尾片，呈三角形，顶端向后弯，较钝。尾须不明显。**雌成**

虫 体长 29.5~31.0mm，前翅长 21.8~23.0mm；较雄成虫大。头顶端部较圆钝。复眼纵径为横径的 2 倍。腹部末节尾片弯曲不太明显。尾须圆锤形，基部较大略扁，其长度为肛上板长度的 2/3。上产卵瓣外缘具齿，顶端尖，下产卵瓣顶端略弯。下生殖板呈三角形突出，顶端尖。

发生特点 无饲养观察记录。1 年发生 1 代，以卵（块）在土中越冬。成虫活动期主要在 6~9 月。在油茶林内一般种群密度不会很高，只是取食少量叶片，不会造成灾害。

天敌 参考本书"棉蝗"的相关内容。

主要控制技术措施 无需单独进行防治。若考虑到其他混合发生的蝗虫类虫害，需要防治时，参考本书"棉蝗"的油茶蝗虫类害虫主要控制技术措施。

绿金钟

别名：梨蛞蛉、绿蛞蛉
学名：*Calyptotrypus hibinonis* Mastumura
分类：直翅目 ORTHOPTERA　蟋蟀科 Gryllidae

分布与为害　在我国主要分布于广西、云南、福建、浙江、四川、安徽、江苏、山东等地。主要寄主植物有油茶、八角、梨、苹果、桃、柿、枣、栗等经济林和果树，刺槐等多种行道树，豆类、棉花等旱地农作物。以成虫、若虫嚼食寄主植物的叶、芽、花、嫩果皮等。一般为害不严重。

形态特征　成虫体长，雄虫约 18mm，雌虫约 19mm；翅长，雄虫约 19mm，雌虫约 25mm。体中等大小，淡黄绿色。体型中部大、两端小，整体似舟形。头小，复眼突出；触角细长约 2 倍于体长，触角基间狭，额向前突出。前胸背板前窄后宽呈梯形，有的个体有 1 对小黑痣。前翅长超腹端甚多，后翅更长些；雄虫前翅纵横分布赤褐色脉纹，发音镜大，略呈四方形，内有 1 条横脉，5~6 条斜脉，端网区发达，呈三角形，末端尖，侧区由亚前缘脉近乎直角分出多条支脉，但无横脉。尾毛淡黄色，约与后足腿节等长。雄虫外生殖器中叶端部呈"丫"状分叉，故俗称"双口"。雌虫产卵管约与后足胫节等长，末端黑色。足淡黄色，柔弱。

发生特点　1 年发生 1 代，以卵在寄主树枝条内越冬。成虫、若虫白天隐伏于树冠丛中，遇惊跳落于地；夜间活动。该虫是著名的鸣虫，成虫高鸣于树上，鸣声"栖—利，栖—利"，鸣声音高连续不断、悠扬悦耳、动听，鸣声似从天而降，故又名"天铃"。成虫于 8 月出现，9 月中、下旬雌成虫在树枝上咬成 1 孔产卵于其中越冬，翌年 6 月孵化为若化，蜕皮 5 次后为成虫。

天敌　捕食性天敌在成、若虫期有多种蚂蚁、螳螂、猎蝽、蜘蛛、鸟类等；寄生性天敌在成、若虫期有白僵菌等。天敌对该虫有一定控制作用，应加强保护利用。

主要控制技术措施　一般种群密度不会很高，不需要进行防治。

成虫

成虫背面观

若虫

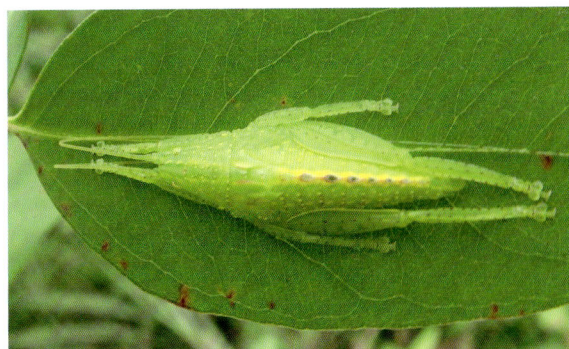

若虫背面特征

9 长瓣树蟋

别名：紫竹蛉、竹蛉
学名：_Oecanthus longicauda_ Matsumura
分类：直翅目 ORTHOPTERA　树蟋科 Oecanthidae

分布与为害　在我国主要分布于东北、华北、西北、华东、华中、华南、西南等地的部分地区；在国外分布于泰国等。树蟋在油茶等人工林、果树、低矮灌木丛或旱作农作物上栖息，植食性，因其多在树上生活而得名。主要取食上部叶片而形成孔洞和缺刻，雌虫产卵于树枝的木髓中，数量不多，取食和产卵对被害树木不会引起明显影响。

形态特征　成虫体长 12~14mm，体中型、细长，体色多为淡黄色、淡绿色或黄白色，也有棕色型、褐色型、紫色型；腹面通常为黑褐色。头部平伸，口器前口式。触角向前。雄性前翅几乎透明，扁平，较宽大，雌虫较窄而包住体背，产卵瓣较长，矛状。后足胫节的刺间有锯齿。最明显的特征是腹部腹面中央上有一条黑紫色纵线。

发生特点　据报道，在云南于 6 月中旬开始在烟田内发生，至 9 月上中旬消失。笔者在泰国油茶树上于 11 月中旬拍摄到该树蟋。主要取食上部叶片而形成孔洞和缺刻。种群消长呈双峰型，小峰在 7 月上中旬出现，主峰在 8 月上中旬出现，种数数量与温度呈正相关，与降水量呈负相关，湿度的变化对种群数量消长有一定的影响。

养长瓣树蟋是一件很开心的事情，长瓣树蟋是鸣虫中的绅士，算是比较高雅的一种。白天它们蛰伏在盒内可以一天都不动一下，一到晚上它们便在盒子里跑不停。雄虫鸣叫，鸣叫时两前翅树立。雌虫与雄虫交配时常会取食雄虫前胸腹板下分泌的液体。长瓣树蟋适合用竹盒养。长瓣树蟋的食物有很多，包括米饭、苹果、南瓜、磨碎的熟黄豆等，可以交替喂。叫声有芙蓉鸟叫声和木鱼声。为什么叫长瓣树蟋，人们给它起这么个名字可能就是因为它儒雅性格吧。盒子的高度不能低于 3cm，否则当它们振翅高歌时容易碰到。

天敌　天敌丰富，有关情况参考本书"双叶拟缘蝽"的相关内容。

主要控制技术措施　一般不需要进行防治。若局部林分为害比较严重，需要防治时，参考本书"双叶拟缘蝽"的蝽斯类害虫主要控制技术措施。

成虫背面观（摄于泰国）

成虫侧面观（摄于泰国）

<table>
<tr><td>**10**</td><td>**秋掩耳螽**</td><td>学名：*Elimaea fallax* Bey-Bienko
分类：直翅目 ORTHOPTERA　露螽科 Phaneropteridae</td></tr>
</table>

分布与为害　在我国各地几乎都有分布，南起海南、广东、广西，北至黑龙江，东自台湾，西达云南及西北各地。主要寄主有油茶等多种人工林、果树类、蔬菜类、禾谷类、杂灌木。若虫、成虫咬食新梢及嫩叶，有时咬食幼果或花蕾；雌成虫产卵在1年生小枝条组织或叶缘组织内，导致产卵部位以上小枝枯萎或死亡，造成一定的损失。

形态特征　成虫体长17~22mm。体绿色。触角很长，丝状，浅褐色，着生于复眼之间。翅收拢时，自头部背面起，经前胸背板背面直至前、后翅前缘脉端部，整个一条背线带均为深红褐色；体及前、后翅其余大部分绿色。除基节外，前、中足为红褐色；后足腿节绿色，胫节绿褐色。前足胫节内外侧听器均为封闭型。前翅狭长，超过后足股节端部；横脉排列很规则；雄性前翅具发音器；后翅长于前翅。第1、2跗节具侧沟，产卵瓣弯镰形，边缘通常具细长。雌性产卵瓣侧扁，向上弯曲。

发生特点　1年发生1代，以卵在寄主枝条内

成虫侧面观

越冬。有很好的拟态和保护色，通常伸展开身体静伏在叶片上。其他有关发生情况参考本书"双叶拟缘螽"的相关内容。

天敌　天敌丰富，有关情况参考本书"双叶拟缘螽"的相关内容。

主要控制技术措施　一般不需要进行防治。若局部林分为害比较严重，需要防治时，参考本书"双叶拟缘螽"的螽斯类害虫主要控制技术措施。

成虫后背侧面观

若虫背侧面观

11 日本条螽

别名：露螽、梅雨虫、点绿螽

学名：*Ducetia japonica* Thnberg

分类：直翅目 ORTHOPTERA　螽斯科 Tettigoniidae

分布与为害　在我国主要分布于海南、广东、广西、福建、江苏、上海、安徽、浙江、湖南、台湾、云南、贵州、海南、西藏等地；在国外分布于日本、泰国等亚洲及大洋洲各国。主要寄主有油茶等多种人工林、蔬菜类、禾谷类、杂灌木。若虫、成虫咬食新梢及嫩叶，有时咬食幼果或花蕾；雌成虫产卵在1年生小枝条组织或叶缘组织内，导致产卵部位以上小枝枯萎或死亡，造成一定的损失。

形态特征　成虫体长，雄虫 19.5~20.0mm，雌虫约 20mm。体绿色，有褐色型。体形细狭长形，从头顶上至翅端可达 35~40mm。前翅长，雄虫 25~26mm，雌虫约 28mm。体色为青绿色。触角、前足及中足为黄褐色。头顶、前胸背板背面向后延伸到前翅肘脉及翅的前缘具黄褐色纵带。腹部为黄绿褐色。**雄成虫**　头短于前胸背板的 1.88 倍。头顶端区狭窄，狭于触角第1节的长度。颜面垂直或略倾斜。复眼球形突出。触角丝状较细长，远远地超过其体长。前胸背板前缘在中隆线处略弯，后缘呈圆弧形。前胸背板中隆线明显，侧隆线较弱，隐约可见，背板侧叶向后具有肩凹，背板的高略短于其长。前足胫节上的听器孔开张，呈长椭圆形。前、后翅均发达。鞘翅镜膜区较小。前翅较长，超过后足股节的顶端，超出部分约小于后足股节长度的 3.4 倍；末端圆形。后翅比前翅长，长出部分为前胸背板长度的 1.66 倍。后翅末端较尖。后足股节较细长，外缘底侧近端部之半具 6 个细齿。胫节比股节长，呈方形，每方均具细短齿。跗节 4 节，第 1 节较长。肛上板呈短三角形。尾须较细长，向上弯，顶端较尖锐。下生殖板较细长，向上翘不分叉，中央具深纵沟。

雌成虫　两复眼间的距离约为触角第1节长度的

成虫及其为害状

成虫头面侧面观

自然态成虫前翅特征

成虫侧面观

褐色型成虫（摄于泰国）

1.56 倍。后翅较前翅长，长出部分小于前翅长度的 4.63 倍，后翅的顶端较尖。

发生特点　1 年发生 1 代，以卵在寄主枝条内越冬。植食性昆虫，以寄主的花和嫩叶为食，并嗜食南瓜及丝瓜的花瓣，也取食油茶叶、桉树叶、桑叶、柿树叶、核桃树叶、杨树叶等，但是也吃其他昆虫，有一定的为害性，因而它属于害虫之列。喜栖息在凉爽阴暗的环境中，故白天静静地伏在寄主植物的茎、叶之间，黄昏和夜晚爬行至上部枝叶活动、摄食、鸣叫。雄虫的前翅摩擦能发出声音，每到夏秋季的晚上，可听到虫鸣，鸣声很有特色，每次开叫时，先有短促的前奏曲，声如"轧织，轧织，轧织，……"，可达 20~25 声，犹如古时候织女在试纺车，其后才是"织，织，织，……"的主旋律，音高韵长，时轻时重，犹如纺车转动，因而得名"纺织娘"；如遇雌虫在附近，雄虫一面鸣叫，一面转动身子，以吸引雌虫的注意。善于跳跃，且能跳得很远，有时在寄

产卵状

主间纵身一跃，没入草丛或他处，即无踪可寻。雌虫将卵产在植物的嫩枝上，常造成这些嫩枝新梢枯死。

天敌　天敌丰富，有关情况参考本书"双叶拟缘螽"的相关内容。

主要控制技术措施　一般不需要进行防治。若局部林分为害比较严重，需要防治时，参考本书"双叶拟缘螽"的螽斯类害虫主要控制技术措施。

12	双叶拟缘螽	别名：螽蟖
		学名：*Pseudopsyra bilobata* Karny
		分类：直翅目 ORTHOPTERA　螽斯科 Tettigoniidae

分布与为害　在我国主要分布于广东、广西、福建、海南等地。主要为害油茶、桉、荔枝、龙眼及园林花卉等许多植物。若虫、成虫咬食新梢及嫩叶，有时咬食幼果或花蕾；雌成虫产卵在1年生小枝条组织或叶缘组织内，导致产卵部位以上小枝枯萎或死亡，造成一定的损失。

形态特征　**成虫**　体长，雌虫35~39mm，雄虫20~33mm。体鲜绿色或黄绿色。头短，顶端区较窄，颜面略向后倾斜。复眼突出，倒卵形。触角丝状，长于后翅末端，基部约1/4为棕红色，其余为淡黑色。前胸背中线突起。前胸背板前缘平直，后缘弧形，下缘半圆形，向后延伸至肩凹，周缘有边框。背板中央有一个近似"V"字形的横沟，其前方有2个与之相似的淡黄色横纹。前翅长叶形，尾端较圆；后翅与前翅等长，扇形，尾端尖。各跗节均为4节，第3节有下跗垫，第

4节长度约为第1~3节的和长。前足胫节基部黄褐色，上各有听器1对。后足股节基部宽，端段细小，胫节长于股节，呈方形，各方上有小齿。腹部侧扁，腹面黄绿色，第10节紫红色。尾须剑状，黄色。雌虫产卵器瓣状如镰刀，略向上弯，基部黄褐色，端部黑褐色。上产卵瓣的内缘和侧缘、下产卵瓣的外缘与侧缘均具细密的小齿。下生殖板三角形，中线明显隆起。雄虫与雌虫基本相同，但个体较小，触角为棕红色，前胸背板中线前半部隆起较明显。下生殖板狭长向上弯，分开2叉。**卵**　呈块状，卵块长8~12cm，卵粒扁长形，初产时浅黄褐色，逐渐变为茶褐色。**若虫**　体形与成虫相似，但体较小，低龄若虫期无翅，高龄若虫有短翅，大龄若虫体色接近成虫。

发生特点　1年发生1代，以卵在寄主植物组织内越冬。第2年4~5月孵化，初龄若虫群集嫩梢

雌成虫侧面观

成虫背面观

取食为害，大龄若虫食害叶片、花蕾及幼果；7~8月发育为成虫，7月为羽化盛期。8~9月进入产卵期。雌成虫多于晚上8~10时产卵于小枝上，产卵时，先用产卵器插入枝条组织内，深达枝条中髓部，刻成卵槽，然后将卵产于其中，卵粒单产，呈单一纵行排列成块；雌成虫产卵期6~10天，一生可产2~3块卵，每块有卵30~70粒。卵块表面覆盖木屑。雌成虫产卵在老叶上时，先用产卵器把叶缘分成两半，再把卵产于其中。

天敌 捕食性天敌在成、若虫期有多种蚂蚁、螳螂、猎蝽、蜘蛛、鸟类等；寄生性天敌在成、若虫期有白僵菌等。天敌对该虫有一定控制作用，应加强保护利用。

主要控制技术措施 （1）加强监测和预测预报。设置固定监测点，定期踏查，严密监视害虫发生发展动态，做好害虫预测预报工作。重点是掌握害虫点块状发生阶段时的虫源地及初龄幼虫期，以准确指导防治，提高防治效果。（2）人工防治。及时发现并剪除产卵枝叶，集中烧毁；人工捕捉成虫、若虫，饲喂家禽。（3）药剂防治。一般情况下不需要进行药剂防治。当局部林分虫口密度较大时，于低龄若虫期，喷施25%灭幼脲3号悬浮剂1500~2000倍液，或喷施20%除虫脲1000~1500倍液，或喷施5%吡虫啉可湿性粉剂1500~2000倍液等。

产卵状

覆盖产卵槽外的木屑物放大

直翅目

螽斯科

13 黑膝剑螽

学名：*Xiphidiopsis geniculate* Bey-Bienko

分类：直翅目 ORTHOPTERA 螽斯科 Tettigoniidae

分布与为害 在我国主要分布于广西、陕西、河南、安徽、湖北、四川、贵州等地。主要寄主有油茶等多种人工林、蔬菜类、禾谷类、杂灌木。若虫、成虫咬食新梢及嫩叶，有时咬食幼果或花蕾；雌成虫产卵在1年生小枝条组织或叶缘组织内，导致产卵部位以上小枝枯萎或死亡，造成一定的损失。

形态特征 成虫体长，雄虫11~14mm，雌虫14~17mm。体黄褐色或绿色。头部背面褐色，具黄色中线，复眼后具黑色和黄色纵条纹；前胸背板背面褐色，两侧具黑色和黄色纵条纹；前翅前缘脉域绿色，其余脉域淡褐色；后足膝部黑色，前足胫节刺暗色。触角较体长，着生于复眼之间。前胸背板向后适度地延长，沟后区明显抬高。前翅常为淡褐色，前翅颇远地超过后足股节端部；后翅长于前翅。前足胫节腹面内、外距排列为4，5（1，1）型。雄性前翅具发音器，雌性产卵瓣剑形。

发生特点 1年发生1代，以卵在寄主枝条内越冬。成虫喜欢舒展身体，在叶片上晒太阳。遇到危险会迅速爬到叶背或跳开。其他有关发生情况参考本书"双叶拟缘螽"的相关内容。

天敌 天敌丰富，有关情况参考本书"双叶拟缘螽"的相关内容。

主要控制技术措施 一般不需要进行防治。若局部林分为害比较严重，需要防治时，参考本书"双叶拟缘螽"的螽斯类害虫主要控制技术措施。

自然态成虫前翅特征

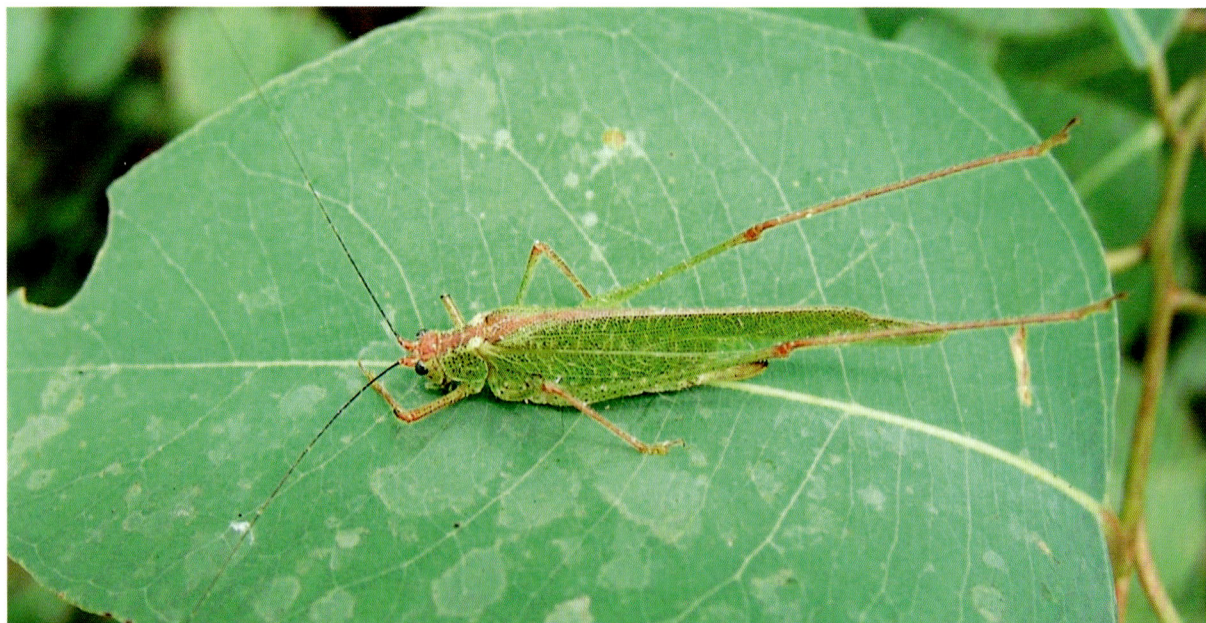

成虫头面侧面观

| 14 | 红胸异跗花萤 | 学名：*Cantharidae* sp.1 |
| | | 分类：鞘翅目 COLEOPTERA　花萤科 Cantharidae |

该花萤外形似旋心异跗萤叶甲，但其前胸呈红色，故笔者暂给此中文名。

分布与为害　目前仅知分布于广西。笔者发现该花萤成虫取食油茶树叶，沿叶脉啮食寄主叶肉，残留表皮呈白色斑点状或条状；为害严重时，全叶变白，后期枯黄脱落；未见幼虫如何寄主植物，未见该虫对油茶林有严重为害及相关报道。

形态特征　成虫体长约6mm，体宽约3.5mm。体长形，两侧平行，全身被短毛。头部、前胸、小盾片、触角第1节基部为红色或红褐色；触角、复眼、鞘翅为黑色或蓝黑色；足的胫节外侧为灰褐色；足的基节、腿节基节及跗节内面、体腹面为黄色或浅黄色。头与前胸等宽。触角细长，雄虫触角与体等长，雌虫触角略超过鞘翅中部；第2节最短，第3节略长于第2节，第4节约等于第2、3之和长。前胸背板长、宽约相等；前缘较窄，后缘较宽；四周具边框；前部平展，中后部逐渐隆起；前缘、前侧角呈弧形，后缘较直；盘区具凹窝及毛。小盾片三角形，基缘宽，但较短。鞘翅较前胸背板宽，两侧平行翅面刻点稠密，具褶边，微见纵肋，其中有2条较显。

发生特点　参考"旋心异跗萤叶甲"的相关

成虫在油茶树叶面交尾

内容。食性杂，可取食为害多种植物。笔者在广西6月初就拍摄到成虫为害油茶树。年发生代数等不详。

天敌　参考本书"红负泥虫"的相关内容。这些天敌对害虫种群有重要控制作用，应切实加强保护利用。

主要控制技术措施　在油茶树上一般种群密度不高，不会造成严重灾害。若局部林分种群密度很高，需要防治时，参考本书"黑额光叶甲"的油茶叶甲类害虫主要控制技术措施。

雌成虫背面观

雌成虫前翅特征

该花萤外形似旋心异跗萤叶甲及红胸异跗萤花萤，但其前胸由黑红两色组成，故笔者暂给此中文名。

分布与为害   目前仅知分布于广西。笔者发现该叶甲成虫取食油茶树叶，沿叶脉啮食寄主叶肉，残留表皮呈白色斑点状或条状；为害严重时，全叶变白，后期枯黄脱落；未见幼虫为害寄主植物，未见该虫对油茶林有严重为害及相关报道。

形态特征   成虫体长椭圆形，两侧平行，全身被短毛。头部、小盾片、中足、后足腹端裸露部分背面等为黑色；下唇须大部分黄褐色，端部黑褐色；触角基部 2 节及第 3 节下半段黄褐色，触角其余各节为黑色。前胸背板中部有哑铃状黑斑，前、后端较宽，略呈三角形，中段缢缩；两侧为红褐色，竖式三角形（侧边最长）。前足黄褐色，爪黑色。头顶较平，前伸，面部和颈部被较密白色短毛。头与前胸等宽。触角细长，第 2 节最短，其余各节大致等长。前胸背板略呈盾形，长大于宽；前缘弧形，后缘较直两侧微凹；前侧角圆弧形，后侧角略呈直角形；被较密白色短毛。小盾片较小，略呈三角形。鞘翅基部比前胸宽，基部微隆；两侧较直，平行；鞘翅刻点成行，细密；四周有折边；两鞘翅端部略尖，呈三角形分开。

发生特点   参考本书"旋心异跗萤叶甲"的的相关内容。笔者在广西 4 月就拍摄到成虫为害油茶树。年发生代数等不详。

天敌   参考本书"红负泥虫"的相关内容。这些天敌对害虫种群有重要控制作用，应切实加强保护利用。

主要控制技术措施   在油茶树上一般种群密度不高，不会造成严重灾害。若局部林分种群密度很高，需要防治时，参考本书"黑额光叶甲"的油茶叶甲类害虫主要控制技术措施。

成虫背面观

成虫侧背面观

毛角豆芫菁

学名：*Epicauta hirticornis* Haag-Rutenberg

分类：鞘翅目 COLEOPTERA　芫菁科 Meloidae

分布与为害　在我国各地都有分布；在国外分布于越南、印度等。主要寄主有油茶、桉、豆类、蕨类、龙葵及杂草等。以成虫取食寄主植物叶片，严重时会影响生长；幼虫捕食土中蝗虫卵块，又是益虫，所以要权衡利弊，不同区域要区别对待。

形态特征　成虫体长 11.5~21.5mm，体宽 3.6~6.0mm。身体和足完全黑色，头红色，鞘翅乌暗无光泽；腿节和胫节上面具有灰白色卧毛，鞘翅外缘和端缘有时也镶有很窄的灰白毛。头略呈方形，后角圆；在复眼内侧触角的基部每边有 1 个红色、稍凸起、光滑的"瘤"。触角 11 节，丝状。前胸短，长稍大于宽，两侧平行，前端 1/3 狭窄，在背板基部的中间有 1 个三角形凹洼。鞘翅基部窄，端部较宽。雌、雄两性区别较明显：雄虫触角除末端 1、2 节外，每节的外侧都具有黑色长毛；前足胫节外侧具很密的黑长毛；腹部末节腹板后缘向前凹，呈弧圆形；雌虫触角较短细，侧缘无长毛；前足胫节没有浓密的黑长毛；腹末节腹板后缘平直。

发生特点　在东北、华北 1 年发生 1 代，在长江流域及长江流域以南各地 1 年发生 2 代，以第 5 龄幼虫（假蛹）在土中越冬。在一代区，越冬幼虫 6 月中旬化蛹，成虫于 6 月下旬至 8 月中旬出现为害，8 月为严重为害时期，尤以大豆开花前后最重。在 2 代区，越冬代成虫于 5~6 月发生，集中为害早播大豆，以后转害蔬菜。第 1 代成虫为害大豆最重，以后数量逐渐减少，并转至蔬菜上为害。成虫白天活动，在枝叶上群集为害，活泼善爬。成虫受惊时迅速散开或坠落地面，且能从腿节末端分泌含有芫菁素的黄色液体，如触及人体皮肤，能引起红肿发泡。成虫产卵于土中约

成虫背面观

成虫群集为害

5cm 深处，每穴 70~150 粒卵。豆芫菁成虫为植食性害虫，但幼虫为肉食性，以蝗卵为食，幼虫孵出后分散觅食，如无蝗虫卵可食，则饥饿而死，一般 1 个蝗虫卵块可供 1 头幼虫食用。

天敌　主要天敌有树褐蝽，其在夜间扑食芫菁成虫；一种线虫能寄生芫菁卵、幼虫、蛹及成虫，土壤潮湿时寄生率较高；一种虻类幼虫能伤害芫菁幼虫；一种小型马陆可爬进产卵洞穴中吃卵和刚孵化的幼虫。

油茶芫菁类害虫主要控制技术措施　该类害虫因其发生地、保护寄主植物对象、害虫自身发育阶段等的不同，控制策略上宜采取相应的不同措施。在非竹林区，为保护油茶、桉苗或豆株免遭芫菁成虫为害，宜采取以下控制技术：（1）加强预测预报。重点是抓好点片状发生阶段及成虫羽化初盛期的测报，以指导对成虫期的防治。（2）加强营林技术措施。寄主林要及时施肥抚育，砍杂除草，促进生长；寄主的采穗圃要做好除草清

成虫正在取食

圃工作，冬翻抚育，可杀灭越冬幼虫。（3）人工措施。成虫点片状发生阶段，用网捕杀或打落坠地踩杀。芫菁类昆虫人工捕获后可用开水烫死晒干作药用。（4）药剂防治。成虫为害严重林区，可于成虫始盛发期在每亩用 15~20g 森得保可湿性粉剂 1500~2000 倍液喷施，或喷撒 5% 吡虫啉可湿性粉剂 1500~2000 倍液等。

17	丽叩甲	别名：松丽叩甲
		学名：*Campsosternus auratus* (Drury)
		分类：鞘翅目 COLEOPTERA　叩甲科 Elateridae

分布与为害　在我国主要分布于华南、华北及福建、台湾、贵州、湖南、湖北等地；在国外分布于越南、老挝、柬埔寨、日本等。寄主有油茶、竹、松、桉等。以成虫取食嫩叶、嫩梢、花器等，以幼虫取食寄主植物根系、竹鞭、笋鞭等，幼虫同样可钻蛀为害竹笋、嫩竹及其他寄主的茎或块茎等，严重为害区可造成竹笋腐烂或缺苗，导致减产，降低品质，一般对油茶树为害不太严重。

形态特征　成虫　体长，雄虫 36.5~39.0mm，雌虫 42~43mm；肩宽，雄虫 10.0~11.5mm，雌虫 12.5~14.0mm，是叩甲科中较大型的种类。体铜绿色，前胸背板和鞘翅周缘具金色或紫色反光，十分光亮艳丽，触角和跗节蓝黑色。头顶中央相当凹陷，略呈三角形，靠近触角基窝处凸，凹陷内刻点粗密，向后渐疏。触角短而扁平，向后可伸达前胸背板基部，第 1 节粗，略弓弯，表面光裸，有许多刻点，第 2 节极短，第 3 节长约为第 2 节的 3 倍，第 4~8 节明显宽扁，各节约等长，端末3 节略狭，稍短。前胸背板基宽端狭，其长与基宽约等；侧缘和前缘具粗的边框，多少上卷，从背面清楚可见；后角钝，顶端略向下弯，背面无脊；盘区刻点稀、细，刻点间光滑，向两侧逐渐加密，点间为细皱状。小盾片近似心脏形，表面凹陷，具稀疏细刻点。鞘翅基部约与前胸等宽，自中部后收狭，顶端尖锐，基部在肩胛内侧明显低

雌雄成虫背面特征

雌雄成虫腹面特征

活成虫弹器下压态

凹；盘区隆凸；鞘翅表面布满刻点，中央较稀，两侧显较密集，点间呈波纹或龟纹状。足粗壮，跗节第1~4节腹面具垫状绒毛，爪简单。

幼虫 体细长，呈长扁圆筒形；体壁坚硬且光滑；前口式，上唇退化，头壳前缘凹凸不平；前胸节大，腹末有尾足。

发生特点 无详细饲养观察记录。约3年以上完成1个世代，以成虫或各龄级幼虫在土中越冬。笔者在油茶树上、竹林地面、松树干上、桉幼树上见到成虫活动。成虫头部腹面的细长部分和腹部的"Y"字形突起共同构成弹器，类似一个杠杆，通过头部向下压就可以让身体弹起，故成虫会叩头；成虫遇到敌害往往假死。成虫取食寄主植物嫩叶或嫩梢。幼虫生活于土中，在油茶林内和竹林内种群密度不高，为害不太严重。

天敌 天敌较多，如鸟类、刺猬、青蛙、蜘蛛等，都能捕食成虫；食虫虻喜捕食正在飞翔的叩甲成虫，也取食土中幼虫；捕食性天敌还有螳螂、步甲、大斑土蜂、臀钩土蜂等。寄生性天敌有寄蝇、线虫、白僵菌、绿僵菌、病毒、立克次氏体等。这些天敌对害虫有重要保护作用，应加强保护和开发利用。

主要控制技术措施 （1）加强预测预报。设置固定监测点，进行定期踏查，严密监视害虫发生发展动态，做好预测预报工作；重点抓好虫源地及低龄幼虫期测报，以及时正确指导防治

成虫弹器放松态

工作。（2）营林技术措施。精耕细作，杀伤虫源；科学施肥，堆沤农家肥时，需用薄膜覆盖充分腐熟，防止害虫成虫在粪堆产卵；砍伐老树、弱树、杂灌木等，降低林木密度，促进林木健康生长；科学补种，清除林间空闲地等。（3）加强天敌保护利用。（4）药剂防治。在高虫口严重为害油茶林、竹林区，于卵孵化盛期前，每亩用15~20g森得保可湿性粉剂加入30~35倍中性载体喷粉于地面撒施，或喷撒使用中性载体稀释的10%吡虫啉可湿性粉剂；成虫为害严重林区，可于成虫始盛发期每亩用15~20g森得保可湿性粉剂1500~2000倍液，或喷撒5%吡虫啉可湿性粉剂1500~2000倍液等。

酸浆瓢虫

学名：*Epilachna vigintioctomaculata* Motschulsky

分类：鞘翅目 COLEOPTERA　瓢虫科 Coccinellidae

分布与为害　在我国主要分布于陕西、安徽、江西、江苏、四川、福建、广西、云南等地；在国外分布于日本等。主要寄主有马铃薯、油茶、茄子、大豆、辣椒、丝瓜等。成、若虫在叶背剥食叶肉，仅留表皮，形成许多不规则半透明的细凹纹，状如箩底。也能将叶吃成孔状或仅存叶脉，严重时，受害叶片干枯、变褐，全株死亡；茄果、瓜条被啃食处常常破裂，组织变僵，粗糙、有苦味，不堪食用。

形态特征　成虫体长 6.1~6.7mm，体宽5.0~5.6mm。虫体卵圆形，中部最宽，后部窄缩。半球形拱起，体背被有细密金黄色短毛，黑斑上毛黑色。全体基色为褐红色至枣红色。头部无斑，复眼黑色。前胸背板最多有 7 个黑斑，中央有 2 个黑斑，外侧中部各有 1 个圆形黑斑后缘两侧各有 1 个黑斑；另外，后缘中央有 1 个最小的圆形小点斑，此斑有时消失。小盾片基色同体色。各鞘翅具黑斑 14 个，中上部有 4 个斑在一条直线上。腹面褐红色，后胸腹板大部分黑色，第 1~3 腹节中部黑褐色，第 1~4 腹节之两侧及第 5 腹节中部各有 1 个深褐色斑。足褐红色。细刻点在前胸背板最深最密，在头部稀疏，在鞘翅的细刻点小于前胸背板的而且不深。前胸背板前缘呈梯形内凹，侧缘向外呈弧形，中后部略平直，后缘斜直，在小盾片前平截，前角钝圆，后角略方。小盾片三角形，长约等于底宽，边直。鞘翅肩角圆弧形，肩胛略突起，侧缘细窄隆起，纵槽在肩胛后明显。后基线内段圆弧形，外端略斜直，两段连接处有一圆角，与第 1 腹板后缘略有距离，向上止于第 1 腹板前缘，约 1/5 处。雄虫第 5 腹板后缘全线浅渐内凹，第 6 腹板后缘平截。雌虫第 5 腹板后缘中央略凸出，第 6 腹板后缘圆凸，表面有直缝。

成虫背面斑纹特征

成虫侧面观

生活习性 　未见有资料报道。下面介绍马铃薯瓢虫和茄二十八星瓢虫的生活习性以供参考。马铃薯瓢虫在东北、华北等地1年发生1~2代，江苏3代。以成虫群集在背风向阳的山洞、石缝、树洞、树皮缝、墙缝及篱笆下、土穴等缝隙中和山坡、丘陵坡地土内越冬。第2年5月中、下旬出蛰，先在附近杂草上栖息，再逐渐迁移到马铃薯、茄子上繁殖为害。成虫产卵期很长，卵多产在叶背，常20~30粒直立成块。第1代幼虫发生极不整齐。成、幼虫都有取食卵的习性，成虫有假死性，并可分泌黄色黏液。幼虫共4龄，老熟幼虫在叶背或茎上化蛹。夏季高温时，成虫多藏在遮阴处停止取食，生育力下降，且幼虫死亡率很高。一般在6月下旬至7月上旬、8月中旬分别是第1、2代幼虫的为害盛期，从9月中旬至10月上旬第2代成虫迁移越冬。东北地区越冬代成虫出蛰较晚，而进入越冬稍早。茄二十八星瓢虫在长江流域1年发生3~5代，以成虫越冬。以散居为主，偶有群集现象。越冬代成虫产卵期长，故世代重叠。成虫具假死性，有一定趋光性，畏强光。卵多产在叶背，也有少量产在茎、嫩梢上。幼虫的扩散能力较弱，同一卵块孵出的幼虫，一般在本株及周围相连的植株上为害。幼虫比成虫更畏强光，成、幼虫均有自相残杀及取食卵的习性，幼虫共4龄，多数老熟幼虫在植株中、下部及叶背上化蛹。该虫第2、3、4代为主害代，此期正值6、7、8月夏季茄科蔬菜的生长盛期；8月底至9月初，茄科作物陆续收获、翻耕、幼虫和蛹死亡率较高，幼、成虫向野生寄主及豆类、秋黄瓜上转移，10月上、中旬开始，成虫又飞向越冬场所。

天敌 　参考本书"黑额光叶甲"的相关内容。

主要控制技术措施 　一般不会造成较大为害。若种群密度很高，需要防治时，参考本书"黑额光叶甲"的油茶叶甲总科类害虫主要控制技术措施。

19	竹绿虎天牛	别名：竹虎天牛
		学名：*Chlorophorus annularis* (Fabricius)
		分类：鞘翅目 COLEOPTERA　天牛科 Cerambycidae

分布与为害　在我国主要分布于华南、华东、华中、东北及贵州、云南、四川、西藏、陕西、河北、台湾等地；在国外分布于越南、泰国、日本、老挝、缅甸、马来西亚、印度、印度尼西亚等。寄主有竹、柚木、油茶、油桐、枫、苹果、棉等；为害的竹类有很多，如刚竹属、苦竹属、箭竹属、牡竹属等。以幼虫取食竹材，在竹青和竹黄间蛀道纵横，蛀道内充满虫粪蛀屑，致使立竹失去支撑能力，竹材失去实用价值，造成严重经济损失；尚未发现幼虫为害油茶树；成虫取食油茶等树叶以补充营养，一般为害不严重。

形态特征　**成虫**　体长 8.5~18.2mm，前翅基宽 2.4~4.2mm。初钻出竹材时，虫体底色为黄绿色，后逐渐变为黄棕色。头绿色，头顶及额部密被黄绒毛；两颊被白色绒毛。复眼深褐色，两颊在复眼外侧有 4 枚小黑斑。触角约为体长之半或稍长，11 节，棕黄色。前胸近半球形，前、后缘有卷边，黑色，背面密被黄色绒毛，两侧密被黑绒毛，腹面密被白色绒毛，并从前缘绕过两侧到背面；前胸背板从前向后射出 4 条黑色长斑，中间 2 条在基部合并，外侧 2 条从两侧向后至背板中间；两侧基部各有 1 个黑色圆斑。前足基节窝外有 1 个黑圈。鞘翅密被黄色和黑色绒毛，基半部有 1 个约占翅 3/8 的黑色长圆环，向后近翅中部有 1 个较宽的黑色横斑，再后有 1 个约占翅 3/8 的近圆形黑色斑，末端约 1/8 无斑；翅中的黑横斑外侧向上弯，尖端与长圆环相接，向下弯尖端与圆形斑相连，内侧向上弯至后缘上方，中间也拖出一角直达后圆形斑。鞘翅狭长，两边几近平行，后缘浅凹形，内、外角细齿状。虫体腹面黑色，中胸两侧、腹部大部密被白色绒毛。足棕黑色，后足股节约伸展至鞘翅末端，后足第 1 跗节等于其余 3 节总长。前、中足胫节末端有 1 距，后足有 2 个距，1 长 1 短。**卵**　长卵圆形，长径 0.9~1.2mm，短径约 0.5mm，初期乳白色，后期黄白色，卵壳光滑，有光泽。**幼虫**　初孵时体长约 2.6mm，乳白色，半透明；成熟幼虫体长 13.5~21.0mm，乳白色，扁圆筒形，头微黄色，大颚黑色，前胸背板布刻点，前缘深黄色，正中微见 1 条背纵沟，将背板分为两块，前胸最宽，以后各节渐细。**蛹**　体长 9.5~16.8mm，黄白色，翅芽尖端抵达第 3 腹节末，后足腿节抵达第 5 腹节末。

发生特点　一般各地 1 年发生 1 代，少数 2 年 1 代，以幼虫在竹材内越冬。在广西翌年 3 月底开始化蛹，4~5 月成虫羽化，成虫羽化期长达 2~3 个月；浙江 4 月底开始化蛹，5 月中旬成虫羽化。成虫多在晴天中午飞行，寻偶交尾。5 月下旬至 6 月上旬产卵，卵产于新伐竹或隔年伐竹的

雌成虫背面观

雌成虫前翅特征

雌雄成虫

幼虫腹面特征

蛹室及蛹腹面观

竹秆节的上下蜡质层或污物下，或产于竹枝与主干相接处的腋内，少数产于竹秆粗糙的截面或伤痕裂缝处，卵略外露。卵期12~20天，幼虫孵化后即蛀入竹皮下取食。幼虫蛀成纵向坑道，蛀道内充满蛀屑和虫粪，并不排出竹材表面之外。幼虫为害有一定的群集性，主要为害新伐竹材，但水运后未干燥即贮存的竹材也易被害。

天敌 种类多、数量丰富，卵期有黑卵蜂、赤眼蜂、肿腿蜂、蚂蚁等；幼虫期、蛹期、成虫期有茧蜂、姬蜂、虎甲、隐翅虫、螳蛉、蚂蚁、猎蝽、螳螂、胡蜂、蜘蛛、蛙类、啄木鸟及其他鸟类、寄生性微生物等。这些天敌对害虫种群有一定抑制作用，应切实采取有效措施加强保护利用。

油茶天牛类害虫主要控制技术措施 （1）加强虫情测报。设置固定监测点，定期踏查，严密监视害虫发生发展动态，做好害虫预测预报工作。重点抓好害虫点片状发生阶段的虫源地、成虫盛发初期及幼虫孵化初盛期，以正确指导防治，提高防治效果。（2）检疫措施。加强苗木等种植材料检疫，特别是对外检疫，防止害虫远距离扩散蔓延。（3）加强营林管理措施。选用抗虫、耐虫竹种，提倡营造混交林；改善管理，及时清除虫害竹和枯竹；应在冬季伐竹，边砍边运，4月前必须将伐倒的毛竹全部运出竹林；林缘及林间，隙地栽植诱饵树，但需及时处理；对新发生区或孤立发生区，要拔点除源，及时降低虫口密度以控制害虫扩散蔓延。（4）根据竹材的用途，选择伐竹竹龄、时间。现在竹材加工逐渐机械化、工业化，受到热处理、胶黏合或化学处理，其产品受昆虫为害较少。但是农用圆竹家具、农具，如桌、椅、书架、农具

杆、柄、瓜果、蔬菜的棚架，晒衣竿等，基本上多是采用原竹，虫害较多就要考虑防治。建议采用6年生以上的老竹，4~5年生竹太嫩，含水分、养分多，易被虫蛀；此类竹应在冬季伐，尽量使用北坡竹；有条件的地方，伐下的竹先浸水10天，再充分干燥后使用。（5）集材防护。砍伐、运输竹材应尽量减少摩擦创伤，竹材应集中整齐堆放，下边要有垫木，上面要盖草帘等。堆集场地应禁用竹材、残次竹搭乘的简易小棚，应远离竹篱笆等有陈竹堆集的场所。伐竹处理采用清水久浸、石灰水浸泡、夏日暴晒等，可防虫蛀。（6）保护利用天敌。该害虫天敌很丰富，对害虫种群有显著控制作用，要加强保护利用措施。在必须采用化学药剂防治措施时，不要滥用化学农药，尽量选用生物农药；使用农药治虫时，重在治点保面，要设置天敌保护隔离区；尽量在天敌休眠期或相对安全期用药，尽量避免伤害天敌；有条件的地方，在天牛幼虫期释放肿腿蜂。（7）药剂防治。防治成虫是防治工作的关键。在天牛成虫期向寄主树干上用机动喷雾机喷洒噻虫啉微胶囊悬浮剂防治；成虫产卵盛期和幼虫孵化初期向产卵靶标部位喷施10%吡虫啉可湿性粉剂，或3%高渗苯氧威乳油2000倍液，3%啶虫脒乳油3000~5000倍液，或25%噻虫嗪水分分散剂2000~3000倍液，或1.8%爱福丁乳油3000倍液，或1.2%苦参碱乳油等，毒杀卵和初孵幼虫；对进入蛀干内的幼虫或成虫，可用5%啶虫脒，或用6%虫线清乳油竹腔注射。由于害虫虫体有蜡粉，非乳剂型药液中（如可湿性粉剂）若加入0.3%~0.4%的柴油乳剂或黏土柴油乳剂，可显著提高防治效果。

20	**阔边梳龟甲**	学名：*Aspidomorpha dorsata* (Fabricius)
		分类：鞘翅目 COLEOPTERA　铁甲科 Hispidae

分布与为害　在我国主要分布于海南、广西、广东、云南等地。主要寄主有油茶及番薯属植物等。在为害油茶树时，低龄若虫取食嫩叶叶肉，残留表皮，受害处呈透明状；大龄若虫和成虫食叶致缺刻或孔洞。

形态特征　成虫体长 10.0~13.5mm，体阔 8.8~13.2mm。体略呈卵圆形，最阔处在鞘翅肩角后，背面较平拱。体极光亮，活虫金色，干标本淡棕黄色带金光，稍透明，鞘翅盘区略深，常带赭色，一般于驼顶、盘侧中桥和盘尾色泽较淡，沿中缝常具不固定的深色小斑纹，刻点红褐色；敞边乳色、透明，基部具 1 个棕红色深斑，几乎占据整个基部。腹面棕黄色，后胸腹板稍透明；触角及足淡棕黄色，前者第 1~2 节黑色。触角长达胸侧角，第 3 节很长，与第 2 节比约为 3：1，第 6 节约与第 2 节等长，自第 7 节起逐渐变粗，多毛色暗，各节均长胜于阔，第 11 节扁阔，顶端尖形，歪向外沿。前胸背板椭圆形，显较鞘翅基部狭缩，表面光洁，无刻点与凹纹，无中纵沟。鞘翅肩角比胸侧角圆阔；敞边极其宽阔，最阔处显然超过每翅盘面，盘区光洁，驼顶呈尖峰三角形；基、侧洼缺如，中洼很小，刻点细弱，行列尚整齐，各行刻点与刻点间疏密不匀。爪内沿梳齿较短，第 1 内齿不超过主齿长度之半。雄虫腹面尾节后缘显较狭，微拱起，中央具浅弱凹口，臀板后缘较狭，一般呈半圆状三角形；雌虫腹面尾节后缘平阔，中央不内凹，臀板后缘较平阔。

发生特点　1 年发生 3 代以上，华南地区南部发生代数较多，以成虫栖息于林间枯落叶层内、田边草丛、石隙或土缝、树皮下越冬。每年 5~9 月是为害盛期，11 月后陆续越冬。成虫能飞翔，有假死性。成虫多产卵于叶柄及叶脉附近。若虫有 5 龄，孵化 1~2 天后才开始取食，第 3 龄若虫以后活动能力加强。

成虫背侧面观　　　　成虫前面观

天敌　龟甲类害虫天敌较多，如益蝽、蠋蝽、猎蝽、寄生蜂、胡蜂、螳螂、蜘蛛、鸟类等。这些天敌对害虫有重要控制作用，应切实加以保护利用。

油茶龟甲类害虫主要控制技术措施　（1）加强预测预报。设置固定监测点，定期踏查，严密监视害虫发生发展动态，做好害虫预测预报工作。重点掌握点片状高虫口发生阶段和低龄若虫发生期，以及时正确指导防治工作。（2）营林技术措施。适时抚育施肥，促进林木健康生长，增强耐虫性；提倡营造针、阔混交林；结合抚育，清理枯枝落叶及杂草，可消灭部分越冬虫源。（3）保护天敌。龟甲类害虫天敌较多，这些天敌对害虫有重要控制作用，应切实加以保护利用；必须采用药剂防治时，不要滥用化学农药，尽量选用生物农药或低毒化学农药；使用农药治虫时，要设置天敌保护隔离区；尽量在天敌休眠期或相对安全期用药，尽量避免伤害天敌。（4）药剂防治。局部林分虫口密度达到需要防治时，于幼龄若虫期喷洒 3% 高渗苯氧威乳油，或 90% 万可灵可湿性粉剂等 3000 倍液；或于若虫期或成虫产卵前期每亩喷施 15~20g 森得保可湿性粉剂 1500~2000 倍液，或喷洒 5% 吡虫啉可湿性粉剂 1500~2000 倍液等，或喷洒 1.8% 爱福丁乳油 2000~3000 倍液，或喷施 25% 噻虫嗪水分散剂 4000 倍液等，或喷洒 0.36% 苦参碱水剂 1000 倍液，或用爱福丁超低量喷雾等。

21 **蓝绿象**

别名：绿鳞象、大绿象
学名：*Hypomeces squamosus* Fabricius
分类：鞘翅目 COLEOPTERA　象甲科 Curculionidae

分布与为害　在我国主要分布于广西、广东、海南、台湾、福建、浙江、江西、江苏、上海、安徽、山东、湖南、湖北、河南、四川、贵州、云南等地；在国外分布于东南亚和印度次大陆各国。主要寄主有油茶、油桐、桉、大叶相思、松、杉、栎、火力楠、擎天树、榕树、泡桐、苦楝、玉兰、大花紫薇、朱槿、木芙蓉、乌桕、黄檀、牛肋巴、板栗、番石榴、荔枝、杧果、柑橘、雪柑、福柑、芦柑、柚子、桃、桑、茶、含笑、菜花、棉花、橡胶、甘蔗幼苗等百余种林木、果树、花卉植物及农作物。以幼虫在地下为害寄主植物幼根，成虫喜取食嫩枝、嫩梢、芽、叶，严重时把全树叶片吃光，啃食树皮，使植株变成光秃，影响寄主树生长、发育、开花、结果及产量，甚至导致部分寄主树枯死。

形态特征　**成虫**　雌虫体长 14.3~18.0mm，体宽 5.6~6.0mm；雄虫体长 12.8~14.6mm，体宽 4.8~5.9mm。体呈纺锤形，体壁乌黑色，密被均一的蓝绿色鳞片，也有被灰色、暗铜色、蓝色鳞片的个体，具金属光泽，鳞片间雄虫散布淡黄色或银灰色细长柔毛，雌虫为鳞状毛，鳞片表面附着黄色粉末。越冬成虫在土下为紫褐色，出土取食后体上圆形刻点呈现紫铜色或青绿色。触角、触角槽、复眼均为黑色。头连同喙与前胸等长。额及喙扁平，梯形，中间有 1 条宽而深的中沟，长

达头顶。上颚外角有 1 个可脱落的颚尖，脱落后留下 1 个疤痕；前颏扩大，把下颚遮盖；喙短粗而直，无辅助产卵的功能；喙的中间两侧各有 2 条浅沟。复眼椭圆形，特别突出，但无短柄。触角膝状，11 节，索节 2 长于索节 1，索节 3 短于索节 1，索节 4~7 长宽约相等，触角棒长卵形，端部尖；触角棒节不愈合，节间环纹明显，不发光。触角沟细而深，位于喙的两侧，在眼以下向下弯；触角沟的基部外缘不扩大。前胸前缘两侧截断形，有纤毛；前胸背板由前至后渐宽，有纵皱，正中有浅纵沟，前角在眼后突出成 1 根短而尖的刺。小盾片三角形。鞘翅基部中间波状，末端缢缩，上有刻点 10 行。足的腿节中间特别膨大。爪合生。雄虫腹板末节端部钝圆，雌虫腹板末节端部尖。**卵**　长椭圆形，长 1.2~1.5mm，宽 0.8mm，灰白色。**幼虫**　大龄幼虫体长可达 10~16mm，乳白色至淡黄色，头黄褐色，体稍弯，多横皱，气门明显，橙黄色，前胸及腹部第 8 节气门特别大。**蛹**　离蛹，体长 12~16mm，乳白色或淡黄色。

发生特点　1 年发生 1 代，以老熟幼虫或成虫在表土中越冬。翌年 3 月天气回暖后越冬幼虫开始化蛹；4 月下旬越冬成虫出土活动，5~8 月最多。越冬成虫出土活动后，白天取食林木等寄主植物的芽、叶及嫩枝作为补充营养，夜晚及阴雨天躲于杂草丛中或枯枝落叶层下。成虫产卵盛期为 5

成虫为害桉树叶片

成虫为害青枣树

成虫在枣树叶上交尾

活成虫腹侧面观

脱落大部分黄粉后的标本成虫背面观

标本成虫腹面观

成虫交尾状

成虫交尾状

月上、中旬，5 月下旬为孵化盛期，6~7 月为幼虫期，在土中取食林木及杂草的根。8 月下旬少部分老熟幼虫开始化蛹；一般幼虫在土下 3~7cm 处作土室化蛹，蛹室长椭圆形，比蛹长 1/3~1/2；9 月羽化为成虫不再出土，在土室中越冬。其余部分幼虫 9 月以后才入土作室，以老熟幼虫越冬。因此，南方地区 4~10 月均有成虫在地面上活动。成虫有群集性和假死性，受惊坠落地面后可立即爬

行逃遁。早、晚或阴天光线较弱时成虫在叶面等处取食，晴天光线强烈时即藏于叶背和枝条荫蔽部位活动。成虫将卵散产于疏松肥沃的浅土中。初孵幼虫约经 2 天后开始食害寄主植物或杂草的幼根。

天敌 参考本书"茶芽粗腿象甲"的相关内容。

主要控制技术措施 参考本书"茶芽粗腿象甲"的油茶象甲类害虫主要控制技术措施。

22 赭丽纹象

学名：*Myllocerinus ochrolineatus* Voss

分类：鞘翅目 COLEOPTERA　象甲科 Curculionidae

分布与为害　在我国主要分布于广西、湖南、四川、福建、广东、云南等地。以成虫为害叶片和果实，老叶受害后造成缺刻，嫩叶严重受害时可被吃到精光，幼果受害后变成不整齐的凹陷或留下疤痕，重者造成落果。成虫为害竹笋时，在笋外向里啄食笋肉补充营养和构筑卵床、卵穴，造成竹笋秆上有很多虫孔，影响竹笋生长和发育成竹，或在竹秆上遗留虫孔，造成凹陷、节间缩短、竹材僵硬，降低利用价值；幼虫在竹笋内先向上取食竹肉直达竹梢、再向下取食笋肉，蛀道内充满虫粪，笋梢发黄干枯，为害轻者导致大量退笋、畸形竹和断头竹，大多数被害竹则不能生长并死亡。

形态特征　成虫小型，体长 4.8~6.0mm。活体时，初羽化时乳白色，渐渐变为淡黄色或淡红褐色，被覆略发金光的白色或赭色鳞片。头大部分黑褐色，复眼椭圆形，黑色；管状喙前伸，前端略膨大，喙顶凹陷，前部及触角窝间的中前部呈黑褐色；喙的两侧有长条黑色斑纹。额宽大于长（6：5）。触角着生在喙前端上侧方，膝状，较长，后伸可略超过前胸后缘；柄节较长，仅略短于鞭节；鞭节7节，末端膨大呈靴状；柄节、鞭节基部及顶端下方黑褐色，但雌虫柄节为黄白色，鞭节中间大部为黄白色。前胸背板隆起，似球形，前后缘平，前缘较窄，后缘较宽，两侧弧形；背面两侧和正中有3条较宽的黑色斑纹，中

群栖的成虫

成虫取食油茶叶片

左雌右雄标本成虫背面观

央1条呈梭形。每个鞘翅基部1~2行间有两条黑色纵带；中部各有1块近似方形的黑斑，但翅缝处黑斑不连接，此黑斑大致将鞘翅前中后三等分。在黑斑上及翅上散布有亮白色点状圆斑。鞘翅后端较宽而隆，行纹较明显，行间较突出，鞘翅鳞片稀薄，仅有纵纹，行间1、9全部被覆鳞片，行间3、5、7、8中间不被覆鳞片。

发生特点　笔者在广西观察，1年发生1代，以成虫在土中蛹室内越冬。成虫出土期约在4月中、下旬开始；出土盛期约在5、6月。各地成虫取食约终于9月下旬。成虫取食油茶果肉、笋肉，有时也取食油茶叶、笋叶作为补充营养；成虫补充营养数天后，即行交尾、产卵，雌、雄成虫均可多次交尾。成虫有一定群趋性。雌成虫一般选择未产过卵的竹笋，在竹笋上部用喙啄1个纵向长、横向宽的产卵穴，然后产卵1粒，一般每笋产多粒卵，卵期2~5天。低龄幼虫先向上取食直到笋梢，再向下取食直至产卵孔以下约30cm。

天敌　参考本书"茶芽粗腿象甲"的相关内容。

主要控制技术措施　参考本书"茶芽粗腿象甲"的油茶象甲类害虫主要控制技术措施。

成虫为害嫩竹笋

23 茶芽粗腿象甲

别名：茶四斑小象甲

学名：*Ochyromera quadrimaculata* Voss

分类：鞘翅目 COLEOPTERA　象甲科 Curculionidae

分布与为害　在我国主要分布于广西、福建、浙江、江西、安徽、贵州等地。主要以成虫取食油茶树、茶树等的嫩芽和成叶，造成叶面许多孔洞，或连成枯斑，严重时影响寄主生长、茶叶产量及质量。

形态特征　成虫　平均体长 3.5mm，头喙平均长 1.0mm。头及前胸背棕黄色至棕红色，余皆淡黄色。触角球杆状，生于喙端 1/3 处，胸部腹面黑色，腹部腹面黄褐色。鞘翅棕黄色，中央及前缘近基部 1/3 处有黑斑相连，近翅端另有 1 黑斑。足棕黄色，多白毛，腿节膨大，内侧有 1 个较大齿突。**卵**　椭圆形，乳白色。**幼虫**　最长体长可达 4.0~4.5mm，头棕黄色，体乳白色，肥而多皱，多细毛，无足，尾部背侧有 1 对小角突。**蛹**　椭圆形，长约 3.9mm，白色至淡黄色，背隆起并长有毛突，复眼棕黄色。翅白色，有 9 条纵脊。腹末有 2 条短刺。

发生特点　1 年发生 1 代，以幼虫在寄主根际土壤中越冬。在福建早春 3 月中旬化蛹，3 月下旬盛蛹，4 月上旬成虫开始羽化出土，4 月中旬进入出土盛期，4 月下旬至 5 月上旬大量为害并进入产卵盛期。在浙江临安发生期约滞迟 10 天，3 月底4 月初始蛹，4 月中旬初见成虫，4 月下旬至 5 月中旬盛发。成虫趋嫩性强，都在春梢嫩叶背面活动栖息，主要取食芽以下第 1~3 叶，自叶尖、叶缘开始咬食下表皮及叶肉，残留上表皮，呈现多个半透明小圆斑；随着取食孔增加，即连成不规则的黄褐色枯斑，使叶片反卷，受害边缘呈焦状枯黄，且易掉落，叶上留有黑毛粪粒。每头成虫食叶量达 257.3mm^2。成虫爬行敏捷，不善飞翔，夜晚活动取食，日间隐匿于寄主叶丛层内；具假死性，受惊坠地佯死潜逃；平均寿命长达 67.1 天。卵都产在寄主根际落叶和表土中。幼虫孵化后即潜入表土，取食须根。幼虫的虫口分布以根际 15cm、

成虫在花苞内活动

成虫在花瓣上活动

成虫头部特征

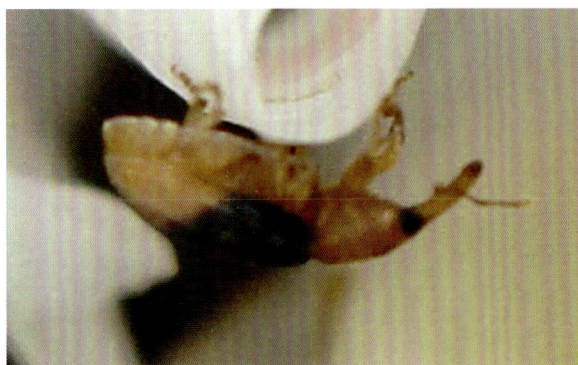
成虫侧腹面观

成虫背面观

鞘翅目

象甲科

土深 0~5cm 范围内最多。3 月气温和降水量关系着成虫出土的迟早，其随气温升高而提早，随降雨增多而推迟。雨量偏大也会抑制土中幼虫、蛹的生存和成虫成活。冬季低温，表土结冰，则越冬死亡率增大。一般以靠近山林、低山、密植及管理粗放的寄主林发生较多，为害较重。不同品种抗虫能力也有不同，宜选择抗虫或耐虫能力较强的品种种植。

天敌 天敌较多，食虫虻幼虫在土中也可取食象甲幼虫，捕食性昆虫还有蝼蛄、步甲、土蜂、胡蜂、蚂蚁、鸟类、刺猬、青蛙、蜘蛛等；寄生性天敌有寄生蜂、茧蜂、寄蝇、病原线虫、白僵菌、绿僵菌、病毒、立克次氏体等。这些天敌对害虫有一定的控制作用，应加强保护利用。

油茶象甲类害虫主要控制技术措施 （1）加强预测预报工作。设置固定监测点，定期踏查，严密监视害虫发生发展动态，做好害虫预测预报工作。重点抓好害虫高虫口点片状发生阶段、成虫发生始盛期及低龄幼虫期的测报，以及时正确指导防治工作。（2）人工防治。利用成虫的群集性、假死性及受惊落地等习性，人工捕杀；或在树冠下铺块塑料薄膜，突然摇动树枝使成虫坠落以捕杀之。（3）保护利用天敌。必须采用药剂防治时，不要滥用化学农药，尽量选用生物农药或低毒化学农药；使用农药治虫时，要设置天敌保护隔离区；尽量在天敌休眠期或相对安全期用药，尽量避免伤害天敌。（4）树干涂毒环。用 5% 吡虫啉乳油 3~5 倍液等，于树干下部涂 20cm 宽毒环，或用 2.5% 溴氰菊酯 3000 倍液制成毒蝇围于树干下部，以阻止广西灰象等越冬代成虫由树干爬上树为害。（5）药剂防治。在高虫口严重为害林区防治幼虫，于卵孵化盛期前，每亩用 15~20g 森得保可湿性粉剂加入 30~35 倍中性载体喷粉于地面撒施，或喷撒使用中性载体稀释的 10% 吡虫啉可湿性粉剂；在成虫为害严重林区防治成虫，可于成虫始盛发期每亩用 15~20g 森得保可湿性粉剂 1500~2000 倍液喷撒，或喷撒 5% 吡虫啉可湿性粉剂 1500~2000 倍液，或喷洒 2% 噻虫啉微胶囊悬浮剂，或用 5% 吡虫啉乳油 3~5 倍液涂刷产卵孔，或用 10% 晞啶虫胺 300 倍液等在为害部位注孔。

24 棕长颈卷叶象

别名：摇篮虫

学名：*Paratrachelophrous nodicornis* Voss

分类：鞘翅目 COLEOPTERA　象甲科 Curculionidae

分布与为害　在我国主要分布于广西、广东、海南、福建、台湾、浙江、湖南等地。主要寄主有油茶、茶、柑橘、蔷薇、盐肤木、葛藤、五节芒、山桂花、朴、水金京、台湾山香圆、九节木、红楠等多种植物。以成虫取食叶面和叶背的叶肉，只残留下表皮，为害严重时影响寄主的生长、产量和质量。

形态特征　**成虫**　雄虫体长 13~16mm，头部细长如颈；雌虫体长 8~11mm，体宽 2.7~2.9mm，头部较粗，末端不具细颈。体红棕色，触角前端膨大呈锥状，基部 2 节和端部 3 节黑色，中间几节为红棕色。复眼黑色，圆球状。头部与前胸交接处具黑色环圈；前胸背板红褐色无斑纹，后胸腹面两侧各有 1 个椭圆形白色斑。鞘翅红棕色，肩部具瘤突，有突起纵条纹。胸足红褐色，腿节粗圆，两端具黑色斑，胫节前端具长刺 1~2 枚。**卵**　长 1.2~1.4mm，宽 0.6~0.7mm，椭圆形，浅黄色，略透明，表面光滑；近孵化时黄褐色。**幼虫**　大龄幼虫体长可达 4.5~6.0mm，呈 "C" 字形。头红褐色，体乳白色。**蛹**　体长 4.0~5.1mm，乳白色。

发生特点　年发生代数不详，广东、广西每年 4~11 月可见成虫活动，成虫寿命 30 天以上。成虫啃食寄主叶背或叶面的叶肉，或把叶片剪开并卷成筒状叶苞，很少将叶片咬穿成孔。成虫遇到骚扰受惊时，具假死性，会掉落地面。雌虫卷叶成苞并在其中产卵。做一个虫苞约需 3 小时。先用上颚从叶片中部斜向横切至另一边叶缘，距叶缘 2~4mm 处转向叶柄切叶，至叶柄基部 1~2cm 处停止，使切下的叶似三角旗状悬挂于原叶上，然后用喙在叶面戳出数百个小瘢痕，将叶脉纤维破坏，以便折卷。再将叶由叶尖向内卷折成一个筒状，成虫爬入卷筒中于叶尖处产卵。最后将卷筒两端的叶子卷入筒中，一个漂亮的长筒形叶苞

成虫在油茶树上卷叶为害

成虫交尾前侧面观

成虫交尾侧面观

标本成虫背面特征

成虫准备起飞

就悬挂在近叶柄处，好像摇篮，故有"摇篮虫"之称；虫苞一般长 16~20mm。根据寄主植物的不同，叶苞 2~8 天后变为枯黄色，但也有半个月仍为绿色者。产下的卵 4~6 天后孵化，幼虫在叶苞内取食，可将叶苞内的枯叶食尽，仅剩叶苞表面部分，10 天左右老熟幼虫在叶苞内做一光滑蛹室化蛹，6~9 天后成虫从叶苞侧面咬出一个近圆形的羽化孔爬出。平均虫苞出现 21 天后，成虫可从中飞出。本种普遍分布于平地至低海拔山区。

天敌 参考本书"茶芽粗腿象甲"的相关内容。

主要控制技术措施 参考本书"茶芽粗腿象甲"的油茶象甲类害虫主要控制技术措施。

树上悬挂的虫苞

25	**柑橘灰象**	别名：灰鳞象鼻虫、泥翅象鼻虫
		学名：*Sympiezomias citri* Chao
		分类：鞘翅目 COLEOPTERA　象甲科 Curculionidae

分布与为害　在我国主要分布于海南、广东、广西、福建、浙江、安徽、江西、湖南、贵州、四川、陕西等地。主要寄主有油茶、柑橘、茶、茉莉、桃、龙眼、荔枝等。以成虫为害叶片和幼果，老叶受害常造成缺刻，嫩叶受害严重时被吃光。茉莉花受害严重时，极大影响 4 月底、5 月初首批花量。据初步调查，在广西横县沿河砂质壤土茉莉花田每亩虫量多的达 2 万头以上，引起较严重的灾害。

形态特征　**成虫**　体长 8.0~12.5mm，宽 3.0~5.5mm。体密被淡褐色和灰白色鳞片。头管粗短，背面漆黑色，中央有 1 条纵向凹沟，从喙端直伸头顶，其两侧各有 1 条浅沟，伸至复眼前面。前胸长略大于宽，两侧近弧形，前胸背板密布不规则瘤状突，中央纵贯宽大的漆黑色斑纹，纹中央有 1 条细纵沟。每鞘翅上有 10 条由刻点组成的纵纹，行间具倒伏的短毛；鞘翅中部横列 1 条灰白色斑纹，鞘翅基部灰白色。雌成虫鞘翅端部较长，合成近"V"字形，腹部末节腹板近三角形，雄成虫两鞘翅末端钝圆，合成近"U"字形，末节腹板近半圆形。无后翅。**卵**　长筒形，略扁，长 1.1~1.4mm，初产时乳白色，后变为紫灰色。卵粒粘连成单层的不规则卵块，黏附于两叶重叠间。**幼虫**　末龄时体长可达 11~13mm，乳白色或淡黄色，头部黄褐色。头盖缝中间明显凹陷，背面中间部分略呈心脏形，有刚毛 3 对，两侧部分各生 1 根刚毛，于腹面两侧骨化部分之间，位于肛门附近的一块较小，近圆形，其后缘有刚毛 4 根。**蛹**　淡黄色，体长 7.5~12.0mm，头管弯向胸前，上颚似大钳状，前胸背板隆起，中足后缘微凹，背面有 6 对短小毛突，腹部背面各节横列 6 对刚毛，腹末具黑褐色刺 1 对。

成虫侧背面观

成虫背面观

成虫被寄生

迁移

发生特点 1年发生1代，少数2年发生1代。以成虫和幼虫在土中越冬。越冬成虫翌年3月底至4月初陆续出土，并沿树干爬上枝梢。刚出土时不太活泼，假死性强。气温低时（13℃以下）常躲藏于卷叶内或花穗间，不食不动；气温增高时咬食新梢嫩叶，并进行交尾和产卵。成虫在4~8月均可见为害，其中以4月中旬至5月上旬对春梢、幼果和花的群集为害最严重。雌成虫产卵于两叶子的边缘处，并分泌黏液将两叶和卵块相互黏合，以5~7月产卵最多。幼虫孵出后，即掉落地面，钻入10~50cm深的土中，取食植物幼根和腐殖质。幼虫多为6龄，7月中旬以前孵出的幼虫，当年化蛹羽化，7月下旬以后孵出的以幼虫在土下10~45cm深处越冬。

天敌 参考本书"茶芽粗腿象甲"的相关内容。

主要控制技术措施 参考本书"茶芽粗腿象甲"的油茶象虫类害虫主要控制技术措施。

广西灰象

学名：*Sympiezomias guangxiensis* Chao

分类：鞘翅目 COLEOPTERA　象甲科 Curculionidae

分布与为害　就目前所知，仅分布于广西各地。主要寄主有油茶、油桐、桉、板栗、樟、杉、泡桐、火力楠、檫木、木荷、油橄榄、黄檀、乌桕、牡荆木、罗汉果、金花茶、猕猴桃、柑橘、桃、李、荔枝、十大功劳、红根草、茶花、桂花、含笑等林木、果树和花卉植物。成虫取食林木嫩枝、芽、叶及幼果，把叶片吃成缺刻，严重时可把叶片吃光，影响林木生长和结实。

形态特征　**成虫**　雄虫体长 7.3~9.2mm，体宽 3.2~3.9mm；雌虫体长 7.8~9.9mm，体宽 3.4~4.4mm。体淡黄色，体背主要被覆白色或淡黄色鳞片，前胸、鞘翅两侧及腹部具铜绿色或淡绿色光泽。喙长于头，长宽约相等，中沟深而宽，长达头顶，从端头向上逐渐缩窄，中沟两侧各有 1 傍中沟，傍中沟内缘隆，形成隆线。喙端部有明显的口上片，其两侧各有 1 深沟。眼以前洼凹下呈三角形窝。触角柄节长达眼的中间，索节第 1 节略长于第 2 节，第 1~5 节逐渐缩短，第 5~7 节逐渐延长，第 6、7 节圆锥形，棒长卵形，端部尖。颏有毛 4~6 根。前胸背板两侧凸圆，前后缘均为截断形，后缘镶边，中沟明显，表面散布颗粒，各附鳞片状毛 1 根；中沟两旁有明显的黑褐色宽纵带。小盾片不存在。鞘翅无肩胝，基部有隆线，端部往往缩成锐突；约在鞘翅 1/3 及 2/3 处有 2 条明显宽中带；鞘翅上有明显的 10 行刻点。后胸前侧片与后胸腹板分离，有明显的后胸前侧片缝；后胸基节间突起圆形。腹板 1、2 之间的缝全部分离，腹板 2 中间之长比腹板 3+4 长得多。前足胫节内缘有齿 1 排，中后足的齿不发达，后足胫窝关闭。雌、雄性特征十分明显：雄虫较瘦小，前胸中间最宽，鞘翅卵形，腹板 5 宽大于长，端部钝圆；雌虫较大而胖，前胸中间之后或基部最宽，鞘翅椭圆形，腹板 5 较长，端部中间膨大，末端尖，基部两侧各有一弧形沟纹。**卵**　长约 0.2mm，淡

成虫背面观

成虫交尾状

成虫腹面观

鞘翅目

象甲科

成虫侧背面观

黄色，块状。**幼虫** 大龄幼虫体长可达0.9mm，头部黄褐色，体淡黄色。**蛹** 体长0.9mm，长椭圆形，淡黄色，头管长，垂于前胸。

发生特点 1年发生1代，以幼虫潜入深土层中越冬。2月中、下旬化蛹，3月上、中旬羽化为成虫，3月下旬至4月中旬陆续出土取食，4月中旬为成虫出土盛期，4月下旬至5月上旬交尾产卵。成虫活跃，群集为害嫩叶，喜食嫩枝及徒长枝。成虫取食约10天，即行交尾。成虫多选择在

排水良好、土质疏松的林地，或林缘灌木丛中空地产卵；成虫产卵呈块状。每雌虫产卵量70~120粒。成虫寿命75~85天。成虫有假死性，受惊扰即坠落地面，善爬不善飞。5月中旬后陆续孵化为幼虫并入土，取食林木等寄主植物或杂草嫩根，11月以后幼虫潜入土层40~50cm深处越冬。

天敌 参考本书"茶芽粗腿象甲"的相关内容。

主要控制技术措施 参考本书"茶芽粗腿象甲"的油茶象甲类害虫主要控制技术措施。

27 堇色突肩叶甲

学名：*Cleorina janthina* Lefevre

分类：鞘翅目 COLEOPTERA　肖叶甲科 Eumolpidae

分布与为害　在我国主要分布于海南、广东、广西、云南、四川、湖南、湖北、江西、福建、台湾等地；在国外分布于越南、缅甸等。主要寄主有油茶、樟树、红锥及栲属和良姜属等植物。以成虫、幼虫取食寄主树的叶片，使之缺刻，或可吃光全叶仅剩主脉，影响寄主树生长发育。

形态特征　成虫体长 2.5~4.5mm，体宽 2~3mm。体宽卵形，隆凸；腹面黑蓝色，有时带绿色闪光，背面色泽变化较大，一般是具蓝紫色闪光，或蓝绿色，或盘区红铜色、边缘蓝绿色，或完全蓝黑色。上唇黑色，触角基部黄褐色，其余黑色。头部刻点粗深，较胸部略疏，两复眼间宽平，唇基前缘凹切很深。触角细长，超过鞘翅肩部，第 1 节粗长，长于第 2 节，腹面黄色，背面蓝绿色，第 2 节粗短，第 3、4 节细长，自第 5 节起变粗，呈棒状。前胸背板横宽，宽约为长的 2 倍，两侧缘向前端略收狭，后缘圆形，中央向后突出；盘区刻点粗密，沿中央略疏，两侧更密，刻点间隆起，前后四角各着生 1 根长毛。小盾片半圆形，光滑无刻点。前翅短阔，长宽约等，末端宽圆，盘区隆凸，肩胛高隆，其下横向凹陷，刻点粗大，行列清楚，较前胸略疏，端部较浅细；鞘翅两侧边缘较宽而敞出，并稍向上卷。前胸前

成虫背面观

侧片具粗大刻点，前缘具横皱。足粗壮，后足腿节腹面近顶端具 1 刺状突起；雄虫前足第 1 跗节较宽大。

发生特点　笔者在 2019 年 7 月上旬拍摄到成虫在油茶树上活动。其他发生特点参考本书"黑额光叶甲""甘薯叶甲"的相关内容。

天敌　参考本书"红负泥虫""黑额光叶甲"的相关内容。

主要控制技术措施　一般不会造成较大为害。若局部林分种群密度很高，需要防治时，参考本书"黑额光叶甲"的油茶叶甲总科类害虫主要控制技术措施。

成虫体色

成虫各足特征

28 **甘薯叶甲**

别名：红薯叶甲
学名：*Colasposoma dauricum auripenne* (Motschulsky)
分类：鞘翅目 COLEOPTERA 肖叶甲科 Eumolpidae

分布与为害 在我国广泛分布,除贵州、西藏外;在国外分布于日本、俄罗斯（西伯利亚）、中南半岛、缅甸、印度、马来半岛等。以成虫取食寄主顶端嫩叶、嫩茎,特别是在幼苗期,常使薯苗等顶端折断,幼苗生长迟缓甚至整株枯死,造成缺株,甚至重插;幼虫主要蛀食土中根茎,被食成深浅不一、弯曲的伤痕。

形态特征 **成虫** 体长 5~7mm,宽 3~5mm。体短宽。外部形态变异很大,特别是体色,不同地区色泽有异,同一地区也有几种颜色,通常为青铜色、蓝色、绿色、蓝紫色、蓝黑色、紫铜色等,或头胸部和腹面暗蓝色,鞘翅为红铜色而边缘为蓝色,并在肩肿后方有一闪蓝光光泽的三角形斑。上唇黑色至暗红色;触角基部 6 节蓝色或黄褐色,端部 5 节黑色。头部刻点十分粗密,刻点间隆起,形成纵皱状;额唇基中央有一个明显的或多或少纵向延长的瘤突,唇基前缘弧形凹切;触角第 2 节粗短,第 3~5 节细长,彼此长度略等,第 6 节较短,稍长于第 2 节,端部 5 节粗大。前胸背板宽为长的 2 倍,前角尖锐,侧缘圆弧形,盘区隆起,密布粗刻点。小盾片近方形,基半部具刻点。鞘翅隆凸,肩胛高隆,光亮,翅面刻点混乱较粗密,刻点间微凹,雌虫鞘翅在肩角的后方、直达鞘翅中部或稍后呈短脊状横皱;雄虫显较光滑。腹部被白色细毛。雄虫前足胫节顶端明显膨大并向内弯。**卵** 长约 1mm,长圆形,初产时浅黄色,后微呈黄绿色。**幼虫** 体长 9~10mm,黄白色,头部浅黄褐色,体粗短,呈圆筒状,全体密布细毛。**蛹** 裸蛹,长 5~7mm,初呈白色,后变黄白色,短椭圆形。

发生特点 各地 1 年均发生 1 代,以幼虫在土下 15~25cm 处越冬,有的在甘薯内越冬,也有当年羽化成虫在石缝及枯枝落叶内越冬。越冬幼虫翌年 5 月下旬开始化蛹,5~6 月中旬进入盛期,

成虫前背面观

成虫前侧背面观

成虫背侧面观

成虫侧面观

6月下旬成虫为害严重，7月上中旬交尾产卵。成虫羽化后先在土室内生活几天，后出土为害，尤以雨后2~3天出土最多，10时和16~18时为害最烈，中午隐蔽在土缝或枝叶下。成虫飞翔力差，有假死性，耐饥力强。成虫寿命：雌约34天，雄约54天，产卵期21天，卵期9天，幼虫期约10个月，蛹期15天左右。相对湿度低于50%，幼虫停止活动，土温低于20℃，幼虫钻入土层深处造室越冬。

天敌 参考本书"黑额光叶甲"的相关内容。

主要控制技术措施 一般不会对油茶树造成较大为害。若种群密度很高，需要防治时，参考本书"黑额光叶甲"的油茶叶甲总科类害虫主要控制技术措施。

29	三带隐头叶甲	学名：*Cryptocephalus trifasciatus* Fabricius
		分类：鞘翅目 COLEOPTERA　肖叶甲科 Eumolpidae

分布与为害　在我国主要分布于海南、广东、广西、台湾、福建、浙江、江西、湖南、云南、陕西等地；在国外分布于越南、尼泊尔等。主要寄主有油茶、茶、桉、木荷、紫薇、檵木等。以成虫、幼虫取食寄主的叶片，使之缺刻，或可吃光全叶仅剩主脉，影响寄主的生长发育。

形态特征　成虫体长 4.5~7.2mm，体宽 2.7~4.0mm。体背棕红色具黑斑；体腹面、臀板和足几乎完全黑色，或上述部分完全红色，仅后胸腹面两侧黑色。体背光亮无毛；头部刻点粗大而密，头顶后方中央有 1 条明显的纵沟纹。触角基部 4 或 5 节棕红色，端部黑色或黑褐色，雌虫的较短，约达鞘翅肩胛；雄虫的较长，超过体长之半。前胸背板侧缘具明显敞边；沿前缘和侧缘都镶有窄的黑边，后缘有 1 条相当宽的黑横纹，盘区具横列的 4 个黑斑。小盾片黑色、光亮、舌形，末端圆钝或略平切，有时基部中央有一纵凹。鞘翅肩胛和在小盾片的后方均隆起，刻点大而清楚，排列成规则的 11 纵行，行距宽，光亮；基缘、中缝和端缘均为黑色，距翅基约 1/4 处有 2 个黑横斑，有时这 2 个横斑汇合呈 1 条横纹，在中部之后有 1 条呈波曲形的宽黑横纹，此纹的外侧到达或不到达翅的侧缘，内侧到达翅缝，在翅端有 1 个大黑斑。臀板黑色具红斑或基部黑色端部红色，或除边缘为黑色外完全红色；表面密被深刻点和灰色卧毛。体腹面和足或为黑色或为红色，如属前一情况则胸部腹板的中部和腿节的基部为棕红色，如属后一情况则前胸前侧片和中、后胸两侧黑色，红与黑的比例大小常有个体变异。前胸腹板方形，具大而深的刻点，后缘中部平切，两侧角向后突出；中胸腹板表面不光滑，后缘呈弧形凹切。雄虫腹末节腹板中央为一无毛的浅纵凹区；雌虫的与同属其他种类相似。

发生特点　笔者在 2019 年 4 月拍摄到成虫在油茶树上活动取食。在海南和广东、广西 1 年均发生 1 代，以幼虫在枯枝落叶内越冬，翌年 4 月出现成虫。幼虫和成虫代生活在植株上，主要为害叶片；幼虫腹部完全包于一个囊内，头和胸部可以伸出或缩入包囊，化蛹和羽化都在囊内进行。成虫和幼虫都取食叶片。成虫能飞善跳，有短暂的假死性，受惊后即从叶片上垂落，片刻之后又起飞；白天和晚上均能活动取食。

天敌　参考本书"红负泥虫""黑额光叶甲"的相关内容。

主要控制技术措施　一般不会造成较大为害。若局部林分种群密度很高，需要防治时，参考本书"黑额光叶甲"的油茶叶甲总科类害虫主要控制技术措施。

成虫后背面观

成虫尾部特征

30 黑额光叶甲

学名：*Smaragdina migrifrons* (Hope)

分类：鞘翅目 COLEOPTERA　肖叶甲科 Eumolpidae

分布与为害　在我国主要分布于华南、西南、华东、华中、华北、东北等地及陕西；在国外分布于朝鲜、日本等。主要寄主有油茶、油桐、算盘子、柳、紫薇及栗属、榛属、白茅属、蒿属等。以若虫和成虫取食叶片，造成缺刻或孔洞，若种群数量多，会把部分寄主树叶片吃光，影响产量和质量。

形态特征　成虫体长 6.5~7.0mm，体宽约 3mm。体长方形或长卵形；头漆黑；前胸红褐色或黄褐色，光亮，有时具黑斑；小盾片、鞘翅黄褐色或红褐色，鞘翅具有 2 条黑色宽横带，1 条在基部，1 条在中部靠后。触角除基部 4 节黄褐色外，其余黑色或暗褐色。腹面颜色雌、雄有明显不同：雄虫大部红褐色，有时腹末端暗褐色；雌虫除前胸腹板和中足基节之间黄褐色外，大部黑色或暗褐色。足除基、转节黄褐色外，其余黑色。腹面毛被稀而短。头部在两复眼之间横向凹下，唇基稍隆起，上唇端部红褐色，头顶明显高凸，前缘具斜坡。触角细短，达不到前胸背板的后缘，第 3 节最细，第 4 节略呈角状。前胸背板隆凸，光滑无刻点，后角明显突出而平展，与鞘翅基部十分密接。小盾片宽三角形，长、宽相等，平滑无刻点。鞘翅刻点稀疏，排列不规则，中后方的黑横带沿翅缝和外侧向后延伸包围顶端，使鞘翅端部形似黄褐色斑。雄虫除腹面基本红色外，前足胫、跗节亦明显较雌虫粗壮；雌虫腹面颜色多变，有时除前胸腹板黄褐色外，完全黑色，或有时中足基节间和第 1、2 腹板红褐色，其余黑色，但其末端数节总是黑色。腹末节中央具 1 个黑凹窝。值得注意的是，本种背面黑斑和腹面颜色变化很大。前胸背板一般红褐色，有时在中部有 2 个清楚的暗褐色或模糊的斑痕。鞘翅基部的黑横带通常宽长，从缘折至中缝均为黑色，有时退缩为横斑状，较窄，不包围基缘、侧缘和中缝；有时分裂为 2 斑；有时仅肩胛处具 1 小斑。鞘翅中部以后的横带有时完全消失，仅沿后部的侧缘、端缘和中缝为黑色。腹面颜色自褐红色至黑色，但雌虫总比雄虫色暗。

发生特点　据报道，北京 1 年发生 1~2 代，6~8 月为成虫期。在广西南宁初步观察，每年 4~10 月在油茶、竹子等寄主树上均有该虫活动，7~10 月是为害盛期。成虫常栖息在枝叶上，产卵于叶

成虫在油茶树叶上

活成虫背面观

成虫鞘翅斑没有变化

成虫交尾

成虫鞘翅黑斑基本消失

面或叶背；成虫与若虫均为害叶片，若虫老熟后入土吐丝黏结土粒成土茧，并在其中化蛹。

天敌 卵期有多种寄生蜂寄生，如负泥虫缨小蜂；幼虫及蛹期寄生蜂有负泥虫金蜂、弓肩小蜂、黄色茧蜂、负泥虫瘦姬蜂、桑名姬蜂等；捕食性天敌有益蝽、猎蝽、胡蜂、螳螂、蚂蚁、蝼蛄、鸟类及蜘蛛等。这些天敌对害虫种群有重要控制作用，应切实加强保护利用。

油茶叶甲总科类害虫主要控制技术措施 （1）加强害虫监测和预测预报。设置固定监测点，定期踏查，严密监视害虫发生发展动态，做好害虫预测预报工作。重点是预报越冬代成虫翌春开始为害活动始盛期、低龄幼虫期，以准确指导防治，提高防治效果。（2）加强营林控制技术措施。这类害虫多数以成虫在其为害的寄主根际周围枯枝落叶层内，或以若虫在根际附近浅土层中越冬，可结合冬季管理清除寄主林内枯枝落叶及杂草，烧毁或沤肥，或给寄主林松土、抚育、施肥，可有效降低越冬成虫和若虫的数量。（3）保护利用天敌。这类害虫天敌很丰富，对害虫种群有显著控制作用，要加强保护利用措施。在必须采用化学药剂防治措施时，不要滥用化学农药，尽量选用生物农药或低毒化学农药；使用农药治虫时，重在治点保面，要设置天敌保护隔离区；尽量在天敌休眠期或相对安全期用药，尽量避免伤害天敌。（4）药剂防治：①每公顷用绿僵菌粉剂75kg喷撒地面，然后浅锄或耕翻入土，绿僵菌能寄生于肖叶甲幼虫并致其死亡；②在高虫口严重为害林区，于卵孵化盛期前，每亩用15~20g森得保可湿性粉剂加入30~35倍中性载体喷粉于地面撒施，或喷撒使用中性载体稀释的10%吡虫啉可湿性粉剂。成虫为害严重林区，可于成虫始盛发期每亩喷施15~20g森得保可湿性粉剂1500~2000倍液，或喷洒5%吡虫啉可湿性粉剂1500~2000倍液等，或喷洒1.8%爱福丁乳油2000~3000倍液，或喷施25%噻虫嗪水分散剂4000倍液等，或喷洒0.36%苦参碱水剂1000倍液，或用爱福丁超低量喷雾等。

31	齿负泥虫	学名：*Lema coromandeliana* (Fabricius)
		分类：鞘翅目 COLEOPTERA　叶甲科 Chrysomelidae

分布与为害　在我国主要分布于福建、广东、海南、广西、四川、云南等地；在国外分布于越南、印度、斯里兰卡等。主要寄主有油茶、竹、裸花鸭跖草等。成虫、幼虫均沿叶脉啮食寄主叶肉，残留表皮呈白色斑点状或条状；为害严重时，全叶变白，以后叶片焦黄而干枯；以为害秧苗最为严重，损失最大。未见该虫对油茶林有严重为害及相关报道。

形态特征　成虫体长 5.4~6.5mm，体宽 2.0~2.6mm。头、前胸背板和小盾片红褐色，上唇、额唇基、触角、中、后胸腹板和足黑色，鞘翅蓝色或蓝绿色。腹面颜色变化很大，有时全部红色，有时全部绿黑色，有时胸腹板两侧绿黑中部红色。头顶在两眼间微凸，中央有纵沟，有较密刻点；颈部光亮，无刻点。触角第 1、2 节短，3、4 两节近于等长，第 5 节最长，6、7 两节约等长。前胸背板宽略大于长，两侧中部强烈收缩，侧凹前后各有 1 条横沟，第 1 条浅，中部常中断，第 2 条较深；表面光滑，几无刻点。鞘翅较平，基后凹不显，翅基刻点粗大，翅端行距稍隆起。雄虫中足胫节中部之前稍弯曲，中部之后常有一个三角形齿，颜色仅微突出；第 1 腹节中央有 1 条明显的纵隆线，长度约为第 1 腹节之半。

发生特点　1 年发生 1 代，以成虫在枯枝落叶层下、矮竹丛中、杂草根际或土内越冬。其余发生特点参考本书"红负泥虫"的相关内容。

天敌　参考本书"红负泥虫"的相关内容。

主要控制技术措施　在油茶树上一般种群密度不高，不会造成严重灾害。若局部林分种群密度很高，需要防治时，参考本书"黑额光叶甲"的油茶叶甲总科类害虫主要控制技术措施。

成虫后背侧面特征

成虫后背侧面观

32 红负泥虫

学名：*Lilioceris lateritia* (Baly)

分类：鞘翅目 COLEOPTERA　叶甲科 Chrysomelidae

分布与为害　在我国主要分布于广西、广东、浙江、安徽、湖北、湖南、江西、福建、四川、贵州等地；在国外分布于日本等。主要寄主有油茶、水稻、菝葜等。主要以若虫和成虫取食叶片，受害叶呈现缺刻或空洞；若害虫种群数量多，会把部分叶片吃残甚至吃光，影响寄主生长发育。但一般情况下，不会对油茶树造成严重危害。

形态特征　成虫体长 7.5~11.8mm，体宽 3.5~5.0mm。体色变化较大。背、腹面棕黄色至褐红色，头及前胸有时带黑色，触角和足黑色，但是足基节部分、腿节中部褐红色。体表光洁。头部有毛，多分布于额唇基及眼内缘的刻点上；腿节两端的毛较长；后胸腹斑外侧 1/4 毛被与前侧片毛区的长宽相等，后者毛金黄色；腹部除腹中线外皆被毛，两侧有一块厚毛区。头部具刻点，额唇基仅中部光洁，头颈部刻点多位于基部；额唇基微隆；头顶前部中央有纵沟。触角细长，几达体长之半，第 1 节粗大，球形，第 2 节极小，为第 1 节长度之半，第 3、4 节约等长，较第 1 节略短，第 5~11 节长度约相等，各节的中宽为其长度的一半，末节端部狭收。前胸背板长宽略等，前、后近于等宽，中部收狭；表面微拱，仅基部较平坦并有一浅横凹，有时中央有一个小圆坑；刻点极少，多分布在前侧角，前部中央有时具 2 纵行刻点；侧凹面光洁。小盾片舌形，被毛，中纵线无毛。鞘翅狭长，基部微隆，有后横凹；刻点较细，有 10 行，基部及末行的刻点稍大，后端的更细，行距平坦。小盾片刻点行有 3~6 刻点，其内侧尚有微细的刻点行。本种以后胸腹斑外侧 1/4 的毛被与其前侧片的毛被长宽、厚密相等的特征极易与近缘种相区别。

发生特点　1 年发生 1 代，以成虫在枯枝落

红色型成虫背面观

棕黄色型成虫

成虫面部特征

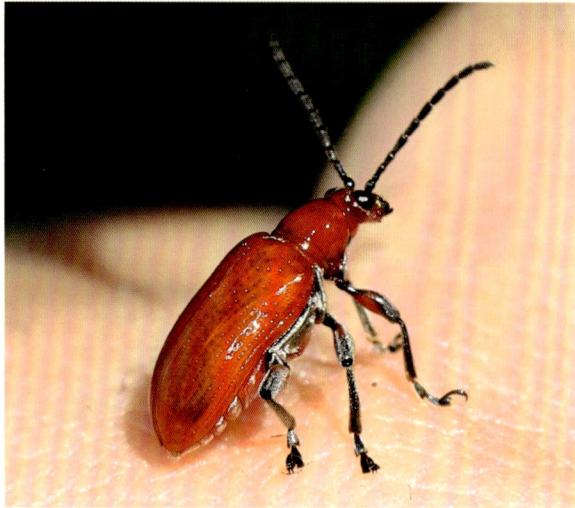

鞘翅刻点特征

成虫侧背面观

叶层下、杂草根际或土内越冬。越冬成虫翌年春季天气回暖后便出来活动，先在油茶、竹、水稻等寄主上取食、交尾，多在晴天进行，每次交尾约20分钟，再经过约20小时便可产卵，卵产于取食的寄主上。卵多数聚产成堆，少数单产，双行排列。平均每雌产卵约300粒，产卵历期约18天。幼虫孵化后经20~60分钟后取食，幼虫为害到5月中旬后陆续老熟，即在叶片上吐丝结茧化蛹，至5~6月，新一代成虫大量羽化，以6月上中旬最盛，7月停止。越冬代成虫于5月中旬大量死亡。当年新羽成虫取食一段时间后逐渐迁飞到越夏、越冬场所。

天敌 负泥虫类害虫已发现卵期寄生蜂有负泥虫缨小蜂，幼虫及蛹期寄生蜂有负泥虫金蜂、弓肩小蜂、黄色茧蜂、负泥虫瘦姬蜂、桑名姬蜂等；捕食性天敌有益蝽、猎蝽、胡蜂、螳螂、蚂蚁、蝼蛄、鸟类及蜘蛛等，这些天敌对害虫种群有重要控制作用，应切实加强保护利用。

主要控制技术措施 一般种群密度不高，不会造成严重灾害。若局部林分种群密度很高，需要防治时，参考本书"黑额光叶甲"一节的油茶叶甲总科类害虫主要控制技术措施。

蓟跳甲

学名：*Altica cirsicola* Ohno

分类：鞘翅目 COLEOPTERA　叶甲科 Chrysomelidae

分布与为害　在我国主要分布于广西、黑龙江、吉林、辽宁、内蒙古、甘肃、青海、新疆、河北、山西、山东、安徽、湖北、湖南、福建、四川、贵州、云南等地；在国外分布于日本等。主要寄主有油茶及蓟属等植物。以成虫及若虫食害寄主顶端嫩叶、嫩茎，受害叶呈缺刻或网状孔洞，嫩芽变枯焦，特别是在幼苗期、幼树期对植株伤害较重。

形态特征　成虫体长约 5mm，宽约 2.5mm，长卵形，金绿色，体光亮，表面具颗粒状细纹。触角、足和体腹面较暗；上唇黑色，上颚端部棕红色。头顶无刻点，额瘤突显，近似圆形，触角间隆凸呈戟形，上部粗宽下部细狭。触角伸达鞘翅中部，第 3 节约为第 2 节长的 1.5 倍，略短于第 4 节，第 6 节后向端渐粗渐短，其节长约为端宽的 2 倍。前胸背板基前具横沟，其中部直，沟前盘区拱凸，具皮纹状细纹，刻点细密。鞘翅刻点较胸部的粗密、深显，表面具颗粒状细纹，这是本种重要的鉴别特征。

发生特点　未见有资料报道。笔者在 2019 年 7 月上旬，发现其成虫在油茶树上活动为害；其

成虫侧背面观

他有关生活习性参考本书"黑额光叶甲""模跗连瘤跳甲"的相关内容。

天敌　参考本书"黑额光叶甲"的相关内容。

主要控制技术措施　一般不会造成较大为害。若种群密度很高，需要防治时，参考本书"黑额光叶甲"的油茶叶甲总科类害虫主要控制技术措施中的相关技术。

成虫背面刻点特征

成虫各足特征

34 旋心异跗萤叶甲

学名：*Apophylia flavovirens* (Fairmaire)

分类：鞘翅目 COLEOPTERA　叶甲科 Chrysomelidae

分布与为害　目前仅知分布于广西、广东、台湾、海南、四川、贵州、吉林、河北、山西、安徽、浙江、湖北、湖南、江西等地；在国外分布于朝鲜、越南等。主要寄主有油茶、玉米、粟、紫苏等植物。以成虫、幼虫沿叶脉啮食寄主叶肉，残留表皮呈白色斑点状或条状；为害严重时，全叶变白，以后叶片焦黄而干枯。未见该虫对油茶林有严重为害及相关报道。

形态特征　体长4.6~6.0mm，体宽2.5~3.5mm。体长形，全身被短毛。头的后半部及小盾片黑色，触角1~3节颜色黄褐色，其余部分和上唇黑褐色；头的前半部、前胸和足黄褐色；鞘翅金绿色，有时带紫蓝色；中、后胸腹面及腹部黄褐色至黑色。头顶平，额唇基明显隆突；雄虫触角长，几乎与体等长，第3节是第2节长的2倍，第4节是前两节长度之和，以后各节长度递减。前胸背板倒梯形，盘区两侧各有1深凹。鞘翅两侧平行，整个体背具密集的刻点，但鞘翅的较小。后胸腹板中部明显隆突，雄虫更甚。雄虫腹端呈钟形凹洼；雄虫爪为双齿式，雌虫爪为附齿式。

发生特点　食性杂，可取食为害多种植物，笔者在广西6月初就拍摄到成虫为害油茶树。7月上、中旬是为害盛期。幼虫从近地面的茎部或地下茎部钻入，虫孔褐色。幼苗受害严重者随即死亡，造成缺苗断垄现象，一般为害使心叶枯萎，分蘖增多，影响发育，造成减产。7月中下旬幼虫老熟入土1~2cm深作土室化蛹，蛹期4~7天，7月下旬成虫陆续羽化，多集中于田间寄主上为害。

天敌　参考本书"红负泥虫"的相关内容。

主要控制技术措施　在油茶树上一般种群密度不高，不会造成严重灾害。若局部林分种群密度很高，需要防治时，参考本书"黑额光叶甲"的油茶叶甲类害虫主要控制技术措施。

成虫背面观

成虫前胸背面特征

成虫鞘翅背面特征

2个成虫一起活动

35 模跗连瘤跳甲

学名：*Asiorestia obscuritarsis* (Motschulsky)

分类：鞘翅目 COLEOPTERA　叶甲科 Chrysomelidae

分布与为害　在我国主要分布于广西、贵州、四川、湖北、浙江、黑龙江等地；在国外分布于日本、俄罗斯（西伯利亚）等。主要寄主有油茶、苹果、梨等植物。以成虫及若虫取食寄主顶端嫩叶、嫩茎，受害叶呈缺刻或网状孔洞，嫩芽变枯焦，特别是在幼苗期、幼树期对植株伤害较重。

形态特征　成虫体长 3.5~4.0mm，体宽2.0~2.6mm，体中型。背面棕红色，触角淡棕黄色，足棕红色，腹面淡棕红色。头向前下方伸出，头顶较宽，稍隆，一般光洁无刻点；眼卵圆形。触角较长，伸达鞘翅之半，第 1 节膨大，长度与末节近等，第 2 节最短，第 3、4 节近等，稍长于第 2 节。前胸背板近梯形，前端较狭，前缘较平直，侧缘稍膨，后缘中部明显弧拱，前缘无边框，侧缘边框明显较后缘宽。盘区被细微刻点。小盾片舌形，后端宽圆。鞘翅背隆，基部较前胸稍宽，近中部稍膨出，后端显狭；肩胛宽圆，刻点细浅。后足腿节较前、中足明显膨大。

发生特点　未见有资料报道。笔者在 2019 年7 月上旬，发现其成虫在油茶树嫩芽、嫩叶上为害，并且很可能在嫩芽内产卵。

天敌　参考本书"黑额光叶甲"的相关内容。

主要控制技术措施　一般不会造成较大为害，若种群密度很高，需要防治时，参考本书"黑额光叶甲"的油茶叶甲总科类害虫主要控制技术措施。

成虫正在取食油茶树叶片

成虫背面观

成虫头胸部背面特征

成虫在芽苞内产卵

躲起来的成虫伺机而出

36 菜无缘叶甲

别名：大猿叶虫
学名：*Colaphellus bowringi* Baly
分类：鞘翅目 COLEOPTERA　叶甲科 Chrysomelidae

分布与为害　在我国主要分布于华南、西南、东北及内蒙古、甘肃、青海、河北、山西、山东、陕西、河南、江苏、浙江、湖南、福建等地；在国外分布于越南等。是我国南北方广布的蔬菜大害虫，主要为害十字花科蔬菜及甜菜等，也能为害油茶、茶等经济林植物。其幼虫和成虫均能取食为害，在蔬菜叶背或心叶内啃食叶片，受害叶呈孔洞和缺刻，虫粪狼藉，不堪食用；严重时仅剩叶脉，使叶片呈网状；为害严重时影响寄主生长发育及经济价值。

形态特征　成虫体长 4.7~5.2mm，宽约 2.5mm，圆柱形或长椭圆形，末端略尖，背面蓝黑色，略具金属光泽；体腹面沥青色，跗节稍带棕色。头部刻点粗且密，尤以两唇及其前缘更甚，呈皱状，着生稀疏短毛。触角第 3 节长，约为第 2 节长的 2 倍，余节渐短，端部 5 节明显加粗。前胸背板拱凸，后缘无边框，后缘中部强烈向后拱出，与鞘翅基部等宽，表面刻点粗深，两侧密，中部稍稀疏，点间光平。小盾片光亮无点刻，半圆形。鞘翅基部与前胸等宽，上具极粗深的皱状刻点，点间隆起，翅端尤明显。鞘翅外缘紧靠缘褶处呈横皱状。**卵**　长 1.5mm，宽 0.6mm，长椭圆形，表面光滑。前期鲜黄色，近孵化前变为橙黄色。**幼虫**　末龄幼虫体长可达 7.5mm，头黑色具光泽，体灰黑色略带黄色，各节上的肉瘤大小不等，气门下线、基线上肉瘤明显。**蛹**　体长约 6.5mm，

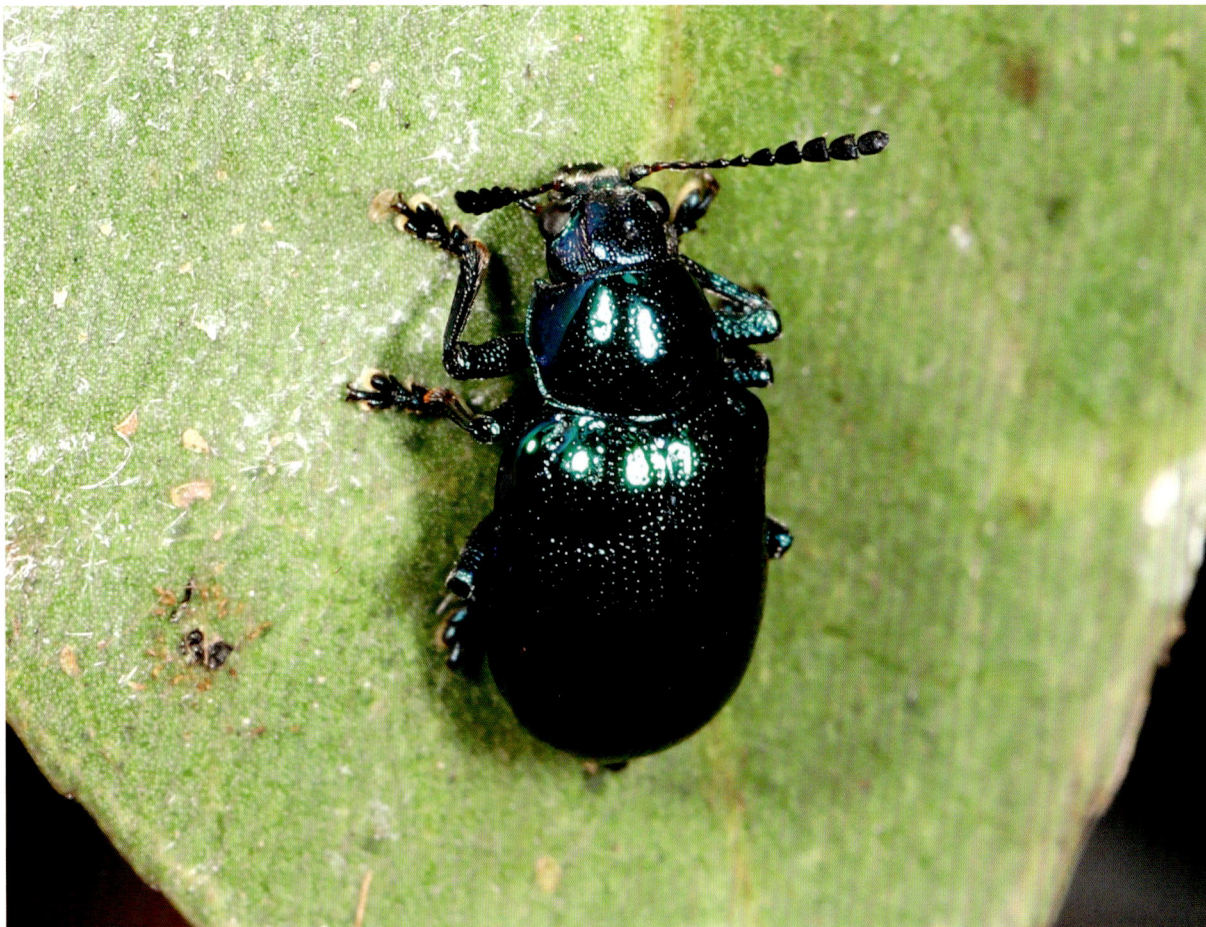

成虫背面观

成虫侧背面观

成虫侧面观

半球状，黄褐色，腹部各节侧面各具黑色短小刚毛1丛，腹部末端有叉状突起1对。

发生特点　长江以北1年发生2代，长江流域2~3代，广西6~8代，以成虫在菜田土缝、表土层15cm深处或寄主林的枯枝落叶下越冬。1年2~3代发生区，越冬代成虫于翌年4月活动，迁往春菜地或其他寄主植物上为害、交配和产卵。5月第1代幼虫发生，为害期1个月，5月中旬即见第1代成虫。气温26℃时成虫入土蛰伏夏眠近3个月，8~9月开始种植秋菜时，成虫又外出交配产卵，发生第2代幼虫，为害白菜、萝卜、疙瘩菜等，10月后开始越冬。春秋两季为害较重。成虫寿命96天，长者达167天；每雌可产卵200~500粒，多的可达700粒；多把卵产在根际附近土缝内、土块上或心叶里；卵的发育历期为3~6天；幼虫期20天左右，共4龄；蛹期11天。每年4~5月、9~10月有两次为害高峰，幼虫孵化后爬到寄主叶片上取食，日夜活动，有假死性，受惊扰时分泌出黄色液体或卷曲落地，老熟后落地入土作土室化蛹。

成虫胸足特征

天敌　参考本书"红负泥虫""黑额光叶甲"的相关内容。

主要控制技术措施　一般不会对油茶树造成较大为害。若种群密度很高，需要防治时，参考本书"黑额光叶甲"的油茶叶甲总科类害虫主要控制技术措施。

分布与为害　在我国主要分布于广西、浙江、湖南、江西、福建、台湾、四川、贵州、云南等地；在国外分布于越南、印度、日本、俄罗斯（西伯利亚）等。主要寄主有油茶、榕树、桑树等。主要以若虫和成虫取食叶片，受害叶呈现缺刻或空洞；若害虫种群数量多，可以把部分叶片吃残甚至吃光，影响寄主生长发育。

形态特征　成虫体长 7.0~8.5mm，体宽 5.5~6.0mm。体色变化较大，鞘翅呈三种颜色：蓝黑色、绿黑色及黑色；腹面或全部黄褐色，或胸部腹面黑褐色。头部颜色变化为：黑色（鞘翅呈蓝黑色）；或褐色，头顶为一黑斑（鞘翅绿黑色）；或黄褐色，后头在头顶两侧黑色（鞘翅黑色）。触角黑褐色。足的颜色为两种：全部黑褐色（鞘翅呈蓝黑色或褐色），或仅胫、跗节黑褐色（鞘翅绿黑色）。头顶具极细刻点，额瘤后为一横沟；触角长达及鞘翅中部，第 2 节最短，第 3 节次之，是第 2 节长的 1.5 倍，第 4 节长于第 3、5节，以后各节长度递减，且逐渐加粗。前胸背板宽为长的 2.5 倍，盘区内一排 4 个黑斑，中部在近基缘处为一小黑褐色斑或不规则的大斑；前缘强烈弧凹，基缘外突，侧缘圆弧状。小盾片三角形，光洁无刻点。鞘翅在小盾片周围的刻点呈放射状，翅面上的刻点间距离是刻点直径的 3 倍；缘折基部宽，直延续至鞘翅中部消失。腹部腹面每节具一对不规则的黑斑，位于腹部两侧；前足基节窝开放，爪附齿式。雄虫腹部末端三叶状，雌虫完整。

发生特点　缺乏完整发生规律的研究资料。初步观察，每年 4~5 月成虫开始活动，6~10 月为成虫活动盛期。成虫常栖息在枝叶上，产卵于叶面或叶背；成虫与若虫均为害叶片，若虫老熟后入土吐丝黏结土粒成土茧，并在其中化蛹。一般种群密度不高，不会造成严重灾害。

天敌　卵期有多种寄生蜂寄生，如负泥虫缨小蜂；幼虫及蛹期寄生蜂有负泥虫金蜂、弓肩小蜂、黄色茧蜂、负泥虫瘦姬蜂、桑名姬蜂等；捕食性天敌有益蝽、猎蝽、胡蜂、螳螂、蚂蚁、螽蟖、鸟类及蜘蛛等。这些天敌对害虫种群有重要控制作用，应切实加强保护利用。

主要控制技术措施　一般不会造成较大为害。若种群密度很高，需要防治时，参考本书"黑额光叶甲"的油茶叶甲总科类害虫主要控制技术措施。

正在取食

为害状

成虫头胸部特征

分布与为害　在我国主要分布于广西、广东、海南、福建、江西、安徽、湖南、四川、云南、贵州等地；在国外分布于日本等。为多食性害虫，主要寄主有油茶、油桐、桉、板栗、柿、龙眼、荔枝、杧果、木波罗、柑橘、苹果、橄榄、蝴蝶果、蚬木、樟、白玉兰、黄梁木、八宝树、凤凰木、茶、桑、桐花树等多种林木和果树。以幼虫群集取食，为害油茶、油桐等寄主的叶片、嫩梢树皮及幼果等；初龄幼虫仅啃食叶肉，残留表皮，使受害叶呈现不规则透明斑；第2龄以后幼虫将叶片吃成缺刻或孔洞，严重时将全树或局部林分叶片吃光，影响寄主生长、开花、结果及生态效益。

形态特征　**成虫**　雌雄异型：雄虫体长6~8mm，翅展18~20mm；头、胸部灰黑色至黑色，腹部银白色。前翅基部白色，前缘灰褐色，余黑褐色。后翅白色，前缘灰褐色。雌虫蛆状，无翅无足，体长13~20mm，宽2~3mm，呈圆筒形或长圆筒形，黄白色。**卵**　呈椭圆形，米黄色至乳褐色，长0.5~0.7mm。**幼虫**　大龄幼虫体长可达16~25mm，宽2~3mm。头部、各胸节、腹节毛片及第8~10腹节背面均呈灰黑色，其余黄白色。**蛹**　雌蛹体长15~23mm，宽2.5~3.0mm，呈长圆筒形，全体光滑，头部、胸部和腹部末节背面黑褐色，其余黄褐色；雄蛹体长9~10mm，头部、胸部、触角、足、翅芽以及腹部背面黑褐色，腹部腹面及腹部背面节间灰褐色；腹部第4~8节背面前缘和第6~7节后缘各有1列小刺。**护囊**　呈尖圆锥形或尖长铁钉形，灰褐色至灰黑色，由纯丝织成，质地坚韧，蓑囊末端尖，有3~5条纵裂，雌囊长27~51mm，雄囊长25~35mm。囊外无碎叶、无枝梗。

发生特点　广西南宁1年发生1代，以老熟幼虫在护囊内越冬。翌年2月中、下旬为化蛹盛期，3月上、中旬为成虫羽化盛期，3月下旬至4月上旬为交尾产卵盛期。卵产于雌囊内蛹壳中，每雌产卵160~500粒。4月下旬至5月上旬为幼虫孵化盛期，幼虫从护囊末端裂口处爬出，吐丝下垂，随风传播，几小时后即吐丝绕缠自身胸部，咬取枝叶表皮碎片，作囊护体。随幼虫长大，护囊随之加长加宽。除雄蛾外，卵、幼虫、蛹和雌成虫一生都在护囊内。雄幼虫有7龄，雌幼虫有8龄。每年6~9月是幼虫为害盛期。10月中、下旬幼虫负囊爬到小枝上，用丝将护囊绕固在枝条上越冬，常数个或十多个紧挨排列在一起，冬季晴暖天气，南方部分越冬幼虫仍可出囊啃食树皮。福建北部1年发生1代，4月中、下旬成虫羽化，5月中、下旬幼虫开始为害。各虫态历期：卵期

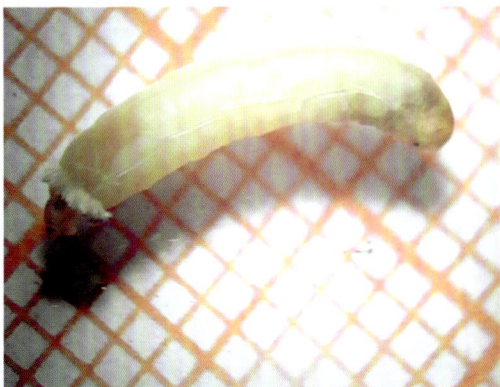

雌成虫　　　　　　　在振翅起飞的雄成虫　　　　　　雄成虫

小龄幼虫为害状

低龄幼虫正在取食

中龄幼虫

幼虫及其负袋转移

叶片背面及正面为害状

中低龄幼虫为害状

大龄幼虫为害状

为害红树林桐花树

30~39 天，雄幼虫期 306 天，雌幼虫期 323 天，雌蛹期 16 天，雄蛹期 28 天，雄成虫期 3~4 天。

天敌 参考本书"大蓑蛾"的相关内容。

主要控制技术措施 参考本书"大蓑蛾"的油茶蓑蛾类害虫主要控制技术措施。

严重时将油茶全树叶子吃光

小蓑蛾

别名：桉蓑蛾
学名：*Acanthopsyche subferalbata* (Hampson)
分类：鳞翅目 LEPIDOPTERA　蓑蛾科 Psychidae

分布与为害　在我国主要分布于华南、华东、华中及贵州、四川等地。多食性害虫，主要寄主有油茶、桉及红树林中的桐花树、秋茄等。初龄幼虫啃食叶肉，残留外表皮，使受害叶呈现半透明斑；第 2 龄以后食叶致孔洞或缺刻，大发生时可将大片林分叶片吃光，严重影响寄主的生长发育、影响红树林生态景观效益的发挥。

形态特征　**成虫**　雄虫体长 3~5mm，翅展 12~18mm；头、胸和腹部黑棕色，被白毛；前、后翅浅黑棕色，后翅反面浅蓝白色，有光泽；前翅缘毛灰白色。触角羽毛状。雌虫蛆状，无翅无足，体长 5~8mm，白色，头小，胸部略弯。**卵**　长约 0.6mm，呈椭圆形，米黄色。**幼虫**　大龄幼虫体长可达 6~9mm，头部淡黄色，散布深褐色斑点；各胸节背板有深褐色斑 4 个，有时前后相连成 4 条纵带；腹部乳白色。**蛹**　雄蛹，以灰黑色为主，头部、腹部灰白色；雌蛹，以灰白色为主，腹部白色。**护囊**　小型，雌囊长 15~20mm，雄囊长 8~16mm，灰褐色，外表黏附叶屑、树皮屑或碎片；幼虫化蛹前吐结 1 条 100~300mm 长丝将护囊悬挂于枝叶，故蛹及成虫期的护囊上有 1 条长丝。

发生特点　在广西等南方地区 1 年发生 3 代，以老熟幼虫越冬。于翌年 3 月化蛹，4 月上旬成虫羽化，4 月中旬成虫产卵，4 月中、下旬为第 1

蛹和幼虫

代幼虫孵化盛期，6 月上旬化蛹。第 2 代幼虫孵化盛期在 6 月下旬至 7 月上旬，8 月上旬化蛹。第 3 代幼虫孵化盛期为 8 月下旬至 9 月上旬，幼虫取食为害至 11 月中、下旬陆续进入越冬期。每雌产卵 90~245 粒，卵产于护囊内蛹壳中。浙江、安徽 1 年发生 2 代。在浙江以 3~4 龄幼虫越冬。翌年 3 月当气温回升至 8℃以上即开始活动取食，15℃以上为害剧烈，5 月中、下旬开始化蛹，第 1、2 代幼虫分别于 6 月中旬及 8 月下旬前后发生。

天敌　参考本书"大蓑蛾"的相关内容。

主要控制技术措施　参考本书"大蓑蛾"的油茶蓑蛾类害虫主要控制技术措施。

自然态交尾时雄成虫背侧面观

自然态交尾时雄成虫腹面观

自然态雄成虫背面观

自然态雄成虫腹面观

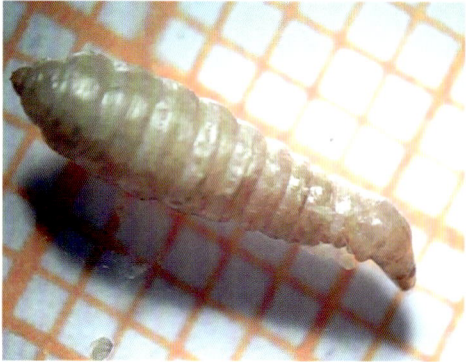

雌成虫背侧面观

等待交尾的雌成虫

老蓑囊及新小蓑囊

小龄幼虫群集为害状

红树林秋茄树上的蓑囊

为害红树林秋茄成灾

为害红树林桐花树成灾

分布与为害　在我国主要分布于广西、广东、海南、福建、江西、浙江、湖南、湖北、云南等地；在国外分布于印度等。多食性害虫，主要寄主有油茶、油桐、肉桂、桉、板栗、荔枝、龙眼、木荷、红锥、樟树、木麻黄、黄檀、黄梁木、八宝树、马尾松、台湾相思、大叶相思、侧柏、垂柏、银桦、橄榄、杧果、柿、柑橘、苹果、枇杷、李、梨、桃等多种林木、果树及红树林树种秋茄、桐花树等。小龄幼虫仅啃食叶肉，残留外表皮，使受害叶出现很多不规则形半透明斑；幼虫第2龄以后食叶致孔洞或缺刻，大发生时可将整株或局部林分叶片吃光，严重影响林木生长、经济林产量及生态效益。

形态特征　成虫　雄虫体长11~15mm，翅展28~33mm；体、翅灰褐色至棕黄褐色，前翅中室中部、外侧（横脉上）及下方均有黑棕色条纹，前翅顶角尖，外缘直斜，R3脉与R4脉共柄，R5脉分离或与R3 + R4有1短柄。雌虫蛆状，无翅无足，体长13~23mm，淡黄色，头小，生1对刺突，胸背略弯，中央有1条褐色纵线。卵　长0.7~0.8mm，呈椭圆形，米黄色。幼虫　大龄幼虫体长可达17~25mm，宽4~6mm；头、胸部背板灰褐色，散布黑褐色斑。各胸节背板分成2块，中线两侧近前缘处有4个黑色毛片，前胸毛片呈正方形排列，中、后胸毛片横向排列。腹部淡紫色，臀板黑褐色。蛹　雌蛹体长13~25mm，宽4~6mm，深褐色，长筒形，第2及第5腹节背面后缘和第7腹节前缘各有1列小刺；雄蛹体长11~14mm，宽3~4mm，深褐色，纺锤形，第3至第6腹节背面后缘和第8、第9节前缘各有1列小刺。护囊　雌囊长35~50mm，雄囊略短；呈长锥形；蓑囊灰白色，外表光滑，由纯丝织成，质地细致，囊的尾

大龄幼虫侧腹面观

雄成虫

油茶树上的蓑囊及为害状

雄成虫羽化留下的蛹壳

幼虫取食状

端常有 1 长 1 短两条丝带。

发生特点　1 年发生 1 代，以老熟幼虫在护囊内越冬。翌年 2 月中、下旬大量化蛹，4 月上、中旬成虫大量羽化，4 月中、下旬为产卵盛期，4 月下旬至 5 月上旬为幼虫孵化盛期，6~7 月幼虫为害最烈。10 月中、下旬老熟幼虫用丝束将护囊绕缠于枝条上越冬。雄虫对黑光灯有趋性。雌虫产卵于护囊内蛹壳中。

天敌　参考本书"大蓑蛾"的相关内容。

主要控制技术措施　参考本书"大蓑蛾"的油茶蓑蛾类害虫主要控制技术措施。

41 螺纹蓑蛾

别名：蟥纹蓑蛾

学名：*Eumeta crameri* Westwood

分类：鳞翅目 LEPIDOPTERA　蓑蛾科 Psychidae

分布与为害　在我国主要分布于广西、广东、海南、江西、福建、湖南、安徽、河南、云南、贵州、陕西等地。多食性害虫，主要寄主有油茶、桉、木麻黄、马尾松、油桐、八角、肉桂、乌桕、板栗、紫荆木、黄榄、蝴蝶果、柿、木荷、湿地松、杉、柠檬桉、椆木、重阳木、黄梁木、黄檀、八宝树等多种林木和果树。小龄幼虫啃食叶肉，残留外表皮，使受害叶呈现半透明状不规则斑块，第 2 龄以后幼虫把叶片吃成孔洞或缺刻，有时残留主脉，甚至取食嫩枝树皮及幼果；虫口密度很大时，可将整株或局部林分的树叶吃光，影响林木生长及经济林的产量和质量。

形态特征　最易识别的特征是其护囊，长 30~40mm，略呈圆锥形，护囊丝织外层用丝缀结小枯枝梗织成，每条枝梗的长短、排列方向颇为一致，呈有规律的螺旋状，4~5 次转折，故得其名。**成虫**　雌、雄异型：雌虫无翅，体长约 11mm，乳白色，似蛆形，足退化，体壁薄；雄虫，体长 9~15mm，翅展 30~33mm。体淡褐色，翅棕灰色，前翅脉间常灰白色，外缘有 3 个白色斑纹。**幼虫**　成熟幼虫体长可达 13~16mm，体黄褐色，头暗褐色或黄褐色，多棕黑色斑纹，胸部各节背板背面骨化强，暗褐色，具棕色斑纹，近前缘较淡；腹部各节有横皱，背面具黑褐色点并列，腹背中线较暗，第 8~9 腹节黑褐色，臀板黑褐色并有 3 对刚毛。

发生特点　各地 1 年均发生 1 代，以第 2~4 龄

为害桉树

幼虫在护囊内越冬。翌年 3 月天气回暖后恢复活动取食，6 月中旬化蛹，6 月下旬为成虫羽化期和产卵期，7 月新一代幼虫孵化，取食为害至 11 月以后陆续进入越冬状态。最后 1 次蜕皮化蛹，蛹头向着排粪孔，以利成虫羽化后爬出袋囊。雌虫羽化后仍留袋内；雄虫羽化后，次晨或傍晚寻觅雌成虫交配，雄成虫交尾时将尾部插入雌虫囊内。雌成虫产卵于蛹壳内，并将尾端绒毛覆盖在卵堆上。每雌产卵 100~200 粒。雄成虫寿命 5~8 天。卵期 15~18 天，孵化后的幼虫似蜂拥状从排粪孔爬出，吐丝下垂，随风飘扬至其他树枝上。幼虫取食嫩叶、嫩枝皮等，上午 10 时前取食最盛，并吐丝缠身织囊，取食时以头部伸出囊外，并负囊而行，寻觅食物。越冬前将袋囊以丝缠牢固定挂于枝条上，袋口用丝封闭越冬。

天敌　参考本书"大蓑蛾"的相关内容。

主要控制技术措施　参考本书"大蓑蛾"的油茶蓑蛾类害虫主要控制技术措施。

桉树上的蓑囊

为害松树

茶大蓑蛾

别名：小窠蓑蛾、茶蓑蛾、茶袋蛾
学名：*Eumeta minuscula* (Butler)
分类：鳞翅目 LEPIDOPTERA　蓑蛾科 Psychidae

分布与为害　在我国主要分布于广东、广西、福建、海南、台湾、浙江、江苏、安徽、江西、湖南、湖北、四川、云南、贵州等地；在国外分布于越南、泰国、日本等。多食性害虫，主要寄主有油茶、油桐、桉、八角、乌桕、板栗、黄檀、松、杉、黄梁木、八宝树、擎天树、凤凰木、悬铃木、扁柏、白榆、木麻黄、核桃、槭树、柳、重阳木、石榴、梨、茶、樱桃、桃、杏、柑橘、棉花、向日葵等林木、果树、行道树及农作物。第1龄幼虫啃食叶片下表皮和叶肉，残留上表皮，使被害叶呈不规则透明斑；第2龄幼虫以后取食叶片成孔洞或缺刻，有时残留叶脉，害虫密度较大时，可将全树甚至局部林分叶片吃光，严重影响林木生长、结果、产量及生态效益，甚至造成被害寄主树死亡。

形态特征　**成虫**　雌雄异型：雄蛾体长10~15mm，翅展20~30mm。体和翅茶褐色或暗褐色，触角羽状，体密被鳞毛；胸部背面有白色纵纹2条；翅脉两侧色较深，前翅近外缘处即 M_2 脉与 Cu_1 脉间有2个长方形透明斑。雌虫蛆状，无翅无足，体长15~20mm，头小，体呈米黄色，胸部有明显的黄褐色斑，腹部肥大，第4至第7节周围有蛋黄色绒毛。**卵**　长径0.7~0.8mm，椭圆形，米黄色或黄色。**幼虫**　大龄幼虫体长可达16~28mm，头淡褐色或黄褐色，散布黑褐色网状斑。各胸节背面有褐色或黑褐色长形斑4个，前后相连成4条褐色或黑褐色纵带。腹部肉红色，各腹节有2对黑点状突起，作"八"字排列。**蛹**　雌蛹为围蛹，呈纺锤形，长14~20mm，头小，腹部第3节背面后缘、第4和5节前后缘、第6至第8节前缘各有1列小刺；第8节小刺较大而明显；腹末具短刺2枚。雄蛹为被蛹，体呈褐色，体长11~13mm，腹部弯曲成钩状，臀棘末端具2短刺，短而弯曲。**蓑囊**　雌囊长20~50mm，雄囊略小；灰褐色，橄榄形，外表纵行排列长短不一的小枝梗和枝皮碎片。

为害行道树樟树成灾

小龄幼虫为害油茶树叶

中低龄幼虫为害状

雄成虫及其蛹壳

为害红树林桐花树成灾

发生特点 广西南宁1年发生3代，以老熟幼虫越冬。贵州湄潭1年发生1代，安徽、湖南、江苏基本1年发生2代。南宁每年3月上、中旬成虫羽化及产卵，第1代幼虫4月中旬孵化，6月上旬化蛹。第2代幼虫6月下旬孵化，8月下旬化蛹。第3代幼虫9月中旬盛发。每年4月下旬至5月、7~8月是为害高峰期，至11月中旬幼虫陆续停食，并逐渐向枝梢端部转移，将护囊绕固在小枝上并进入越冬，常多个紧挨排列在一起。每雌产卵120~990粒；卵期第1代15~20天；第2、第3代约7天。成虫羽化常在下午，翌晚交配，交尾时雄虫飞到雌虫袋囊上并把尾部插入。雌虫产卵于囊内。幼虫孵化后从护囊排泄孔爬出至枝叶上，或吐丝下垂，随风扩散到周围寄主上。幼虫爬行取食时，头、胸露于囊外，护囊挂在腹部，取食多在清晨、傍晚或阴天，晴天中午很少取食。

每年发生2代区，多数以第3~4龄幼虫越冬。翌年回暖后幼虫恢复活动并取食，5月上旬化蛹，5月中旬产卵，7月为第1代幼虫为害高峰期，8月上旬化蛹，8月中旬成虫羽化，9月为第2代幼虫为害高峰期，取食到11月陆续进入越冬状态。

天敌 参考本书"大蓑蛾"的相关内容。

主要控制技术措施 参考本书"大蓑蛾"的油茶蓑蛾类害虫主要控制技术措施。

雌成虫及蛹壳

中龄幼虫腹面特征

中龄幼虫背面观

大龄幼虫在转移

大龄幼虫蓑囊

雄预蛹

雌蛹

低龄幼虫为害状（摄于泰国）

幼虫为害状（摄于越南）

43	大蓑蛾	别名：大窠蓑蛾

学名： *Eumeta variegata* (Snellen)

分类： 鳞翅目 LEPIDOPTERA　蓑蛾科 Psychidae

分布与为害　在我国主要分布于广西、广东、海南、福建、江西、台湾、浙江、上海、江苏、安徽、湖南、湖北、贵州、四川、云南、河南、山东等地；在国外分布于日本、印度、马来西亚、澳大利亚等。多食性害虫，主要寄主有油茶、油桐、桉、八角、核桃、板栗、龙眼、荔枝、杧果、银杏、松、樟、木荷、重阳木、黄梁木、八宝树、菩提树、木麻黄、黄檀、泡桐、酸枣、油梨、人面果、麻栎、苹果、梨、桃、枣、柑橘、枇杷、茶、棉、牡丹、山茶等林木、果树、花卉及农作物。以幼虫取食油茶树等寄主叶片、嫩枝树皮、幼果等，初龄幼虫仅啃食叶肉，残留表皮，使被害叶出现不规则略呈圆形的透明斑块，第2龄以后幼虫将叶片食成孔洞或缺刻，害虫高密度时可将全树叶片甚至局部林分叶片吃光，进而啃食嫩枝皮层，严重影响寄主树生长及产量，甚至导致寄主枯死。

形态特征　**成虫**　雌雄异型：雄虫体长15~20mm，翅展26~44mm。体暗褐色，有淡色纵纹，前翅沿翅脉黑褐色，翅面前后缘略带黄褐至红褐色，在R_4与R_5脉间的基半部、R_5与M_1脉间的外缘、M_2与M_3脉间有4~5个透明斑。后翅黑褐色，略带红褐色。雌虫蛆状，体较柔软，乳白色，头部黄褐色，胸、腹部黄白色而且多茸毛，胸背中央有1条褐色隆脊，后胸腹面及第7腹节后缘密生黄褐色绒毛环，无翅无足，体长22~33mm，表皮透明，可见体内卵粒。**卵**　近圆球形，初为乳白色，逐渐变为淡黄棕色，有光泽。**幼虫**　大龄幼虫体长可达25~40mm；共5龄；从第3龄起，雌、雄幼虫明显异型：雌幼虫体较大，头棕褐色，头顶有环状斑，胸部背板骨化，黄褐色，中央有2条黑褐色阔带，两侧各有1条黑色带；雄幼虫体小，黄褐色，头部蜕裂线及额缝白色。**蛹**　雌蛹形似蝇类围蛹，枣红色，头、胸及附属器均消失；雄蛹为被蛹，赤褐色，腹末有臀刺1对，小而弯曲。**护囊**　大型，梭形，枯褐色，丝质较疏松；囊之表面附缀有较大的残叶或小叶片，有时叶片脱落仅剩碎屑，有时也附有少数小枝梗，但排列零乱，雌虫囊长60~70mm。

发生特点　华南地区及福建南部1年发生2代，其他地区1年发生1代，以老熟幼虫在护囊内越冬。在该害虫年2代发生区，翌年春暖后即开始活动取食，4月底与5月初陆续化蛹，5月中旬出现第1代成虫，5月下旬为羽化产卵盛期。6月上旬出现第1代幼虫，6月下旬至8月上旬处在为害盛期，8月中旬化蛹。8月下旬至9月上旬，第2代成虫羽化、产卵，9月下旬至10月为第2代幼虫为害盛期，11月后陆续进入越冬状

展翅雄成虫

低龄幼虫为害状

中低龄幼虫为害状

幼虫正在取食油茶叶

中龄幼虫取食全叶

大龄幼虫为害状

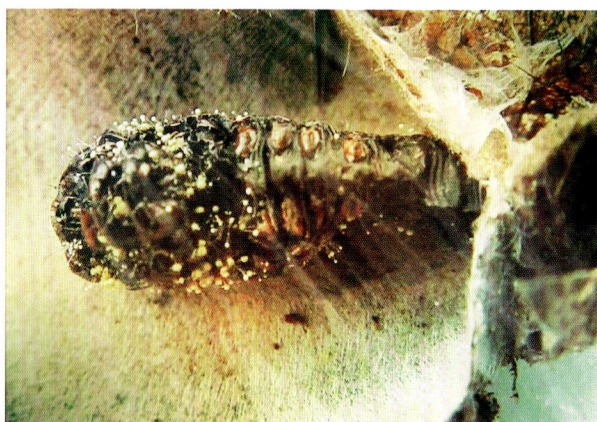
被真菌寄生的预蛹

态。幼虫老熟后在囊内化蛹，化蛹前将蓑囊上端牢牢固定于枝干上，同时在囊内转身调头向下，以利雄虫羽化后出袋和雌虫头胸伸出囊外释放信息素招引雄虫交尾。成虫多数在下午和晚上羽化。羽化前，雄虫蛹体向袋囊排粪孔移动，当头胸部出囊后雄虫即脱出蛹壳。雌蛹体从头部至胸、腹部第5节纵裂，头胸部伸出蛹壳外，后胸脱下的绒毛充塞于袋囊排粪孔外，这是识别雌虫羽化的标志。雌虫以胸部背板区为主布满释放性信息素的腺孔。雄虫受到雌虫性信息素招引迅即飞出，绕囊婚飞数圈后停留在雌虫袋囊上，急剧扇动双翅。此时，雌虫头胸缩回袋内，雄虫将腹部末端伸长插入雌虫袋囊排粪孔进行交尾。卵产于护囊内蛹壳中，每雌产卵2000~3000粒。幼虫孵化后先吃掉卵壳，滞留1~2天，从蓑囊中爬出，或吐丝下垂随风扩散，或爬行至嫩叶上取食、吐丝、缀碎屑制成蓑囊并藏匿其中。袋囊随虫龄增加而扩大，取食时头部伸出囊外，树叶吃尽后可负囊移动蔓延。除雄成虫外，各虫态均在囊内生活。幼虫有较强的耐饥性；幼虫趋光，故多聚集于树枝梢头上为害。越冬时，用丝将护囊黏牢在枝条上，明显易见。雄虫有趋光性，以20~21时诱蛾最多。初孵幼虫在营造袋囊期间若遇中或大雨，则会大量死亡。冬季严寒，越冬幼虫死亡率较高。江西1年发生1代，7~8月为害严重。以茶叶为食料的各虫（态）期历期：卵期17~21天，幼虫期210~240天，雄蛹期24~33天，雌蛹期13~26天，雄成虫期2~3天，雌成虫期12~19天。

天敌 蓑蛾类害虫天敌比较丰富，主要有白僵菌、细菌、病毒（如NPV、CVSHPV等）、小蜂、姬蜂（如南京瘤姬蜂、大袋蛾黑瘤姬蜂、瘤姬蜂、黄瘤姬蜂等）、寄生蜂（如大腿蜂、费氏大腿蜂等）、寄生蝇（如家蚕追寄蝇、伞裙追寄蝇、红尾追寄蝇、四斑尼尔寄蝇等）、蚂蚁、蜘蛛、

剖囊后的大龄幼虫

剖茧后见的预蛹

孔口有寄生蝇蛹壳之蓑囊

鸟类等；异色瓢虫也能捕食初孵幼虫。各类天敌对害虫种群有一定控制作用，应加强保护利用。

油茶蓑蛾类害虫主要控制技术措施 （1）加强测报工作。设置固定监测点，定期踏查，严密监视害虫发生发展动态，做好害虫预测预报工作。关键是及时发现虫源地，并正确预报低龄幼虫阶段，以指导及时正确防治，提高防治效果。（2）人工摘除蓑囊。蓑蛾类害虫都是先局部发生，形成虫源地，再逐步扩散，由于雌虫产卵于囊中，蔓延速度有限，因此抓紧在未分散前人工摘除蓑囊，踩死或烧毁，是很有效的防治措施。在调动苗木时，彻底清除其上护囊，防治人为传播。小幼虫群集为害时剪除虫枝，集中烧毁。（3）保护利用天敌。蓑蛾类害虫天敌比较丰富，各类天敌对害虫种群有一定控制作用，应加强保护利用。必须采用药剂防治时，不要滥用化学农药，尽量选用生物农药或低毒化学农药；使用农药治虫时，要设置天敌保护隔离区；尽量在天敌休眠期或相对安全期用药，尽量避免伤害天敌。（4）性外激素诱杀。在蓑蛾雌虫羽化后第2天，浸提其头、胸部，用浸提液制成诱捕器，在傍晚放置于害虫大发生林地约2小时，每个诱捕器一般可捕获百余头雄虫，对害虫下代种群数量有明显控制作用。（5）生物制剂防治。蓑蛾幼虫多在早、晚取食为害，在害虫低龄幼虫阶段，离桑园较远的受害寄主林，早、晚可喷洒1~2活亿芽孢/mL青虫菌液，或杀螟杆菌液，或苏云金杆菌液（3.5亿活芽孢/g）

两种蓑蛾的蓑囊结在一起

等1∶1000倍液；或每亩用15~20g森得保可湿性粉剂1500~2000倍液喷雾或加入30~35倍中性载体喷粉，有很好防治效果。在桑园附近的受害寄主林，可用鱼藤皂液或除虫菊皂液（1∶1∶200）喷湿蓑囊防治；或初孵幼虫未形成护囊时，喷洒20％除虫脲悬浮剂2000~3000倍液。（6）化学药剂防治：在虫源地，如果害虫密度很高，可于害虫低龄幼虫阶段，在树冠或幼虫栖息取食处，用低毒农药防治：可选用的常用药剂有：喷洒2.5％鱼藤酮300~500倍液，或1.2％烟参碱乳剂1000倍液，或10％吡虫啉可湿性粉剂1000~2000倍液，或3％啶虫脒乳油3000~5000倍液，或25％噻虫嗪水分散剂2000~3000倍液等喷雾；由于此类害虫虫体有蜡粉，非乳剂型药液中（如可湿性粉剂）若加入0.3％~0.4％的柴油乳剂或黏土柴油乳剂，可显著提高防治效果。

<table>
<tr><td>44</td><td>褐蓑蛾</td><td>学名：*Mahasena colona* Sonan
分类：鳞翅目 LEPIDOPTERA　蓑蛾科 Psychidae</td></tr>
</table>

分布与为害　在我国主要分布在广西、广东、台湾、福建、浙江、江苏、安徽等地。多食性害虫，主要寄主有油茶、油桐、桉、八角、乌桕、茶、樟、悬铃木、扁柏、荔枝、龙眼、柑橘、杧果等多种林木和果树。初龄幼虫啃食叶肉，使受害叶出现不规则半透明状斑；大龄幼虫食害叶片，受害叶呈孔洞或缺刻，或仅残留主脉，为害严重时会影响寄主生长、开花和结果。

形态特征　**成虫**　雌雄异型：雄虫体长约15mm，翅展 23~26mm。全体褐色，有金属光泽，翅面无斑纹。雌虫蛆状，无翅无足，体长约15mm，头小，淡黄色，体乳白色。**卵**　呈椭圆形，乳白色至乳黄色。**幼虫**　大龄幼虫体长可达 18~25mm，头褐色，散生暗褐色斑纹；体褐色，胸部各节背板淡黄色，背侧上下有不规则的黑斑 2 块，侧视大致排列呈两行。**蛹**　雌蛹体长 17~25mm，尾端有刺 3 根；雄蛹体长 16~20mm，长椭圆形，深褐色，翅芽伸达第 3 腹节中部，第 5 腹节背面后缘有1 列细毛，第 8 腹节背面前缘具 1 列小刺，尾部变曲，臀刺两分叉。**护囊**　较粗大，长约 25~40mm，似灯笼状，枯褐色，丝质疏松，囊外附有许多较大的碎叶片，略呈鱼鳞状排列。

发生特点　1 年发生 1 代，以大龄幼虫在护囊内越冬。翌春 3 月回暖后又开始活动取食，6 月中旬化蛹，蛹期 8~21 天，7 月上、中旬成虫羽化并

后期蓑囊特征

产卵，7 月下旬出现幼虫，8~9 月幼虫为害盛期，10 月中、下旬大龄幼虫逐渐向枝梢端部转移，用丝束将护囊黏固在枝条上越冬。除雄蛾外，各虫态都生活在护囊中。每雌产卵量为 300~900 粒。初孵幼虫先在护囊内取食卵壳，后从母囊下端排泄孔爬出，并迅速分散，寻找嫩叶，边取食边吐丝结囊。幼虫大多在油茶林或其他寄主林的中、下部活动，比较隐蔽；高温天气，常群集于根茎部栖息。

天敌　参考本书"大蓑蛾"的相关内容。

主要控制技术措施　参考本书"大蓑蛾"的油茶蓑蛾类害虫主要控制技术措施。

为害油茶树

展翅成虫

45 茶细蛾

学名：*Caloptilia theivora* (Walsingham)

分类：鳞翅目 LEPIDOPTERA　细蛾科 Gracilariidae

分布与为害　在我国大部分产茶及油茶省份都有分布，北至山东、河南，南至广东、广西、海南；东至东部沿海及台湾，西至云南、贵州、四川等地；在国外分布于泰国、日本。除为害油茶外，还为害山茶、茶树等。幼虫潜叶、卷叶为害寄主叶片；主要卷害嫩叶，先从叶片主脉至叶缘形成小蛀道，以后在叶缘折卷形成卷边，第4龄后将叶尖向叶背横卷成三角形虫苞，匿居苞内为害，并在苞内留有大量虫粪，对油茶、茶叶等产量、品质影响很大。

形态特征　成虫　体长4~6mm，翅展10~13mm。下唇须淡黄色，微曲，末端有褐点；头部褐色，颜面密布黄色鳞片；体褐色，稍带紫色光泽，体细长。头、胸部暗褐色，复眼黑色。触角丝状，褐色，长达翅端。前翅褐色带紫色光泽，近中央处具一金黄色三角形大斑纹伸达前缘。后翅暗褐色，缘毛长。**卵**　长0.30~0.5mm，扁椭圆形，无色，有水滴状光泽。**幼虫**　幼虫共5龄，各龄体长为：1龄约1mm，2龄1.5~2.0mm，3龄2.5~4.0mm，4龄8~10mm，成熟幼虫体长可达8~10mm。幼虫乳白色，半透明，口器褐色，单眼黑色，体表具白短毛，低龄阶段体略扁平，头部小胸部大，腹部由前渐细，后期体呈圆筒形，能看见

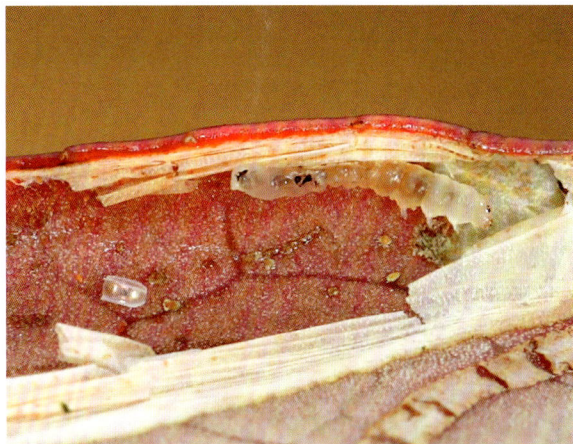

展翅成虫背面观

深绿色至紫黑色消化道。胸足3对，腹足3对，第6腹节足退化，尾足1对。**蛹**　长5~6mm，圆筒形，浅褐色。腹面及翅芽浅黄色，复眼红褐色。**茧**　长7~9mm，长椭圆形，灰白色。

发生特点　据报道，各地发生期有差异，世代重叠，大多1年发生6~7代。浙江松阳1年发生7代，以蛹茧在寄主树中下部成叶或老叶面凹陷处越冬，翌春4月成虫羽化产卵。第1~7代幼虫分别发生于：4月中旬至5月中旬，5月下旬至6月下旬，6月下旬至7月下旬，7月下旬至8月中旬，8月下旬至9月中旬，9月下旬至10月中旬，10

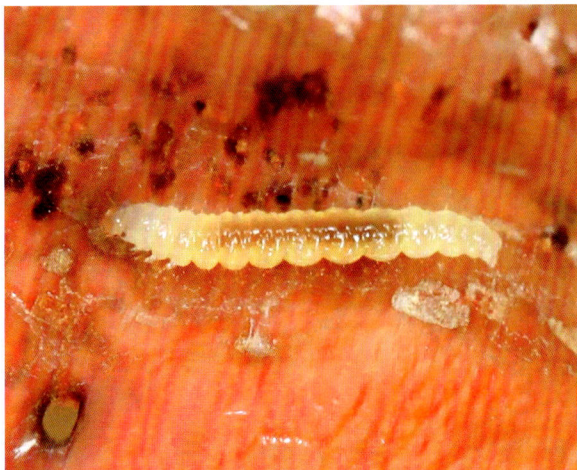

幼虫侧面观

幼虫头部特征

幼虫体色与食料有关

幼虫卷叶为害绿色嫩叶

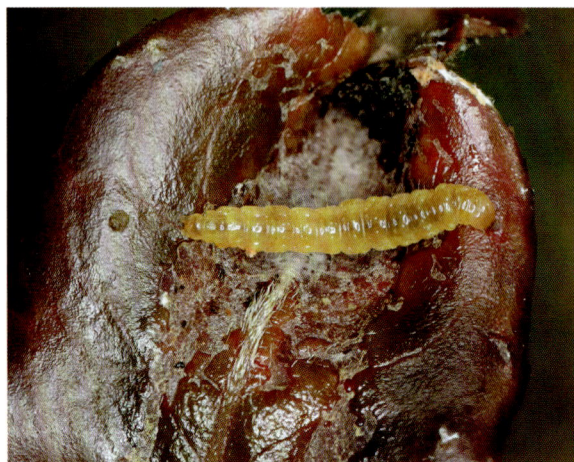
幼虫背面观（摄于泰国）

芽苞被害状

月下旬至11月中旬，第4代后出现世代重叠，以5~6代为害最重。成虫晚上活动、交尾，有趋光性。成虫羽化后2~3天把卵产在嫩叶背面，芽下第2叶居多，第3叶次之，芽上少，一片叶上数粒至数十粒，第1~3代每雌可产卵44~68粒，余各代少。第1、2龄为潜叶期，第3、4龄前期为卷边期，第4龄后期、第5龄初期进入卷苞期，把叶尖向叶背卷结为三角虫苞，隐匿苞中取食叶肉，幼虫常转苞为害，把粪便堆积在苞内，严重影响茶叶质量。老熟幼虫把苞咬一孔洞爬出后，至下方老叶或成叶背面吐丝结茧化蛹。卵期3~5天，幼虫期9~40天，非越冬蛹7~16天，成虫寿命4~6天。留养茶园及幼龄茶园芽叶较多，利其发生。每年夏季受害重。趋嫩为害，嫩叶虫口密度大，适宜发生温度20~25℃、比较湿润的条件下发生；高温干旱是抑制种群的重要因素；气温升至28℃以上，成虫易死亡，产卵也少，7~8月为害较轻。

天敌　天敌丰富，主要有锥腹小蜂，寄生率20%左右，多种蜘蛛捕食茶细蛾成虫、幼虫。有关情况参考本书"茶长卷蛾"的相关内容。

主要控制技术措施　参考本书"茶长卷蛾"的油茶卷蛾类害虫主要控制技术措施。

分布与为害　在我国目前仅知分布于海南、福建、广西、广东等地。主要寄主植物有油茶、茶等。主要为害方式是以幼虫取食叶片，虫口密度高的时候，会影响寄主生长发育。

形态特征　**成虫**　体长 10~13mm，雄虫翅展 22~25mm，雌虫翅展 24~31mm。头胸部灰色，触角褐色，丝状。下唇须灰褐色，向上弯曲。前翅银白色，散生黑褐色小点，中带深褐色，从基部到中央的褐色带明显，中央到外缘的褐色带不明显，前缘有 2 个小褐色斑，外缘有数个排列均匀的小黑色点。后翅灰白色。与茶灰木蛾近似，但前翅的黑色小点较多，整体上翅色比茶灰木蛾偏暗。**卵**　椭圆形，长 0.9~1.1mm，宽 0.4~0.5mm，黄绿色至浅褐色。**幼虫**　大龄幼虫体长可达 25~30mm、宽 3~4mm。头部、前胸背板棕黑色。体背黄绿色，腹面米黄色。中胸、后胸背面各有 4 个较大的黑色毛瘤，各腹节背面均有 4 个呈"八"字形排列的黑色毛瘤，臀节两侧棕黑色，各节气门线下方有 1 个黑色毛瘤。气门、臀板及胸足均黑色，腹足黄色。**蛹**　黑褐色，有光泽，长 11~15mm，宽 4~6mm，圆锥形，头部钝圆，背隆起腹面平展，尾部尖细。

发生特点　笔者于 2019 年 4 月中旬在海南油茶树上观察到该虫的大龄幼虫正在为害油茶叶片。以幼虫越冬，翌年 4 月中下旬化蛹，5 月中旬成虫出现。幼虫将一片叶子的背面和另一片的正面平贴，以丝连缀边缘做成扁平虫苞，在虫苞内取食叶肉，大龄幼虫也外出在叶片边缘取食呈缺刻或吃完整张叶片，排粪于虫苞外或虫苞内，受害叶最终枯黄。幼虫在虫苞内进出自由，但很少爬出虫苞外，老熟幼虫停食 1~2 天，以少量丝固定在旧虫苞或新做虫苞中化蛹。成虫在晚上羽化，白天停息于叶面不活动。雌虫产卵于叶背，产卵量 20~35 粒。

天敌　参考本书"茶长卷蛾"的相关内容。

主要控制技术措施　参考本书"油茶毒蛾"的油茶毒蛾类害虫主要控制技术措施。

幼虫背面观

幼虫背侧面观

分布与为害　在我国主要分布于海南、福建等地。目前其寄主仅知油茶。以幼虫卷叶取食寄主植物叶片，未见有严重发生的报道。

形态特征　**成虫**　体长7~9mm，翅展16~20mm。头小，下唇须上翘。触角细长，基节白色，其余黄褐色。胸背及翅面淡褐色至橙褐色，无斑。前翅中室端部有1个黑色点，前缘有不明显的黄褐色边线，外缘端部橙红色，缘毛黄色。**幼虫**　大龄幼虫体长可达17~20mm，宽3~5mm。体黄白色具褐色花纹，花纹从中胸到腹部末端，背线、亚背线连续分布；其中中胸、后胸、腹部第8~10节亚背线颜色较深，呈黑褐色。体疏生白色刚毛，各节有白色毛瘤2个。胸足红褐色，腹足乳白色。**蛹**　体长10~12mm，宽4~5mm，棕色，锥形。

发生特点　笔者于2019年4月19日在海南油茶树上观察到该虫的幼虫及茧。据相关报道，该虫5月下旬至6月上旬蛹羽化出成虫，历时13天。7月上旬的成虫，寿命8天。幼虫将单片叶纵向卷曲呈长筒形虫苞，吐丝匿居其中，外出取食叶片致缺刻或取食整片叶，虫粪排在虫苞外。老熟幼虫将叶片基部咬掉一部分（便于卷叶），将半边叶片卷成纵向长筒形茧苞，在苞中结白色丝膜并化蛹其中；有的在茧苞中部咬出一圆形小孔，蛹的头部靠近圆形小孔。

天敌　参考本书"茶长卷蛾"的相关内容。

主要控制技术措施　参考本书"茶长卷蛾"的油茶卷蛾类害虫主要控制技术措施。

幼虫与为害状

幼虫背面观

幼虫头胸部特征

幼虫侧面观

蛹背面观

灰双线刺蛾

别名：两线刺蛾、双线刺蛾
学名：*Cania robusta* (Hering)
分类：鳞翅目 LEPIDOPTERA　刺蛾科 Limacodidae

分布与为害　在我国主要分布于湖北、湖南、广西、四川、云南等地；在国外分布于泰国、缅甸、马来西亚等。主要寄主有油茶、茶、桉、油桐、柑橘、香蕉等人工林及香蕉林。以低龄幼虫取食表皮或叶肉，致叶片呈半透明枯黄色斑块；大龄幼虫食叶致缺刻，严重的可把叶片吃至只剩叶脉，甚至叶脉全无，影响寄主生长发育和产量。

形态特征　**成虫**　体长约 12mm，翅展 23~38mm。头部颈板赭黄色，胸背褐灰色，翅基片灰白色，腹部褐黄色。前翅灰褐黄色，有 2 条外衬浅黄白边的暗褐色横线，在前缘近翅尖发出（雌虫较分开），以后互相平行，稍外曲，分别伸达后缘的 1/3 和 2/3。**幼虫**　体绿色，具黄白色背线和由橙色环绕的黑点。大龄幼虫体长达 18~20mm；体形大致像扁刺蛾幼虫，呈扁椭圆形，背部略隆起，形似龟甲；全体绿色；背线以断续的黄白色纵带为主；体边缘两侧各有 11 个发达的疣状突起，其上生有刺毛；每 1 体节背侧线位置上还有 1 小丛刺毛。

展翅成虫背面观

发生特点　笔者于 2008 年对该刺蛾为害油桐叶的幼虫进行了室内饲养，于 2008 年 9 月 21 日羽化出成虫。2019 年 7 月观察到该刺蛾幼虫为害油茶叶。

天敌　参考本书"黄刺蛾"的相关内容。

主要控制技术措施　参考本书"黄刺蛾"的油茶刺蛾类害虫主要控制技术措施。

展翅成虫腹面观

正在羽化

刚羽化出来的成虫腹面观

新羽化的成虫腹侧面观

新羽化成虫

幼虫为害油茶树

幼虫在油茶树叶上

幼虫为害桉树

49 白痣姹刺蛾

学名：*Chalcocelis albiguttata* (Snellen)

分类：鳞翅目 LEPIDOPTERA　刺蛾科 Limacodidae

分布与为害　在我国主要分布于江西、福建、广东、广西、海南、湖北、湖南、云南等地；在国外分布于缅甸、印度、新加坡、印度尼西亚、巴布亚新几内亚等。寄主包括油茶、茶、银杏、柑橘、咖啡及花卉植物、刺桐属植物等。低龄幼虫取食表皮或叶肉，致叶片呈半透明枯黄色斑块；大龄幼虫食叶致较平直的缺刻，严重的可把叶片吃至只剩叶脉，甚至叶脉全无，影响寄主生长发育和产量及质量。

形态特征　**成虫**　雌雄异型：雄虫全体烟褐色或灰褐色，体长 9~11mm，翅展 23~29mm。触角灰黄色，基半部羽毛状，端半部丝状。下唇须黄褐色，弯曲向上。前翅中室中央下方有 1 个黑褐色近梯形斑，内窄外宽，斑内侧红褐色，上方有 1 个白点，中室端横脉上有 1 个小黑点，亚端线模糊灰褐色锯齿形。雌虫黄白色，体长 10~13mm，翅展 30~34mm。触角丝状。前翅中室下方有 1 个不规则的红褐色斑纹，其内线有 1 条白线环绕，线中部有 1 个白点，斑纹上方于中室内有 1 个小的松散黑斑，亚端线黄褐色。**卵**　椭圆形，片状，蜡黄色，半透明，长 1.5~2.0mm。**幼虫**　第 1~3 龄幼虫黄白色或蜡黄色，前后两端黄褐色，体背中央有 1 对黄褐色的斑。第 4~5 龄幼虫淡蓝色，无斑纹。老龄幼虫体长椭圆形，前宽后狭，体长 15~20mm，体宽 8~10mm，体上覆有一层微透明的胶蜡物。**茧**　白色，椭圆形，长 8~11mm，宽 7~9mm。**蛹**　粗短，栗褐色，触角长于前足，后足和翅端伸达腹部第 7 节，翅顶角处和后足端部分离外斜。

发生特点　在广州 1 年发生 4 代，以蛹越冬。翌年 3 月底、4 月初出现为害。成虫以 19~20 时羽化最多。大部分成虫第 2 晚交尾，第 3 晚产卵。

展翅成虫背面观

幼虫取食油茶树叶

幼虫为害油茶树叶

幼虫为害花卉绿宝

幼虫腹面观

卵单产于叶面或叶背，以叶背为多。第3代成虫每个雌蛾产卵量为12~274粒，平均108粒。成虫有趋光性；寿命3~6天。第1代卵期4~8天，受寒潮影响较大；第2、3代卵期4天；第4代5天。第1~3龄幼虫多在叶面或叶背啮食表皮及叶肉，第4~5龄幼虫可取食整叶，幼虫蜕皮前1~2天固定不动，蜕皮后少数幼虫有食蜕现象。幼虫蜕皮4次，化蛹前从肛门排出一部分水液才结茧。幼虫期30~65天，第1代历期53~57天，第2代33~35天，第3代28~30天，第4代60~65天。幼虫常在两片重叠叶间结茧，少数在枝条上结茧。

第1~3代蛹期15~27天；越冬代蛹期90~150天，平均143天。在林缘、疏林和幼树发生数量多，为害严重。在树冠茂密，或郁闭度大的林分受害较轻。在华南地区雨季（3~8月）发生较轻，旱季为害严重。

天敌 参考本书"黄刺蛾"的相关内容。另有报道，该刺蛾幼虫期主要被螳螂捕食，蛹期主要有一种刺蛾隆缘姬蜂寄生。

主要控制技术措施 参考本书"黄刺蛾"的油茶刺蛾类害虫主要防治技术措施。

50	窃达刺蛾	学名：*Darna furva* (Wileman)
		分类：鳞翅目 LEPIDOPTERA　刺蛾科 Limacodidae

分布与为害　在我国主要分布于广西、广东、海南、福建、浙江、江西、湖南、贵州、云南、台湾等地。主要寄主有油茶、油桐、桉、柿、米老排、樟树、桂花、柑橘、核桃、石棉、火力楠、香梓楠、木荷、重阳木、乌桕、白木、山桑等。以幼虫取食各种寄主植物的叶片，大发生时可把局部林分叶片全部吃光，严重影响林木生长、开花、结果及产量，甚至导致树木死亡，造成重大经济损失。

形态特征　**成虫**　体长 7~10mm，翅展 15~21mm。头部灰褐色，胸部背面棕褐色，有多束灰褐色长毛；腹部灰黑色，被细长毛。前翅灰褐色，有 5 条明显的黑色横纹，近基部 3 条稍衬灰褐色边，均从亚前缘脉向外伸，亚基线和内线伸达后缘，外线仅达 Cu$_2$ 脉，亚端线从前缘近顶角伸达臀角，在其前后端的内外侧各衬 1 灰褐色点；端线较松散。后翅暗灰褐色，端线双线褐色。**卵**　呈椭圆形，初产时浅黄色，孵化时棕褐色；长径 1.2~1.3mm，短径 0.8~0.9mm。**幼虫**　体扁平，胸部渐宽，腹部向腹末变窄，呈鞋底形；初孵幼虫体白色，体长 1.1~1.5mm，大龄幼虫体长可达 15~19mm，后胸最宽处约 5mm；头小，黑褐色；体背褐色或黄褐色，腹面橘红色；体背有 1 个呈"工"字形的深褐色斑纹；中胸盾片黑色，后胸背面两枝刺之间有黑斑，背线淡褐色，在背部第 4~9 节枝刺前、后各有 2 个

黑色斑点，腹末同样有 2 个；在背线两旁、两体侧各有 10 个枝刺，背上的枝刺着生黄色刺毛，刺毛末端少数为黑褐色；两体侧的枝刺，第 1、2 个为黄色，第 3、8 个

新羽化成虫背面观

为黑色，余为白色。**蛹**　呈卵圆形，蛹体端半部乳白色，后半部棕褐色。**茧**　呈卵圆形，坚硬，灰褐色，长 8~10mm，宽 6~8mm，初期黄绿色，羽化前呈黄褐色。茧壳上有黄色毒毛。

发生特点　在福建及广西凭祥、宁明等南部地区 1 年发生 3 代，以幼虫在叶片背面越冬。第 1 代 5~8 月发生，第 2 代 8~10 月发生，越冬代于头年 11 月至翌年 5 月发生。成虫白天停息在树阴或杂草、灌木丛中，傍晚开始活跃，有趋光性。19~21 时为羽化和交尾高峰期。羽化后翌日晚上即可交尾，每次交尾历时约半小时。交尾后第 2 天傍晚开始产卵，每雌产卵量为 50~180 粒。成虫寿命 4~8 天。初孵幼虫仅啃食叶肉，残留表皮。大龄幼虫可取食全叶，咬成缺刻或空洞，把

成虫前翅斑纹

展翅成虫背面观

展翅成虫腹面观

幼虫取食油茶叶

大龄幼虫背面观

幼虫被真菌寄生死亡

成虫正破茧而出

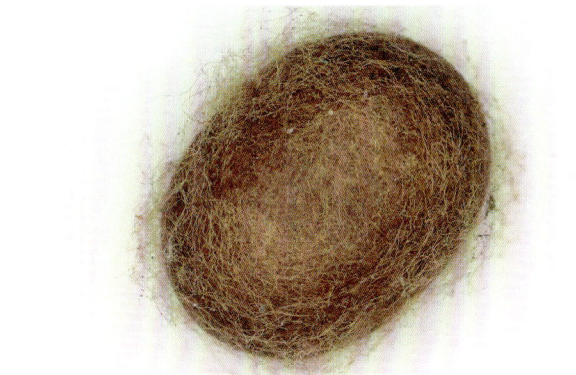
茧

整株树的叶片吃光后，再转移别处为害。老熟幼虫爬到树根处及根际附近的杂草、枯枝落叶层中化蛹。化蛹时，虫体慢慢变红，其背面变为紫红色，腹面变为粉红色，虫体渐渐卷缩，同时吐出棕黄色丝并分泌黏液，黏结成茧。蛹期越冬代30~32天，第1代16~18天，第2代13~18天。临近羽化时，蛹体活动加剧。羽化后的成虫将茧咬开一个圆盖钻出。越冬代幼虫以朝南的林地较多。

天敌 据报道及观察，捕食性天敌有中黄猎蝽、多变齿胫猎蝽、多种螳螂、蜘蛛、胡蜂、果马蜂等；寄生性天敌有小室姬蜂、凹面长距姬小蜂等。其他天敌情况参考本书"黄刺蛾"的相关内容。这些天敌对害虫有明显控制作用，应切实加强保护利用。

主要控制技术措施 参考本书"黄刺蛾"的油茶刺蛾类害虫主要控制技术措施。

51 黄刺蛾

学名：*Monema flavescens* Walker

分类：鳞翅目 LEPIDOPTERA　刺蛾科 Limacodidae

分布与为害　在我国除新疆、西藏暂无记录外，其余各省份均有分布。食性杂，仅为害林木就达 120 多种，还为害多种园林植物、果树、花卉等。主要寄主有油茶、茶花、桉、乌桕、板栗、油桐、栎类、木荷、阴香、蝴蝶果、米老排、八宝树、樟树、蚬木、竹类、柿、玉兰、枫香、枫杨、香椿、重阳木、杨、柳、榆、刺槐、樱花、紫荆、梅、蜡梅、海棠、月季、紫薇、珊瑚树、大叶黄杨、花曲柳、悬铃木、梧桐、桤木、杜英、桃、枇杷、梨等。第 1~2 龄幼虫啃食叶肉，残留表皮，为害处呈透明状；第 3 龄幼虫以后取食树叶致孔洞或缺刻，常将叶片吃光，仅剩枝条及叶柄，严重影响林木生长、果树结实、花卉观赏性，甚至造成林木枯死。刺蛾类幼虫刺毛有毒，一旦触碰到人体皮肤，便会引发红肿及剧痛。

形态特征　**成虫**　体长，雌蛾 15~17mm，雄蛾 13~15mm；翅展，雌蛾 35~39mm，雄蛾 30~32mm。雄蛾触角锯齿形，下唇须短，不超过眼宽的 3 倍。头部、胸部黄色，腹部褐色。前翅内半部黄色，外半部黄褐色；有两条暗褐色斜线，在近前缘翅尖前汇合于一点，呈倒 "V" 字形，内面 1 条伸到中室下角，几成两部分颜色的分界线，外面 1 条略外曲，伸达臀角前方，但不达于后

自然态成虫

缘；中室端部横脉纹处为 1 暗褐色点，中室中央下方 1b 脉上有时也有一模糊暗点；缘毛灰白色。后翅黄色或赭褐色，中室后角较前角向外突出，约为中室长的 1/3。**卵**　呈扁椭圆形，一端略尖，长 1.4~1.5mm，宽 0.9mm，淡黄色，卵膜上有龟状刻纹。**幼虫**　大龄幼虫体长可达 19~25mm，体粗大，头部黄褐色，隐藏于前胸下，胸部黄绿色，体自第 2 节起各节背线两侧有 1 对枝刺，以胸部上的 6 个和臀节上的 2 个特别大，枝刺上长有黑褐色刺毛；背中线位置上有 1 紫褐色大斑纹，此纹在胸背上最宽、腹尾背上较宽、中部较狭，呈"哑铃"状；末节背面有 4 个褐色小斑；体两侧各

展翅成虫背面观

展翅成虫腹面观

低龄幼虫为害枫香

老龄幼虫

大龄幼虫正在取食

有9个枝刺、体侧中部有2条蓝色纵纹，气门上线淡青色，气门下线淡黄色。**蛹** 体长13~15mm，呈椭圆形，粗大；体淡黄褐色，头、胸背黄色，腹部背面有褐色背中线。**茧** 椭圆形，质坚硬，表面光滑，底色灰白，上有深褐色或棕黑色纵条纹，形似雀蛋。

发生特点 各地1年发生代数不一，辽宁、陕西等地1代，北京、安徽、四川、江苏、浙江、上海等地2代，广东和广西南部、海南等地2~3代。1年发生2代区，幼虫于10月在树干和枝丫处结茧越冬，翌年5月上中旬化蛹。1年3代发生区：第1代成虫期5月下旬至6月上旬，幼虫期

6月中旬至7月下旬；第2代成虫期7月下旬至8月中上旬，幼虫期8月中旬至9月；第3代成虫期10月，幼虫期10月至翌年5月。对油茶、桉树的为害主要在7~9月。成虫羽化多在傍晚，夜间活动，趋光性不强。雌蛾多在叶背产卵，卵散产或数粒产在一起，每雌产卵约60粒，成虫寿命约1周。幼虫多数白天孵化；初孵幼虫先食卵壳，再啃食叶肉，第3龄幼虫以后食叶致孔洞或缺刻，第5、6龄幼虫取食全叶仅剩粗叶脉。幼虫食性很杂，各地各代喜食的寄主不一。幼虫共7龄，第1代幼虫历时约1月，幼虫老熟后在树枝（权）上吐丝作茧。茧初时透明，可见其内幼虫活动，后凝成硬茧；茧初为灰白色，后出现棕褐色纵纹。高大乔木上茧多在树权处，苗木及小树上在距地面50~100cm树干上较多，第1代茧较小而薄，第2代茧较大而厚。该虫在林缘、疏林和幼林阶段发生数量较多，在速生桉林上1~2年生幼树为害较重；在树冠茂密或郁闭度大的林分受害较轻。

在树上结茧

蛹与茧壳

天敌　各地发现的主要天敌有刺蛾紫姬蜂、上海青蜂、刺蛾广肩小蜂、小室姬蜂、爪哇刺蛾姬蜂、凹面长距姬小蜂、多种绒茧蜂、多种赤眼蜂、多种寄生蝇等多种寄生性天敌，还有多种螳螂、胡蜂、猎蝽（如中黄猎蝽、多变齿胫猎蝽等）、蚂蚁、蜘蛛、核型多角体病毒、白僵菌、青虫菌等。这些天敌对害虫有一定控制作用，应加强保护利用。

油茶刺蛾类害虫主要控制技术措施　（1）加强虫情测报。设置固定监测点，定期踏查，严密监视害虫发生发展动态，做好害虫预测预报工作。重点抓好虫源地及低龄幼虫阶段的测报，以指导及时正确防治。在虫源地阶段失控情况下，要努力在害虫低龄幼虫阶段及时用药，以提高防治效果。（2）营林技术措施。培育油茶丰产林，要合理密植；头2~3年结合施追肥，及时抚育、砍杂、除草，既可把有些种类刺蛾的蛹深埋，又可清除害虫中间寄主，促进林分通风透光，有利林木健康生长。大面积造林时，提倡营造块状或带状混交林，一是可以阻隔害虫扩散蔓延，有利降低损失；二是有利增加林分生态多样性，提高林分综合抗虫能力。（3）人工防治。在害虫点片状发生阶段，有些种类刺蛾幼虫有群集为害习性，及时检查并摘除聚集大量幼虫的叶片及枝条；黄刺蛾类在枝干上结茧越冬，可人工摘除以降低越冬基数；窃达刺蛾在树根上及根际附近枯枝落叶层中化蛹、扁刺蛾在根际附近浅土层或杂草丛中结茧，结合抚育施追肥进行清除。（4）灯光诱杀。绝大多数种类的刺蛾成虫具较强趋光性，在成虫羽化期每晚用黑光灯或频谱式杀虫灯进行诱杀。（5）保护利用天敌。刺蛾类害虫的寄生性及捕食性天敌较多，对害虫种群均有一定控制作用，应切实加强保护利用。必须采用药剂防治时，不要滥用化学农药，宜选用生物农药或低毒化学农药；使用农药治虫时，要设置天敌保护隔离区；选择在天敌休眠期或相对安全期用药，尽量避免伤害天敌。（6）生物或仿生制剂防治。在害虫低龄幼虫期，可每亩撒施15~20g森得保可湿性粉剂1500~2000倍液喷雾或加入30~35倍中性载体喷粉，或用特异性杀虫剂1.2%除虫脲8000~10000倍液，或25%灭幼脲3号2000~3000倍液，或20%米满悬浮剂1500~2000倍液喷洒；或用0.5

亿个活芽孢/mL 苏云金杆菌液，或 1 亿个活芽孢/mL 青虫菌乳剂等喷洒；在气候条件适宜时，也可喷撒 100 亿个孢子/g 白僵菌粉剂。（7）化学制剂防治。抓紧害虫尚未扩散蔓延、处在虫源地、还在低龄幼虫阶段，及时用药扑杀，可起到治点保面、有效歼灭害虫的目的。刺蛾在低龄幼虫阶段对杀虫剂较为敏感，多数触杀剂均可获得较好防治效果。例如，在害虫高虫口区，于害虫点片状发生阶段并处于低龄幼虫时期，及时使用国家允许使用的农药扑杀，可起到治点保面、有效消灭害虫的目的。可选用的常用药剂有喷洒 2.5% 鱼藤酮 300~500 倍液，或 1.2% 烟参碱乳剂 1000 倍液，或 10% 吡虫啉可湿性粉剂 1000~2000 倍液，或 3% 啶虫脒乳油 3000~5000 倍液，或 25% 噻虫嗪水分分散剂 2000~3000 倍液等喷雾；由于此类害虫虫体有蜡粉，非乳剂型药液中（如可湿性粉剂）若加入 0.3%~0.4% 的柴油乳剂或黏土柴油乳剂，可显著提高防治效果。

为害桉树

学名：*Parasa lepida* (Cramer)

分类：鳞翅目 LEPIDOPTERA　刺蛾科 Limacodidae

分布与为害　在我国主要分布于河北、江苏、浙江、江西、河南、湖北、湖南、福建、广东、广西、四川、贵州、云南、西藏、陕西、甘肃等地；在国外分布于越南、印度、印度尼西亚、斯里兰卡、日本等。主要寄主有油茶、茶、油桐、梨、柿、枣、桑、油茶、苹果、杧果、核桃、咖啡、刺槐及红树林植物等。低龄幼虫取食表皮或叶肉，致叶片呈半透明枯黄色斑块；大龄幼虫食叶致较平直的缺刻，严重的可把叶片吃至只剩叶脉，甚至叶脉全无，影响寄主生长发育和产量及质量。人体接触幼虫枝刺，会引起皮肤红肿及灼热疼痛。

形态特征　**成虫**　体长 10~17mm，翅展 35~40mm，头顶、胸背绿色。胸部背面中央具 1 条褐色纵纹向后延伸至腹部背面，腹部黄色。雌蛾触角基部丝状，雄蛾双栉齿状；雌、雄蛾触角上部均为短单相齿状。前翅翠绿色，肩角处有 1 块深褐色尖刀形基斑，外缘具深棕色宽带；后翅基部浅黄色，向外颜色逐渐加深至褐色。前足基部生 1 个绿色圆斑。**卵**　扁平，光滑，呈椭圆形，浅黄绿色。**幼虫**　大龄幼虫体长可达 25mm，粉绿色或青绿色；身被空心刚毛，与毒腺相通，内含毒液。背面色稍白，背中线 3 条，深绿色，中间 1 条呈连续线状，两侧的呈断续点或小块状。体侧

自然态成虫背面斑纹特征

具 4 列丛枝刺，枝刺大体与体同色；背侧第 3 节枝刺有多枚红色刺突。第 8 腹节气门下线末端有 1 黑色的半月形斑，第 9 腹节和臀节之间有 1 对黑色的眼状斑。**蛹**　呈椭圆形，米黄色至肉黄色。**茧**　棕色，较扁平，呈椭圆形或纺锤形。

发生特点　1 年发生 2 代，以老熟幼虫在枝干上结茧越冬。翌年 5 月上旬化蛹，5 月中旬至 6 月上旬成虫羽化并产卵。第 1 代幼虫为害期在 6 月中旬至 7 月下旬，第 2 代为害期 8 月中旬至 9 月下旬。成虫有趋光性，雌蛾多在晚上把卵产于叶背上，10 多粒或数十粒排列成鱼鳞状卵块，上覆一层浅黄色胶状物；每雌产卵期 2~3 天，产卵量 500~900 粒。幼虫期共 6~8 龄，低龄幼虫群集性

展翅成虫背面特征

展翅成虫腹面特征

幼虫取食状态

幼虫背面观

幼虫侧面观

幼虫尾部4块圆形黑斑

在枝条上结的茧

蛹正面观

强，第3~4龄幼虫开始分散活动为害。老熟幼虫在寄主树中下部枝干上结茧化蛹。

天敌 参考本书"黄刺蛾"的相关内容。

主要控制技术措施 参考本书"黄刺蛾"的油茶刺蛾类害虫主要防治技术措施。

鳞翅目

刺蛾科

分布与为害　在我国主要分布于福建、广东、广西、湖南、江西等地；在国外分布于越南、印度等。主要寄主有油茶、茶、板栗、樟树、枫、杨、油桐、悬铃木等。低龄幼虫取食表皮或叶肉，致叶片呈半透明枯黄色斑块；大龄幼虫食叶致缺刻，严重的可把叶片吃至只剩叶脉，甚至叶脉全无，影响寄主生长发育和产量。

形态特征　**成虫**　翅展 30~35mm。与丽绿刺蛾近似，身体褐色部分较暗，近红褐色；前翅紫红色基斑稍宽而尖长，约伸占前缘的 1/3，外缘带稍窄，向后延伸至后缘近基部，其内侧蒙有一层银色雾点并具银边；后翅内半部褐黄色，外半部暗红褐色。**幼虫**　大龄幼虫体长可达 24~28mm，体宽 8~10mm。体青瓷色，3 条背线和气门上下线呈青绿色。体侧具 4 列丛枝刺，枝刺基半部颜色与体相同，端半部呈浅黄色，第 1、2、8、9 节枝刺尖端多为黑色；第 2 腹节背侧两列枝刺有 7~9 根均粗大，其端部为球形、黑色，形似火柴棍；侧缘两列枝刺中间有一大的橙黄色刺突；第 9 腹节背侧刺突较长，斜伸向体后方。第 8 腹节气门下线末端有一黑色的半月形斑，第 9 腹节与臀节之间有 1 对黑色的眼状斑。**茧**　褐色，椭圆球形，长 17~20mm，宽 10~12mm，高 6~7mm；茧外覆黄褐色透明的薄膜，薄膜长 25~29mm，宽 18~20mm。**蛹**　褐色，体长 14~16mm。

发生特点　研究资料很少。2019 年 8 月 31 日在广西桂林灵川采集的大龄幼虫，9 月 4 日结茧，9 月 23 日羽化为成虫；蛹期 19 天。2010 年 9 月 24 日在福州北峰林场采集的幼虫，10 月 4 日结茧化蛹，12 月 30 日成虫羽化；蛹期 86 天。其他有关习性可参考本书"丽绿刺蛾"的相关内容。

天敌　参考本书"黄刺蛾"的相关内容。

自然态成虫背面观

自然态成虫侧面观

自然态成虫腹面观

翅展 34mm

幼虫背面观

幼虫侧面观

幼虫尾部特征

取食

主要控制技术措施　参考本书"黄刺蛾"的油茶刺蛾类害虫主要控制技术措施。

幼虫正在取食油茶叶

第 2 腹节背侧两枝刺端部特征

大龄幼虫侧腹面观

结在叶片正面与背面的茧

油茶奕刺蛾

学名：*Phlossa* sp.

分类：鳞翅目 LEPIDOPTERA　刺蛾科 Limacodidae

分布与为害　目前分布未知。主要为害油茶。低龄幼虫啃食叶肉，残留表皮，使受害处呈透明状；第3~4龄幼虫以后食叶致缺刻或取食全叶，残留主脉；大龄幼虫取食全叶；害虫数量发生多时，可把全树叶片吃光，导致树势衰弱，影响开花结果。

形态特征　笔者未能饲养出成虫，仅依据幼虫鉴定为奕刺蛾属。大龄幼虫体绿色，长圆筒形，背部隆起，翠绿色至绿色，半透明状。每个体节上有枝刺2对，着生在亚背线上方和气门上线的上方；亚背线上方这一列枝刺中，第1、2、6、9对枝刺较粗壮高大，且其中第一对枝刺深紫色，第9对枝刺淡紫色；这一列枝刺中的其余枝刺很小。气门上线上方枝刺列的枝刺都比较粗壮。背中线大致为黄色至黄白色宽带状，其两边在节间位置上有紫色斑；两端也有紫色斑；背中线宽带外围白色边。

幼虫背面观

发生特点　笔者未对该刺蛾进行系统观察研究，我们在2019年7月上旬于广西桂林的油茶树叶片上拍摄到这组照片，此时已是大龄幼虫。

天敌　参考本书"黄刺蛾"的相关内容。

主要控制技术措施　参考本书"黄刺蛾"的油茶刺蛾类害虫主要控制技术措施。

幼虫侧背面观

学名：*Setora baibarana* (Matsumura)

分类：鳞翅目 LEPIDOPTERA　刺蛾科 Limacodidae

分布与为害　在我国分布于福建、湖北、河南、四川、云南、陕西、台湾，国外分布于印度、尼泊尔与缅甸。主要为害油茶。低龄幼虫啃食叶肉，残留表皮，使受害处呈透明状；第3~4龄幼虫以后食叶致缺刻或取食全叶，残留主脉；害虫数量发生多时，可把全树叶片吃光，导致树势衰弱，影响开花结果。

形态特征　未捕获及饲养出成虫，仅依据幼虫鉴定。成虫暗褐色，翅展36~41mm。前腿节末端。前翅中线倾斜，在前缘与外线分开；外线几乎垂直于臀角，外衬铜色清晰条带，从 R_4 脉开始向后渐宽，近楔形（有时仅臀角部分明显）；外线以外的翅脉暗褐色，翅顶到外线的前缘无灰斑。后翅暗褐色。大龄幼虫体长约25mm，长圆筒形；

体色鲜艳，有绿紫色型和橙红色型两类：绿紫色型幼虫背中线紫色，其两侧均匀分布8对具黑边的淡绿色圆斑，中、后胸和第4、第7腹节背面各有粗大棕褐色枝刺1对，刺毛散射状，其余各节枝刺均较小，后胸至第8腹节每节气门上线、下线着生小枝刺1对，上线处的枝刺褐黄色，下线处的绿黄色，气门黑色。橙红色型幼虫背中线淡紫红色，每个体节两侧各有1对具紫红色边的绿黄色半圆斑，此斑在前胸呈短小长方形，其边缘为平行线，中、后胸和第4、7腹节背面各有较粗大的棕黄色枝刺1对，刺毛束状，棕褐色，气门黑色，紧靠气门后方有斜置的绿黄色条斑，气门上方有较小的横置的绿黄色斑。

发生特点　笔者未对该刺蛾进行系统观察研

幼虫侧背面观

两种色型幼虫在一起为害

究，我们在2003年10月于广西壮族自治区林业科学研究院经济林园区拍摄到这组照片。推测1年发生1代，以幼虫在茧内越冬，翌年5月化蛹，5月下旬后成虫陆续羽化，6月中旬始见幼虫孵化，7~8月是幼虫为害盛期，11月底后幼虫逐步结茧越冬。

天敌　参考本书"黄刺蛾"的相关内容。

主要控制技术措施　参考本书"黄刺蛾"的油茶刺蛾类害虫主要控制技术措施。

绿紫色型幼虫及为害状

56 中国扁刺蛾

别名：黑点刺蛾

学名：*Thosea sinensis* (Walker)

分类：鳞翅目 LEPIDOPTERA 刺蛾科 Limacodidae

分布与为害 在我国分布于全国各地，以华南、华东、华中、西南等地为害比较严重；在国外分布于韩国、越南等。为害寄主有油茶、山茶、茶、桉、板栗、杨及各种林木、园林植物、果树等上百种植物。初孵幼虫啃食叶肉残留表皮，使受害叶呈透明状；大龄幼虫咬食叶片致缺刻或空洞；发生严重时，可将全树甚至局部林分叶片吃光，残留叶柄及小枝。这些行为可使受害寄主林生长衰弱、产量下降。

形态特征 成虫 雌蛾体长 13~18mm，翅展 28~35mm；体褐色；头部灰褐色，触角褐色。胸部灰褐色。前翅褐灰色到浅灰色，自前缘近顶角处有一条斜向后缘的褐色线，内侧有淡色带，在中室处向后缘斜伸。雄蛾体长 10~14mm，翅展 26~31mm；前翅中室外上角有 1 黑点；后翅灰褐色；前胸足各连接关节具 1 白斑，是其重要的鉴别特征。**卵** 呈扁长椭圆形，长 1.1~1.4mm，前期淡黄绿色，孵化前灰褐色。**幼虫** 大龄幼虫体长可达 19~25mm，体呈扁椭圆形，背部略隆起，形似龟甲；全体绿色或黄绿色；背线以白色纵带为主，其中央为 1 条细红线，两侧为蓝边；体边缘两侧各有 10 个发达的疣状突起，其上生有刺毛，每 1 体节背面有 2 小丛刺毛，第 4 节背面两侧各有 1 枚红斑；在背线及身体两侧各有 1 列红顶的突起，其上生刺。**蛹** 体长 10~15mm，黄褐色，体近纺锤形，形似鸟蛋。**茧** 淡褐色，近似圆球形，坚硬。

发生特点 我国南方 1 年发生 2~3 代，以老熟幼虫在土中结茧越冬。翌年 4 月中旬至 5 月中旬化蛹，5 月中旬至 6 月中旬成虫羽化。各代幼虫发生期为：第 1 代 5 月中旬至 7 月中旬，盛期为 6 月初至 7 月初；第 2 代 7 月中旬至 9 月下旬，

幼虫背面观

中龄幼虫

盛期为7月底至8月底；第3代9月中旬至10月下旬。成虫多在18~20时羽化，白天静伏叶背或杂草丛中，夜出活动，具强趋光性，21时至翌日1时扑灯最盛。成虫羽化后即行交尾，交尾后翌晚产卵。卵多产于叶面，偶产叶背。初孵幼虫停息在卵壳附近，并不取食，蜕第1次皮后，先取食卵壳，再啃食叶肉，残留一层表皮；幼虫取食不分昼夜；自第5龄起，取食全叶；害虫数量多时，常从枝的下部叶片吃至上部，每枝仅存顶端几片嫩叶。幼虫有8龄，每年7~9月是幼虫为害盛期。10~11月老熟幼虫在早、晚沿树干爬下，于根际附近的浅土层中结茧越冬。结茧部位的深度和距树干的远近与树干周围的土质有关：在黏重土地结茧位置浅，距离树干远，比较分散；腐殖质多的土壤及砂壤土地，结茧位置较深，距离树干较近，相对比较集中。

天敌 参考本书"黄刺蛾"的相关内容。

主要控制技术措施 参考本书"黄刺蛾"的油茶刺蛾类害虫主要防治技术措施。

幼虫正在取食

分布与为害 在我国主要分布于福建、广西、海南等地。主要寄主有油茶、茶、山茶等。初孵幼虫啃食叶背下表皮和叶肉，第 2 龄以后食叶致缺刻，大龄幼虫取食全叶，仅剩主脉和叶柄，发生严重时会影响寄主生长发育。

形态特征 成虫翅展 50~55mm。头、颈皆朱红色；腹部背面绿色，两侧有黑点，腹面白色；前翅上侧有绿色闪光，翅底黑色，翅脉脉纹间孔雀绿色，中部有 1 条白色阔带，边缘不整齐，外缘有 1 条白色亚外缘带，接近翅顶；后翅浅黄白色，外缘有黑色阔带。

发生特点 缺乏研究。笔者在 2019 年 3 月 14 日于海南油茶林的澳洲坚果树上拍摄到成虫交尾，成虫在油茶林及澳洲坚果树林内活动。《中国蛾类图鉴Ⅰ》报道，福建 9 月可采到成虫。初孵幼虫群集于叶背取食下表皮和叶肉；2 龄以后分散为害，将叶片吃成缺刻，有时将叶片全部食

成虫背面观

尽，仅剩主脉和叶柄。老熟幼虫在老叶正面吐丝将两侧稍向内卷，并结茧化蛹于其中。

天敌 参考本书"茶柄脉锦斑蛾"的相关内容。

主要控制技术措施 参考本书"茶柄脉锦斑蛾"的油茶斑蛾类害虫主要控制技术措施。

鳞翅目

斑蛾科

成虫在交尾

茶柄脉锦斑蛾

别名：茶斑蛾
学名：*Eterusia aedea* (Linnaeus)
分类：鳞翅目 LEPIDOPTERA　斑蛾科 Zygaenidae

分布与为害　在我国主要分布于秦岭、淮河以南广大地区；在国外分布于日本、印度、斯里兰卡等。主要寄主有油茶、桉、茶、山茶、金花茶、柿、榄仁、石梓、板栗、重阳木等。低龄幼虫啃食叶肉，残留上表皮，使受害处出现透明斑；大龄幼虫啃食寄主树叶片使其呈缺刻或孔洞，可导致叶片枯黄残缺，甚至全株只剩叶柄，老油茶产区常局部成灾。

形态特征　**成虫**　体长 17~22mm；翅展雄 55~57mm；雌 71~78mm。头部、胸部、腹部 1~2 节青黑色，略带蓝色光泽。雄蛾触角双栉状，雌蛾触角基部双栉状，末端膨大棒状。前翅蓝黑色，具金属光泽，有黄白色斑块 3 列，近基部的 1 列连成横带；后翅基部黑色，中室及后缘黄白色。腹部基部黑色，第 3 节起背面黄色，腹面黑色，各节后缘有灰白色鳞毛。**卵**　椭圆形，初期乳黄色，近孵化时转灰褐色。**幼虫**　大龄幼虫体长可达 20~30mm，头小，鬼宿于前胸下；体黄褐色，肥厚，扁圆球形，似菠萝状。身体各节生有瘤状突起，中、后胸背面各具瘤突 5 对，腹部 1~8 节各有瘤突 3 对，第 9 节生瘤突 2 对，瘤突上均簇生短毛 1~3 根。体背常有不定型褐色斑纹。**蛹**　体长 18~25mm，黄褐色。**茧**　长 25~35mm，灰褐色，长椭圆形，丝质，常贴于半卷叶面内。

发生特点　1 年发生 2~3 代。1 年 2 代发生区，以老熟幼虫于 11 月后在叶背，或茶丛基部分权处，或枯叶下，或土缝内越冬。翌年 3 月越冬幼虫开始活动为害，4 月底开始在老叶上结茧化蛹，5 月底至 6 月中旬成虫羽化产卵。6 月中旬第 1 代幼虫开始发生，至 8 月上旬结茧化蛹，8 月下旬成虫羽化产卵。9 月第 2 代幼虫发生，至 11 月后陆续转入越冬状态。一般成虫于上午 9 时前羽化，较为活跃，日夜均可活动，常在树冠上空飞舞交尾；受到惊动后立即高飞远去。成虫有趋光性，雄蛾强于雌蛾。雌蛾交尾后 1~2 天内产卵，卵以数十粒成堆产在油茶等寄主叶背、树干皮层缝隙或附近其他树木上，产卵数量数十至 200 余粒。初孵幼虫有群集性，常聚集在叶背为害，长大后逐渐分散活动。幼龄幼虫仅啃食叶肉，残留上表皮，形成枯黄色透明斑，稍大的幼虫在叶面取食，食叶致缺刻，严重时仅留下主脉和叶柄。大龄幼虫每天可取食 3~5 片油茶叶片，或取食油茶果皮，使茶果表面粗糙。幼龄幼虫具假死性，受惊后能迅速坠地；大龄幼虫行动迟缓，受惊后不落地，体背常分泌出一种无毒透明液珠。老熟幼虫将叶片向正面卷曲，在内结茧化蛹，预蛹期 3~5 天。

天敌　主要有多种小蜂、姬蜂、茧蜂、螳螂、胡蜂、猎蝽、蚂蚁、蜘蛛、病毒、白僵菌、青虫菌等。这些天敌对害虫有一定的控制作用。其中

成虫背面观

成虫侧腹面观

成虫腹面观

幼虫背面观

幼虫侧面观

在枝条上结的茧

幼虫尾部4块圆形黑斑

蛹正面观

茶叶斑蛾颗粒体病毒，常在5、6月流行，对害虫抑制作用相当明显。

油茶斑蛾类害虫主要控制技术措施 （1）加强虫情监测和预测预报。设置固定监测点，定期踏查，严密监视害虫发生发展动态，做好害虫预测预报工作。重点是正确预报虫源地和低龄幼虫期，以指导防治和提高防治效果。（2）加强营林技术措施。如结合冬季管理，清除树蔸、根际附近的枯枝落叶，尽量消灭越冬虫源。（3）保护天敌。摘除虫卵，放于寄生蜂孵化器中，悬挂于油茶林内，让成蜂飞出，可有效提高寄生率，降低害虫密度。必须采用药剂防治时，不要滥用化学农药，尽量选用生物农药；使用农药治虫时，要设置天敌保护隔离区；尽量在天敌休眠期或相对安全期用药，尽量避免伤害天敌。（4）灯光诱杀成虫。利用成虫有趋光性的特性，羽化盛期前实施灯光或频谱式杀虫灯诱杀。（5）生物制剂防治。在害虫发生严重的林分，在幼虫第3龄前收集病死虫，提取颗粒病毒，用死虫尸体150~200头/hm²滤液喷施，防效明显。或在低龄幼虫期喷洒1.2%烟参碱1000倍液，或喷2.5%鱼藤酮乳油300~500倍液，或20%除虫脲悬浮剂1500~3000倍液，或100亿活芽孢/mL苏云金杆菌乳剂500~1000倍液等。（6）化学药剂防治。在局部害虫高密度林分内，于低龄幼虫期可喷洒药剂进行防治，可供选用的常用药剂有喷洒2.5%鱼藤酮300~500倍液，或1.2%烟参碱乳剂1000倍液，或10%吡虫啉可湿性粉剂1000~2000倍液，或3%啶虫脒乳油3000~5000倍液，或25%噻虫嗪水分散剂2000~3000倍液等喷雾；由于此类害虫虫体有蜡粉，非乳剂型药液中（如可湿性粉剂）若加入0.3%~0.4%的柴油乳剂或黏土柴油乳剂，可显著提高防治效果。

鳞翅目

斑蛾科

分布与为害 在我国主要分布于广西、云南、湖南等地；在国外分布于越南、缅甸、印度等。主要为害油茶、茶等。低龄幼虫啃食叶肉，残留表皮呈透明状；第2~3龄幼虫以后食叶致缺刻或孔洞，种群密度大时可将整树叶片吃光，影响寄主生长及开花结果。

形态特征 成虫体长约48mm。新鲜标本具蓝色闪光，会逐渐褪去。头部黑色，头顶带蓝色闪光，触角双栉状具蓝色闪光。胸部黑色带蓝色闪光。前翅黑色，翅脉带蓝色闪光，自前缘近2/3处向臀角伸出一条白带，白带近前缘位置具一黄斑。后翅前缘2/3处具一黄斑。腹部黑色带蓝色闪光。

发生特点 以老熟幼虫在油茶树基部分叉处或地面枯枝落叶层内越冬。广西1年发生2~3代，第1代成虫出现期为3月中旬至4月中旬，第2代6月，第3代7月底至8月中旬。成虫多于晨、昏羽化，成虫飞翔能力强，有趋光性。羽化当晚即可交尾，翌日开始产卵，卵多产于枝干上。幼虫为害盛期是5~7月。

自然态成虫背面观

天敌 参考本书"茶柄脉锦斑蛾"的相关内容。

主要控制技术措施 参考本书"茶柄脉锦斑蛾"的油茶斑蛾类害虫主要控制技术措施。

展翅成虫背面观

展翅成虫腹面观

野茶带锦斑蛾

别名：野茶斑蛾

学名：*Pidorus glaucopis* (Drury)

分类：鳞翅目 LEPIDOPTERA　斑蛾科 Zygaenidae

分布与为害　在我国主要分布于广西、广东、台湾、福建、云南、湖南、江西、浙江、江苏、湖北、河南、西藏、四川等地及东北地区；在国外分布于朝鲜、印度等。主要寄主有油茶、茶、野茶等。以幼虫为害寄主叶片，使受害叶呈孔洞或缺刻，影响寄主生长发育。

形态特征　**成虫**　体长20~21mm，翅展50~52mm。体黑褐色，稍带蓝色光泽，头顶及颈部红色，复眼黑色。雄蛾触角羽状；雌蛾触角丝状；口器发达，喙及下唇须伸出。胸部黑褐色，略显蓝色闪光。前翅背面黑褐色，自前缘3/5处至臀角有1条宽而略弯的白带；腹面也有此白带，白带外侧略具蓝色闪光。后翅背面黑色，腹面在各主脉附近、臀域区、亚外缘带均显蓝色闪光。腹部黑褐色，有明显蓝色闪光。前足、中足灰黑色，仅基节有蓝色闪光；后足显蓝色闪光。**幼虫**　大龄幼虫体长可达21mm，比较粗壮，扁长圆筒形，背中线呈带状，中央线蓝黑色，两旁浅灰蓝色；亚

展翅成虫背面观

展翅成虫腹面观

自然态成虫背面观

幼虫背面观

鳞翅目

斑蛾科

幼虫背面观

背线带状，亮黄色。气门线为蓝黑色宽带，前胸
及腹末臀板均为蓝黑色，自幼虫背面观，组成蓝
黑色长方块。气门下线为亮黄色带；各体节上均
有毛瘤，其上着生白色细长毛。**茧**　长约23mm，
黄褐色，老熟幼虫把叶片呈半卷状而作。

发生特点　在广西桂林以幼虫在寄主树枝叶
浓密处越冬，翌年春季3月上旬开始活动取食，
3月中、下旬结茧化蛹，4月中、下旬越冬代成虫
出现。5~7月为第1代幼虫为害期。第1代成虫
出现期在7~9月。自当年9月至翌年3月为越冬
代幼虫期。

天敌　参考本书"茶柄脉锦斑蛾"的相关内容。

主要控制技术措施　参考本书"茶柄脉锦斑
蛾"的油茶斑蛾类害虫主要控制技术措施。

幼虫背面观

61 柑橘黄卷蛾

别名: 褐卷叶蛾
学名: *Archips machlopis* (Meyrick)
分类: 鳞翅目 LEPIDOPTERA　卷蛾科 Tortricidae

分布与为害　在我国主要分布于安徽、浙江、江西、湖南、四川、云南、广东、海南、福建、台湾等地;在国外分布于越南、印度、爪哇岛等。主要寄主有油茶、油桐、柿、板栗、柑橘、荔枝、龙眼、茶、枇杷、阳桃、咖啡、苹果、梨、桃等。以幼虫为害叶片、花器和果实,初孵幼虫吐丝缀结嫩叶叶尖、低龄幼虫在芽梢上卷缀嫩叶,潜居其中取食上表皮和叶肉,残留下表皮,致卷叶呈枯黄薄膜斑,不久该表皮破损成孔洞;大龄幼虫食叶致缺刻或孔洞,影响油茶抽梢和生长;为害果实时,第1龄幼虫主要啃食嫩果皮,第2、3龄幼虫以后钻入果实内部为害,被害果实常提前脱落。

形态特征　**成虫**　雌蛾翅展 20mm 左右;雄蛾翅展 19mm 左右。体黄褐色,顶有浓褐色鳞片,下唇须向上弯曲。雌雄异型:雄虫前翅褐色,色彩深浅变化斑斓,中横带黑褐色,由前缘中部伸向外缘,与前缘围成一个深褐色半圆形斑,外缘线黑褐色。后翅淡褐色。雌虫前翅黄褐色,前缘同样位置具一深褐色半圆形斑,后翅上半部黄色,下半部黑褐色。**卵**　淡黄色,扁平,鱼鳞形,长径0.8~0.9mm,横径 0.5~0.6mm;卵常排列成块状,上覆透明胶质薄膜,卵块呈椭圆形,长约 8mm,宽约 6mm。**幼虫**　第1龄幼虫体长 1.2~1.6mm,头黑色,前胸背板和前、中、后足深黄色;第2龄体长 2~3mm,头部、前胸背板及 3 对胸足黑色,体黄绿色;第3龄体长 3~6mm,形态与色泽同第2龄;第4龄体长 7~10mm,头深褐色,后足褐色,其余为黑色;第5龄体长 12~18mm,头部深褐色,前胸背板褐色,体黄绿色;第6龄体长 20~23mm,头黑色或褐色,体黄绿色,前胸背板黑色,头与前胸连接处有 1 条较宽的白带。**蛹**　雌蛹体长 12~13mm,雄蛹 8~9mm,黄褐色至深褐色;腹部第 2~8 节背面前、后缘均有 1 列短齿。第 10 腹节末端狭小,有 8 条卷丝状臀棘,黑色,末端有小钩刺。**茧**　分内外两层,均为白色丝质,外层茧疏松状,椭圆形,长径 15mm,内层茧质地紧密,长梭形,两端尖,长径约 10mm。

发生特点　据报道,1 年发生代数各地不同:浙江和安徽 4 代,四川 4~5 代,广西、广东、台湾、福建等 6 代,各地均以老熟幼虫在卷叶或杂草丛内越冬。翌年春季均温回升到 12℃时开始活动。林间各世代明显重叠,各地第1代发生期:广西、广东为 4~5 月,福州 5 月中旬至 6 月上旬,浙江 6 月至 7 月上旬。幼虫性活跃,若遇惊扰,迅速向后移动,或吐丝下垂,不久又可沿丝向上卷动。幼虫有趋嫩为害习性。高温高湿环境死亡率较高,幼虫化蛹于缀叶包内。成虫飞翔能力不强,白天静伏于叶片背面,晚间活动,有较强趋光性,对糖、醋和酒等发酵物有趋化性。成虫产卵于叶面,呈鱼鳞形,排列成块状;每雌产 2 块

背面观雌成虫

展翅成虫正面观

展翅成虫腹面观

小龄幼虫背侧面观

中龄幼虫

大龄幼虫

顶梢被害状

蛹的侧面观

在顶梢卷包内化蛹

卵，平均产卵量 300 余粒。在 28℃下，各虫态发育历期：卵期 6~7 天，幼虫期 17~30 天，蛹期 5~7 天，成虫期 3~8 天；幼虫第 1~6 龄各龄历期为 3~4 天、2~4 天、2~5 天、2~4 天、2~5 天、4~9 天。林分稠密，嫩叶、嫩芽丰富，则发生数量较多。

天敌 寄生于卵的有澳洲赤眼蜂、玉米螟赤眼蜂、松毛虫赤眼蜂；寄生于幼虫的有次生大腿蜂、广大腿蜂、黄长距茧蜂、瓜野螟绒茧蜂、颗粒体病毒病；捕食幼虫的有黄足螳蝎、虎甲、步甲、蚂蚁、蜘蛛等。天敌比较丰富，应切实加强保护利用。

主要控制技术措施 参考本书"茶长卷蛾"的油茶卷叶蛾类主要控制技术措施。

蛹的背面观

62 拟后黄卷蛾

学名：*Archips micaceana* (Walker)

分类：鳞翅目 LEPIDOPTERA　卷蛾科 Tortricidae

分布与为害　在我国主要分布于广西、广东、海南、福建、浙江、江西、四川、贵州等地。在广东、广西、浙江、四川等地柑橘产地为害严重。主要寄主有油茶、柑橘、荔枝、龙眼、阳桃、苹果、猕猴桃、大豆、花生、茶、桑、棉花等。主要以幼虫取食幼果、花蕾和嫩叶等，也能蛀入大果中为害，对柑橘树为害严重，对油茶树也有为害。

形态特征　**成虫**　体黄褐色，体长7~8mm，翅展17~18mm；头部有黄褐色鳞毛，下唇须发达，向前伸出。雌虫前翅前缘近基角1/3处有较粗而浓黑褐色斜纹横向后缘中后方，在顶角处有浓黑褐色近三角形的斑点；雄虫前翅后缘近基角处有宽阔的近方形黑纹，两翅相合时成为六角形的斑点；后翅淡黄色，基角及外缘附近白色。**卵**　椭圆形，纵径0.8~0.9mm，横径0.6~0.7mm，初产时淡黄色，后渐变为深黄色，孵化前变为黑色，卵聚集成块，呈鱼鳞状排列，卵块椭圆形，上方覆盖胶质薄膜。**幼虫**　初孵时体长约1.5mm，大龄幼虫体长可达11~18mm；头部除第1龄黑色外，其余各龄皆黄褐色；前胸背板淡黄色，3对胸足淡黄褐色，其余黄绿色。**蛹**　黄褐色，纺锤形，长约9mm，宽约2.3mm，雄蛹略小；第10腹节末端具8根卷丝状钩刺，中间4根较长，两侧2根一长一短。

发生特点　据报道，在湖南、江西、浙江等地1年发生5~6代，福建7代，广西、广东、四川等地8~9代，田间世代重叠。多以幼虫在卷叶或叶苞内越冬，但亦有少数以蛹或成虫越冬。在广东、广西于翌年3月上旬化蛹，3月中旬羽化为成虫，3月下旬开始出现第1代幼虫。幼虫在油茶、柑橘等寄主现蕾开花期钻蛀花蕾，使花不能结实。随后在寄主幼果期形成一个为害高峰，广东、广西为4~5月，四川为5~6月，被幼虫蛀食的幼果，会引起大量落果。幼虫为害幼果时可转移为害，一头幼虫多的可为害十几个幼果。幼虫喜食较小的幼果，尤以横径在15mm左右时受害最重，横径24mm以上时受害减轻。果实成长阶段，幼虫转而吐丝将嫩叶结苞为害，果实近成熟阶段时幼虫可再次蛀果为害，引起第二次落果。幼虫化蛹于叶苞间。成虫产卵于寄主叶片正面。成虫对糖、醋及发酵物有趋性。

天敌　卵期的主要天敌有松毛虫赤眼蜂，寄生率可达90%；幼虫期的天敌有绒茧蜂、绿边步行虫、食蚜蝇和胡蜂；蛹期天敌有广大腿小蜂、姬蜂、蚂蚁、蜘蛛和寄生蝇等，其中以广大腿小蜂发生普遍，寄生率高。其余天敌情况参考本书"茶长卷蛾"的相关内容。

主要控制技术措施　参考本书"茶长卷蛾"的油茶卷蛾类害虫主要控制技术措施。

雌成虫背面观

雄成虫在桂花树叶上

大龄幼虫

63

茶长卷蛾

鳞翅目

卷蛾科

分布与为害　在我国主要分布于广东、广西、云南、江苏、浙江、安徽、湖北、四川、湖南、江西、台湾等地；在国外分布于日本等。已记录的寄主有油茶、山茶、茶、桂花、栎、樟、柑橘、柿、梨、桃等，以油茶、茶、柑橘为害更为严重。初孵幼虫缀结嫩叶尖，潜居其中取食上表皮和叶肉，残留下表皮，导致卷叶呈枯黄薄膜斑；大龄幼虫取食嫩叶、嫩梢，受害叶呈缺刻或孔洞，影响寄主树抽梢和生长。

形态特征　**成虫**　雌虫长约 10mm，翅展 23~30mm，体浅棕色。触角丝状。前翅接近长方形，浅棕色，翅尖深褐色，翅面散生很多深褐色细纹，有的个体中间具一深褐色的斜形横带，翅基部内缘鳞片较厚且伸出翅外。后翅呈肉黄色，扇形，前缘、外缘部分色稍深或大部分茶褐色。雄虫体长约 8mm，翅展 19~23mm，前翅黄褐色，基部中央、翅尖浓褐色，前缘中央具一黑褐色圆形斑，前缘基部具一浓褐色近椭圆形突出，部分向后反折，盖在肩角处。后翅浅灰褐色。**卵**　长 0.8~0.9mm，扁平椭圆形，浅黄色。**幼虫**　大龄幼虫体长 18~26mm，体黄绿色，头黄褐色，前胸背板近半圆形，褐色，后缘及两侧暗褐色，两侧下方各具 2 个黑褐色椭圆形小角质点，胸足色暗。**蛹**　长 11~13mm，深褐色，臀棘长，有 8 个钩刺。

发生特点　据报道，浙江、安徽 1 年发生 4 代，台湾 6 代，以幼虫蛰伏在卷苞里越冬。在 4 代发生区，翌年 4 月上旬开始化蛹，4 月下旬成虫羽化产卵。第 1 代卵期 4 月下旬至 5 月上旬，幼虫期在 5 月中旬至 5 月下旬，蛹期 5 月下旬至 6 月上旬，成虫期在 6 月。第 2 代卵期在 6 月，幼虫期 6 月下旬至 7 月上旬，7 月上、中旬进入蛹期，成虫期在 7 月中旬。7 月中旬至 9 月上旬发生第 3 代，9 月上旬至翌年 4 月发生第 4 代。在均温 14℃时，卵期 17.5 天，幼虫期 62.5 天；均温 16℃，蛹期 19 天，成虫寿命 3~18 天；均温 28℃，完成一个世代需 38~45 天。成虫多于清晨 6 时羽化，白天栖息在油茶丛叶片上，日落后、日出前 1~2 小时最活跃，有趋光性、趋化性。成虫羽化后当天即可交尾，经 3~4 小时即开始产卵。卵喜产在老叶正面，每头雌蛾产卵量约 330 粒。初孵幼虫靠爬行或吐丝下垂进行分散，遇有幼嫩芽叶后即吐丝缀结叶尖，潜居其中取食。幼虫共 6 龄，老熟后多数离开原来的虫苞重新缀结 2 片老叶，化蛹在其中。

天敌　寄生于卵的有澳洲赤眼蜂、玉米螟赤眼蜂、松毛虫赤眼蜂；寄生于幼虫的有次生大腿

自然态雄成虫背面观

自然态雌成虫背面观

展翅雄成虫背面观

展翅雄成虫腹面观

展翅雌成虫背面观

展翅雌成虫腹面观

蜂、广大腿蜂、黄长距茧蜂、瓜野螟绒茧蜂、颗粒体病毒病；捕食幼虫的有黄足蟹蝽、虎甲、步甲、蚂蚁、蜘蛛等。该害虫天敌比较丰富，应切实加强保护利用。

油茶卷蛾类害虫主要控制技术措施　（1）加强监测和预测预报。设置固定监测点，定期踏查，严密监视害虫发生发展动态，做好害虫预测预报工作。重点是掌握害虫点块状发生阶段时的虫源地及初龄幼虫期，以准确指导防治，提高防治效果。（2）加强营林技术防治措施。合理密植，提倡针、阔叶树混交，加强抚育间伐，砍杂，增施磷肥、钾肥，以增强树势，提高林分抵抗力。冬季清除林内杂草和枯枝落叶，剪除带有越冬幼虫和蛹的枝叶；尽力进行人工防治，生长季节巡视林地随时摘除着卵块叶、虫包叶、虫害果等，而后集

中放于寄生蜂羽化器内，以保护天敌。（3）灯光诱杀。在越冬代成虫盛发初期开始，在林地内安装黑光灯或频振式杀虫灯诱杀成虫，每公顷可安装40W黑光灯3支；也可以用2份红糖、1份黄酒、1份醋和4份水配制成糖醋酒诱杀液来诱杀成虫。（4）保护天敌。卷蛾类害虫天敌丰富，对害虫种群有显著控制作用。在必须采用化学药剂防治措施时，重在治点保面，不要滥用化学农药，尽量选用生物农药或低毒化学农药；使用农药治虫时，要设置天敌保护隔离区；尽量在天敌休眠期或相对安全期用药，尽量避免伤害天敌。（5）生物防治。第1、2代成虫产卵始盛期开始，释放松毛虫赤眼蜂或玉米螟赤眼蜂来防治，每代放蜂3~4次，间隔期5~7天，每公顷放蜂量为30万~40万头。（6）药剂防治。在害虫局部发生阶段的虫

幼虫正在取食

大龄幼虫

大龄幼虫末期为害状

茧与蛹

源地，于低龄幼虫期可适度进行药剂防治。可供选择的药剂有：100 亿个活芽孢 /mL 苏云金杆菌乳剂 500~1000 倍液加 0.3％茶枯或 0.2％洗衣粉，或 50 亿 ~100 亿个孢子 /g 白僵菌粉 300 倍液，或 25％除虫脲可湿性粉剂 1500~2000 倍液，或每亩用 15~20g 森得保可湿性粉剂 1500~2000 倍液，或 10％吡虫啉可湿性粉剂 1500~2000 倍液，或 1.8％爱福丁乳油 2000~3000 倍液，或 25％噻虫嗪水分散剂 4000 倍液等，或 0.36％苦参碱水剂 1000 倍液，或爱福丁超低量喷雾等。

在幼虫卷叶苞内化蛹

64

瓜绢野螟

别名：瓜绢螟
学名：*Diaphania indica* (Saunders)
分类：鳞翅目 LEPIDOPTERA　草螟科 Crambidae

分布与为害　在我国主要分布于河南、天津、江苏、浙江、安徽、福建、江西、湖北、山东、广东、广西、重庆、四川、云南、贵州、台湾等地；在国外分布于越南、泰国、日本、朝鲜、印度、印度尼西亚、澳大利亚等。主要寄主有油茶、常春藤、陆地棉、木槿、冬葵、大叶黄杨、梧桐等花木和林木，以及黄瓜、西瓜、丝瓜等。以幼虫为害寄主植株叶部，初龄幼虫先在叶背上取食叶肉，受害叶呈灰白色斑；第3龄以后常将叶片左右卷起，以丝连缀，虫体栖居其中，取食时伸出头、胸部；也在卷叶中化蛹。

形态特征　**成虫**　体长15mm，翅展23~26mm。头部及胸部黑褐色；触角棕黄色，长度约与翅长相等；下唇须基部与腹面白色，端部与背面深褐色。翅白色半透明，具金属闪光；前翅沿前缘及外缘各有一淡黑褐色带，其余部分为白色带丝绢闪光三角形；后翅白色半透明有闪光，外缘有一条淡黑褐色带，缘毛黑褐色。腹部除6~7腹节深黑褐色外，其余均为白色，腹末两侧各有一束黄褐色臀鳞毛丛。**卵**　椭圆形，长0.5mm，宽0.3mm；扁平，赤黄色；各卵成鱼鳞状排列。**幼虫**　老熟幼虫体长35mm；体黄绿色，头部黑色，体背有两条白线，亚背线和气门上线有暗褐色条斑。**蛹**　长15mm，绿色，背面有黑褐色斑纹。

成虫白天躲在叶背

生活习性　1年发生4~5代；以老熟幼虫在枯卷叶片中越冬；翌年春季5月成虫羽化。世代不整齐，在每年7~9月，成虫、卵、幼虫和蛹同时存在。10月以后吐丝结茧越冬。成虫白天不活动，多栖息在叶丛、杂草间，夜间活动，有较强的趋光性；卵产在寄主叶片背面，散产或几粒聚在一起；初孵幼虫先在叶背取食叶肉，受害部呈灰白色斑；幼虫老熟后，即在卷叶中化蛹。

天敌　天敌比较丰富，有关情况参考本书"茶长卷叶蛾""柑橘黄卷蛾"的相关内容。天敌对控制害虫种群有重要作用，应切实加强保护利用。

主要控制技术措施　参考本书"茶长卷蛾"的油茶卷叶蛾类害虫主要控制技术措施。

鳞翅目

草螟科

自然态成虫后背面观

自然态成虫前背面观

65 波纹枯叶蛾

别名：波纹杂毛虫

学名：*Kunugia undans undans* (Walker)

分类：鳞翅目 LEPIDOPTERA　枯叶蛾科 Lasiocampidae

分布与为害　在我国主要分布于江苏、浙江、安徽、福建、河南、湖北、湖南、广东、广西、四川、贵州、云南、西藏、陕西、台湾等地；在国外分布于巴基斯坦、印度等。杂食性，主要寄主有油茶、马尾松、柏木、杉木、樟、山楂、苹果、栎类、华山松、油松、板栗、山里红、春榆、黄榆、榛子、胡枝子、杨、刺槐、连翘、沙棘、玉米、苜蓿、党参等。以幼虫取食寄主植物叶片，发生严重的油茶林每株有虫 200 多条，可把叶片吃光仅剩枝干，严重影响生长和产量，甚至导致寄主树死亡。

形态特征　**成虫**　雌、雄异型，体色从灰褐色到棕褐色，斑纹从清晰到模糊，以及虫体大小等个体间差异甚大。雌蛾体长 30~39mm，翅展 70~110mm，触角短栉状，腹部肥胖，末端圆；体色变化较多，有黄褐色、赤褐色、深赭色等。雄蛾体长 28~39mm，翅展 62~78mm，触角羽毛状，腹部细狭，末端尖，前翅大部分为黄棕色，色彩较鲜艳。雌、雄成虫前翅呈 4 条波状横纹，中、外线双重，亚外缘斑列浅黑色，不甚明显，外线及中线呈波状。翅反面黄色，隐现 3 条横带。雌蛾前翅中室端白点较小；雄蛾前翅中室端白点大而明显，翅基有一明显的金黄色圆斑。后翅斑纹不明显。**卵**　呈鼓形，直径 1.5~2.0mm，高 1.0~1.5mm。黄白色，上具褐色斑点。卵壳先端有白色圆圈，中间有黑色小点。**幼虫**　体色有棕色和灰黑色两类，形态有一定差异。初孵时体长约 8mm，黑色，被黑色和白色长毛；头棕黄色；胸部背面具白色斑；腹部背线白色，腹侧具赭色和白色斑。大龄幼虫体长可达 95~105mm，全身密被长短不齐的黄褐色刚毛，最长的刚毛可达 15mm，头部黑褐色，头顶黄白色，额片黑褐色，冠缝两侧各有一"U"字形黑色斑。前胸背板黄褐色，中、后胸背面各有 1 束蓝色毒毛丛，中胸蓝色毒毛较小。每体节气门线下各有 1 毛瘤，其上着生黑色和白色长毛。前胸前缘及胸、腹各节背面和气门下侧嵌有棕黄色鳞片。前胸另有 1 对毛瘤，着生向前伸的黑色长毛丛。腹部腹面棕黄色，5 对腹足黄棕色。**茧**　长 50~70mm，宽 20~30mm；棕黄色至灰褐色，丝质，坚韧，上有毒毛。**蛹**　体长 36~49mm，宽 10~12mm。纺锤形，黑褐色或棕褐色。翅痕伸达第 3 腹节中部，背面可见 8 节，两侧可见气门 7 对。体躯各节着生密集的棕黄色短毛，腹面较稀。

自然态雄成虫侧面观

自然态雌成虫背面观

卵粒

鳞翅目

枯叶蛾科

第 5 龄幼虫背面观　　　　　　蛹　　　　　　八角树叶丛中结茧化蛹

发生特点　据报道，在福建为害油茶时 1 年 1 代，取食马尾松时 1 年 2 代。1 年 1 代的以卵在寄主植物上或林间枯枝落叶层中越冬，翌年 3 月下旬开始孵化为幼虫，3~9 月为幼虫期；8 月下旬开始结茧化蛹，8 月至 11 月上旬为蛹期；10 月上旬成虫开始羽化，10~11 月为成虫期，10 月上旬成虫开始产卵；卵期在 10 月至翌年 3 月中旬。雌虫喜将卵散产或不规则地堆产在背风向阳的树干、枝条、叶片或地面杂草上。卵期 166~174 天。初孵幼虫喜在近地面矮小油茶嫩枝叶上取食，第 5 龄以后幼虫多在夜间及清晨为害。幼虫共有 7~8 龄，幼虫期长达 181~194 天，一生可取食 200~300 片油茶叶。老熟幼虫结茧前 1~2 天开始停食，在油茶枝叶茂密的叶丛内或地面杂草、石块下作茧化蛹，蛹期 36~47 天。成虫羽化当晚即可交尾。雌虫对雄虫有较强的性诱作用。雌虫交配 1~4 天后开始产卵，产卵量 162~404 粒。成虫趋光性强，白天多静伏在树干或杂灌上。雌成虫寿命 4~12 天，雄成虫寿命 4~10 天。

天敌　卵期天敌有松毛虫赤眼蜂、油茶枯叶蛾黑卵蜂、平腹小蜂、啮小蜂、金小蜂、蚂蚁等；幼虫期和蛹期有小红小茧蜂、松毛虫黑胸姬蜂、松毛虫黑点瘤姬蜂、松毛虫匙鬃瘤姬蜂、螟蛉瘤姬

为害八角树，第 6 龄幼虫背侧面观

蜂、松毛虫缅麻蝇、大腿蜂、蚕饰腹寄蝇、松毛虫狭颊寄蝇、家蚕追寄蝇、伞裙追寄蝇、广腹螳螂、日本土蜂、油茶枯叶蛾核型多角体病毒、波纹杂毛虫病毒、苏云金杆菌、白僵菌、灰喜鹊、大山雀等。天敌对害虫有重要控制作用，应加强保护利用。

主要控制技术措施　参考本书"油茶大枯叶蛾"的油茶枯叶蛾类害虫主要控制技术措施。

66 油茶大枯叶蛾

别名：油茶大毛虫、杨梅毛虫

学名： *Lebeda nobilis sinina* Lajonquiere

分类：鳞翅目 LEPIDOPTERA　枯叶蛾科 Lasiocampidae

分布与为害　在我国主要分布于广大油茶产区，如江苏、浙江、安徽、福建、江西、河南、湖北、湖南、广西、陕西等地。主要为害油茶、马尾松、湿地松、板栗、杨梅、麻栎、白栎、苦槠、锥栗、乌梅、枫香等。以幼虫取食树叶，食量大，为害期长，受害轻者，影响树木生长和开花结实；受害重者小枝枯死，甚至造成整株或局部林分树木枯死，给油茶生产造成很大损失。

形态特征　成虫　体色多变，以黄褐色、赤褐色居多，也有茶褐色、灰白色等，雄蛾体色比雌蛾的深。雄蛾触角羽状，体长 32~53mm，翅展 70~105mm；雌蛾触角栉齿状，体长 35~55mm，翅展 100~126mm。前翅有 4 条浅灰褐色横线，形成两条浅褐色宽横带，外横带端部向内呈弧状弯曲，内、外侧深褐色；内横带呈明显的弧状；两带间呈上宽下窄的宽中带；中室端的白点呈三角形，位于中带的内侧，紧靠内横带外侧。臀角处有 2 枚黑褐色斑纹，有的个体明显，有的不甚显著；雄蛾的明显，且在两黑斑间有 1 条短黑线连接，呈"1"字形排列。顶角区有 2 块模糊的深褐色斑。后翅赤褐色或褐色，中部有 2 条灰褐色弧形横线组合成淡褐色斜行横带，此带中部颜色较深，雄蛾尤为明显。**卵**　灰褐色至深褐色，近球

展翅雌成虫

形，直径约 2.5mm，两端各有 1 个棕褐色圆斑，斑外有 1 个灰白色环。**幼虫**　随龄期不同，体色、体毛、斑纹变化很大；第 1 龄幼虫体黑褐色，头深黑色，胸背棕黄色，腹背蓝紫色，每节背面有 2 束黑毛，腹侧灰黄色，体长 7~13mm；第 2 龄幼虫蓝黑色，间有灰白色斑纹，胸背始见黑黄 2 种颜色毛丛；第 3 龄幼虫灰褐色，胸背毛丛略加宽；第 4 龄幼虫腹背 1~8 节各节有浅黄色与暗黑色相间的 2 束毛丛；第 5 龄幼虫呈麻色，胸背毛丛上半部呈白色、下半部变为蓝黑色或蓝绿色；第 6 龄幼虫灰褐色，腹下方浅灰色密布红褐色斑点；第 7 龄幼虫体长最大可达 113~134mm。**蛹**　长椭圆形，腹端略细；由黄褐色渐变为栗褐色，头顶及腹部各节密生黄褐色绒毛；雌蛹长 43~57mm，

展翅雄成虫背面观

展翅雄成虫腹面观

卵

第 4 龄幼虫背侧面观

第 5 龄幼虫侧面观

大龄幼虫背面观

雄蛹长 37~48mm。**茧** 长袋形，薄丝质，黄褐色或灰褐色，具很多网状小孔，覆被毒毛。

发生特点 1 年发生 1 代，以幼虫在卵内越冬。翌年 3 月开始自南至北幼虫陆续孵化，幼虫经历 7 个龄期，发育历期长达 4~5 个月，7~8 月结茧化蛹，8 月至 9 月上旬成虫羽化、产卵。卵主要产在油茶小枝或松树针叶上，以胶质物黏结呈块状；每雌产卵 78~213 粒，分 2~3 处产下，每块卵 60~70 粒；卵期长达 5 个多月。幼虫从卵的一端咬出孔口，取食 1/3~1/2 卵壳，再慢慢爬出。初孵幼虫群居于丝状网下取食为害，第 3 龄后开始分散并日夜取食，第 4 龄后白天静伏于树干下部荫蔽处，其体色与油茶等枝干颜色相似，不易发现，受惊扰时毛簇耸立，在傍晚和早晨活动取食。老熟幼虫多在油茶树叶或松叶丛中，也有在灌木杂草丛中吐丝缀叶结茧。预蛹期约 7 天，蛹期 20~25 天。新羽化的成虫先静伏数分钟，再微微振翅后把翅贴于背面。成虫羽化 6~8 小时后于凌晨 4~5 时交尾，夜间产卵，成虫具较强趋光性。该虫多发生于低丘台地油茶林内，500m 以上的山地油茶林较少发生。害虫密度还与林分组成密切相关，油茶与马尾松混交林，或马尾松林旁边的油茶林发生较重，而纯油茶林中发生密度较低，发生频率较少。

天敌 卵期天敌有松毛虫赤眼蜂、油茶枯叶蛾黑卵蜂、平腹小蜂、啮小蜂、金小蜂等；幼虫期天敌有多种绒茧蜂、茧蜂、姬蜂、寄生蝇等；捕食性天敌有多种步甲、蠋蝽、猎蝽、螳蜋、螳螂、蚂蚁、青蛙、蜘蛛、鸟类、油茶枯叶蛾核型多角体病毒、真菌、细菌等；蛹期天敌有松毛虫黑点瘤姬蜂、松毛虫匙鬃瘤姬蜂、螟蛉瘤姬蜂、松毛虫缅麻蝇等。这些天敌对害虫有重要控制作用，应加强保护利用。

油茶枯叶蛾类害虫主要控制技术措施 （1）加强监测及预报工作。设置固定监测点，定期踏查，严密监视害虫发生发展动态，做好害虫预测预报工作。重点是及时发现虫源地，正确预测预报低龄幼虫期，以正确指导防治，提高防治效果。（2）重点抓好营林技术防治措施。合理密植，保持通风透光；加强抚育管理，多施磷、钾肥，增强树势；油

卵

第 4 龄幼虫背侧面观

第 5 龄幼虫侧面观

大龄幼虫背面观

茶林尽可能不与松树林混交或毗邻种植。（3）尽力进行人工防治。充分利用该害虫低龄幼虫阶段有群集性，实施人工捕杀；利用其产卵呈块状、茧蛹大型而明显等特点，可进行人工摘卵、采茧灭虫等。（4）灯光诱杀。利用成虫有趋光性、飞翔能力强的特性，可用灯光、或黑光灯或频谱式杀虫灯诱杀成虫。（5）保护利用天敌。该害虫天敌种类丰富，对害虫种群有重要控制作用，应加强保护利用。主要是不滥用化学农药，尽量选用生物农药或低毒化学农药；使用农药治虫时，要设置天敌保护隔离区；尽量在天敌休眠期或相对安全期用药，尽量避免伤害天敌。（6）生物制剂防治。在害虫点片状发生阶段的高虫口区，在害虫低龄幼虫期，每公顷用 225~300g 森得保可湿性粉剂 1500~2000 倍液喷雾或加入 30~50 倍中性载体喷粉，或喷洒 25% 灭幼脲 3 号胶悬剂 1000~1500 倍液，或喷洒 20% 除虫脲悬浮剂 1500~3000 倍液，都有很好的防治效果；中龄、高龄幼虫期可喷洒苏云金杆菌乳剂 100 亿个活芽孢 /mL 500~1000 倍液；第 3~4 龄幼虫期可喷洒该害虫的核型多角体病毒。（7）低毒药剂防治。抓住害虫点片状发生阶段的低龄幼虫期，喷洒 10% 吡虫啉可湿性粉剂 1500~2000 倍液，或喷洒 1.8% 爱福丁乳油 2000~3000 倍液，或喷施 25% 噻虫嗪水分散剂 4000 倍液等，或喷洒 0.36% 苦参碱水剂 1000 倍液，或用爱福丁超低量喷雾，或喷洒 3% 啶虫脒乳油 3000~5000 倍液；由于此类害虫虫体有蜡粉或蜡质，非乳剂型药液中（如可湿性粉剂）若加入 0.3%~0.4% 的柴油乳剂或黏土柴油乳剂，可显著提高防治效果等。

67 大斑尖枯叶蛾

别名：大斑丫毛虫

学名：*Metanastria hyrtaca* (Cramer)

分类：鳞翅目 LEPIDOPTERA　枯叶蛾科 Lasiocampidae

分布与为害　在我国主要分布于福建、江西、湖北、湖南、广东、广西、四川、云南、甘肃、台湾等地；在国外分布于印度、尼泊尔、斯里兰卡、越南、缅甸、泰国、菲律宾、马来西亚、印度尼西亚等。主要寄主植物有马尾松、栎类、油茶等，幼虫还取食山龙眼、台湾相思、橄榄树、石梓、三叶崖爬藤等植物。局部地区有大发生可能，并能造成一定经济损失。

形态特征　**成虫**　翅展，雄蛾 44~48mm、雌蛾 65~84mm。雄蛾触角黑褐色，体、翅焦褐色或赤褐色，前翅前缘直，于 1/3 处凸出，外缘弧形弓出，翅面较宽，亚外缘斑列黑褐色，内侧衬以浅色斑纹，翅中间呈褐色中带，中带间具黑色大斑，中室端白点近半圆形，较明显，稍靠内侧，大斑两侧衬铅灰色线纹，发金属光泽；后翅污褐色，外缘及翅基色浅。雌蛾栗褐色，前翅顶角尖，翅面呈 4 条浅褐色横线纹，外侧第 2 横线自中部开始向内弯曲形成宽带，色泽较深，外宽带色浅，亚外缘斑列黑色或黑褐色，内侧衬浅色斑纹，中室端白点模糊，全翅黄褐色翅脉较明显。后翅深栗色，中间呈浅褐色长斑。雄性外生殖器刀状，刀刃自基部开始有 2 排小齿，端部着生 8~9 枚较长的小齿向上曲。**幼虫**　体灰褐色，体背灰棕褐色；体被大量灰色及灰黑色长绒毛。头黑色，上有灰白色 "M" 形白色纹。前胸背板黑色，胸部各节两侧有向外伸展的长毛。背线为棕灰色宽带；亚背线黑褐色，各节亚背线上有 2 个醒目的圆形蓝色毛瘤；气门上线灰白色，气门下线灰色。腹足灰色。

发生特点　1 年发生 2 代，以幼虫在树枝、树干或树兜附近的枯枝落叶中越冬。第 2 年 4 月中、下旬结茧，5 月中、下旬至 6 月上旬和 10 月中、下旬出现第 1 代和第 2 代成虫。幼虫群集性强，常群集在一个叶柄或枝条上围成一圈取食，集体爬行迁移。成虫多在凌晨前羽化，第 2 天清晨开始交尾，夜晚产卵，每雌产卵 1~3 堆，数量多达数百粒。

天敌　参考本书"油茶大枯叶蛾"的相关内容。

主要控制技术措施　参考本书"油茶大枯叶蛾"的油茶枯叶蛾类主要控制技术措施。重点：一是掌握虫源地发生阶段，在越冬前或早春喷撒每克含 100 亿孢子的白僵菌粉剂，或喷施松毛虫质型多方体病病毒粉剂或液剂，或喷施灭幼腺 III 号粉剂或胶悬剂；二是在虫灾区于成虫羽化始盛期开始安装频振式杀虫灯诱杀成虫。

展翅雌成虫背面观

展翅雌成虫腹面观

幼虫，预蛹及蛹

展翅雄成虫背面观

展翅雄成虫腹面观

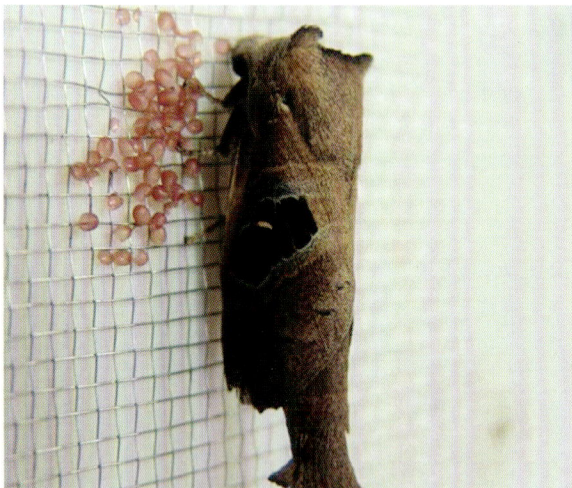

雄成虫生态照——自然态成虫背侧面观

幼虫背面观

卵粒卵

幼虫侧面观

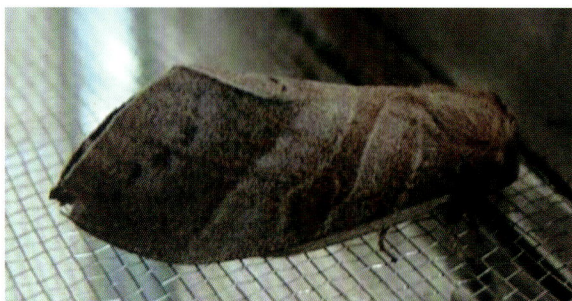

自然态雌成虫侧面观

幼虫背面观

68 茶蚕蛾

别名：茶蚕、三线茶蚕蛾

学名：*Andraca theae* Matsumura

分类：鳞翅目 LEPIDOPTERA　蚕蛾科 Bombycidae

分布与为害　在我国主要分布于南方油茶、茶产区，如广西、广东、海南、福建、台湾、浙江、江苏、江西、湖南、湖北、安徽、四川、贵州、云南等地；在国外分布于印度、印度尼西亚等。主要寄主有茶、油茶、厚皮香等。以幼虫群集取食油茶及茶等寄主的叶片和芽，严重时可将局部林分叶片吃光，影响寄主生长发育及产量。

形态特征　**成虫**　雌成虫体长 15~20mm，翅展 40~60mm。体、翅棕黄色至暗棕色，有丝绒状光泽。头顶白色，雌成虫触角栉齿甚短，近于丝状，前翅翅尖向外伸出略呈钩状。前翅有 3 条深褐色波纹，靠外缘的一条且在前方分叉斜向翅尖。翅尖、外缘处有灰色浮斑，中部靠前缘有一个黑点；后翅颜色稍淡。雄成虫翅展约 40mm，触角羽毛状，前翅翅尖向外伸出略呈钩状，但没有雌成虫明显。**卵**　椭圆形，直径 1.0~1.2mm；初为淡黄色，渐变黄褐色。数十粒卵平铺排列在叶背呈长方形卵块。**幼虫**　大龄幼虫体长可达 39~55mm，棕褐色，体肥大，腹部前端向头部、胸部逐渐变小，全体略呈纺锤形；体表密生黄褐色短绒毛。背线、侧线、气门线和腹线皆呈黄白色，各体节多有 3 条黄褐色细横线，纵、横线构成许多方格形花纹。各节气门附近有 1 个近圆形黑色斑。斑的后面接以橘红色斑。**蛹**　长 16~22mm，纺锤形，暗红褐色，翅芽伸至第 4 腹节近后缘处，尾部有黄褐色绒毛。**茧**　长 20~25mm，宽 9~11mm，椭圆形灰褐色至棕黄色，丝质，表面常附有土粒或碎叶。

发生规律　据资料记载，在安徽 1 年发生 2 代，江西、湖南等地 1 年发生 2~3 代，福建、台湾等地 1 年发生 3~4 代。一般以茧蛹在土表或枯枝落叶中越冬。翌年 4 月中旬羽化。1 年 2 代区，第 1、2 代幼虫分别在 5~6 月、8~10 月发生。1 年 3 代区，第 1、2、3 代幼虫分别在 4~6 月、6~8 月、9~10 月发生。各地发生时期有差异。南方油茶区或茶区，有的年份以第 2 代蛹越夏，第 3 代幼虫发生推迟。成虫羽化后，早、晚较活跃，趋光性极弱，第 3 代卵从 9 月上旬开始到中旬约分 4 次产完，9 月下旬至 10 月上旬孵化，每头雌蛾可产卵 250~400 粒。卵多产于老龄树干表皮裂缝或凹陷地方，位置在树干 1~3m 处。卵孵化很不整齐，初孵幼虫群集在卵块处，幼虫第 3 龄前喜群集，挤作一团，并大量取食叶片；幼虫以夜间取食最盛，吃光一枝树叶后，再转移另一枝为害；虫群在枝条上常头尾高举呈 "Z" 字形；幼虫随龄期增长而不断分群，即第 4 龄时开始逐渐分散，第 5~7 龄时小群活动。幼虫老熟后，爬至寄主基部表土层或枯枝落叶中结茧化蛹，蛹茧多集结在一起。

天敌　天敌丰富，卵期天敌有黑卵蜂、赤眼

新羽化的雄成虫

雌成虫背面观

展翅雄成虫背面观

初孵幼虫及卵壳

左侧幼虫正在取食

枝条树叶被吃光

大龄幼虫为害状

有的幼虫边抱团边取食

幼虫抱团在主干上栖息

蜂等。幼虫期寄生性天敌有多种绒茧蜂、茧蜂、姬蜂、寄蝇等；捕食性天敌有多种步甲、螳蛉、猎蝽、螳螂、螳螂、胡蜂、蚂蚁、青蛙、蜘蛛、鸟类等；幼虫期还容易感染病毒（如茶蚕颗粒体病毒）、真菌和细菌等。这些天敌对害虫有重要控制作用。

　　油茶蚕蛾类害虫主要控制技术措施　（1）加强预测预报。设置固定监测点，定期踏查，严密监视害虫发生发展动态，做好害虫预测预报工作。

大龄幼虫抱团栖息

蛹腹面观

茧与蛹

重点抓好虫源地和害虫低龄幼虫期预报，指导及时防治，防止害虫扩散蔓延，提高防治效果。（2）营林技术措施。合理密植，促进林分通风透光；结合追肥、中耕除草、合理修剪等田间管理措施，在寄主根际培土并稍加压实，既可防治成虫羽化，又可促进林木生长，提高林分综合抗虫能力。（3）人工捕捉幼虫。该害虫第3龄前的低龄幼虫期有群集为害习性，故可实行人工捕杀。（4）保护利用天敌。该类害虫天敌丰富，对害虫有重要控制作用，应切实加以保护利用。主要是不滥用化学农药，尽量选用生物农药；使用农药治虫时，要设置天敌保护隔离区；尽量在天敌休眠期或相对安全期用药，尽量避免伤害天敌。(5)

仿生制剂防治。在害虫高虫口区，于害虫点片状发生、低龄幼虫阶段，可及时喷洒25%灭幼脲Ⅲ号胶悬剂125~250倍液，或喷洒20%除虫脲悬浮剂7000倍液，或喷洒1.2%烟参碱2000倍液，或每亩用15~20g森得保可湿性粉剂1500~2000倍液喷雾或加入30~35倍中性载体喷粉，均可收到较好的防治效果。中龄期以后幼虫可喷洒每毫升含0.25亿~0.5亿孢子的青虫菌，或喷洒茶蚕颗粒体病毒或杀螟杆菌或苏云金杆菌液等进行防治。（6）化学药剂防治。在害虫高虫口区，于害虫点片状发生阶段并处于低龄幼虫时期，及时使用国家允许使用的农药扑杀，可起到治点保面、有效歼灭害虫的目的。可供选用的常用药剂有2.5%

被寄生

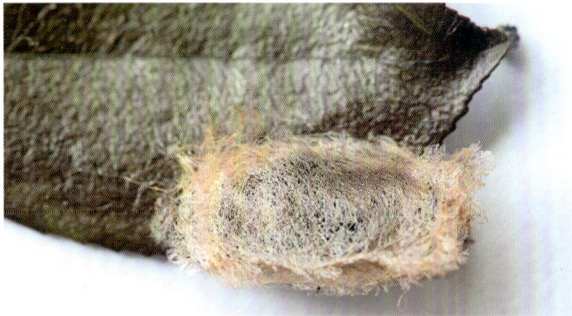

茧

低龄抱团取食

下午幼虫转移到树干休息

鱼藤酮 300~500 倍液，或 10％吡虫啉可湿性粉剂 1000~2000 倍液，或 3％啶虫脒乳油 3000~5000 倍液，或 25％噻虫嗪水分分散剂 2000~3000 倍液等喷雾；由于此类害虫虫体有蜡粉，非乳剂型药液中（如可湿性粉剂）若加入 0.3％~0.4％的柴油乳剂或黏土柴油乳剂，可显著提高防治效果。

69 半灰钩蚕蛾

学名：*Comparmustilia semiravida* (Yang)

分类：鳞翅目 LEPIDOPTERA　蚕蛾科 Bombycidae

分布与为害　中国特有种，主要分布于浙江、江西、福建、广东、广西、四川、云南、海南等地。以幼虫取食油茶及茶等寄主的叶片和芽，严重时可将局部林分叶片吃光，影响寄主生长发育及产量。

形态特征　雄成虫体长 23mm，翅展 52mm。头部复眼大，灰褐色具黑斑；额区三角形，与下唇须均呈黄褐色；触角基部一小半双栉状，主干背面及触角基部均呈银白色，鞭节栉支及触角端半部黄褐色。胸部黄褐色，肩片多灰色鳞毛；前翅前缘红褐色，顶角至后缘中部向内区域红褐色混杂灰白色鳞毛，向外区域深红褐色；顶角略呈钩状；翅脉黄褐色；中室端部具一小黑点，并沿脉略延伸呈三叉。后翅黄褐色，外缘中部至内缘为红褐色，横线均不完整。腹部暗红色。该种前翅内部分灰白色易与同属其他种区分。

发生特点　笔者在 2016 年 4 月 16 日于广西桂林市永福县油茶树上采集到半灰钩蚕蛾幼虫，带回室内饲养，于 2016 年 4 月 25 日结茧，于 2017 年 5 月 2 日成虫羽化，于 2017 年 5 月 12 日产卵。该记录说明这条幼虫结的茧蛹是越夏越冬，并到翌年 5 月羽化为成虫；成虫于 5 月中旬产下卵粒；这批卵当年会孵化，并且以中龄或大龄幼虫越冬，越冬后幼虫继续为害油茶叶，到 4 月下旬结茧。有待进一步证实的问题是：这种蚕蛾的茧蛹是否会发生分化，一部分就像观察的那条幼虫那样；另一部分会当年羽化、交尾、产卵，这些情况就属于每两年发生 1 代；是否也有可能采到的幼虫由于放在室内饲养，环境条件变了，产生了变异性，延迟到第 2 年羽化。

天敌　参考本书"茶蚕蛾"的相关内容。

主要控制技术措施　参考本书"茶蚕蛾"的油茶蚕蛾类害虫主要控制技术措施。

自然态成虫背面观

自然态成虫腹面观

成虫翅展约 60mm

展翅成虫腹面观

卵粒

幼虫体长约 90mm

幼虫转体态

幼虫侧面观

茧外层丝套长 55mm

茧

幼虫头胸部特征

蛹及蛹壳

分布与为害　在我国主要分布于广西、广东、海南、浙江、江西、福建、湖南、台湾、云南等地；在国外分布于缅甸、印度、印度尼西亚等。主要寄主有油茶、乌桕、樟、柳、大叶合欢、小檗、甘薯、狗尾草、苹果、冬青、桦等。以幼虫蚕食寄主叶片，大发生时可将整株树叶或局部林分树叶吃光，影响寄主生长和产量，严重时可导致寄主树死亡。

形态特征　**成虫**　体长85~100mm，翅展180~210mm。触角羽状。前翅顶角向外明显突伸，像是蛇头，呈鲜艳的黄色，上缘有一枚黑色圆斑，宛如蛇眼，有恫吓天敌的作用，故又称蛇头蛾。体、翅赤褐色，前、后翅的内横线和外横线白色；内横线的内侧和外横线的外侧有紫红色镶边及棕褐色线，中间夹杂有粉红色及白色鳞毛；中室端部有1个较大的三角形透明斑；外缘黄褐色并有较细的黑色波状线；顶角黄色到粉红色，内侧近前缘有半月形黑斑1块，下方土黄色并间有紫红色纵条，黑斑与紫条间有锯齿状白色纹相连。后翅内侧棕黑色，外缘黄褐色并有黑色波纹端线，内侧有黄褐色斑，中间有赤褐色点。**卵**　直径约2.5mm，扁椭圆形，初产时灰白色，后期深灰褐色。**幼虫**　小龄幼虫体表及枝刺上被有一层白色蜡质。大龄幼虫体粗壮，体长可达40~50mm，青绿色，各体节有枝刺6根，以背中两根较长；胸部3节各有1根较长侧刺，黑色；腹部各节两侧也有较小的黑色枝刺。**蛹**　体长约45mm，长圆锥形，前中期棕褐色，后期红褐色至黑褐色。**茧**　长约70mm，灰白色，橄榄形，外被稠密的白色及灰白色丝绒。

发生特点　江西、福建、广东等地1年发生2代，以蛹在附着于寄主上的茧中过冬。成虫在4~5月及7~8月出现，成虫产卵于主干、枝条或叶片上，有时成堆，排列规则；笔者观察到产在乌桕叶片上的常4~5粒卵排成一行。茶蚕成虫身体有绒毛，与其翅膀相比之下显得非常细小。根据地理位置及亚种的不同，分别有着不同的体纹及颜色。雄性体型及翅膀均较雌性为小，然而其触须却比雌性更为宽阔及稠密。成虫寿命为1~2个星期。卵期约10天，初孵幼虫呈绿色。幼虫的背部长有一列肉质的枝刺，枝刺上铺着一层白色的蜡质。老熟幼虫在枯叶或叶丛间结茧，并在其中化蛹。

天敌　参考本书"茶蚕蛾"的相关内容。

主要控制技术措施　参考本书"茶蚕蛾"的油茶蚕蛾类害虫主要控制技术措施。

活成虫侧面观

活雌成虫特征

展翅雌成虫腹面特征

展翅雄成虫背面特征

产在乌桕叶片上的卵粒

正在取食的幼虫

小龄幼虫背面观

幼虫侧面观

在樟树上结的茧

蛹的腹面观

蛹的侧面观

71 **杧果天蛾**

学名：*Amplypterus mansoni* (Clark)

分类：鳞翅目 LEPIDOPTERA　天蛾科 Sphingidae

分布与为害　在我国主要分布于华南地区及云南、福建、湖南等地；在国外分布于马来西亚、菲律宾、印度、斯里兰卡等。主要寄主有杧果、油茶、桉、漆树科、藤黄科、红厚壳等。以幼虫取食叶片，造成枝条缺叶或叶片呈缺刻状，严重时可将局部林分叶片吃光，影响寄主生长发育和产量。

形态特征　**成虫**　翅展 150~160mm。头枯黄色，颈板棕色；胸部背面棕褐色，腹部棕黄色，第5腹节后的各节两侧有黑斑；胸、腹部的腹面橙黄色；前翅暗黄色，基部棕色，内、中线棕色，分界不明显，外线棕色较宽，内侧成一直线，外侧弯曲，端线棕色较细，成波状纹，外缘中部有较大的棕色三角形斑一块；近臀角处有椭圆形棕黑色斑一块；后翅前缘黄色，外缘呈深棕色横带，中央有粉红色斑；前、后翅反面线纹与正面相同，只是黄色加重。**卵**　圆球形，直径约 2mm。**幼虫**　大龄幼虫体长可达 70~90mm，体侧各节有斜

成虫后背面观

黄纹，近腹端有一个向后斜立的尾角。**蛹**　体长约 70mm，初为淡绿色，后变为深褐色。

发生特点　在南宁可能 1 年发生 1 代。幼虫盛发期在 6~7 月，这时候常看见寄主叶片受害。幼虫老熟后钻入土下深处筑土室，并在其中化蛹。成虫白天静伏，夜晚活动。卵散产于叶背。

天敌　参考本书"茶蚕蛾"的相关内容。

主要控制技术措施　参考本书"茶蚕蛾"的油茶蚕蛾类害虫主要控制技术措施。

头胸部背面特征

产在油茶树叶上的卵粒

低龄幼虫

低龄幼虫在油茶树叶缘上爬行

鳞翅目

天蛾科

72 丝棉木金星尺蛾

别名：大叶黄杨尺蛾
学名：*Abraxas suspecta* Warren
分类：鳞翅目 LEPIDOPTERA　尺蛾科 Geometridae

分布与为害　在我国主要分布于华南、中南、华东、华北、西北、东北等地；在国外分布于朝鲜、日本、俄罗斯等。主要寄主有油茶、丝棉木、卫矛、大叶黄杨、杨、柳、榆、槐等。小龄幼虫为害时仅啃食叶肉，残留表皮，使受害叶呈透明状；大龄幼虫嚼食叶片致缺刻状或取食全叶，发生严重时常将全树或局部林分叶片吃光，导致大面积枯梢、枯枝，甚至造成树体死亡，严重影响寄主树生长、开花、结果和产量，极大降低经营效益。

形态特征　**成虫**　雌蛾体长 13~15mm，翅展 37~43mm。翅底色为银白色，具淡灰色及黄褐色斑纹，前翅外缘有 1 行连续的淡灰色纹，外横线呈 1 行淡灰色斑，上端分叉，下端有 1 个红褐色大斑；中横线不呈行，在中室端部有 1 个大灰斑，斑中有 1 个圆形斑。翅基有 1 深黄、褐、灰三色相间的花斑；后翅外缘有 1 行连续的淡灰色斑，外横线呈 1 行较宽的淡灰色斑，中横线有

断续的小灰色斑。斑纹在个体间略有变异。前、后翅展开时，后翅上的斑纹与前翅斑纹相连接，似有前翅的斑纹延伸而来。前、后翅背面的斑纹同正面，唯无黄褐色斑纹。腹部金黄色，有黑斑组成的条纹 9 行；后足胫节内侧无毛。雄蛾体长 10~13mm，翅展 32~38mm；翅上斑纹同雌蛾；腹部也为金黄色，有黑斑组成的条纹 7 行，后足胫节内侧有 1 丛黄色毛。**卵**　呈椭圆形，长 0.8mm，宽 0.6mm，卵壳表面有漂亮的纵横花纹。初产时呈灰绿色，近孵化时呈灰黑色。**幼虫**　大龄幼虫体长可达 28~32mm；体黑色，刚毛黄褐色，头部黑色，前胸背板黄色，有 3 个黑色斑点，中间的为三角形。背线、亚背线、气门上线、亚腹线为蓝白色，气门线、腹线黄色较宽；臀板黑色，胸部及腹部第 6 节以后的各节上有黄色横条纹。胸足黑色，基部淡黄色。腹足趾钩为双序中带。**蛹**　呈纺锤形，长 9~16mm，宽 3.5~5.5mm，初蛹期头、腹部黄色，胸部淡绿色，后逐渐变为暗红

成虫在杂灌木上栖息

成虫背面斑纹特征

色；腹端有 1 分叉的臀刺。

发生特点　据报道，在湖北 1 年发生 4 代，以蛹在土中 2~3cm 深处越冬。翌年 3 月中、下旬越冬蛹羽化为成虫，5 月下旬为羽化盛期，第 1 代成虫 5 月下旬至 7 月上旬发生，第 2 代成虫 7 月中旬至 9 月上旬发生，第 3 代成虫 9 月中旬至 10 月中旬发生，10 月下旬以第 4 代老熟幼虫入土化蛹越冬。成虫多在夜间羽化，白天较少，有较强的趋光性，白天栖息于树冠、枝叶间，遇惊扰作短距离飞翔；夜间活动。成虫无补充营养习性，一般于夜间交尾，少数在白天进行，持续 6~7 小时，不论雌、雄成虫一生均只交尾 1 次。交尾后当天傍晚即可产卵，卵多呈块状产于叶背，沿叶缘成行排列，少数散产。每头雌虫产卵块 2~7 个，每块有卵 1~195 粒，平均每雌产卵 258±113 粒，遗腹卵 15±9 粒。幼虫共 5 龄，初龄幼虫活跃，

迅速爬行扩散寻找嫩叶取食，受惊后立即吐丝下垂，可飘移到周围枝条上。幼虫在背光叶面上取食，第 1~2 龄幼虫啃食嫩叶叶肉，残留上表皮，或咬成小孔，有时也取食嫩芽；第 3 龄幼虫从叶缘取食，受害叶呈缺刻；第 4 龄幼虫取食全叶，仅残留叶脉；第 5 龄幼虫可取食叶片、叶柄，还可啃食枝条皮层和嫩茎。幼虫昼夜取食；每次蜕皮均在 3~9 时进行，往往蜕皮后幼虫吃尽蜕下的皮屑，仅留下硬化的头壳。幼虫老熟后大部沿树干下爬到地面，少数吐丝下坠落地，而后爬行到树干基部周围疏松表土层下约 3cm 或在地被物下化蛹，经 2~3 天预蛹期，最后蜕皮为蛹。

天敌　参考本书"油桐尺蠖""油茶尺蠖"的相关内容。

主要控制技术措施　参考本书"油茶尺蠖"的油茶尺蛾类害虫主要控制技术措施。

73　油茶尺蠖

学名：*Biston marginata* Shiraki

分类：鳞翅目 LEPIDOPTERA　尺蛾科 Geometridae

分布与为害　在我国各大油茶产区都有分布，如浙江、江西、湖南、福建、台湾、广东、广西、重庆等地发生较严重；在国外分布于日本、越南等。为害油茶、油桐、松树、大叶相思等人工林及其他果树、园林等。对油茶而言，为间歇性暴发害虫，幼虫嚼食叶片为害，受害轻时影响茶树生长，造成早期落果；大发生时可将新、老叶片甚至嫩梢全部吃光，导致大量落果，严重受害林2~3年内开花结果不正常，有些甚至全株枯死。

形态特征　**成虫**　体长13~20mm，翅展40~45mm。雄性灰白色，触角双栉状，头顶白色，胸部黑褐色，两侧肩片通常白色；前翅基部灰褐色，其余灰白色散布褐色鳞片；内、外横线清晰、黑色，均为波浪形弯曲；亚基线、中横线与亚外缘线模糊、褐色；外缘线为一列断续的褐色条带；缘毛灰白色褐色相间。后翅灰白色散布褐色鳞片；外横线直，端半部清晰；亚外缘线较宽；外缘线、缘毛同前翅，但内侧缘毛较长。雌性颜色明显较雄性更深，触角丝状，双翅灰褐色，其余同雄性。**卵**　圆形，直径约0.3mm，初为草绿色，渐转黄绿色、黄褐色，孵化前呈黑褐色；卵粒排成块状，每块有卵400~1200粒，外覆黑褐色短绒毛。**幼虫**　初孵时黑色；老熟时焦黄色，密布黑褐色斑点；幼虫最大体长可达50~60mm，头顶额区下凹，两侧具角状突起，额部具"八"字形黑斑2块，气门紫红色，胸、腹部红褐色。**蛹**　纺锤形，棕褐色至棕黑色，长11~17mm，体表有细

油茶尺蛾灾害状

刻点，头部较小，两侧具小突起；腹端尖细，具臀刺1枚，其先端分叉。

发生特点　一般1年发生1代，但在我国南亚热带及其以南地区1年可发生2代。以蛹在树根周围15~20cm深松土层越冬。在1代区，翌年1月下旬至3月成虫羽化、交尾、产卵，3月上旬至4月上旬幼虫孵化，4~5月为幼虫为害期，5月下旬至6月中旬入土化蛹；各虫态平均历期：蛹期261天，雌成虫6天，雄成虫4天，幼虫期60天，卵期15~30天。1年发生2代区，第2代幼虫6~7月为害，8月上、中旬入土化蛹。当气温在8℃以上时成虫便可羽化出土。白天成虫双翅平展静伏于油茶林之中，傍晚开始活动，飞翔力较弱。成虫趋光性不强，雌蛾具性引诱力，多数在夜间交尾产卵。卵一般产在小枝上、树干凹面及分叉处，产卵呈块状，每雌可产卵400~1200粒。

雌成虫

雄成虫

雌成虫（姜楠　提供）

大龄幼虫在取食

老龄幼虫

幼虫一般6~7时孵化，小龄幼虫仅取食表皮及叶肉，第4龄后幼虫食量急增。老熟幼虫钻入深土层中筑室化蛹。由于成虫飞翔力弱，该虫扩散能力不强，一般在常灾区或其邻近林区发生成灾。

天敌 因该虫发生期较早，故寄生天敌较少。卵期有寄生蜂；蛹期寄生性天敌有2种姬蜂、白僵菌等，捕食性天敌有双齿多刺蚁、黑山蚁、土蜂等；幼虫期天敌有寄生蝇、大山雀、棕头鸦雀、白头鹎、鹌鹑鸡、竹鸡等。亦可利用尺蠖的天敌菌类等来防治，据观察，用每毫升含1亿~2亿孢子的白僵菌、苏云金杆菌菌液来喷杀2~3龄幼虫，灭虫率可达90%以上，应注意加强保护利用。

油茶尺蛾类害虫主要控制技术措施 （1）加强虫情测报。设置固定监测点，定期踏查，严密监视害虫发生发展动态，做好害虫预测预报工作。重点抓好虫源地及低龄幼虫阶段的测报，以指导及时正确防治。（2）营林技术措施。培育高产油茶林，每年结合施追肥，及时抚育、砍杂、除草，既可消灭地下害虫蛹，又可清除害虫中间寄主，促进林木生长。大面积造林时，提倡营造隔离林带。（3）人工防治措施。害虫发生严重林分，在树皮翘起的品系树上，有大量尺蛾成虫伏在树干上栖息，翘起的树皮内有大量卵块，根际附近有大量的蛹，可人工捕蛾、刮卵或捕杀群集的初龄幼虫或挖蛹，以降低害虫密度。（4）保护利用天敌。尺蛾类害虫天敌丰富，应尽力设法保护并利用其各类捕食性和寄生性天敌。不滥用化学农药，尽量选用生物农药或低毒化学农药；使用农药治虫时，要设置天敌保护隔离区；尽量在天敌休眠期或相对安全期用药，尽量避免伤害天敌。（5）物理防治。油茶尺蛾成虫趋光性较弱，成虫发生期用灯光诱杀效果不是很好；可用性引诱剂诱杀。对于趋光性较强的尺蛾种类，在成虫发生始盛期开始，用黑光灯或频谱式杀虫灯诱杀效果好。（6）生物或仿生制剂防治。在害虫低龄幼虫阶段，可喷洒25%灭幼脲3号1000~1500倍液，或每亩用15~20g森得保可湿性粉剂1500~2000倍液喷雾或加入30~35倍中性载体喷粉，或喷洒0.36%苦参碱水剂1000倍液，或0.5亿芽孢/mL苏云金杆菌液，或1亿芽孢/mL青虫菌乳剂，或0.13亿多角体/mL油桐尺蛾多角体病毒液。在气候条件适宜时，也可以喷撒100亿孢子/g白僵菌粉。（7）化学制剂防治。在局部害虫高虫口林分、在害虫低龄幼虫阶段也可用农药喷治之，可选用的农药有：可选用的常用药剂有2.5%鱼藤酮300~500倍液，或1.2%烟参碱乳剂1000倍液，或10%吡虫啉可湿性粉剂1000~2000倍液，或3%啶虫脒乳油3000~5000倍液，或25%噻虫嗪水分分散剂2000~3000倍液等喷雾；由于害虫体表有蜡粉或蜡层，非乳剂型药液中（如可湿性粉剂）若加入0.3%~0.4%的柴油乳剂或黏土柴油乳剂，可显著提高防治效果。

74	油桐尺蠖	别名：量步虫、油桐尺蛾
		学名：*Biston suppressaria* (Guenée)
		分类：鳞翅目 LEPIDOPTERA　尺蛾科 Geometridae

分布与为害　在我国主要分布于河南、陕西、江苏、安徽、浙江、湖北、江西、湖南、福建、广东、海南、香港、广西、四川、重庆、贵州、云南、西藏等地；在国外分布于缅甸、印度、尼泊尔等。主要为害油茶、油桐、桉、乌桕、木荷、格木、桐木、黄檀、樟树、阴香、栎树、核桃、八角、荔枝、漆树、柑橘、茶、柿、水杉、刺槐、柏树、杨梅、枣树、枇杷等多种林果树。近年来，广东、广西已出现多次该虫大面积为害桉林和桐林的记录。严重时被害林分叶子全部被吃光，甚至连嫩梢、嫩树皮也被啃光，严重影响林木生长、结果及产量；灾害严重时，还会出现大面积枯梢、枯枝甚至死树，造成重大经济损失。

形态特征　**成虫**　雄性翅展 48~54mm，雌性74~78mm。体灰白色，满布黑色散点。雄性触角双栉状，雌性丝状。双翅灰白色散布黑色散点，黑点散布密度多变；前翅内外横线黑色，相对清晰，内横线弯曲弧形，外横线波浪形，自前缘向外弯曲后折回向内至臀角内侧；中横线为一条模糊的暗黄色条纹；缘毛黄色。后翅中横线暗黄色，模糊；外横线黑色，清晰，自前缘近顶角处向外甚至中室外侧后向内折回至臀角；缘毛黄色。**卵**　呈卵圆形，长径 0.6~0.8mm，初期淡绿色，孵化前变黑色；常数百至千余粒聚集成堆，越冬代卵块上覆有浓密黄色绒毛，其余各代绒毛稀疏。**幼虫**　共有 6 个龄期，初孵幼虫体长约 2mm，体灰褐色，

第 2 龄后变为绿色。大龄幼虫体长可达 70mm。幼虫随龄期不同，随环境变化，体色会有变化，有深褐、灰绿、青绿等色。头密布棕色颗粒状小点，头顶中央凹陷，额面有褐色"人"字纹，两侧具角状突起。前胸背面生小突起 2 个，腹部第 8 节背面微突，胸、腹部各节均具颗粒状小点，气门紫红色。腹面灰绿色。**蛹**　呈圆锥形，雌蛹体长 26mm，雄蛹为 19mm，初期黄褐色，渐变红褐色，后期黑褐色，头顶有 1 对角状突起，翅芽达第 4 腹节后缘，腹末基部有 2 个突起，臀刺明显，基部稍大，凹凸不平，端部针状。

发生特点　各地 1 年发生代数不同，湖南、浙江等地 1 年发生 2~3 代；广西柳州 1 年 3 代，以蛹在土中越冬；在我国南亚热带、北热带地区，1年 4 代，无越冬现象。广西柳州 3 月底出现成虫，5 月出现第 1 代幼虫，6 月下旬化蛹，7 月上旬第 1 代成虫羽化产卵。第 2 代幼虫期发生在 7 月中旬至 9 月上旬。第 3 代幼虫期 9 月中旬出现，11 月上旬开始化蛹越冬。广西钦州市等地于 10~12 月发生第 4 代幼虫为害。成虫多在晚上羽化，白天隐伏，喜夜间活动，有补充水分的习性，飞翔力强，有一定趋光性。成虫羽化后当夜即交尾，翌日晚上开始产卵，成虫产卵于树干上翘起的树皮下或树干缝隙内、丛枝间、叶背或土隙中，每雌产卵数百至 3000 余粒，每个卵块平均有卵 898 粒。初产时，卵粒淡绿色；近孵化时变为黑褐色；卵

成虫背面观

成虫腹面观

白灰色型自然态成虫

小龄幼虫为害状

蛹侧腹面观

拟态

成虫产卵　　　　成虫交尾

栖息

幼虫为害状

块表面被有黄褐色长绒毛。**幼虫**　共有 6 龄，喜在傍晚或清晨取食；初龄幼虫能吐丝随风传播，啃食嫩叶叶肉，残留表皮呈不规则半透明状；第 3 龄幼虫后可把叶片吃成缺刻，第 4 龄后食量大增，每头大龄幼虫每天食量达 60~70cm² 的叶面积。幼虫第 3 龄后畏强光，中午阳光强时常躲在寄主树丛枝叶间或主干背阴面。老熟幼虫多在树干附近 3~7cm 深的松土内化蛹，一般越近树干蛹越多。夏季高温干旱、土壤干燥，可使蛹大量死亡；害虫大发生后，由于食料缺乏，蛹重减轻，雌性比下降，在桉树上取食。

天敌　天敌丰富，卵期有小蜂类、细蜂类等寄生蜂；幼虫期有各种马蜂、胡蜂、土蜂、螳螂、长跗姬小蜂、蚂蚁、蜘蛛、鸟类、蛙类等捕食性天敌；幼虫及蛹期有姬蜂类、茧蜂类、真菌、细菌、病毒等寄生性天敌；害虫猖獗暴发后期，常有核型多角体病毒流行，并有一定自然扩散能力。天敌对害虫种群具有重要控制作用，应加强保护利用。

主要控制技术措施　参考本书"油茶尺蠖"的油茶尺蛾类害虫主要控制技术措施。

75 茶尺蠖

别名：茶尺蛾、小茶尺蛾
学名：*Ectropis obliqua* (Prout)
分类：鳞翅目 LEPIDOPTERA　尺蛾科 Geometridae

分布与为害　在我国主要分布于山东、江苏、安徽、浙江、湖北、湖南、福建、广西等地，以长江中下游地区为主要分布区。主要寄主植物有油茶、茶、落叶松、杨、柳、赤杨、栎等多种林木，也为害大豆等农作物。小龄幼虫为害时仅啃食叶肉，残留表皮，使受害叶呈透明状；大龄幼虫嚼食叶片致缺刻状或取食全叶，发生严重时常将全树或局部林分叶片吃光，导致大面积枯梢、枯枝，甚至死树，严重影响寄主树生长、开花、结果和产量，极大降低经营效益。

形态特征　**成虫**　体长 14~17mm，翅展 23~27mm。雄蛾触角锯齿形，具纤毛簇；雌蛾触角线形。下唇须尖端伸达额外，深灰褐色。额下半部灰黄色，上半部黑褐色。头顶、体背和翅等均为灰黄色或黄褐色，并散布褐色鳞片。翅面斑纹细弱，呈灰黄褐色；外线清晰，细锯齿状，其外侧在前翅 M_3 至 Cu_1 处有一"叉"形斑；亚缘线浅色，呈锯齿形；外缘有 1 列细小黑点；缘毛灰白色与灰褐色掺杂。雄蛾后足胫节具毛束。**卵**　呈椭圆形，长约 0.8mm，宽约 0.5mm，初期绿色，后期灰褐色。**幼虫**　大龄幼虫最长体长可达 28~34mm，宽 3~4mm；体棕黑色具黄白色条纹，头部色略浅，前胸和中胸背面具一心形黑褐色斑。气门红棕色；第 3~4 腹节气门上方有较为明显的长条形黄白色斑，该斑上方有 2 条黑色带纹；第 6 腹节有一大型的棕黄色斑围绕气门；第 8 腹节背面有 1 对黑色斑纹。胸足黑色；腹足位于第 6、10 腹节，与体同色。**蛹**　体长 10~13mm，呈锥形，初期黄褐色，中期红棕色，后期灰黑色。

发生特点　据报道，在安徽、浙江的茶园，1 年发生 5~6 代，以蛹在寄主根际表土内越冬。翌年 3 月上、中旬成虫羽化产卵。另据报道，在

活成虫背面斑纹特征

活成虫腹侧面观

中龄幼虫停息态

活成虫背面斑纹特征

福州6月下旬于油茶林内采集的幼虫，于7月上旬入土作蛹室化蛹，预蛹期1~2天，蛹期10~15天。大龄幼虫每天可取食1~3片油茶叶。笔者在广西桉树林内观察到，2011年5月下旬大龄幼虫为害桉树叶片，6月上旬出现成虫。该害虫常和其他尺蛾类害虫混合发生。

天敌 参考本书"油茶尺蠖""油桐尺蠖"的相关内容。

主要控制技术措施 参考本书"油茶尺蠖"的油茶尺蛾类害虫主要控制技术措施。

76 钩翅尺蛾

学名：*Hyposidra aquilaria* Walker

分类：鳞翅目 LEPIDOPTERA 尺蛾科 Geometridae

分布与为害　在我国主要分布于甘肃、湖南、福建、广西、四川、贵州、云南、西藏等地。已知主要寄主有油茶、茶、榕树、棕榈树、黑荆树、柳、樟等。笔者还观察到该尺蛾为害细叶榕。小龄幼虫为害时仅啃食叶肉，残留表皮，使受害叶呈透明状；大龄幼虫嚼食叶片致缺刻状或取食全叶，发生严重时常将全树或局部林分叶片吃光，导致大面积枯梢、枯枝，甚至死树，严重影响寄主生长、开花、结果和产量，极大降低经营效益。

形态特征　**成虫**　雌蛾体长 16~20mm，翅展 47~57mm；体褐色，触角灰褐色，丝状；下唇须尖端伸出额外；翅灰褐色，前翅顶角外凸呈钩状，中脉处凹陷；前、后翅外线、中线明显，深褐色。雄蛾体长 14~20mm，翅展 40~54mm，体深褐色；触角双栉齿状；翅浅褐色，前翅顶角突出呈钩状，但中脉处不凹陷。**卵**　呈椭圆形，长径 0.6~0.7mm，短径 0.4~0.5mm。表面光滑，初产时绿色，后逐渐变为黑褐色，具白色斑点。**幼虫**　第 1~4 龄时体黑褐色，前胸前缘和第 1~5 腹节后缘有明显的小白斑（点）；成熟幼虫最大体长可达 36~48mm，体棕红色或棕绿色，体表有许多波状黑色间断纵纹；头棕红色，散布许多褐色小斑；胸部、腹部背面的白色斑淡化或消失，中胸亚背线上有一黄色斑，气门灰白色。**蛹**　纺锤形，棕褐色，雌蛹体长 15~22mm，宽 6~7mm；雄蛹长 12~16mm，宽 5~6mm。

发生特点　据福建报道，该害虫取食油茶时，在福州 1 年发生 4~5 代，以蛹在土中越冬。翌年 3 月中、下旬羽化。林间世代重叠，各代幼虫的为害盛期分别是：第 1 代 4 月中下旬，第 2 代 6

大龄幼虫胸足特征

大龄幼虫

月中下旬，第 3 代 8 月中下旬，第 4 代 11 上中旬，12 月中旬老熟幼虫开始陆续入土化蛹越冬。雌虫成堆产卵于树干分叉处或树皮裂缝内，卵经 6~12 天孵化。第 1~2 龄幼虫有群集性。第 1 龄幼虫取食嫩叶的下表皮，第 2 龄幼虫食叶致缺刻，第 3 龄后幼虫可食尽全叶，并可取食嫩梢。停食时以臀足支撑起虫体，形似小枝条。幼虫蜕皮前停食 1 天。老熟幼虫沿树干爬至地面寻找疏松土壤入土或在裂缝中化蛹，入土深度 3~8cm，蛹室明显，多分布于树蔸基部。预蛹时，体缩短，变绿色，预蛹期 1~3 天。成虫有趋光性，白天不活动，黄昏后飞往蜜源植物补充营养。成虫羽化后翌日凌晨开始交配，交配后当晚开始产卵。成虫寿命 4~12 天。

天敌 福建报道，幼虫期寄生性天敌有茧蜂、姬蜂、寄蝇、白僵菌等，捕食性天敌有蚂蚁、螳螂、鸟类、蜘蛛等。有关该尺蛾其他天敌的详细情况参考本书"油茶尺蠖""油桐尺蠖"的相关内容。

蛹腹侧面观

主要控制技术措施 参考本书"油茶尺蠖"的油茶尺蛾类害虫主要控制技术措施。

77 大钩翅尺蛾

学名：*Hyposidra talaca* (Walker)

分类：鳞翅目 LEPIDOPTERA　尺蛾科 Geometridae

分布与为害　该害虫在国内主要分布于广西、广东、海南、台湾、福建、贵州、云南等地；在国外分布于缅甸、尼泊尔、印度、菲律宾、斯里兰卡、印度尼西亚等国。主要为害油茶、桉、黑荆树、柑橘、荔枝、龙眼等植物。笔者拍摄到该尺蛾在两广地区严重为害桉树。以其初龄幼虫啃食嫩叶叶肉，残留外表皮，使受害叶呈透明状；第2、3龄幼虫食叶呈缺刻状；大龄幼虫喜从叶缘始蚕食叶片，可将整叶、全树叶片食尽。此虫常与油桐尺蛾、大造桥虫等尺蛾类害虫混合发生。近几年来，这些害虫常常导致数百亩甚至数千亩连片速丰桉林、油茶林等的叶片全部吃光，严重影响林木生长，造成经济林种植者减产减收、甚至失收，造成种植者巨大经济损失。

形态特征　成虫　体长，雌蛾14~24毫米，雄蛾12~18毫米；翅展，雌蛾38~56毫米，雄蛾28~38毫米。触角：雌蛾丝状，雄蛾双栉状但不达末端体、翅颜色由黄褐色、灰褐色、紫褐色至深紫黑色。头部深灰褐色，下唇须不上伸，额部无毛簇，复眼圆大。前翅顶角强烈凸出呈钩状，Sc~R_1脉间缘毛灰白色；雌蛾R_2~M_2处强度弧形内凹，雄蛾中度弧形内凹，缘毛灰白色；M_2脉后外缘呈微波曲，其余大部分缘毛浅灰褐色至褐色；前翅呈灰褐色至紫褐色，翅基部颜色略深，内横线、中横线、外横线略呈波形，均为褐色；在中、外横线间褐色，呈宽带状；亚外缘线位置以外为深褐色。前翅腹面中室外端深褐色斑明显；雄蛾前翅肘脉基部有1个及中室外上端有2~3个透明斑，有些标本左翅中室外未见透明斑。后翅颜色、斑纹等基本同前翅，外缘微波曲，M_3脉处突出。翅反面灰白色，斑纹同正面，通常较正面清晰。前、后翅斑纹有时极弱或近于消失，在雌蛾中尤甚。**卵**　椭圆形，长径0.7~0.9毫米，短径0.4~0.6毫米。卵壳表面有许多排列整齐的小颗粒；初产时青绿色，第二天后变为橘黄色，第3天后渐变为紫红色，孵化前黑褐色。**幼虫**　幼虫背面各节间有7条白色环纹；初期体黑褐色，中大龄幼虫呈棕褐色或灰褐色；成熟幼虫体长可达27~46毫米，第1腹节气门周围有3个黄白色斑。胸足红褐色，腹足与体同色。**蛹**　呈纺锤形，棕色，体长14~16毫米，宽3~5毫米。

发生特点　广西每年发生4~5代，以幼虫在寄主树上越冬。据王辑健在广西博白观察，每年4代，每年4月、6月、8月及10月在林间都可见到成虫；笔者11月在合浦桉林中调查时尚见成虫和幼虫，可见，该虫在华南地区南部越冬现象不明显。成虫多在晚上羽化，从地面爬到树干2米内栖息，双翅平贴树皮，成虫多数选择栖息于灰

雄成虫腹面观

灰褐色型展翅成虫（上雄下雌）

产在翘裂树皮内面的卵块

初孵幼虫为害状

蛹正面观

低龄油茶树嫩叶被害状

褐色树皮翘起的寄主树上。次日即可交尾，交尾历时数小时。雌成虫选择在树梢嫩叶上产卵，常1次产完，块状，上覆绒毛。卵期4~7天，孵化率很高。初孵幼虫先取食卵壳，后群集在相邻嫩叶上取食。受惊时吐丝下垂或卷成"C"型，借以避敌，长大后幼虫分散活动为害，受惊时吐丝落地或转移。幼虫共有6~7个龄级，幼虫爬行似量步，一伸一曲，呈弓形；老熟幼虫吐丝下垂落地或沿树干爬至地面，在树周围地面1~2米范围内选择松土、缝隙或落叶层中化蛹；在地表太硬的林地，也见少数幼虫横卧地面化蛹。蛹期约7~10天。

天敌 该害虫的天敌丰富，有关情况可参考本书"油茶尺蠖"、"油桐尺蠖"等节的相关内容。

主要控制技术措施 该害虫的控制技术可参考本书"油茶尺蠖"一节的油茶尺蛾类害虫主要控制技术措施。

中低龄幼虫

中龄幼虫

78	茶用克尺蛾	别名：云纹尺蛾
		学名：*Junkowskia athleta* Oberthür
		分类：鳞翅目 LEPIDOPTERA　尺蛾科 Geometridae

分布与为害　在我国主要分布于黑龙江、吉林、河南、陕西、湖北、江西等地；在国外分布于朝鲜、日本、俄罗斯等。主要寄主有油茶、茶树、山茶、柑橘、茉莉、佛手、月季、玫瑰、天竺葵、红枫等植物。以幼虫嚼食寄主叶片，严重时可把寄主整株或局部林分叶片吃光，影响寄主生长发育及产量。

形态特征　**成虫**　雌蛾体长 18~23mm，翅展 49~59mm，触角丝状；雄蛾体长 19~25mm，翅展 39~48mm，触角双栉齿状。体、翅呈灰褐色至赭褐色，复眼黑色，额不凸出。头部、胸部多灰褐色毛簇；下唇须短粗，仅尖端伸达额外，第 3 节不明显。雄后足胫节膨大，不具毛束。前翅有 5 条暗褐色至黑色的横线，其中内横线、外横线、外缘线较清晰；后翅的中横线、外横线、外缘线较明显；前翅中线暗褐色，前端内陷，后端略呈叉形；外线灰粉色，锯齿形，不很明显；前、后翅外横线外侧均有 1 个咖啡色斑；前翅中室上方有 1 个深色斑，前、后翅反面呈深灰色或灰黄色，外带较深翅端有一个大灰斑。腹部深灰色，第 1 腹节背面有 1 条灰黄色横带。**卵**　椭圆形，上端稍尖，长径 0.66mm，短径 0.44mm；初期为草绿色，渐渐变淡黄色，孵化前呈灰黑色；有鱼篓状纹。**幼虫**　共有 5~6 个龄期：第 1 龄体长 1.9~3.4mm，体黑色，腹部第 1~5 节和第 9 节有环列白线；第 2 龄体长 3.7~5.6mm，体咖啡色，腹节上的环列白线同第 1 龄；第 3 龄体长 6.3~10.9mm，体色和环列白线同第 2 龄，胸腹部体节上开始出现波状白色纵纹；第 4 龄体长 13.8~19.8mm，体色咖啡色，环列白线依然存在，第 8 腹节背面开始突起；第 5 龄 20.5~29.1mm，体咖啡色或茶褐色，额区出现倒 "V" 字形纹，腹节上的白线消失，第 8 腹节背面突起明显；第 6 龄体长 29.1~51.6mm，体色同第 5 龄，胸腹部布满间断波状纵线。**蛹**　赭褐色，长 18.7~21.2mm，体表布满细刻点，腹末节背面呈环状突起，臀棘端部分二叉。

发生特点　年发生代数各地不同，江苏、浙江等地 1 年 4 代，华南地区 1 年 6 代。江苏、浙江等地以低龄幼虫在寄主树上越冬；华南地区无明显越冬现象，仅有少量蛹在根际土中越冬。常与油茶尺蛾混合发生。在 4 代发生区，各代成虫高峰期分别在 5 月下旬，7 月上旬，9 月上、中旬，10 月中、下旬；各代幼虫孵化高峰期分别在 6 月上旬、7 月中旬、9 月中旬、10 月下旬；各代幼虫历期分别为 23 天、27 天、29 天、200 天左右；各代蛹期分别为 9 天、10 天、15 天、16 天左右。成

雌成虫（姜楠　提供）

雄成虫（姜楠　提供）

幼虫及为害状

中低龄幼虫背面观

幼虫侧面观

幼虫额区显 "V" 形纹

虫有强趋光性。卵块大多产于寄主枝干缝隙处，卵粒间有胶质物粘连，不易分开，但卵块表面无其他覆盖物。每雌产卵数百粒，多者近千粒，越冬代产卵量最大。初孵幼虫活跃，趋光、趋嫩，多集中在芽梢、嫩叶上为害。老熟幼虫爬至寄主根际附近入土化蛹，一般入土深度在 3cm 左右。夏季高温、梅雨及冬季多雨，土壤湿度大，可导致蛹大量死亡，种群数量下降。

天敌 主要有螳螂类、猎蝽类、胡蜂类、蚂蚁类、蜘蛛类、鸟类、白僵菌、茶用克尺蛾核型多角体病毒等，对害虫种群数量有一定控制作用，应加强保护利用。

主要控制技术措施 参考本书"油茶尺蠖"的油茶尺蛾类害虫主要控制技术措施。

幼虫弓形

分布与为害　在我国主要分布于东自东部沿海，西达云南、贵州、四川，南至广东、广西、海南，北抵秦岭、淮河以南，但西藏、台湾不详。幼虫嚼食为害油茶树、茶树等叶片，但一般为害不严重。

形态特征　**成虫**　体长 12~14mm，翅展 29~36mm，体、翅黄白色，复眼黑褐色，头顶棕黄色。前、后翅内横线、外横线、亚外缘线皆为淡棕黄色波纹，内横线外侧有 1 个棕褐色点。前翅有 1 条淡棕黄色中横线，翅尖有 2 个小黑点。缘毛亦呈淡棕黄色。前、中足淡棕色，后足白色，中、后足分别有距 1~2 对。雌蛾触角丝状，雄蛾双栉齿状。**卵**　呈椭圆形，长 0.8mm，宽 0.5mm，初淡绿色，渐转黄绿色至淡灰色，满布白点。**幼虫**　大龄幼虫体长可达 22~27mm，青绿色，气门线银白色，下侧常有 1 条红褐色纵纹。体背有黄绿色、深绿色相间的细纵纹各 10 条，各节间有 1 条黄白色环纹。腹足淡黄色。**蛹**　呈长椭圆形，长 10~14mm，绿色，翅芽渐白色，羽化前翅芽现棕褐色点线。腹末有 4 根钩刺，其中 2 根较长。

发生特点　据报道，江苏南部及浙江一带 1 年发生 6 代，以幼虫在寄主树中、下部树冠的成叶上越冬。第 1~6 代幼虫发生期分别为 5 月中旬、6 月下旬、7 月下旬、8 月下旬、10 月上旬、12 月间。春、秋雨季种群数量较多。各虫态历期：卵 6~9 天，越冬代卵期长达 32 天；幼虫期 15~23 天，越冬幼虫期长达 102 天；蛹期 8~10 天，第 5~6 代蛹期 16~20 天；成虫 4~8 天。成虫多于上半夜羽化，趋光性强。羽化翌日交尾，再次日晚间即产卵。卵散产，多裸露于叶腋及芽腋间，也有产于嫩茎、叶背和茎皮缝中的。每处产一至数粒不等，最多达 20 余粒。每雌产卵约 80 粒，最多达 200 余粒。幼虫孵化后就近取食，第 1~2 龄幼虫在叶背嚼食叶肉，残留上表皮，逐渐食成小孔，第 3 龄幼虫以后蚕食叶缘致缺刻，第 4 龄后食量增加，第 5 龄咀食全叶，仅留主脉与叶柄，幼虫老熟后即在叶丛内吐丝缀结叶片并化蛹其中。

天敌　参考本书"油茶尺蠖""油桐尺蠖"的相关内容。

主要控制技术措施　参考本书"油茶尺蠖"的油茶尺蛾类害虫主要控制技术措施。

成虫停息在油茶树叶片上

自然态成虫

成虫斑纹特征

淡棕黄色型成虫

中龄幼虫背面观

中龄幼虫侧背面观

成虫触角特征

幼虫为害油茶树腋芽

幼虫弓形

| 80 | 樟翠尺蛾 | 学名：*Thalassodes quadraria* Guenée |
| | | 分类：鳞翅目 LEPIDOPTERA　尺蛾科 Geometridae |

分布与为害　在我国已知分布于浙江、福建、台湾、广东、广西、云南等地；在国外分布于泰国、日本、马来西亚、印度尼西亚等。幼虫主要为害油茶、樟树，也为害杧果、茶等。据报道，近几年来在福建南平、建阳、沙县、清流、尤溪等地发生较为严重。

形态特征　**成虫**　体长 12~14mm，翅展 33~36mm。头灰黄色，复眼黑色，触角灰黄色，雄蛾触角羽毛状，雌蛾触角丝状。胸、腹部背面翠绿色，两侧及腹面灰白色。翅翠绿色，满布白色细碎纹。前翅前缘灰黄色，前、后翅各有 2 条白色横细线，较直，缘毛灰黄色，翅反面灰白色。前足、中足胫节红褐色，其余灰白色，后足灰白色。**卵**　呈长圆形，长径 0.4~0.6mm。初产时草绿色，孵化前为灰褐色。**幼虫**　大龄幼虫体长可达 27~29mm，头大，腹末稍尖。头黄绿色，头顶两侧呈角状隆起，头顶后缘有一个"八字形沟纹，额区凹陷。胴部黄绿色，气门线淡黄色，稍明显，其他线纹不清晰。腹部末端尖锐，似锥状。气门淡黄色，胸足、腹足黄绿色。**蛹**　呈纺锤形，腹部稍尖。蛹长 15~17mm，灰白色或淡灰绿色，光滑，无刻点，触角、翅伸达第 4 腹节近后缘。臀棘具钩刺 8 枚。

发生特点　据报道，在福建南平 1 年发生 4 代，以幼虫在枝梢上过冬。翌年 2 月下旬越冬幼虫开始活动取食，3 月下旬老熟幼虫吐丝缀叶化蛹，4 月上旬成虫羽化，第 1 代幼虫 4 月中旬孵出。各代幼虫为害盛期：第 1 代是 5 月中、下旬，第 2 代 7 月上、中旬，第 3 代 9 月中、下旬，第 4 代 3 月中、下旬。各世代有重叠现象。成虫多在夜间羽化，羽化后当夜即可交尾，交尾历时 3~7 小时，雌蛾一生交尾 1 次，少数交尾 2 次。交尾后翌日开始产卵，少数雌虫当夜即可产卵。卵产于树皮裂缝、枝杈下部及叶背上，卵多散产。第 1 代雌蛾平均产卵 276 粒，最多 348 粒。成虫白天多栖息于树冠枝、叶间。室内饲养的成虫多停息在樟叶上，或养虫笼壁上，静伏不动，通常在傍晚后开始飞翔活动。成虫具趋光性。卵的孵化高峰在上午 8~10 时，一次产下的卵在同一天内孵化完毕。幼虫共 6 龄，初孵幼虫善于爬行，有的吐丝随风飘散；第 1、2 龄幼虫食量甚微，常在叶面啃食叶肉，留下叶脉和下表皮；第 3 龄食叶致孔洞或缺刻；第 4 龄后食量增大，从叶缘开始取食；第 5、6 龄幼虫取食全叶，仅留叶柄。据室内饲养食量测定，每头幼虫一生平均可食樟叶 11.8 片。低龄幼虫为害油茶树嫩叶，停息时宛如嫩枝梢。幼虫上午活动取食频繁，晴天午后常爬到遮阴处，在叶缘停息。幼虫静止时，多在叶子尖端或叶缘处用臀足攀住叶子，身体向外直立伸出，形如小枝。幼虫每次蜕皮前 1~2 天停止取食，脱

自然态成虫背面观

自然态成虫腹面观

展翅成虫背面观

展翅成虫腹面观

油茶树芽苞被害状

油茶树嫩叶被害状

幼虫及为害状

蛹侧面观及化蛹部位

蛹背面观

皮后常先取食皮蜕，1~2小时后才开始取食叶片。幼虫老熟后吐丝将其附近油茶叶、樟叶缀织在一起，在缀叶中化蛹，化蛹前虫体由黄绿色转变为紫红色，预蛹期2~3天。

天敌　已知天敌主要有一种小茧蜂 *Apanteles* sp.。寄生率较低。在林间发现有幼虫和蛹被白僵菌寄生，据1986年调查，第一代寄生率达27%。其他天敌的情况参考本书"油茶尺蠖""油桐尺蠖"的相关内容。

主要控制技术措施　参考本书"油茶尺蠖"的油茶尺蛾类害虫主要控制技术措施。

81 杨扇舟蛾

别名：白杨天社蛾、杨树天社蛾

学名：*Clostera anachoreta* (Denis & Schiffermüller)

分类：鳞翅目 LEPIDOPTERA　舟蛾科 Notodontidae

分布与为害　在我国大部分地区都有分布；在国外分布于欧洲及俄罗斯、日本、朝鲜、印度、斯里兰卡、印度尼西亚等。寄主有油茶、杨、枫杨、柳、红花天料木等。春夏之间是幼虫为害高峰期。第 1~2 龄幼虫仅啃食寄主叶片的下表皮，残留上表皮和叶脉；第 2 龄以后吐丝缀叶，逐渐形成大的虫苞，白天隐伏其中，夜晚取食；第 3 龄以后可将全叶食尽，仅剩叶柄。大发生时可把局部林分叶片吃光，严重影响植株生长、果实产量、质量和生态林景观。

形态特征　**成虫**　体长雄蛾 13~17mm，雌蛾 15~20mm；翅展雄蛾 23~37mm，雌蛾 34~43mm。下唇须灰褐色。触角干灰白色到灰褐色，分枝赭褐色。身体褐灰色，头顶至胸背中央黑棕色，臀毛簇末端暗褐色。前翅褐灰色到褐色，顶角斑暗褐色，扇形，向内伸至中室横脉，向后伸至 Cu_1 脉；3 条横线灰白色具暗边：亚基线在中室下缘断裂，错位外斜；内线外侧有雾状暗褐色，近后缘处外斜；外线前半段穿过顶角斑，呈斜伸的双齿形曲，外衬锈红色斑，后半段垂直伸于后缘；中室下内外线之间有一灰白色斜线；亚端线由 1 列脉间黑点组成，其中以 Cu_1 至 Cu_2 脉间的 1 点较大而显著；端线细，黑色。后翅褐灰色。**卵**　半扁圆形，初期橙黄色或橙红色，逐渐变为褐色或暗褐色，孵化前变为暗灰色或灰黑色。**幼虫**　大龄幼虫体长可达 32~40mm；头部黑褐色，腹部灰白色，侧面墨绿色，体上长有白色细毛。腹部背面灰黄绿色，每节有环形排列的毛瘤 8 个，其上有长毛；两侧各有较大的黑瘤，其上生白色细毛 1 束，向外放射；腹部第 1、8 节背中央有较大的红黑色瘤；臀板赤色。胸足褐色。**蛹**　体长 13~18mm，褐色至红褐色。**茧**　呈椭圆形，疏松丝质，灰白色。

发生特点　各地年发生代数不一，华北 1 年 3~4 代、江苏、浙江 5~6 代，广西 6~7 代，海南 8~9 代；北方以蛹越冬，南方无越冬现象。1 年 6 代发生区，各代成虫发生期为越冬代翌年 3~4 月，第 1 代为 5 月中下旬，第 2 代为 6 月中下旬，第 3 代为 7 月上中旬，第 4 代为 8 月上中旬，第 5 代 9 为上中旬。春夏之交是幼虫为害高峰期。成虫多在傍晚羽化，白昼静伏，夜晚活动，有趋光性。一般上半夜交尾，下半夜产卵直至翌日凌晨。北方越冬代成虫出现时，树叶尚未展开，卵多产于枝干上；以后各代主要产卵于叶背，常百余粒排成单层块状，但每个卵块有卵 9~600 粒，每雌可产卵 100~600 粒。卵期 7~11 天。幼虫共 5 龄，幼虫期 33~34 天。老熟时吐丝缀叶作薄茧化蛹。除越冬蛹外，一般蛹期 5~8 天，每年 10 月中下旬最

成虫自然态

成虫自然交尾态

杨树行道树树叶被吃光

展翅成虫正面

后1代幼虫老熟后，以薄茧中的蛹在枯叶中、土块下、树皮裂缝、树洞及墙缝等处越冬，其中，入土化蛹越冬的，多在土表3~5mm深处。翌年3、4月成虫羽化，在傍晚前后羽化最多。每年除越冬代成虫及第1代幼虫较为整齐外，其余各代世代重叠。传播途径主要靠成虫飞翔，沿公路两旁的绿化林扩散较快。幼虫吐丝下垂，可随风作近距离传播。由于繁殖快、数量多、分布广，大发生时极易成灾，为中国园林绿化树木重要害虫之一。

天敌 天敌丰富，幼虫期、卵期、成虫期已发现的主要捕食性天敌有草蛉、瓢虫、虎甲、螳螂、猎蝽、胡蜂、蚂蚁、食虫虻、蜘蛛、蛙类、鸟类等；幼虫期、蛹期、卵期已发现的寄生性天敌有赤眼蜂、黑卵蜂、茧蜂、姬蜂、啮小蜂、寄蝇、寄生性病毒、细菌、白僵菌、绿僵菌等。这些天敌对害虫种群有重要控制作用，应切实采取有效措施保护利用。

油茶舟蛾类害虫主要控制技术措施 （1）加强虫情测报。设置固定监测点，定期踏查，严密监视害虫发生发展动态，做好害虫预测预报工作。重点抓好虫源地及低龄幼虫阶段的测报，特别是每年越冬代成虫及第1代幼虫发生期，以指导及时正确防治，提高防治效果。（2）营林技术措施。培育高产油茶林，每年结合施追肥，冬、春季及时抚育、砍杂、择伐、间伐、除草，既可杀灭土中越冬幼虫或蛹，又可清除害虫中间寄主，

成虫正在产卵

幼虫多个龄期

丝幕下的幼虫

预蛹

卵块前中后期

促进林木生长。（3）保护利用天敌。舟蛾类害虫天敌丰富，应尽力设法保护并利用其各类捕食性和寄生性天敌。主要是不滥用化学农药，尽量选用生物农药；使用农药治虫时，要设置天敌保护隔离区；尽量在天敌休眠期或相对安全期用药，尽量避免伤害天敌。（4）物理防治。成虫有一定趋光性，在越冬代成虫盛发期可用灯光、黑光灯、频谱式杀虫灯诱杀；也可用性引诱剂诱杀。（5）生物防治。在有条件的地方，可以释放赤眼蜂。（6）药剂防治。在高虫口区于害虫低龄幼虫阶段可喷洒 25% 灭幼脲 3 号 1000~1500 倍液，或每亩用 15~20g 森得保可湿性粉剂 1500~2000 倍液喷雾或加入 30~35 倍中性载体喷粉，或喷洒 10% 吡虫啉可湿性粉剂 1500~2000 倍液，或喷洒 1.8% 爱福丁乳油 2000~3000 倍液，或喷施 25% 噻虫嗪水分散剂 4000 倍液等，或喷洒 3% 啶虫脒乳油 3000~5000 倍液，或喷洒 0.36% 苦参碱水剂 1000 倍液，或喷洒 2.5% 鱼藤酮 300~500 倍液，或喷洒 0.5 亿芽孢/mL 苏云金杆菌液，或喷洒 1 亿芽孢/mL 青虫菌乳剂，或喷洒 0.13 亿多角体/mL 油桐尺蛾多角体病毒液；在气候条件适宜时，也可喷撒 100 亿孢子/g 白僵菌粉等。由于此类害虫虫体有蜡粉，非乳剂型药液中（如可湿性粉剂）若加入 0.3%~0.4% 的柴油乳剂或黏土柴油乳剂，可显著提高防治效果。

多个龄期幼虫共存

蛹

间掌舟蛾

别名：竖线舟蛾

学名：*Mesophalera stigmata* (Butler)

分类：鳞翅目 LEPIDOPTERA　舟蛾科 Notodontidae

分布与为害　在我国主要分布于浙江、福建、江西、山东、湖南、广东、广西、四川、台湾等地；在国外分布于日本、朝鲜等。主要寄主有油茶、茶、枹栎、麻栎等。以幼虫取食寄主植物叶片，春夏之间是幼虫为害高峰期，第1~2龄幼虫仅啃食叶的下表皮，残留上表皮和叶脉；第2龄以后吐丝缀叶，逐渐形成大的虫苞，白天隐伏其中，夜晚取食；第3龄以后可将全叶食尽，仅剩叶柄。大发生时可把局部林分叶片吃光，严重影响生长、果实产量、质量和生态林景观。

形态特征　**成虫**　体长23~26mm，翅展47~67mm。雄蛾触角短栉齿状。头和胸背灰白色掺有黑褐色小点；腹背褐黄色，末端两节和臀毛簇灰白色掺有黑褐色；前翅灰白色掺有雾状黑褐色点，斑纹大多由黑褐色竖鳞组成，亚基线不清晰，内线断续呈波浪形，外线双道波浪形，横脉纹较凸起；后翅暗褐色。**幼虫**　头黄白色，冠缝两侧各具1条橙红色和黑色斑纹，其中靠近冠缝的橙红色斑组成"V"字形。体黄绿色至翠绿色，胸足紫红色，腹足青绿色。第1腹节上方有1个椭圆形玫瑰红色斑，第8腹节背线与亚背线之间有1个边缘模糊的椭圆形玫瑰红色斑，臀节有1对眼状黑色斑；背线、亚背线黄绿色，腹足上方有1条灰白色带。气门白色，围气门片黑色。大龄幼虫体长可达35~40mm，宽7~8mm；胸部、腹部背面有的变为浅紫红色，腹部背面的玫瑰红色斑弱化或消失。**蛹**　深褐色，长17~20mm，宽4~6mm。

发生特点　笔者在广西于2018年3月下旬观察到大龄幼虫为害油茶树。据报道，在福建油茶林6~8月、11~12月均可采集到幼虫，6~7月预蛹期4~5天，蛹期9~10天。幼虫在叶片背面吐一层薄的丝垫停息于上，取食后返回丝垫休息。幼虫受惊扰时常抬起身体后静止不动，臀节的两个眼状斑使得腹末看上去似头部。大龄幼虫每天可取食3~8片油茶叶。老熟幼虫入土将泥土做成蛹室在其中化蛹，蛹室壁光滑，入土深度3~7mm。

天敌　幼虫期天敌有白僵菌、绿僵菌等。其他天敌情况参考本书"杨扇舟蛾"的相关内容。

主要控制技术措施　参考本书"杨扇舟蛾"的油茶舟蛾类害虫主要控制技术措施。

成虫背面观

成虫腹面观

卵粒

中龄幼虫背面观

中龄幼虫侧面观

幼虫侧面观

幼虫背面观

幼虫头部特征

大龄幼虫臀部特征

83 **茶白毒蛾**

别名：白毒蛾、花毛虫、毒毛虫

学名：*Arctornis alba* (Bremer)

分类：鳞翅目 LEPIDOPTERA 毒蛾科 Lymantriidae

分布与为害 在我国主要分布于北起黑龙江、内蒙古，南达广东、海南、广西，东自台湾，西至陕西、四川、云南等；在国外分布于朝鲜、日本、俄罗斯等。主要寄主有油茶、茶树、榛子、蒙古栎等。以幼虫取食寄主叶片，形成缺刻或将叶片吃光，大发生时可将局部林分叶片吃光，导致寄主生长发育不良，果实变小、产重变少，从而导致减产减收。

形态特征 **成虫** 体长 12~15mm；翅展，雄32~37mm，雌 40~45mm。触角羽毛状，触角干白色，栉齿黄白色；下唇须白色，端部浅黄色；头部黄白色，额部和触角基部浅赭黄色，胸部和腹部白色；足白色，微带浅黄色。前翅白色，有光泽，前翅稍带淡绿色，具丝缎样光泽，翅中室顶端有 1 个小黑点（赭黑色圆点）。腹部末端有白色毛丛。雄蛾较雌蛾小。前、后翅反面白色，翅基部和前缘微带黄色。前足、中足胫节和跗节具黑色斑。**卵** 扁鼓形，淡绿色，孵化前变蓝紫色，直径 1mm 左右，高 0.5mm 左右。**幼虫** 常见有两种类型：一种是头呈赤褐色，体黄褐色，亚背线黑褐色，各节上具瘤状突起 8 个，瘤上丛生黑色、棕色、白色短毛或白长毛，胸部、尾部的毛较长且向前、后伸展；腹面紫色至紫褐色。另一种为褐色，各节瘤状突起上只丛生棕黄色短毛，没有长毛。幼虫最大体长可达 30mm 左右。**蛹** 体长 12~15mm，浅鲜绿色，圆锥形或短纺锤形，较粗短，背中部微隆起，体背有 2 条白色纵线，尾端有 1 对黑色钩刺。

发生特点 据报道，福建、湖南 1 年发生 4代，贵州 3 代，江苏宜兴 6 代。各地均以幼虫在寄主树丛下部向阳避风的叶片上越冬。江苏 1 年6 代发生区，于翌年 3 月上旬气温升至 8℃后开始

自然态成虫背面观

成虫腹面观

活动为害，3月下旬开始化蛹，4月中旬成虫羽化产卵；各代幼虫发生期分别为5月上旬至6月上旬、6月中旬至7月上旬、7月中旬至8月上旬、8月中旬至9月下旬、9月下旬至10月下旬、11月下旬至翌年4月上旬；全年以5~6月为害较重。成虫停息时翅平展叶面，受惊后立即飞翔。成虫白天静伏在寄主丛内，晚上活动，羽化后1~2天开始交尾，成虫飞翔力不强。雌蛾多在叶片正面产卵，一般5~15粒产在一起，少数散产。幼虫孵化后多爬至叶背，取食下表皮和叶肉，残留上表皮，呈枯黄色半透明不规则的斑块，少数在叶面取食上表皮和叶肉。第2龄后分散活动，从叶缘取食叶片致缺刻。幼虫行动迟缓，受惊后立即迅速弹跳逃避。幼虫老熟时，吐少量丝，缀结2~3片叶，以腹末钩刺倒挂化蛹于其中。杂草多、管理粗放的寄主林发生多，平地茶园较山地茶园受害重。

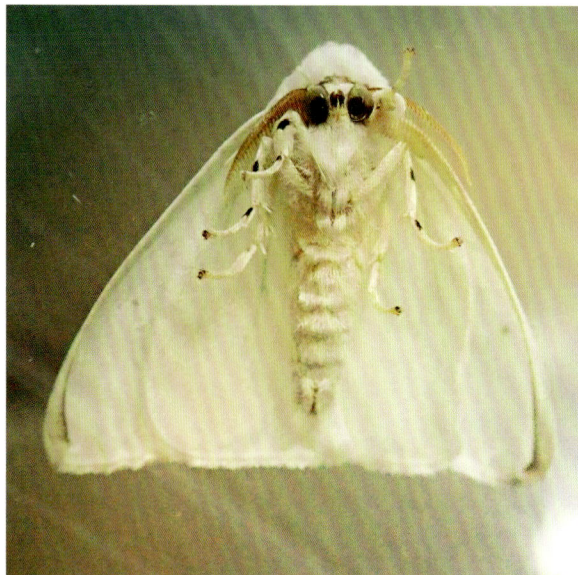

成虫腹面观

天敌 参考本书"油茶毒蛾"的相关内容。

主要控制技术措施 参考本书"油茶毒蛾"的油茶毒蛾类害虫主要控制技术措施。

84 无忧花丽毒蛾

学名：*Calliteara horsfieldi* (Saunders)

分类：鳞翅目 LEPIDOPTERA　毒蛾科 Lymantriidae

分布与为害　在我国主要分布于广西、江苏、浙江、福建、江西、湖北、湖南、贵州、云南等地；在国外主要分布于新加坡、印度、斯里兰卡、印度尼西亚等。主要寄主有油茶、泡桐、柳、悬铃木、榉、榆、朴、樱花、刺槐、重阳木、樟、月季花、黑荆等。以幼虫取食叶片，造成缺刻或吃光全叶，影响寄主植物生长发育和经济林产量。

形态特征　**成虫**　翅展，雄蛾 30~46mm，雌蛾 70~80mm。雄蛾触角干白色，栉齿红棕色；下唇须灰白色，外侧上方黑色；头部和胸部灰白色，胸部后缘背中央有一由黑色和白色鳞片组成的鳞丛；腹部橙黄色，基部有一黑色毛斑，肛毛簇白灰色，背面混有黑色；头部下面黑色；胸部下面和腹部下面白色；前足和中足白色，腿节和胫节混有黑色，其外侧被白色长毛，胫节和跗节具黑色斑；后足白色，胫节外侧被白色长毛。跗节具棕色斑。前翅灰白色，布黑色和少量棕色鳞片，内区明显较其余部分颜色浅；亚基线黑色，明显锯齿形，在翅前缘和中室前缘间、中室后缘与 2A 脉间锯齿尖向内，在中室以及 2A 脉下方锯齿尖向外；内线黑色，由两条线组成，内侧一线较直，在中央略微向外弓形弯曲，外侧一线折曲；中室末端具一新月形纹，边缘黑色；外线黑色，由 1 列小新月形纹组成，呈波浪形，从前缘至 M₁ 脉间垂直 M₁ 脉，M₁ 脉与 M₃ 脉间为一月形纹，M₃ 脉至后缘间呈弓形弯曲，在近后缘明显向外弯曲；亚端线黑色，为不规则锯齿形带；端线黑色，为 1 条不规则形细线。后翅白色，后缘区橙黄色，外缘区浅棕色；中室末端具一黑色点；外缘线浅黑色，隐约可见；缘毛白色。雌蛾触角干、头部、胸部和足白色，稀布灰色；前翅白色稀布灰色，内线、外线和亚端线不甚清晰；腹部和后翅污白色。雄性外生殖器上钩形突发达；抱器瓣端半部膜质，基半部骨质化较强，腹缘基半部具许多小齿；囊形突不发达；阳茎短，较直，阳茎端部稍细；阳茎基环为二叉形。**卵**　直径 1.09~1.20mm，高约 0.96mm，扁圆形。灰白色，卵顶中央凹陷，灰黄色。**幼虫**　成熟幼虫体长可达 35~50mm。头部暗黄色。体淡黄色，体各节具毛瘤，上生黄色长毛。第 1~2 腹节背面中央节间黑色，第 1~4 腹节背面具黄色毛刷，第 8 腹节背面有一黄色长毛束。气门椭圆形。胸足和腹足黄色，腹足趾钩为黑色，单序中带。**蛹**　体淡黄色或棕黄色。雄蛹长 22~25mm，雌蛹长 28~32mm。腹部背面密生黄白色斑及斑上着生毛，触角长小于翅长的 1/2。

发生特点　在江苏 1 年发生 3 代，以蛹在丝茧内越冬。成虫羽化盛期分

成虫背面观

幼虫背面观

别在 4 月中下旬、6 月中下旬、8 月中下旬。10 月中下旬老熟幼虫在叶上、屋檐下、墙角及向阳背风的石缝、树杈等处结茧化蛹越冬。预蛹期 2~3 天。成虫多在夜间羽化，白天静伏于树干基部、叶背面、小枝条上；晚上 8 时至夜间开始活动；成虫有明显的趋光性，灯诱雄性约占 3/4；羽化后数小时即可交配，交配后翌日即可产卵，卵一般产在叶背面或树皮上，卵排列整齐，呈块状或片状；卵面无覆盖物；每雌产卵 227~679 粒。成虫寿命，雄蛾 5~7 天；雌蛾 5~9 天；雌雄性比约为 1：1。卵约经 7 天开始孵化，孵化多在白天，一卵块孵化需 1~2 天（每一卵块从几十粒到数百粒不等）。孵化孔在卵侧上方，完成孵化过程需 40~60 分钟。初孵化幼虫体长约 3.5mm，体淡黄色具黑色毛瘤，其上被白色短毛和黑色长毛。幼虫取食卵壳，幼龄幼虫群集于叶背面取食叶肉，第 3 龄后开始分散取食全叶；幼虫有吐丝下垂、随风迁徙习性。幼虫共 7 龄。幼虫均在白天取食（个别龄期夜间也可取食）。

天敌 天敌丰富，寄生蜂有凹眼姬蜂、悬茧姬蜂；寄生蝇有松毛虫狭颊寄蝇和狭颊寄蝇，其中狭颊寄蝇寄生率可达 66.6％；另有捕食性天敌蝽象等。其他有关天敌情况等参考本书"油茶毒蛾"的相关内容。

主要控制技术措施 可参考本书"油茶毒蛾"的油茶毒蛾类害虫主要控制技术措施。

85	**大丽毒蛾**	学名：*Calliteara thwaitesi* Moore
		分类：鳞翅目 LEPIDOPTERA　毒蛾科 Lymantriidae

分布与为害　在我国主要分布于广西、广东、海南、云南等地；在国外分布于印度、斯里兰卡等。主要寄主有油茶、桉树、龙眼、人面果、荔枝、杧果、大叶相思、阳桃、花生等多种林木、果树和花卉。其小龄幼虫取食嫩叶，第3龄以后幼虫取食转绿后的叶片，造成叶片缺刻甚至吃光，虫口密度大时，可将全树甚至局部林分叶片吃光，影响林木生长和产量。

形态特征　**成虫**　体长21~29mm；翅展雌虫70~76mm。下唇须灰白色，外侧黑色；触角双栉状，触角干灰白色，栉齿棕黄色。头部和胸部灰白色或白色，腹部棕色，基部白色；足的胫节和跗节有黑褐色斑，其余为灰白色。前翅纯白色或灰白色，稀布黑褐色小鳞点；翅脉微带黄色，亚基线黑色不甚清晰；内横线黑色，向内斜至A$_1$脉折角外弯；中室末端横脉纹新月形，灰白色，但不太明显，有黑边；外横线黑色，从前缘外斜至R$_5$脉和M$_1$处分别向外折成一钝角，后波浪形内斜；外缘线为1列黑点，亚外缘线不明显，缘毛白色。后翅白色，翅脉淡黄色，横脉灰黑色。**幼虫**　成熟幼虫体长可达45~48mm，胸宽8~9mm。头部和足黄白色，体灰白色或灰绿色，密被灰黄白色、柠檬黄色或黄黑色混杂的绒毛，绒毛长短不

展翅成虫

一，小刺状。第1~4腹节背面中央各有一横置的背刷；第1~3节背面有较大而密的黄褐色毛丛；第1、2腹节背面节间有1个深黑色大斑；第8腹节背面中央有一束带小刺长毛斜指后方，柠檬黄色；第4腹节至尾节有较长而粗的灰白色毛，每1腹节两侧各有1毛丛，颜色同腹背毛丛。雌幼虫体混有绿灰色毛。**蛹**　雌蛹体长约19mm，胸宽约8mm；雄蛹体长14~15mm，胸宽5~6mm。初蛹为淡白色，后渐变成黄褐色；头、胸背面和中胸小盾片上的刚毛较浓密，深黄褐色；翅芽末端不伸至第4腹节后缘；腹部第4~7节的腹面为

卵粒

中龄幼虫为害桉树

中龄幼虫在取食油茶嫩叶

大龄幼虫背面观

大龄幼虫取食为害油茶树叶

茧

淡黄色，第8~10节的腹面为黄褐色。**茧** 呈长椭圆形，长60~65mm、宽30~50mm，茧丝松散，外被毒毛。

发生特点 广西南宁每年3~12月都有幼虫取食为害；笔者在海南于4月上旬就拍摄到大龄幼虫为害油茶树。幼虫第3龄前喜群居生活，为害未转绿嫩叶，第3龄后分散活动并取食为害转绿后的叶片。老熟幼虫在寄主树上吐丝粘连叶片和茸毛，结成松散状蛹茧，并在其中化蛹。成虫有趋光性。此虫除为害油茶、桉树外，在8月还可为害荔枝、龙眼等寄主植物的秋梢。

天敌 参考本书"油茶毒蛾"的相关内容。

主要控制技术措施 参考本书"油茶毒蛾"的油茶毒蛾类害虫主要控制技术措施。

86	**茶茸毒蛾**	学名: *Dasychira baibarana* Matsumura
		分类: 鳞翅目 LEPIDOPTERA　毒蛾科 Lymantriidae

分布与为害　在我国主要分布于长江流域以南地区，如广西、云南、贵州、台湾、安徽、浙江、福建等地。主要寄主有油茶、茶、大叶相思、红木荷、栲木、羊蹄甲等。以幼虫取食叶片、果皮，严重时可将寄主叶片全部吃光，常致寄主光秃，影响当年和翌年生长及产量。

形态特征　**成虫**　体栗褐色。雌蛾体长 15~20mm，翅展 36~38mm，触角羽毛状，触角干灰白色，栉齿褐色；下唇须栗色，外侧黑褐色；头、胸和腹部黑褐色；足栗色有黑褐色斑；后胸和第2、3 腹节背面各有一黑色短毛簇，肛毛簇栗色。前翅栗色，稀布黑色鳞片，内区黑褐色，中区铅灰色；内线黑色，锯齿形；横脉纹栗色，有黑褐色和黄色边；横脉纹前方黄色；外线黑褐色，锯齿形，在中室外外突，然后内凹；亚端线浅褐色，前端内侧黑褐色；外线与亚端线间带黄色和黑褐色；端线由间断的黑褐色细线组成；在外区有黑褐色纵纹；翅顶角有一铅灰色斑；缘毛栗色有黑褐色斑。后翅灰褐色，横脉纹与外线色暗；端线栗色。前、后翅反面浅栗色；横脉纹与外线暗褐色。雄蛾体长 12~14mm，翅展 28~30mm；翅色与斑纹同雌虫，但色泽较浅，斑纹不太明显。

卵　球形，顶端微凹；灰白色，直径约 0.8mm。

幼虫　成熟幼虫体长可达 24~31mm，体黄褐色至黑褐色。各节背面有毛瘤且多黑色、白色细毛簇生。前胸、中胸两侧有较大而长的灰黑色毛瘤，毛瘤上有多根长毛斜向前伸出。腹部背面第 1~4 节生有密而整齐的棕黄色刷状毛束耸立；第 1、2 节腹侧有 2 束白黄色长毛束向两侧伸展；第 8 腹节有 1 对棕灰色毛束，向后上方斜向伸出；第 6、7 节背面中央各有 1 玫瑰色翻缩腺，椭圆形凹陷。**蛹**　长 11~15mm，黑褐色有光泽，密被黄色短毛，腹末

成虫背面观

幼虫背面观

幼虫翻缩腺特征

臀棘较尖。**茧** 棕黄褐色，丝质松软，多细绒毛。

发生特点 1年发生4~5代，各种虫态均可越冬。翌年3月下旬开始孵化，各代幼虫发生期为：第1代3月下旬至5月上旬，第2代6月上旬至7月下旬，第3代8月中旬至10上旬，第4代10中旬至11月下旬，第5代（越冬代）12月中旬至翌年3月中旬。成虫夜晚活动，有趋光性。每雌产卵量一般在40~460粒，差异很大，其中第3~5代产卵量较多。卵成块产于叶背、枝干上，或产于林间杂草上，每块卵通常20~40粒，排列不整

齐。初孵幼虫有取食卵壳的习性，一天后迁移群聚于寄主叶片背面取食叶肉，残留表皮呈透明枯斑；幼虫具假死性，受惊则吐丝下垂，或坠落地面卷缩不动。幼虫早晚取食最多，第3龄末开始分散，进入第4龄后食量剧增，虫口密度大时可将整株树木，甚至局部林分叶片吃光。老熟幼虫在叶背或爬至根际枯枝落叶下结茧化蛹。

天敌 参考本书"油茶毒蛾"的相关内容。

主要控制技术措施 参考本书"油茶毒蛾"的油茶毒蛾类害虫主要控制技术措施。

分布与为害　在我国主要分布在江苏、浙江、福建、湖北、湖南、广东、广西、海南、台湾、云南等地；在国外分布于印度、印度尼西亚等。主要寄主有油茶、红枫、桂花、天竺葵、木荷、玉米等。以幼虫取食叶片、果皮，严重时可将寄主叶片全部吃光，常致寄主光秃，影响当年和翌年生长及产量。

形态特征　**成虫**　体长 9.5~14.5mm；翅展：雄 36~38mm，雌约 42mm。雄蛾触角干黑棕色，栉齿黑棕色；下唇须浅黑棕色，外侧上方黑棕色；头部和胸部浅黑棕色，后胸背中央有一丛棕黑色鳞毛，具光泽；腹部浅棕灰色，无背毛丛。头部下面浅黑棕色，胸部和腹部下面浅棕白色；前足和中足外侧浅棕黑色，内侧浅棕白色，腿节和胫节外侧具棕黑色长毛，后足浅棕白色，胫节外侧具浅棕白色长毛。前翅浅棕黑色，基部带红灰色；近基部有 2 个相似的环状斑，其斑为红棕色，斑的边缘浅棕黑色；外线浅棕黑色，为一连续的新月形纹，十分内斜；在翅外缘有 2 列浅色斑；中室末端有一浅黑棕色横脉纹，其周围为浅棕色。后翅浅棕灰色。前、后翅反面浅棕白色，具浅黑色横带。**卵**　卵圆球形，白色，顶点稍凹陷，顶点周围一圈呈淡黄褐色。**幼虫**　初孵幼虫体黑色，体长约 2mm；随着龄期的增加，体色逐渐变淡，出现灰白色斑纹；第 2 龄幼虫体色、体毛均为黑色；第 3 龄幼虫体毛灰白色，体长 18~25mm，前胸两侧毛瘤突出，各有 1 束向前伸的黑色长毛，第 8 腹节背面有向上略后斜的短毛束，第 6、7 腹节背面各有一橙色腺体，虫体淡紫灰色，第 1、2 腹节刷状毛后的体背表面呈黑色；第 4 龄时第 4 腹节背部刷状毛方显，但较短。第 5 龄幼虫体长达 38~48mm，老熟幼虫体色微呈淡绿色。**茧**　椭圆形，长径 25~34mm，短径 5~7mm，茧的表层被有丝质网状层，白色。**蛹**　体长，雄蛹 20~26mm，

大龄幼虫背面观

大龄幼虫侧面观

大龄幼虫正在蜕皮

雌蛹 24~31mm。初蛹期淡绿色，后为橙黄色。体被黄白色短毛，以腹部为多，翅芽达腹部第 3 节中部，腹部第 1、2 节背面各有 1 毛瘤，臀上有多枚钩刺。

发生特点　在浙江 1 年发生 2~3 代，以卵越冬。翌年 2 月底至 3 月上旬越冬卵开始孵化。1 年 3 代发生区：第 1 代幼虫 5 月中旬开始老熟、化蛹，5 月下旬至 6 月上旬成虫羽化产卵；6 月上旬第 2 代卵开始孵化，8 月下旬第 2 代成虫产卵；第 3 代幼虫经历 2 个月到 10 月下旬开始化蛹，成虫羽化后交尾产卵越冬。交尾多在晚上，交尾时长 30~90 分钟，交尾后雌成虫翌日将卵产在茧上，10~30 粒；再飞去其他寄主叶背继续产卵，每雌可产卵 400 余粒。第 1 龄幼虫啃食上表皮，留下一层薄膜，第 2、3 龄幼虫取食嫩茶果及嫩叶，第 3 龄以后幼虫取食以叶片为主；幼虫在晚上取食。老熟幼虫在寄主中下部吐丝连缀 2 片完整叶片呈屋脊状，而后在叶下吐丝结茧，约 1 周后化蛹，蛹期约 1 周，然后成虫羽化。

天敌　参考本书"油茶毒蛾"的相关内容。

主要控制技术措施　参考本书"油茶毒蛾"的油茶毒蛾类害虫主要控制技术措施。

半带黄毒蛾

学名：*Euproctis digramma* (Guerin)

分类：鳞翅目 LEPIDOPTERA　毒蛾科 Lymantriidae

分布与为害　在我国已知分布于广西、广东、江西等地；在国外分布于缅甸、印度、印度尼西亚等。主要寄主有油茶、茶树、梨、火岩母等。幼虫取食寄主的嫩芽、嫩梢、叶片及嫩果皮等，小龄幼虫为害使受害叶呈现不规则透明斑，大龄幼虫为害使受害叶呈现缺刻或孔洞，为害严重时会影响寄主生长发育。

形态特征　成虫体长约12mm；翅展：雄虫25~34mm，雌虫29~40mm。体橙黄色，密被橙黄色绒毛；触角干浅黄色，栉齿浅棕色。头、胸部呈鲜艳的橙黄色，胸部密被橙黄色长绒毛，腹部橙黄色略带暗棕色；肛毛簇橙黄色。前翅呈鲜艳的橙黄色，内线与外线黄白色，肘状弯曲，两线间为宽带，其上部宽于下部，上半部橙黄色，下半部散布浅黑色鳞片，形成达翅后缘的浅黑褐色短带；近翅顶处有2个黑色亚缘圆斑，有的个体上面1个圆斑清晰，下面1个圆斑小而不甚清晰；有些个体翅顶只有1个亚缘圆斑。前翅缘毛橙黄色。后翅浅黄色。足密被浅黄色长绒毛。

自然态成虫背面观

发生特点　笔者在广西南宁观察到该害虫第1代成虫于5月上旬发生。成虫有强趋光性，夜间活动，有扑灯习性。其余发生情况缺乏研究和报道。

天敌　参考本书"油茶毒蛾"的相关内容。

主要控制技术措施　参考本书"油茶毒蛾"的油茶毒蛾类害虫主要控制技术措施。

自然态成虫侧面观

89 折带黄毒蛾

别名：柿叶毒蛾、杉皮毒蛾、黄毒蛾
学名： *Euproctis flava* (Bremer)
分类：鳞翅目 LEPIDOPTERA　毒蛾科 Lymantriidae

分布与为害　在我国主要分布于广西、广东、贵州、云南、四川、福建、江西、浙江、江苏、安徽、湖南、湖北、河南、山东、河北、山西、内蒙古、辽宁、吉林、黑龙江等地；在国外分布于朝鲜、日本、俄罗斯等。主要寄主有油茶、八角、枇杷、石榴、茶、苹果、梨、桃、梅、李、柿、樱桃、海棠、栎、山毛榉、槭、杉、松、柏、刺槐、赤杨、紫藤、赤麻、山漆等多种经济林、果树、用材林及园林花卉。初龄幼虫啃食叶肉，残留外表皮，使受害叶呈透明状，大龄幼虫食叶致缺刻或孔洞，害虫大发生时，可将全树甚至局部林分叶片吃光，造成严重经济损失。

形态特征　**成虫**　翅展，雄蛾 25~33mm，雌蛾 35~42mm。触角干浅黄色，栉齿棕黄色。下唇须橙黄色，头、胸和腹部浅橙黄色；足浅黄色，前足腿节和胫节浅橙黄色。前翅黄色，内线和外线浅黄色，从前缘外斜至中室后缘，折角后内斜，两线间布棕褐色鳞片，形成折带，故得其名；翅顶区有两个棕褐色圆点，分别位于 R_4 脉与 R_5 脉、M_1 脉与 M_2 脉间；缘毛浅黄色。后翅黄色，基部色浅，缘毛浅黄色。**卵**　直径 0.5~0.6mm，扁圆形，淡黄色。**幼虫**　大龄幼虫体长可达 30~40mm，头黑褐色，上具细毛。体黄色或橙黄色，胸部和第 5~10 腹节背面两侧各具黑色纵带 1 条，其胸部前宽后窄，前胸下侧与腹线相接，第 5~10 腹节则前窄后宽，至第 8 腹节两线相接合于背面。臀板黑色，第 8 节至腹末背面为黑色。第 1、2 腹节背面具长椭圆形黑斑，毛瘤长在黑斑上。各体节上毛瘤暗黄色或暗黄褐色，其中第 1、2、8 腹节背面毛瘤大而黑色，毛瘤上有黄褐色或浅黑褐色长毛。腹线为 1 条黑色纵带。胸足褐色，具光泽。腹足发达，淡黑色，疏生淡褐色毛。背线橙黄色，较细，但在中、后胸节处较宽，中断于体背黑斑上。气门下线淡橙黄色，气门黑褐色近圆形。腹足、臀足趾钩单序纵行，趾钩 39~40 个。**蛹**　长 12~18mm，黄褐色，背面被短毛，臀棘长，末端有钩。**茧**　长 25~30mm，椭圆形，灰褐色或灰白色。

发生特点　据文献记载，华北地区 1 年发生 2 代，以幼虫群集叶背或枝干上越冬。翌年春季寄主萌发嫩芽后开始为害，6 月中、下旬在枯枝落叶层下吐丝结茧化蛹。6 月下旬至 7 月上旬第 1 代成虫开始羽化。成虫产卵于寄主叶片背面，呈块状，每块卵有 80~200 粒，卵块外被黄色毛。初

自然态成虫

成虫前翅中带下段略带棕黄色

幼虫在油茶叶面爬行

龄幼虫群栖在近地面嫩叶背面。8月底开始出现第2代成虫。1年生3代区：越冬代成虫于6月发生，第1代成虫于7月底发生，9月发生第2代成虫，以第3代幼虫越冬。成虫昼伏夜出，有强趋光性，羽化后不久即可交尾、产卵。卵多成块地3~4层地排列于叶背，单雌产卵约700粒。幼虫孵化后群集叶背为害，各龄幼虫为害至老熟后，爬至树干各种缝隙、树干基部等隐蔽处群集，并吐丝结网于内静止脱皮，脱皮后白天多成小群地群集枝上栖息，下午5时以后分散于附近枝叶取食为害，老熟时幼虫爬至枯枝落叶下吐丝结茧化蛹。蛹期，越冬代14天左右，第1代10天左右，第2代1周左右。幼虫体毛有毒，人触后常引起红肿、痛痒等过敏反应。

天敌 已知寄生性天敌有24种，还有多种捕食性天敌；其他天敌情况参考本书"油茶毒蛾"的相关内容。

主要控制技术措施 参考本书"油茶毒蛾"的油茶毒蛾类害虫主要控制技术措施。

幼虫在油茶叶背爬行

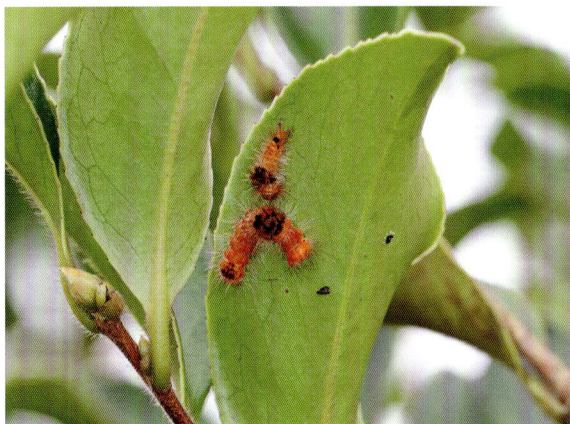

幼虫蜕皮

星黄毒蛾

学名：*Euproctis flavinata* (Walker)

分类：鳞翅目 LEPIDOPTERA　毒蛾科 Lymantriidae

分布与为害　在我国主要分布于广西、广东、福建、湖南、四川、江苏、上海、浙江、台湾等地；在国外主要分布于缅甸、斯里兰卡、印度等。主要寄主有油茶、桉、肉桂、茶、梨、柑橘、柿、苹果等。以幼虫取食叶片，发生严重时会影响寄主生长和产量。

形态特征　**成虫**　雄蛾体长 8~9mm；翅展，雄蛾 22~30mm，雌蛾 30~38mm。头部、胸部和前翅橙黄色，腹部和后翅浅黄色；雌蛾肛毛簇棕色；前翅内线和外线深橙黄色，不甚清楚，在翅前缘彼此距离加大，有的个体斑纹消失；前翅外缘区无斑；有明显横带和线，中室顶端有橙黄色斑（圆点）；内线内侧近后缘有一黑色圆形鳞斑，外线外缘布黑色鳞片。后翅浅黄色。雌蛾前翅在亚缘区有 1 列黑色斑点。**幼虫**　成熟幼虫体长可达 15~17mm，宽 3~4mm。头深红色，体黑色，胸部、腹部棕黑色。具白色亚背线；胸部稍细，第 1 节有黑色侧毛束，毛瘤黑色，上生黑色长毛；第 2、3 节毛瘤黄褐色，上生白色长毛。腹部气门下的毛瘤黄褐色，上生白色长毛；第 1、2 节背面毛瘤较大，密被短褐色绒毛，上再生黄褐色稀疏长毛；其余腹节背面毛瘤密被短褐色绒毛，上面再生稀疏白色长毛。第 6、7 腹节各有红褐色翻缩腺 1 个。第 11 节有黑色背毛束。**蛹**　体长 9~11mm，宽 3~5mm，棕褐色，腹节颜色较浅，蛹体上生黄褐色刚毛。**茧**　体长 11~14mm，宽 5~7mm，灰黄色，椭圆形。

发生特点　笔者在 2018 年 3 月下旬至 4 月上旬拍摄到该害虫为害油茶。据报道，福建福州 3 月下旬在林间采集的幼虫，4 月初开始化蛹，预

大龄幼虫及其为害状

大龄幼虫胸部背面特征

中龄幼虫背面特征

中龄幼虫侧面特征

蛹期 3~5 天，蛹期 12~18 天，成虫寿命 5~9 天。2011 年 9 月 6 日在林间采集的幼虫，9 月 8 日结茧化蛹，9 月 20 日成虫羽化，成虫寿命 3 天。幼虫取食叶片和嫩芽。幼虫受惊时，头胸朝内弯曲。

老熟幼虫在叶间或叶背卷叶化蛹。

天敌 参考本书"油茶毒蛾"的相关内容。

主要控制技术措施 参考本书"油茶毒蛾"的油茶毒蛾类害虫主要控制技术措施。

分布与为害　在我国主要分布于广西、广东、海南、湖南等地；在国外分布于缅甸、印度、斯里兰卡等。主要寄主有油茶、八角、桉树、枇杷、青枣、羊蹄甲、梨、蔷薇等。以幼虫取食寄主植物的叶片，小龄幼虫啃食叶肉，残留表皮，受害叶呈透明状；大龄幼虫取食嫩叶、成叶、嫩枝、嫩梢、花器及幼果等；蚕食叶片呈缺刻或孔洞，为害严重时影响寄主生长发育、结果及产量。

形态特征　**成虫**　翅展，雄25~30mm，雌34~38mm。触角干浅黄色，栉齿棕黄色；下唇须浅黄色；头部浅黄色，胸部浅黄色带橙黄色；腹部和足黄色。前翅黄色，基部微带橙黄色；基线、内线和外线黄白色，不明显，肘状弯曲；中室中央有1个橙色圆斑，亚端线由3个黑点组成，其中2个在顶区，1个在臀区。后翅浅黄色，后缘黄色。**幼虫**　大龄时头部及前胸背板深红色；体黑色；中后胸背板黑色，背中线及前、后缘红褐色，有白色长毛束；亚背线为断续黄白色；翻缩腺亮黄白色；第8腹节背面前缘红褐色；前胸背板两侧有黑色向前伸的侧毛束，其他各节毛束为黑色，周边一圈红褐色；毛瘤上的毛丛基部黑色，上部红褐色，丛中又夹杂较疏的白色长毛丛，第11节背面有向后上方伸展的黑色毛束。**蛹**　呈纺锤形。**茧**　呈椭圆形，薄丝质，外附毒毛。

发生特点　据报道在广东广州10月能见到成虫。笔者在广西南宁于10月下旬拍摄到成虫。南宁冬季天暖时仍见大龄幼虫取食，越冬现象不明显。作者在南宁市郊5、7、9、11月均拍摄到大龄幼虫取食多种寄主的照片，推测1年有4代以上。秋季是幼虫活动为害盛期。

天敌　已知寄生性天敌有小茧蜂、姬蜂、寡节小蜂等，捕食性天敌有卵寄生蜂、姬蜂、寡节小蜂、螳螂、胡蜂、蚂蚁、猎蝽等。其他有关情况参考本书"茶黄毒蛾"的相关内容。

主要控制技术措施　参考本书"茶黄毒蛾"的油茶毒蛾类害虫主要控制技术措施。

成虫侧面观

成虫胸背特征

展翅成虫

成虫前翅臀区黑点有些分化

不同龄期幼虫

大龄幼虫背面观

大龄幼虫头部特征

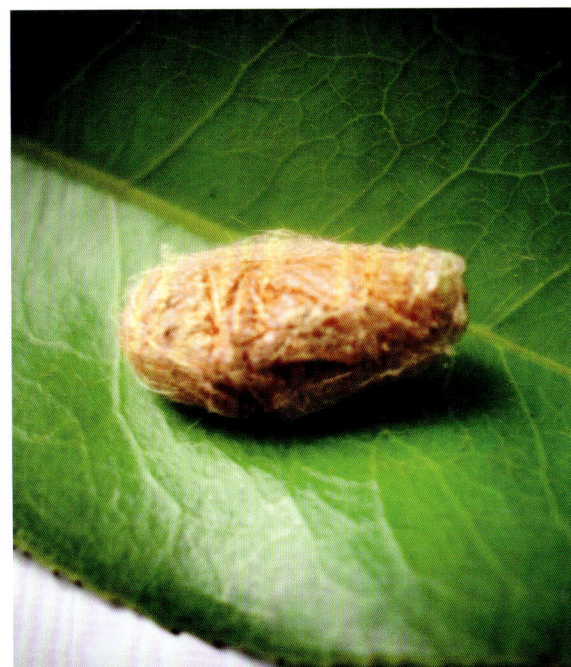
茧

分布与为害　在我国主要分布于华南、西南、华东、华中、华北、东北及陕西等地，在华东、华中、华南等地易引发虫灾；在国外分布于日本等。主要为害油茶、茶树，也能为害乌桕、油桐、柑橘、樱桃、柿、杏、枇杷、桂花、梨、珊瑚树、玉米等。为害油茶树时，先取食嫩梢嫩叶，再取食叶片、嫩枝树皮、果皮，影响树木生长发育，造成茶籽减产、含油率降低，严重时可导致树木或局部林分成片枯死，并且对寄主树有延续影响作用。

形态特征　**成虫**　雌蛾体长 10~13mm，翅展 28~35mm。体黄褐色，触角双栉齿状，前翅橙黄色或黄褐色，在翅的 1/3 及 2/3 处有 2 条黄白色横带，除前缘、顶角和臀角外，翅面满布黑褐色鳞片，顶角处有 2 个圆形小黑斑；后翅橙黄色或淡黄褐色，外缘和缘毛黄色，腹部末端有成簇黄毛；雄蛾体长 7~10mm，翅展 20~28mm，体、翅色泽随世代不同而异，第 1 代黑褐色，第 2、3 代多为黄褐色或橙黄色，少数为黑褐色，前翅中部亦有 2 条横带，顶角焦黄色，也有 2 个圆形小黑斑，后翅色泽同前翅，腹末无毛丛。**卵**　呈扁圆球形，浅黄色，直径 0.6~0.8mm；卵块椭圆形，中央卵粒为 2~3 层重叠排列，边缘为单层排列，表面被黄色绒毛，每块有卵百余粒。**幼虫**　大龄幼虫体长可达 18~20mm，呈长圆筒形，头黄棕色至红褐色，胸、腹部浅黄色，亚背线为棕褐色宽带，气门上线褐色，上有白线 1 条，伸达第 8 腹节；自前胸至第 9 腹节，每节具黑褐色毛瘤 8 个，以腹部第 1、2、8 节亚背线上的毛瘤最大，毛瘤上有黄白色细长毛。**蛹**　体长 8~12mm，呈纺锤形，黄褐色，密生黄色短毛，末端有钩状尾刺。**茧**　土黄色，薄丝质状，茧长 12~14mm，覆短毛。

发生特点　1 年发生 2~5 代，各地发生代数因气候不同而异：江苏、浙江、安徽、江西、贵州、四川等地 1 年 2 代，湖南、广西北部、江西南部等地 1 年 3 代，福建、广西、广东等地南部 1 年 4 代，台湾、海南等地 1 年 5 代。各地都以卵块在油茶等寄主树冠的中、下部或萌芽条的老叶背面越冬。各虫态历期因世代不同而异，据 1 年发生 3 代区观察，越冬卵 115~120 天，第 1 代、第 2 代分别为 12~15 天，7~13 天；幼虫期分别为 49~52 天、24~34 天及 31~35 天；蛹期分别为 10~14 天、12~21 天、23~31 天。雄蛾寿命 2~9 天，雌蛾寿命 3~11 天。各代幼虫发生期：越冬代 3 月中旬至 5 月中旬，第 1 代 6 月上旬至 7 月上旬，第 2 代 8 月上旬至 10 月中旬。卵多在上午孵化。第 1~2 龄幼虫有群集于叶背的习性，头向内围成一圈，一受惊扰就吐丝落地或飘移，仅取食叶之下皮表和叶肉，使叶呈透明网状。第 3 龄幼虫开始取食全

自然态雌成虫背面观

自然态雄成虫

展翅雌雄成虫背面观

展翅雌雄成虫腹面观

卵块

中龄及大龄幼虫

幼虫常群集活动

大龄幼虫

鳞翅目

毒蛾科

叶。第4龄幼虫后食量增加，中午高温时迁移到树冠中、下部或树干上栖息，傍晚又上树冠为害，吃光一株就迁到另一株树上。第5~6龄幼虫期食量占总食量的80%~85%。老熟幼虫爬到地面枯枝落叶层下或钻入深3~7cm松土层中结茧化蛹，阴暗潮湿处较多。成虫羽化以傍晚至22时最盛。未交尾之雌蛾对雄蛾有强烈引诱性。雌蛾一生交尾1次，交尾在晚上进行。交尾当天或第2天产卵，卵分多次产完。卵块表面覆被绒毛，每块有卵30~200粒。成虫喜择生长茂盛的油茶林或生长较矮的植株上及树基萌芽条上产卵。此虫喜温、湿，怕高温干旱。高温干旱不利于成虫羽化、交尾、卵的孵化及初孵幼虫的成活，故炎夏、旱季

虫口偏低，多雨高湿成虫羽化率低，产卵量少，幼虫又易患病。各代发生期与气温及海拔等因子相关。

天敌 卵期天敌有黑卵蜂、赤眼蜂，幼虫期天敌有多种绒茧蜂、茧蜂、姬蜂、寄蝇等，捕食性天敌有多种步甲、蠋蝽、猎蝽、螳蛉、螳螂、蚂蚁、青蛙、蜘蛛等。幼虫期还容易感染病毒、细菌及真菌。其中，茶毒蛾黑卵蜂 *Telenomus euproctidis* 在自然界寄生率比较高，很有保护利用价值。

油茶毒蛾类害虫主要控制技术措施 （1）加强预测预报。设置固定监测点，定期踏查，严密监视害虫发生发展动态，做好害虫预测预报工作。重点抓好虫源地和害虫低龄幼虫期预报，指导及时

大龄幼虫群聚取食

结茧

蛹

初孵幼虫

防治，防止害虫扩散蔓延，提高防治效果。（2）营林措施。合理密植，促进林分通风透光；结合追肥等田间管理，中耕除草，消灭地面及土中虫蛹，促进林木生长，提高林分综合抗虫能力。（3）诱杀成虫。自成虫羽化始盛期起，每天19~23时，可用频谱式杀虫灯、黑光灯、电灯或性引诱剂诱杀成虫。（4）保护利用天敌。毒蛾类害虫天敌丰富，对害虫有重要控制作用，应切实加以保护利用。主要是不滥用化学农药，尽量选用生物农药或低毒化学农药；使用农药治虫时，要设置天敌保护隔离区；尽量在天敌休眠期或相对安全期用药，尽量避免伤害天敌。（5）生物与仿生制剂防治。在害虫点片状、低龄幼虫阶段，提倡使用茶毛虫核型多角体病毒，每平方千米用700亿~750亿多角体病毒，相当于40头病死虫的含量，兑水40kg，于越冬代幼虫2~3龄高峰期对油茶或茶树丛作低位倾向喷雾，当代幼虫死亡率约可达80%，或喷洒25%灭幼脲Ⅲ号胶悬剂125~250倍液，或20%除虫脲悬浮剂7000倍液，或1.2%烟参碱2000倍液，或0.36苦参碱乳液1000~1500倍液，或每亩用15~20g森得保可湿性粉剂1500~2000倍液喷雾或加入30~35倍中性载体喷粉，均可收到较好的防治效果；中龄期以后幼虫可喷洒Bt乳剂500倍液等。（6）药剂防治。在害虫高虫口区，于害虫点片状发生阶段并处于低龄幼虫时期，及时使用国家允许使用的农药扑杀，可起到治点保面、有效歼灭害虫的目的。可选用的常用药剂有2.5%鱼藤酮300~500倍液，或1.2%烟参碱乳剂1000倍液，或10%吡虫啉可湿性粉剂1000~2000倍液，或3%啶虫脒乳油3000~5000倍液，或25%噻虫嗪水分分散剂2000~3000倍液等；由于此类害虫虫体有蜡粉，非乳剂型药液中（如可湿性粉剂）若加入0.3%~0.4%的柴油乳剂或黏土柴油乳剂，可显著提高防治效果。

分布与为害　在我国主要分布于华南、西南、中南、华东、华北及山西、陕西、台湾等地；在国外分布于马来西亚、印度等。主要为害油茶、茶、柑橘等植物。为害油茶树时，先取食嫩梢嫩叶，再取食叶片、嫩枝树皮、果皮，影响树木生长发育，造成茶籽减产、含油率降低，严重时可导致树木或局部林分成片枯死，并且对寄主树有延续影响作用。

形态特征　**成虫**　翅展，雄虫约18mm，雌虫约30mm。触角干黄白色，栉齿灰黄棕色；体和足浅橙黄色。头、胸、腹部均被毛；前翅黄色，内线和外线黄白色，近平行，外弯，两线间色较浓，但无暗色鳞片；后翅浅黄色，前、后翅缘毛黄白色。**幼虫**　大龄幼虫体长约可达16mm，头部棕黄色，有褐色点，体棕褐色；前胸正中有1条浅黄色纵线；背侧各有1个浅黄色斑；后胸后半浅黄色；腹部背线为1条浅黄色中断的带；气门下线浅黄色；体腹面棕黄色；前胸背面两侧各有1个向前突出的大瘤，上生向前伸的黄棕色长毛束；第1、2腹节Ⅰ瘤和Ⅱ瘤合并形成黑色大瘤。

成虫在油茶树叶面交尾

发生特点　在我国南方每年3~11月均可采集到成虫。在我国北方以蛹在土中越冬；1年发生1~2代，1年2代区成虫分别于6、8月出现。广西南宁以幼虫越冬为主，第1代成虫出现在6月中、下旬，幼虫主要为害期在5~9月。

天敌　参考本书"茶黄毒蛾"的相关内容。

主要控制技术措施　参考本书"茶黄毒蛾"的油茶毒蛾类害虫主要控制技术措施。

成虫侧面观

成虫背面观

鳞翅目

毒蛾科

杧果毒蛾

别名： 黑边花毒蛾

学名： *Lymantria marginata* Walker

分类： 鳞翅目 LEPIDOPTERA　毒蛾科 Lymantriidae

分布与为害　在我国主要分布于广西、广东、海南、浙江、福建、四川、云南、陕西等地；在国外分布于印度等。寄主有杧果、扁桃、油茶等。以幼虫取食叶片，大发生时可把整株甚至局部林分叶片吃光，影响树木生长发育和产量。

形态特征　**成虫**　体长，雄蛾 15mm，雌蛾 19mm；翅展，雄蛾 43mm，雌蛾 52mm。雄蛾触角黑色；下唇须黑色，内侧和末端黄白色；头部黄白色，复眼周围黑色；胸部灰黑色带白色和橙黄色斑；腹部橙黄色，背面和侧面有黑斑；肛毛簇黑色；足黑色带白斑，腿节灰黑黄色，转节橙黄色。前翅黑棕色，斑纹黄白色；基线黄白色；内线波浪形，触及基线；从前缘到中室有 1 块黄白色斑，上有一黑点；横脉纹黑褐色；中线为锯齿形宽带；外线波浪形，不明显；亚端线和端线锯齿形；缘毛棕黑色，具黄白色小斑点。后翅黑棕色，翅外缘有 1 列白色斑点。前、后翅反面棕黑色，前翅前缘有 2 个白黄色斑，外缘有白黄色锯齿形线，后缘有 1 个白黄色斑。雌蛾头、胸部黄白色带橙黄色和黑色斑；腹部橙黄色，背面、侧面有黑色斑，后半部白色，两侧有黑色斑；足粉红色带黑色斑。前翅亚基线黑色，前方内缘有粉红色有黑色横带。前翅黄白色，亚基线为棕黄色大斑；内线棕黑色，宽锯齿形；在中室中央有 1

展翅雌成虫背面观

展翅雌成虫腹面观

幼虫背面观

老熟幼虫背面观

大龄幼虫爬行

幼虫为害油茶树

预蛹前期

预蛹

蛹腹侧面观

正在羽化的蛹

个黑色斑；中线和外线棕黑色，锯齿形，两线界限不清，在中室后与内线大部相遇；亚端线棕黑色，波浪形，数处与端线相遇；横脉纹棕黑色；翅外缘有 1 条棕黑色带，其上有白色斑，缘毛黑白相间。后翅白色，横脉纹棕黑色，沿翅外缘有 1 条棕黑色宽带，带内在脉间有 1 列白色点，缘毛白色。**幼虫** 成熟期幼虫体长可达 38~40mm，大体土黄褐色；头两侧及正中有黑色纵纹；各体节背侧有 1 个毛瘤，中、后胸的毛瘤灰黄色，其余灰黑色，瘤上密生褐色细长毛；前胸毛瘤最大，上生 1 束黑色长毛；各体节背中有 1 对灰黑色圆毛瘤和 1 对黑色斜纹，瘤上的毛较侧瘤上的毛短；中、后胸背面前缘横列红黑相间的短毛丛；第 4~6 腹节背中有 1 块灰白色棱形斑。**蛹** 体长 15~22mm，近椭圆锥形，深棕色至棕黑色；体被黄褐色卷曲

长毛，胸背处的较密；头顶的毛黑褐色，较粗；腹部侧面各有 9 个白色毛点。**茧** 呈长椭圆形，白黄色，密被白色绒毛。

发生特点 华南地区 1 年发生 5~6 代，以老熟幼虫在树干基部的表面、树皮缝隙或孔洞中越冬。成虫有趋光性，夜间活动，白昼隐伏。成虫多产卵于嫩梢。幼虫多在夜间取食，为害嫩梢、叶片、花穗、幼果；幼虫食量大，常将叶片吃光；白天静伏于被害梢上；在广西南部，以 5~7 月为害较重。幼虫老熟后吐丝将叶片缀合成苞，利用自身的体毛吐丝编结薄茧，在其中化蛹。

天敌 参考本书"茶黄毒蛾"的相关内容。

主要控制技术措施 参考本书"茶黄毒蛾"的油茶毒蛾类害虫主要控制技术措施。

分布与为害　在我国主要分布于华南、福建、台湾、云南等地；在国外分布于缅甸、印度、印度尼西亚、斯里兰卡及大洋洲等。主要寄主有油茶、桉树、大叶相思、海桑、龙眼等多种植物。幼虫取食嫩梢、叶片、花穗、幼果等，严重时可将油茶、海桑等幼苗或将局部其他寄主林叶片吃光，严重影响生长、产量及生态景观功能。

形态特征　**成虫**　雌蛾，蛆形，翅退化，体长13~16mm，黄白色至灰白色，腹部较粗长，各节被灰白色至浅棕褐色绒毛。雄蛾，体长7~8mm，翅展22~25mm；体和足褐棕色，前翅棕褐色，横脉位棕色带黑边和白边，各横线黑色，多呈波浪形；后翅黑褐色。**卵**　球形，直径0.7~0.8mm。**幼虫**　大龄幼虫体长可达34~37mm，头红褐色，体浅黄色；背线、亚背线棕褐色，前胸背板两侧和第8腹节背面中央各有1束棕褐色长毛，第1~4腹节背面各有1丛黄色刷状长毛；第1、2腹节两侧各有1束灰黄色长毛；翻缩腺红褐色。**蛹**　体长16~19mm；蛹体腹部有长绒毛，雌蛹黄绿色至乳白色；雄蛹纺锤形，后期头、胸部棕黑色，腹部乳白色。**茧**　灰黄色，呈椭圆形，表面附有黑褐色毒毛。

自然态雌成虫

发生特点　1年发生6代以上，全年均有幼虫活动，世代重叠，无明显越冬现象。雄成虫有较强趋光性。雌成虫交尾后将卵呈堆状产在茧外或寄主上。每雌平均产卵约326粒。第1~6代的为害盛期依次为4月上旬、5月中旬、7月上旬、8月中旬、10月上旬和3月上旬；每年4~5月和8~9月害虫种群密度较高，是害虫对寄主为害的两个高峰期。

油茶幼树被害状

油茶苗被害状

自然态雄成虫

雌蛾及其所产卵块

中龄幼虫背面特征

大龄幼虫为害油茶

大龄幼虫背侧面特征

雌蛹及雄蛹

鳞翅目

毒蛾科

天敌 天敌丰富，已知有13种，其他有关情况等参考本书"茶黄毒蛾"的相关内容。

主要控制技术措施 参考本书"茶黄毒蛾"的油茶毒蛾类害虫主要控制技术措施。

双线盗毒蛾

别名： 棕衣黄毒蛾
学名： *Porthesia scintillans* (Walker)
分类： 鳞翅目 LEPIDOPTERA　毒蛾科 Lymantriidae

分布与为害　在我国主要分布于华南、台湾、福建、浙江、湖南、云南、四川、陕西等地；在国外分布于缅甸、马来西亚、新加坡、巴基斯坦、印度、斯里兰卡、印度尼西亚等。主要为害油茶、油桐、龙眼、荔枝、杧果、柑橘、梨、桃、茶、乌桕、大叶相思、刺槐、枫香、泡桐、栎、蓖麻、玉米、棉花、豆类等农林及园艺植物，是一种以植食性为主兼有肉食性的昆虫，如在甘蔗上，其幼虫可捕食甘蔗棉蚜；在玉米和豆科植物上幼虫既取食花器又捕食蚜虫；在油茶、油桐、杧果、龙眼、荔枝等大多数寄主植物上，幼虫均可取食嫩叶、嫩芽、新梢、花器及嫩果等，是重要的害虫。

形态特征　**成虫**　体长 12~14mm；翅展，雄蛾 20~26mm，雌蛾 26~38mm。触角干浅黄色，栉齿黄褐色；下唇须、头部和颈板橙黄色；胸部浅黄棕色；腹部褐黄色；肛毛簇橙黄色；体腹面和足浅黄色。前翅赤褐色微带浅紫色闪光；内线、外线黄色，有的个体不清晰；前缘、外缘和缘毛柠檬黄色；外缘及缘毛的黄色区域，部分被赤褐色斑纹分隔成 3 段。后翅黄色。**卵**　卵粒略呈扁圆球形，聚呈卵块，上覆黄褐色或棕色绒毛。**幼虫**　大龄幼虫体长可达 21~28mm；头部浅褐色至褐色，胸腹部暗棕色；前、中胸和第 3~7 及第 9 腹节背线黄色，其中央贯穿红色细线；后胸红色；前胸侧瘤红色；后胸背面红色，第 1、第 2 和第 8 腹节背面有黑色绒球状短毛簇，其余毛瘤污黑色或浅褐色；腹部第 6、7 节背面翻缩线乳白色。**蛹**　呈圆锥形，体长约 13mm，初期黄褐色；后期棕褐色。**茧**　疏松的棕色丝状，上覆棕黄色体毛。

发生特点　在福建 1 年发生 3~4 代，以幼虫、蛹等越冬，冬季天暖时幼虫仍可取食活动；在广西、广东 1 年发生 4~5 代。在广西，第 1 代卵于 4 月上、中旬孵化，4 月中、下旬为第 1 代幼虫为害盛期，4 月下旬至 5 月上旬化蛹。在广东、广西南部，油茶春季苗期及油茶树嫩叶为害较重；油桐春季嫩叶、嫩梢期受害较重；桉树林全年都有害虫发生；荔枝、龙眼等秋梢发生期为害较重。成虫多在傍晚或夜间羽化，有趋光性。成虫产卵于叶背或花穗枝梗上。初孵幼虫有群集性，在叶背取食叶肉，残留上表皮呈透明状；第 2~3 龄幼虫开始分散活动为害，常将叶片咬成缺刻、孔洞，或取食花器及幼果。幼虫老熟后或吐丝下垂落地，或沿树干爬到地面，再钻入表土层结茧化蛹。

天敌　参考本书"茶黄毒蛾"的相关内容。

主要控制技术措施　参考本书"茶黄毒蛾"的毒蛾类害虫主要控制技术措施。

雌成虫侧面观

展翅成虫

成虫在油茶树叶背面交尾

低龄幼虫

大龄幼虫背面观

幼虫侧面观

茧

97 盗毒蛾

分布与为害　在我国主要分布华东、华南、西南、东北、华北及陕西等地；在国外主要分布于朝鲜、日本、俄罗斯及欧洲等。主要寄主有油茶、桉树、柳、杨、桦、白桦、榛、桤木、山毛榉、栎等。初孵幼虫群集在寄主叶背面取食叶肉，叶面现成块透明斑，第3龄后分散为害形成大缺刻，仅剩叶脉。为害寄主树春芽时，多由外层向内剥食，致冬芽枯凋，影响寄主发叶。毒毛触及蚕体致蚕中毒，诱发黑斑病；人体接触毒毛，常引发皮炎，有的造成淋巴发炎。

形态特征　**成虫**　雌虫体长18~20mm，雄虫体长14~16mm；翅展30~40mm。触角干白色，栉齿棕黄色；下唇须白色，外侧黑褐色；头、胸、腹部基半部和足白色微带黄色，腹部其余部分和尾毛簇黄色；前、后翅白色，前翅后缘有两个褐色斑，有的个体内侧褐色斑不明显；前、后翅反面白色，前翅前缘黑褐色。**卵**　直径0.6~0.7mm，圆锥形，中央凹陷，橘黄色或淡黄色，成堆，上覆黄褐色绒毛。**幼虫**　体长25~40mm，第1、2腹节宽。头褐黑色，有光泽；体黑褐色，前胸背板黄色，具2条黑色纵线；体背面有一橙黄色带，在第1、2、8腹节中断，带中央贯穿一红褐间断的线；亚背线白色；气门下线红黄色；前胸背面两侧各有一向前突出的红色瘤，瘤上生黑色长毛束和黄褐色短毛，其余各节背瘤黑色，生黑褐色长毛和白色羽状毛，第5、6腹节瘤橙红色，生有黑褐色长毛；腹部第1、2节背面各有1对愈合的黑色瘤，上生白色羽状毛和黑褐色长毛；第9腹节瘤橙色，上生黑褐色长毛。**茧**　椭圆形，淡褐色，附少量黑色长毛。**蛹**　长12~16mm，长圆筒形，黄褐色，体被黄褐色绒毛；腹部背面1~3节各有4个瘤。

幼虫背面观

幼虫侧面观

发生特点 各地年发生代数不同。内蒙古大兴安岭地区1年发生1代，辽宁、山西2代，上海3代，华东、华中3~4代，贵州4代，广东、广西6代，主要以3龄或4龄幼虫在枯叶、树杈、树干缝隙及落叶中结茧越冬。2代区翌年4月开始活动，为害春芽及叶片。第1、2、3代幼虫为害高峰期主要在6月中旬，8月上、中旬和9月上、中旬，10月上旬前、后开始结茧越冬。成虫白天潜伏在中下部叶背，傍晚飞出活动、交尾、产卵，产卵在枝干上或叶背，形成长条形卵块。成虫寿命7~17天。每雌产卵149~681粒，卵期4~7天。幼虫一生蜕皮5~7次，历期20~37天，越冬代长达250天。笔者于2019年10月下旬在越南拍摄到其大龄幼虫为害油茶树叶致缺刻；初孵幼虫喜群集在叶背啃食为害，3、4龄后分散为害叶片，有假死性，老熟后多卷叶或在叶背、树干缝隙或地面土缝中结茧化蛹，蛹期7~12天。

幼虫迁移

天敌 天敌比较丰富，已报道的天敌主要有黑卵蜂、大角啮小蜂、矮饰苔寄蝇、桑毛虫绒茧蜂等；其他有关天敌情况参考本书"茶黄毒蛾"的相关内容。

主要控制技术措施 参考本书"茶黄毒蛾"的毒蛾类害虫主要控制技术措施。

98 鹅点足毒蛾

学名：*Redoa anser* Collenette

分类：鳞翅目 LEPIDOPTERA　毒蛾科 Lymantriidae

分布与为害　在我国主要分布于广西、浙江、福建、江西、湖南、湖北、四川、陕西等地。该害虫的幼虫主要为害温带和热带阔叶树种，如茶科、樟科等。为害油茶树时，先取食嫩梢嫩叶，再取食叶片、嫩枝树皮、果皮，影响树木生长，造成茶籽减产、含油率降低，但未见有该害虫单独成灾为害的报道。

形态特征　**成虫**　雄虫展翅 44~50mm。触角干白色，栉齿浅褐黄色；下唇须白色，端部黑褐色；头部白色有黑褐色斑；胸部、腹部和足白色；前、中足腿节末端、胫节、跗节内侧基部和末端有黑斑。前、后翅白色；前翅横脉中央有一圆形黑褐色斑；前翅基部和前缘略微带棕黄色；缘毛白色。下唇须向上；后足胫节有 2 对距，爪弯曲，腹面有齿。前翅有径室，窄长，R_1 脉与 R_2 脉分别起源于中室前缘，R_3 脉、R_4 脉和 R_5 脉共柄，R_3 脉比 R_5 远离中室，R_2 脉在 R_5 脉前方与 R_3 脉 +R_4 脉并接一短距离后分开，M_1 脉起于中室上角，M_2 脉从中室下角上方分出，M_3 脉从中室下角顶端分出，CU_1 脉从中室下角下方分出，比 M_2 脉接近 M_3 脉，Cu_2 脉从中室后缘分出。后翅中室长约等于翅长一半，Rs 与 M_1 脉同起源于中室上角，M_2 脉起源于中室下角上方，M_3 脉起源于中室下角顶端，CU_1 脉接近于中室下角分出，Cu_2 脉从中室后缘分出。雄性外生殖器：钩形突发达，十分长；抱器瓣长，顶部近三角形，顶端圆钝，抱器瓣内侧有一棒状突起，几乎与抱器瓣等长，其端部扩大，有小齿，末端有一向上翘的尖齿。

幼虫　头部棕红色，在前胸IV+V毛瘤上有发育很好的刚毛束；在中、后胸背侧面可见横排整齐的 8 个毛瘤；背中带黑色，很宽，背侧线白黄色；幼虫体表散布着闪光的金白色小颗粒。在第 1~7 腹节 I、II 和 III 毛瘤着有发育很好的针形短刚毛；在后胸和腹部第 4、8 节的 I 毛瘤上着生由密集的羽状短刚毛组成的刚毛簇；在腹部第 1~7 节 I 毛瘤小；II 毛瘤稍大；III 毛瘤位于气门前上方；IV 毛瘤位于气门后上方；V 毛瘤通常很大，位于 VI 毛瘤下前方；VI 毛瘤略小；V 毛瘤和 VI 毛瘤靠近。在第 9 瘤突上有发育很好的长刚毛。在腹部第 6、7 节背板中央各有一个翻束腺。

发生特点　缺乏系统研究，也未见有相关报道。根据作者林间拍摄记录，至少 1 年出现 2 次，第 1 次在 7 月中旬，第 2 次在 10 月中旬。

天敌　参考本书"茶黄毒蛾"的相关内容。

主要控制技术措施　参考本书"茶黄毒蛾"的油茶毒蛾类害虫主要控制技术措施。

成虫背面观

成虫腹面观

前足中足有黑斑

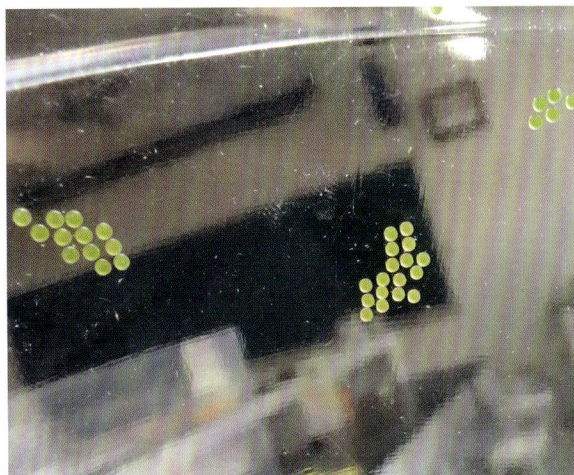
产在培养皿盖上的卵粒

鳞翅目

毒蛾科

幼虫侧背面观

幼虫背面观

幼虫侧面观

幼虫腹足特征

蛹腹侧面观

蛹腹侧面观

蛹背侧面观

99 直角点足毒蛾

学名：*Redoa anserella* Collenette

分类：鳞翅目 LEPIDOPTERA　毒蛾科 Lymantriidae

分布与为害　在我国主要分布于广西、贵州、云南、福建、浙江、江西、湖南、湖北、四川、陕西等地。幼虫主要为害温带和热带阔叶树种，如山茶科、樟科等。为害油茶树时，先取食嫩梢嫩叶，再取食叶片、嫩枝树皮、果皮，影响树木生长，造成茶籽减产、含油率降低，但未见有该害虫单独成灾为害的报道。

形态特征　**成虫**　雄蛾体长 10~15mm，翅展 25~34mm；雌蛾体长 12~16mm，翅展 31~43mm。体青白色，触角干白色，栉齿浅棕黄色；下唇须白色，外侧浅棕色；足白色有黑斑；头部白色，额部有 2 个暗黄褐色斑，两触角间有一暗褐色带。前翅白色，布丝样鳞片；外缘呈弧形，端半部呈桃红色；外缘、后缘长度近相等，顶角尖，臀角圆；横脉中央有一黑色圆点。后翅颜色同前翅。雄性外生殖器背兜呈梯形；钩形突长且宽，顶端圆；抱器瓣等宽，顶端圆钝，抱器瓣内侧有一细长的、几乎直的突起，其长度可达抱器瓣顶端，突起的顶端有一小尖齿。本种外形与 *R. subrnarginata* 相似。**卵**　扁圆柱形，黄绿色，直径 0.8~1.0mm，高 0.6~0.7mm。**幼虫**　体色、斑纹，随龄期和季节的不同有较大变化。体黄棕色至乌黑色，背中线为黑色、黄棕色，斑纹或与体同色。大龄幼虫体长可达

24~32mm，宽 4~5mm。头部浅棕色至红褐色。胸部和腹部末节有黑色长刚毛，刚毛可达 15mm，腹部的较稀疏，第 4、8 腹节背中有 1 簇黑色刚毛。体上毛瘤有形似仙人掌刺的白色刚毛。在腹部第 6、7 节背板中央各有 1 个黄白色翻缩腺。**蛹**　体长 11~16mm，宽 4~6mm；体呈锥形。初期草绿色，后期翠绿色，近羽化时灰白色。眼点黑色，臀刺红褐色。

发生特点　据报道，该害虫在闽北地区 1 年发生 4~5 代，在闽北地区幼虫出现期分别在 3 月下旬至 5 月上旬、6 月下旬至 7 月下旬、8 月上旬至 9 月中旬、9 月下旬至 11 月上旬、11 月中下旬以卵在油茶叶上越冬，翌年 3 月下旬孵化。在福州以幼虫越冬。笔者在海南 4 月中下旬拍摄到大龄幼虫。成虫多在傍晚羽化，羽化成虫当天交配后即可产卵，多产于叶背，卵粒排列较为稀疏，产卵期 4~5 天，每雌产卵量多的达 200 余粒，少的数十粒。未经交配的成虫也可产卵。成虫具趋光性，寿命 5~9 天。除越冬卵外，卵期 7~9 天。初孵幼虫群聚取食叶肉，被害叶只剩下白色透明的叶表皮和叶脉。随虫龄增加逐渐分散取食叶肉和全叶，大龄幼虫每天可取食 2~4 片叶。幼虫活动敏捷，受惊后落地假死，数分钟后上树继续为

成虫背面观

成虫腹面观

大龄幼虫前期为害状

大龄幼虫取食全叶

大龄幼虫前期为害状

害。幼虫共有 5 个龄级，老熟幼虫在叶背或小枝分叉处吐少量丝固定，头朝下倒悬化蛹，蛹体完全裸露，预蛹期 1~2 天，蛹期 6~8 天，羽化前蛹的颜色变暗。

天敌 参考本书"油茶毒蛾"的相关内容。

主要控制技术措施 参考本书"油茶毒蛾"的油茶毒蛾类害虫主要控制技术措施。

幼虫为害状

100 簪黄点足毒蛾

学名：*Redoa crocophala* Collenette

分类：鳞翅目 LEPIDOPTERA 毒蛾科 Lymantriidae

分布与为害 在我国主要分布于广西、广东、浙江、福建、江西、江苏、山东、湖南、贵州等地。主要寄主有油茶、茶等。以幼虫取食寄主叶片，为害严重时影响寄主生长发育和产量。

形态特征 成虫 雄蛾体长 17~19mm，翅展 38~40mm；雌蛾翅展约 41mm。触角干白色，栉齿粉浅黄色；下唇须橙黄色；头部黄褐色至赤褐色；胸部和腹部白色；足白色，跗节有橙黄色环，前足胫节内侧有一橙黄色斑。前翅青白色，有白色丝样小波纹，前缘端半部至外缘基半部微带橙褐色，横脉中央有 1 个黑色圆点。后翅青白色。**幼虫** 成熟幼虫体长可达 23~27mm，宽 3~5mm。头部黄褐色，体红褐色杂以乳白色斑纹。胸部和第 8~9 腹节背面毛瘤黑色，上生有长的灰黑色刚毛；腹部第 1~7 节背面毛瘤上间杂黑色刚毛；身体其余毛瘤着生白色刚毛。气门上线乳白色。**蛹** 翠绿色，长 12~15mm，宽 5~7mm。

发生特点 缺乏系统研究。笔者在 2018 年 6

自然态成虫背面观

月初于油茶树上拍摄到成虫，并于 7 月中旬拍摄到大龄幼虫。据报道的初步观察，幼虫食叶致缺刻，化蛹前取食量大增，一天可食尽 5 片油茶叶，8 月上旬老熟幼虫在叶背上吐少量丝，靠臀刺钩固定虫体，不结茧，进入预蛹，预蛹期 1~2 天，蛹期 6~9 天。

天敌 参考本书"油茶毒蛾"的相关内容。

主要控制技术措施 参考本书"油茶毒蛾"的油茶毒蛾类害虫主要控制技术措施。

成虫触角特征

大龄幼虫为害状

幼虫背面观

幼虫受到惊扰

101 白点足毒蛾

学名：*Redoa cygnopsis* Collenette

分类：鳞翅目 LEPIDOPTERA　毒蛾科 Lymantriidae

分布与为害　在我国主要分布于广西、广东、浙江、安徽、福建、江西、湖南、湖北、贵州、四川、陕西等地。幼虫主要为害温带和热带阔叶树种，如山茶科、樟科等。为害油茶树时，先取食嫩梢嫩叶，再取食叶片、嫩枝树皮、果皮，影响树木生长发育，造成茶籽减产、含油率降低，但未见有该害虫有单独成灾为害的报道。

形态特征　**成虫**　翅展，雄虫 33~35mm，雌虫 38~40mm。触角干、下唇须和体白色，触角栉齿粉黄色；足白色，跗节末端橙黄色，前、中足胫节基部各有 1 个暗褐色斑，中足胫节近中央外侧有 1 个暗褐色斑。前、后翅白色，半透明，缘毛白色。成虫与蛾点足毒蛾成虫十分相似，但蛾点足毒蛾成虫前翅横脉中央有一圆形黑褐色斑，前翅基部和前缘略微带棕黄色；而白点足毒蛾成虫前翅横脉中央无黑褐色圆斑。雄性外生殖器，钩形突基部近长方形，端部近尖三角形；抱器瓣长，顶部微平，抱器内侧基部腹缘有枝权状突起。

幼虫　头部棕黑色，背面各线、各带为黑色；体表散布着闪光的金白色小颗粒；腹部第 6、7 节背板中央各有一个翻束腺。

发生特点　缺乏研究，也未见有相关报道。根据作者林间拍摄记录，该害虫的成虫与蛾点足毒蛾成虫混合发生。在同一批幼虫饲养出来的成虫中，两种毒蛾的成虫都有，说明这两种毒蛾幼虫也混合发生，外形特征也很相似。

天敌　参考本书"茶黄毒蛾"的相关内容。

主要控制技术措施　参考本书"茶黄毒蛾"的油茶毒蛾类害虫主要控制技术措施。

成虫背面观

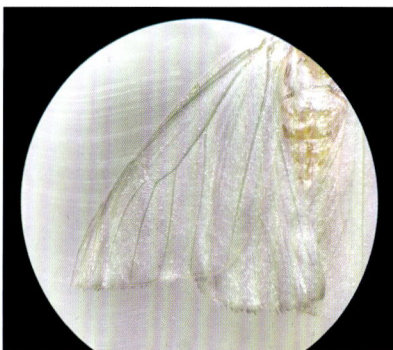
成虫前翅特征

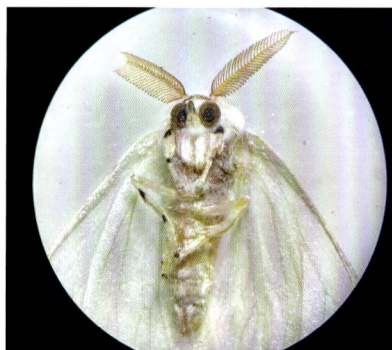
成虫前足中足褐斑特征

幼虫

幼虫头部棕黑色

鳞翅目

毒蛾科

分布与为害　在我国主要分布于广西、广东、浙江、福建、江西、湖南等地。主要寄主有油茶、茶等。以幼虫取食寄主植物叶片，可造成缺刻，发生严重时，可将整株甚至将局部林分叶片吃光，影响植株生长发育，导致当年及翌年产量损失。

形态特征　**成虫**　翅展28~37mm。触角干白色，栉齿浅褐色；下唇须茶色，内侧白色。头部茶色带赤褐色，下半部色浅；体和足白色，前足和中足胫节内侧基部有1个暗棕褐色斑，跗节基部有1个暗棕褐色斑，跗节后半部浅茶色。前翅白色，有光泽；横纹脉中央有1个褐黑色小点，清晰；前翅前缘和翅顶角茶色。后翅污白色；前、后翅缘毛赤褐色，臀角白色。雌蛾与雄蛾相似，但触角基部、下唇须、头部、足和缘毛白色。**卵**　卵块条状，呈上、下两列，质地硬，土黄色，外被毒毛。卵粒浅灰色。**幼虫**　成熟幼虫体长可达30~46mm，棕红色。头部背面有细长毛束。胸足橙红色，末端有1对黑色小爪钩。第1、2腹节背面有2个毛瘤；第3~7腹节背面有背线，为双线，较粗，白色。亚背线黄色，气门上线和气门下线均有黄色毛瘤和细长毛束，散生，毛较长。虫体上毛束均为棕黄色。腹部背面第6、7节有灰白色翻缩腺。腹部末节有不规则散状长毛。**蛹**　黄棕色。**茧**　土黄色，外被毒毛。

发生特点　在湖南1年发生3~4代，以卵块在油茶树中、下部老叶背面越冬。幼虫孵化后，多爬至叶背取食下表皮和叶肉，残留上表皮，使叶呈透明状；第2龄以后即自叶缘蚕食致缺刻，幼虫稍长大即分散为害，在叶片正面取食全叶。1年3代发生区，各代幼虫发生为害期依次为4月上旬至5月下旬、6月下旬至7月下旬、8月下旬至10上旬。笔者在广西3月下旬就见大龄幼虫为害油茶树叶。

天敌　参考本书"油茶毒蛾"的相关内容。

主要控制技术措施　参考本书"油茶毒蛾"的油茶毒蛾类害虫主要控制技术措施。

低龄幼虫的为害状及蜕皮

幼虫背面观

幼虫侧面观

幼虫胸足特征

该点足毒蛾幼虫类似"鹅点足毒蛾"幼虫，体背表面散布着闪光的金白色小晶状体。

分布与为害　在我国的分布不详；在国外分布于越南。笔者是在越南油茶树上拍摄到的大龄幼虫，幼虫食叶致缺刻。

形态特征　未饲养出成虫，其成虫可参考本书"蛾点足毒蛾"成虫特征。幼虫头部红黑色，背中线和亚背线带均为棕黄色，其上的毛瘤几乎同色，仅顶部略显黄白色；背中线亦为棕黄色；亚背线带很宽；亚背线带以下（即背侧线带及气门上、下线带）均为黑色；其上的毛瘤亦为黑色；幼虫体背所有毛瘤上着生的毛均为白色，体节前3节及最后3节还着生有白色长毛。幼虫体背散布着闪光的金白色小晶状体。在腹部第6、7节背板中央各有一个黄白色翻束腺；幼虫其余特征可参考本书"蛾点足毒蛾"幼虫特征。

发生特点　缺乏系统研究，也未见有相关报

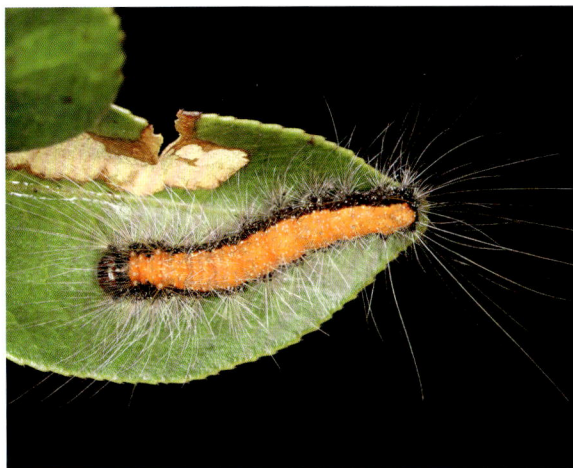

大龄幼虫背面观（摄于越南）

道。根据作者林间拍摄记录，该害虫大龄幼虫在10月下旬还在为害油茶树叶。

天敌　参考本书"茶黄毒蛾"的相关内容。

主要控制技术措施　参考本书"茶黄毒蛾"的油茶毒蛾类害虫主要控制技术措施。

大龄幼虫侧面观（摄于越南）

大龄幼虫腹足特征（摄于越南）

104 点足毒蛾 2

学名：*Redoa* sp.2

分类：鳞翅目 LEPIDOPTERA　毒蛾科 Lymantriidae

分布与为害　在我国的分布不详；现仅知分布于越南。

形态特征　未饲养出成虫。大龄幼虫体乌黑色，头部黑色，背中线黑色，亚背线较宽，大部分黑褐色，靠近体侧气门上线一边，每节在毛瘤前外方有 1 个蓝白色小点，醒目。亚背线与背线之间有 1 条很细的断续的棕色线。气门上线亮白色，醒目。胸部和腹部末节有黑色长刚毛。体上毛瘤有形似仙人掌的白色刚毛。第 6、7 节背中线上的翻缩腺棕黄色。其中，胸部和腹部末节有黑色长刚毛及体上毛瘤有形似仙人掌的白色刚毛，这两个特点与"直角点足毒蛾"相似。

发生特点　大龄幼虫是笔者于 2019 年 10 月下旬在越南油茶林内拍摄到的。其他发生特点参考本书"直角点足毒蛾"的相关内容。

天敌　参考本书"油茶毒蛾"的相关内容。

主要控制技术措施　参考本书"油茶毒蛾"的油茶毒蛾类害虫主要控制技术措施。

幼虫背面观（摄于越南）

幼虫背瘤及体毛土中（摄于越南）

幼虫侧面观（摄于越南）

幼虫头胸部特征（摄于越南）

105	分鹿蛾	学名：*Amata divisa* (Walker)
		分类：鳞翅目 LEPIDOPTERA　灯蛾科 Arctiidae

分布与为害　在我国主要分布于河南、广东、江西、湖南、贵州、福建、云南等地；在国外分布于泰国、缅甸、印度等。主要寄主有油茶、茶等。以幼虫取食叶片，一般为害不太严重。

形态特征　成虫体长 13.5~14.0mm，翅展 32~42mm。触角黑色，上端白色部分较长，约占触角全长的 1/3 以上。头部黑色，额白色，翅基片黑色具橙色斑；胸部黑色，带蓝绿色光泽，中胸、后胸两侧各具 1 个略近圆形的橙黄色斑；足黑色，具白色纹，各足胫节下半部及跗节基部白斑醒目；腹部墨绿色，具 5 条橙黄色带，位于前 5 节上；腹面黄带色深。翅黑色，带蓝绿色光泽，翅斑较大、透明。前翅前缘下方有 1 条黄色带，基部有黄鳞，翅面有 9 个清晰的白色斑纹；M_1 斑近方形；M_2 斑（中室上方）楔形；M_1 斑与 M_3 斑间仅以黑纹相隔；M_3 斑较长，达翅缘，其上附一斜斑；M_4 为长形，上附一斑；M_4 斑与 M_5 斑之间为一黑色放射带隔离；M_5 斑、M_6 斑达翅缘；M_6 斑紧挨于 M_5 斑下方，两斑中间有 1 条黑色翅脉相隔；近翅顶处缘毛白色；前翅 4、5 脉由中室伸出；后翅中室下方有 1 个透明斑，后缘金黄色，2 脉上方有 1 透明点，后翅由 6 个小斑纹连成两个较大的斑纹；后翅有 3 脉，5 脉从中室下角伸出，6、7 脉融合；后缘有黄鳞。

发生特点　生活史不详。在广西每年 5~6 月就可见成虫活动，笔者于 2011 年 6 月 2 日在油茶林内拍摄到成虫交尾。成虫白天活动，吮吸花蜜、交尾等。成虫夜晚不活动，趋光性弱。

天敌　参考本书"南鹿蛾"的相关内容。

主要控制技术措施　参考本书"南鹿蛾"的油茶鹿蛾类害虫主要控制技术措施。

成虫交尾状

活雌成虫（下）腹背斑纹特征

成虫腹面观

成虫前翅透明窗斑特征

106	蕾鹿蛾	别名：茶鹿蛾、黄腹鹿蛾
		学名：*Amata germana* (Felder)
		分类：鳞翅目 LEPIDOPTERA 灯蛾科 Arctiidae

分布与为害 在我国主要分布于云南、四川、江西、贵州、海南、广东、湖北、湖南、福建、广西、甘肃、陕西、浙江等地；在国外分布于印度尼西亚、日本等。主要寄主有油茶、茶、桉树、蓖麻、桑、柑橘、黑荆树等。以幼虫取食寄主植物叶片，一般来说对多数寄主为害不太严重。

形态特征 **成虫** 雌蛾体长 12~15mm，翅展 31~40mm；雄蛾体长 12~16mm，翅展 24~35mm。体黑褐色。触角丝状，黑色，顶端白色。头黑色，额黄色或橙黄色。颈板、翅基片黑褐色，中、后胸各有 1 个橙黄色斑，胸足第 1 跗节灰白色，其余部分黑色。腹部各节具有黄色或橙黄色带。翅黑色，前翅基部通常具黄色鳞片，M_1 斑方形，M_2 斑平截楔形，M_3 斑亚菱形，M_4 斑长形，其上有时附有 1 个小斑，M_5 斑长于 M_6 斑。后翅后缘基部黄色，中室、中室下方及 Cu_2 脉处为透明斑。雄蛾外生殖器背兜侧突窄而短，边缘光滑，左瓣顶端直。**卵** 椭圆形，长径 0.80mm，短径 0.70mm，表面具有放射状不规则斑纹，类似高尔夫球面的斑纹。初产的卵呈乳白色，临近孵化前转变为褐色暗褐色。**幼虫** 初龄幼虫体长 2.0~2.2mm，头宽约 0.6mm；头深绿色，体黄褐色，各体节毛瘤上着生 1~2 根刺毛，腹足淡褐色。大龄幼虫最大体长 22~29mm。头橙红色，颅中沟两侧各有 1 块长形黑斑。体紫黑色。胸部各节有 4 对毛瘤，腹部第 1、2、7 腹节各有 7 对毛瘤，第 3~6 腹节各有 6 对毛瘤，瘤上生有白色细毛并杂以黑色刚毛。气门椭圆形，黑色。腹足橙红色，趾钩单序中带。**蛹** 纺锤形，长 12~17mm，宽 3.6~5.0mm，初期橙红色，羽化前变为灰褐色。下唇须基部，前、中足及翅上各有小黑斑。腹部各节有 2~3 块黑斑。臀棘具钩刺 48~56 枚。

发生特点 据记载，在福建为害黑荆树 1 年发生 3 代，以幼虫越冬。翌年 3 月上旬越冬幼虫开始取食，4 月开始化蛹，5 月中旬成虫羽化。第 1 代幼虫 5 月下旬孵出，7 月中旬化蛹，8 月上旬成虫羽化。第 2 代幼虫 8 月中旬孵出，9 月下旬开始化蛹，10 月上旬成虫羽化。第 3 代幼虫 10 月中旬孵出，11 月中旬进入越冬状态。成虫多在 12~17 时羽化，羽化后 2~3 小时开始飞翔活动，吮吸花蜜。成虫白天活动频繁，无趋光性。羽化后第 2 天开始交尾，交尾多在 15~18 时，交尾历时 18~31 小时。雌蛾一生交尾 1 次。交尾后第 2 天开始产卵。卵多产在寄主叶背面或嫩梢上，排列整齐。卵分 2~3 次产完，第 1 次产卵最多。据室内观察，每雌产卵粒数，最少 36 粒，平均 88

成虫交尾状

成虫背面观

成虫起飞状

卵粒

大龄幼虫背面观

大龄幼虫侧背面观

粒。雌、雄性比 0.6 : 1。卵经 4~9 天孵化，以 1~3 时孵化最多，各代卵的孵化率均在 94.6％以上。幼虫 7 龄，少数 8 龄。初孵幼虫先食卵壳，然后群集于嫩叶上，取食叶肉组织。第 2 龄以后开始分散为害，食叶致缺刻状。第 5 龄后幼虫食量较大，常转枝或转株为害。据测定每只幼虫平均食叶 9.73g。第 6~7 龄幼虫食量最大，占总食叶量的 67.8％。第 1 代幼虫期 44~53 天，第 2 代 38~47 天，第 3 代 176~194 天。各代幼虫为害盛期：越冬代 3 月下旬至 4 月下旬，第 1 代 6 月下旬至 7 月中旬，第 2 代 9 月上、中旬。老熟幼虫化蛹前停止取食，爬向枝梢端部，吐少量丝缠绕于枝叶及虫体上，悬挂于黑荆树小枝上。预蛹期 2~3 天，蛹期 8~16 天。化蛹率 93.5％ ~96.4％。

天敌 已知有稻苞虫黑瘤姬蜂、广黑点瘤姬蜂，据 1988 年调查，寄生率 10.6％；另外还有伞

老龄幼虫背面观

裙追寄蝇，5~6 月在林间常见幼虫被白僵菌寄生。其余天敌情况参考本书"南鹿蛾"的相关内容。

主要控制技术措施 参考本书"南鹿蛾"的油茶鹿蛾类害虫主要控制技术措施。

分布与为害　在我国主要分布于广西、四川、云南、贵州、河南、河北、湖北、西藏、台湾等地。主要为害油茶、桉、茶等寄主的幼苗、幼树等。以幼虫为害叶片及嫩梢，初龄幼虫啃食嫩叶叶肉，使受害叶呈透明状；大龄幼虫取食叶片，使受害叶出现孔洞、缺刻或取食全叶，一般为害不太严重。

形态特征　翅展34~40mm。触角丝状，黑色，尖端1/4处或少于1/4为白色，头黑色，额橙黄色，颈板、翅基片及胸部黑色，中、后胸各具1橙色斑，后胸足跗节第1节白色，腹部黑色，各节具有黄色斑；翅黑色，前翅基部具黄点，翅斑互相分隔，M_1斑圆或椭圆形，M_2斑梯形，M_3斑很宽，M_4斑长形，其上附有小斑点，M_5斑比M_6斑稍大；后翅具1个大斑，黑边较宽，后缘黄色。雄蛾外生殖器背兜侧突边缘齿形，左瓣顶端宽圆。

发生特点　生活史不详。在广西每年5~6月

成虫侧面观

就可见成虫活动，笔者于2012年5月下旬在油茶林内拍摄到成虫停息在油茶树叶上。成虫白天活动，吮吸花蜜、交尾等。成虫夜晚不活动，无趋光性。

天敌　参考本书"南鹿蛾"的相关内容。

主要控制技术措施　参考本书"南鹿蛾"的油茶鹿蛾类害虫主要控制技术措施。

成虫前翅斑纹特征

108	南鹿蛾	别名：鹿子蛾
		学名：*Amata sperbius* (Fabricius)
		分类：鳞翅目 LEPIDOPTERA　灯蛾科 Arctiidae

分布与为害　在我国主要分布于广东、广西、云南等地；在国外分布于缅甸、印度、不丹、泰国、日本等。主要为害油茶、桉树等寄主的幼苗、采穗母株、幼树等，其他寄主有荔枝、龙眼、阳桃、桑、茶等。以幼虫为害叶片及嫩梢，初龄幼虫啃食嫩叶叶肉，使受害叶呈透明状；大龄幼虫取食叶片，使受害叶出现孔洞、缺刻或取食全叶，一般为害不很严重。

形态特征　**成虫**　体长 10~13mm，翅展 24~30mm。体黑色；额白色或黄色；触角丝状，顶端白色，余为暗黑色；后胸具黄斑，腹部第 1 节与第 5 节有金黄色带。翅斑透明，前翅 M_1 斑（近翅基部）方形；M_2 斑（中室上方）梯形；M_3 斑（中室下方）为一枚斜斑；M_4 为一枚长方形斑（靠外缘上方）；M_5 斑比 M_6 斑稍长（M_5 斑位于靠外缘的中间斑，M_6 斑紧挨于 M_5 斑下方，两斑中间有 1 条黑色翅脉相隔）；M_4 斑上方常有 1 透明小斑或透明点；近翅顶处缘毛白色；后翅中室下方有 1 个透明斑，后缘金黄色，2 脉上方有 1 透明点，前翅 4、5 脉由中室伸出；后翅有 3 脉，5 脉从中室下角伸出，6、7 脉融合。雌蛾肛毛簇赭黄色。**卵**　椭圆形，白色。**幼虫**　大龄幼虫体长可达 10~20mm；头红褐色，长有白色细毛；体黑色，密布灰黑色及灰白色短毛，呈绒毛状，背中

线黑色，各体节背侧面着生黑色肉瘤 5 对，分成 2 行，前行 1 对，后行 4 对，每瘤着生 20 余根灰白色细毛；具 4 对腹足，1 对臀足，腹足趾钩半环形。**蛹**　初期黄白色，后期黄褐色或暗褐色，体长约 10mm，胸背及腹部各节有黑斑。

发生特点　1 年发生 2 代，以幼虫越冬。在海南 3 月下旬就能拍摄到成虫，在 4 月就能拍摄到新产卵粒；一般地区成虫 5~6 月及 8~9 月出现。越冬代幼虫在春季等为害油茶、桉树及荔枝树等的春梢嫩叶，第 1 代幼虫 6~7 月为害。成虫昼出性，常在花丛中飞翔并取食花蜜。休息时翅膀张开。南鹿蛾体钝重，加上后翅很小，飞翔力较弱，常可用手捕捉。成虫白天多停息于寄主叶面上交尾，产卵于老叶背面，卵块呈不正形，每块有卵数十粒；每雌可产卵数十粒至上百粒不等，卵期 4~9 天。幼虫孵化后分散为害成叶和老叶。老熟幼虫常吐丝缀叶或在落叶中化蛹，蛹期 10~12 天。

天敌　幼虫期、卵期、成虫期已发现的主要捕食性天敌有草蛉、瓢虫、虎甲、螳螂、猎蝽、胡蜂、蚂蚁、食虫虻、蜘蛛、蛙类、鸟类等；幼虫期、蛹期、卵期已发现的寄生性天敌有赤眼蜂、黑卵蜂、茧蜂、姬蜂、啮小蜂、寄蝇、寄生性病毒、细菌、白僵菌等。这些天敌对害虫种群有重要控制作用，应切实采取有效措施保护利用。

雌成虫

雄成虫

成虫交尾状

成虫在油茶树叶面交尾

幼虫及其蜕皮

幼虫背面观

油茶鹿蛾类害虫主要控制技术措施 在一般情况下鹿蛾类害虫虫口密度不高，不需要进行药物防治。如果出现高密度虫口区需要进行防治，可采取以下防治措施：（1）加强虫情测报。设置固定监测点，定期踏查，严密监视害虫发生发展动态，做好害虫预测预报工作。重点抓好虫源地及低龄幼虫阶段的测报，以指导及时正确防治，提高防治效果。（2）营林技术措施。培育高产油茶林，每年结合施追肥，冬、春季及时抚育、砍杂、择伐、间伐、除草，既可杀灭土中害虫，又可清除害虫中间寄主，促进林木生长。（3）保护利用天敌。鹿蛾类害虫天敌丰富，应尽力设法保护并利用其各类捕食性和寄生性天敌。主要是不滥用化学农药，尽量选用生物农药；使用农药治虫时，要设置天敌保护隔离区；尽量在天敌休眠期或天敌相对安全期用药，尽量避免伤害天敌。（4）生物或仿生制剂防治。若发现有高虫口区，可于害虫低龄幼虫阶段喷洒 2.5％鱼藤酮

新产卵粒

300~500 倍液，或喷洒 1.2％烟参碱乳剂 1000 倍液，或喷洒 25％灭幼脲 3 号 1000~1500 倍液，或每亩用 15~20g 森得保可湿性粉剂 1500~2000 倍液喷雾或加入 30~35 倍中性载体喷粉，或喷洒 10％吡虫啉可湿性粉剂 1500~2000 倍液，或喷洒 1.8％爱福丁乳油 2000~3000 倍液，或喷洒 3％啶虫脒乳油 3000~5000 倍液，或喷施 25％噻虫嗪水分散剂 4000 倍液等，或喷洒 0.36％苦参碱水剂 1000倍液，或喷洒 0.5 亿芽孢 /mL 苏云金杆菌液，或喷洒 1 亿芽孢 /mL 青虫菌乳剂；在气候条件适宜时，也可喷撒 100 亿孢子 /g 白僵菌粉等。

109 清新鹿蛾

学名：*Caeneressa diaphana* (Kollar)

分类：鳞翅目 LEPIDOPTERA　灯蛾科 Arctiidae

分布与为害　黑色亚种，主要分布于江苏、浙江、湖南、江西、福建、广西、广东、海南、贵州等地；指名亚种在我国主要分布于四川、云南、台湾等地，在国外分布于缅甸、尼泊尔、印度等。主要寄主有油茶、茶等人工林，花卉植物及杂灌木等。以幼虫取食寄主植物叶片，一般来说对多数寄主为害不太严重。

形态特征　成虫翅展 32~~54mm，触角雄蛾锯齿形，雌蛾丝状，黑色，末端白色。头黑色，额白色、乳白色、黄色或橙色，颈板乳白色至橙色，中间通常由黑纹分开；翅基片黄色，有黑缘毛；胸部黑色，中胸常具 2 个黄色纵条斑；后胸具黄色、白色或橙色横斑。下胸侧面具黄斑；腹部第 1~7 节具有白色至橙色带，有的在中间断裂，腹末黑色或黄色；翅黑色，翅斑透明，前翅翅斑大小不一，变异较大：M_1 斑与 M_3 斑联合成一大斑；M_1+M_3 斑上方附一斑；M_4 斑上方附一斑，其下方通常也附一斑；前翅基部通常黄色；后翅中室上方及后缘常具黄鳞。黑色亚种 *C. diaphana muirheadi* 翅的黑色部分较多，前翅亚缘区及后翅的中室常具黄鳞翅缘带黄边，橙黄色腹带大多数在背面断裂或较窄，胸部橙黄纵带通常发达，本亚种大小变化较大。指名亚种 *C. diaphana diaphana* 颈斑黄色，胸部有或无黄色纵带，腹部黄带或白带、前两节的带中间断裂，翅大多数透明。

发生特点　未见有报道，笔者于 2018 年 3 月下旬在海南调查时发现该种鹿蛾在油茶树上活动，可能清新鹿蛾在海南以成虫越冬。

天敌　参考本书"南鹿蛾"的相关内容。

主要控制技术措施　参考本书"南鹿蛾"的油茶鹿蛾类害虫主要控制技术措施。

雄蛾头部前面观

成虫正在交尾

学名：*Eressa confinis* (Walker)

分类：鳞翅目 LEPIDOPTERA　灯蛾科 Arctiidae

鳞翅目

灯蛾科

分布与为害　在我国主要分布于广东、广西、云南、台湾、海南、西藏等地；在国外分布于不丹、缅甸、印度、斯里兰卡等。主要寄主有油茶、油桐、桉树、八角等人工林及花卉植物、杂灌木。以幼虫取食叶片致缺刻或孔洞；为害严重时，影响寄主生长、发育、开花、结果及产量。

形态特征　成虫体长约 15mm，翅展 20~34mm。触角双栉状，黑褐色，顶端白色。头顶棕褐色。中、后胸各有 1 个橙黄色大斑，余灰褐色；中胸黄斑近正方形，但后边略呈三角形微突；后胸黄斑略呈横置长方形。足灰褐色或黑褐色。腹部背面、侧面和腹面各具有 1 列黄点。前翅共有 6 块不被鳞片的透明斑：M_1 斑与 M_3 斑联合成一大斑；M_2 斑近梯形（翅中部上方斑）近方形；M_4 斑下方附有一小斑；M_5 斑比 M_6 斑大，靠近中室，M_5 斑与 M_1+M_3 斑之间附一斜斑靠近中室；后翅中室端一白斑，中室下方 1 个斑，2~5 脉间 2 个斑，这些翅斑之间以翅脉分隔，后翅 5 脉从中室下角上方伸出。

发生特点　广西南宁 1 年发生 3 代为主，以幼虫在寄主树枝叶间越冬。4 月中旬开始化蛹，5 月中旬至 6 月上旬为越冬代成虫发生期；第 1、2 代成虫分别于 8~9 月、10~11 月发生。成虫日间活动，夜晚有趋光性。卵以块状裸露产于嫩叶背

自然态成虫翅室特征

面或嫩枝、嫩梢上，卵粒排列较为整齐。每雌可产卵百粒以上。幼虫多数在油茶、油桐林的中、下部为害成叶及老叶。老熟幼虫在寄主林中、上部枝梢吐丝缀叶化蛹或悬挂化蛹。

天敌　参考本书"南鹿蛾"的相关内容。

主要控制技术措施　参考本书"南鹿蛾"的油茶鹿蛾类害虫主要控制技术措施。

雌成虫

雄成虫

自然态成虫交尾态

伊贝鹿蛾

别名： 邻鹿蛾
学名： *Syntomoides imaon* (Cramer)
分类： 鳞翅目 LEPIDOPTERA　灯蛾科 Arctiidae

分布与为害　在我国主要分布于海南、福建、广东、广西、云南、西藏等地；在国外分布于缅甸、印度、斯里兰卡等。主要寄主有油茶、油桐、桉树、金花茶、山茶花、茶树、荔枝、甘蔗、阳桃及多种花卉植物等。以幼虫为害新梢及嫩叶，把叶片吃致孔洞或缺刻；为害严重时，影响寄主生长发育。

形态特征　**成虫**　翅展 24~40mm，体长 10~13mm。体黑色，体背黑色具蓝色光泽。额黄或白色，触角顶端白色，颈板黄色，胸足跗节有白带；腹部基节与第 5 腹节有黄带。前翅中室下方 M_1 与 M_3 透明斑联合成一大斑；中室端半部 M_2 斑楔形，M_4 斑、M_5 斑、M_5 斑较大，M_4 斑上方具一透明小点，M_4 斑、M_5 斑之间在端部有一透明斑、有时缺，M_1+M_3 透明斑上方具 1 透明小斑；后翅后缘黄色，中室至后缘具 1 透明斑、占翅面的 1/2 或稍多，翅顶黑缘宽。**幼虫**　头橙色，体黑色，各体节具毛瘤，瘤上有长毛。**茧**　丝质，较薄。

发生特点　1 年发生以 2 代为主，成虫主要在 5~6 月、8~9 月出现，但笔者在 2008 年 12 月中旬尚在南宁市郊油桐树叶片上拍摄到正在活动的成虫，这至少表明在南宁成虫是越冬虫态之一；或者表明该虫暖冬年份在南宁无明显越冬现象。成虫昼出性，常在花丛中飞翔、吮吸花蜜，休息时两翅张开。此虫体钝，后翅很小，故飞翔力不强，可用手捕捉。成虫有趋光性。常在白天栖息于叶面上交尾。雌蛾产卵于叶背，每雌可产卵数十粒至百余粒。幼虫老熟时吐少量丝缀叶结茧化蛹，或在枯枝落叶层内结薄茧化蛹。

天敌　参考本书"南鹿蛾"的相关内容。

主要控制技术措施　参考本书"南鹿蛾"的油茶鹿蛾类害虫主要控制技术措施。

鳞翅目

灯蛾科

成虫交尾侧背面观

自然态雄成虫

幼虫背面观

自然态雌成虫

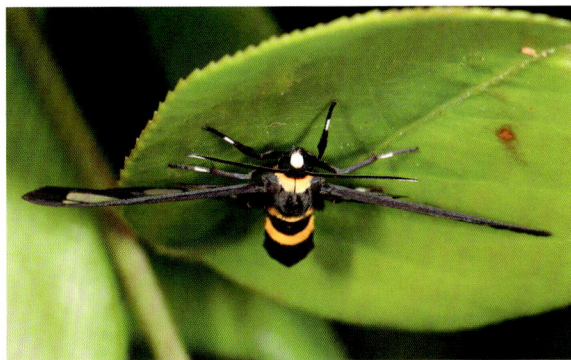
成虫头部前面观

112 条纹艳苔蛾

分布与为害　在我国主要分布于陕西、江苏、浙江、江西、湖北、湖南、福建、广东、广西、海南、四川、云南、西藏、台湾等地；在国外分布于印度、印度尼西亚等。主要寄主有毛竹、柑橘等；油茶林内也常见成虫活动，油茶树为疑似寄主。以幼虫取食寄主叶片，食叶致缺刻、孔洞或蚕食全叶，一般种群密度不高，不会对寄主林造成严重为害。

形态特征　**成虫**　体长约12mm，翅展16~34mm，体色变化较大，由黄色至橙红色，斑纹强弱不等，下唇须顶端、肩角、翅基片、中胸的点黑色，前足大多数暗褐色，中、后足胫节和跗节端部暗褐色。前翅常染红色，特别是前缘区和端区；亚基点1枚，黑色；前缘基部黑边；内线为5条黑短带，在中室内及2A脉上的短带向外移；中线黑色，从前缘向后缘倾斜，稍呈波状；横脉纹为1枚黑点；外线为1列黑短带，在前缘下方向内并缩为一点，位于M_2脉、Cu_1脉、Cu_2脉上的向内移；端线为1列黑点；后翅顶稍染红色，亚端点有时存在。**蛹**　体长约9.5mm，复眼棕褐色，体初期淡黄色或蜡黄色，后变黄褐色。**茧**　长10.5~11.0mm，长椭圆形，茧质较薄，似绒毛状，淡黄褐色。

发生特点　无系统饲养观察记录。笔者于2006年8月8日在毛竹叶上采到的茧带回室内观察，第3天就羽化为成虫，并且有明显的幼虫为害毛竹叶症状。据此推测，该虫1年可以发生数代。油茶林内也常见成虫活动，油茶树为疑是寄主。

天敌　幼虫期、卵期、成虫期已发现的主要捕食性天敌有草蛉、瓢虫、虎甲、螳螂、猎蝽、胡蜂、蚂蚁、食虫虻、蜘蛛、蛙类、鸟类等；幼虫期、蛹期、卵期已发现的寄生性天敌有赤眼蜂、黑卵蜂、茧蜂、姬蜂、啮小蜂、寄蝇、蚂蚁、寄生性病毒、细菌、白僵菌等。这些天敌对害虫种群有重要控制作用，应切实采取有效措施保护利用。

油茶苔蛾类害虫主要控制技术措施　一般情况下，该害虫不会成灾。如果有局部林分种群密度达到防治指标，可以采取以下控制技术措施：（1）加强虫情测报。设置固定监测点，定期踏查，严密监视害虫发生发展动态，做好害虫预测预报工作。重点抓好虫源地及低龄幼虫阶段的测报，以指导及时正确防治，提高防治效果。（2）营林技术措施。培育高产毛竹林，每年结合施追肥，冬、春季及时抚育、砍杂、择伐、间伐、除草，既可杀灭土中害虫，又可清除害虫中间寄主，促进林木生长。（3）保护利用天敌。苔蛾类害虫天敌丰富，应尽力设法保护并利用其各类捕食性和寄生性天敌。主要是不滥用化学农药，尽量选用生物农药；使用农药治虫时，要设置天

自然态成虫

鳞翅目

灯蛾科

茧及预蛹

蛹及其化蛹前幼虫为害状

敌保护隔离区；尽量在天敌休眠期或相对安全期用药，尽量避免伤害天敌。（4）生物或仿生制剂防治。在一般情况下虫口密度不高，不需要进行药物防治。若发现有高虫口区，可于害虫低龄幼虫阶段喷洒 25% 灭幼脲 3 号 1000~1500 倍液，或每亩用 15~20g 森得保可湿性粉剂 1500~2000 倍液喷雾或加入 30~35 倍中性载体喷粉，或喷洒 10% 吡虫啉可湿性粉剂 1500~2000 倍液，或喷洒 1.8% 爱福丁乳油 2000~3000 倍液，或喷施 25% 噻虫嗪水分散剂 4000 倍液等，或喷洒 0.36% 苦参碱水剂 1000 倍液，或喷洒 0.5 亿芽孢 /mL 苏云金杆菌液，或喷洒 1 亿芽孢 /mL 青虫菌乳剂；在气候条件适宜时，也可喷洒 100 亿孢子 /g 白僵菌粉等。

蛹腹面观

113 黄雪苔蛾

学名：*Cyana (Chionaema) dohertyi* (Elwes)

分类：鳞翅目 LEPIDOPTERA　灯蛾科 Arctiidae

分布与为害　在我国主要分布于广西、陕西、四川、云南、江西等地；在国外分布于尼泊尔、印度等。文献记载，苔蛾亚科幼虫多以地衣、苔藓为食，也取食其他人工林。笔者多次拍摄到成虫栖息在油茶树叶上，是否取食油茶叶尚未定论。

形态特征　成虫翅展，雄虫 32~35mm，雌虫 35~44mm。纯白色；前翅亚基线橙黄色短带，内线橙黄色，从前缘向外弯至亚中褶，在亚中褶处向内折角，然后再斜向外，中室端部有 1 个黑点，横脉纹上有 2 个黑点，外横线橙黄色波状纹，外缘线为橙黄色宽带，不达翅顶或臀角，在翅顶下方向内弯；后翅白色，端区染黄色。雄蛾前翅外横线外方前缘下有 1 个黑点。

发生特点　据报道，苔蛾类成虫多在夜间活动，趋光性较强；休息时常将翅折叠呈屋脊状。老熟幼虫作茧化蛹，茧多有体毛和丝组成；化蛹地点多在地面枯枝落叶下或苔藓间，也有在为害的寄主植物上。

天敌　参考本书"条纹艳苔蛾"的相关内容。

主要控制技术　一般情况下，苔蛾类害虫不会大发生，不需要进行防治。如果局部林分需要防治，参考本书"条纹艳苔蛾"的油茶苔蛾类害虫主要控制技术措施。

成虫停息在油茶树叶上

成虫头胸部背面特征

雄成虫前翅翅面特征

114 蓝黑闪苔蛾

学名：*Macrobrochis fukiensis* (Daniel)

分类：鳞翅目 LEPIDOPTERA　灯蛾科 Arctiidae

分布与为害　在我国目前仅知分布于广西、福建、江西等地。文献记载，苔蛾亚科幼虫多以地衣、苔藓类为食，但有些种类也为害人工林及茶树、柑橘、大豆等。笔者多次拍摄到成虫栖息在油茶树叶上，是否为害油茶树叶尚未定论。

形态特征　成虫翅展 50~62mm。头、胸蓝黑色，有光泽，颈板、下胸橙黄色，腹部背面蓝黑色，有光泽，前 3 节覆有黑褐色毛，腹部腹面橙黄色、节间黑褐色；前翅暗蓝灰色，翅脉色深，有闪光；后翅白色，端部翅脉及前缘蓝黑色，缘毛蓝黑色。

发生特点　年发生代数不详，笔者于 2018 年 8 月初在油茶树叶面上拍摄到成虫。据报道，苔蛾类成虫多在夜间活动，趋光性较强；休息时常将翅折叠。老熟幼虫作茧化蛹，茧多有体毛和丝组成；化蛹地点多在地面枯枝落叶下或苔藓间，

自然态成虫翅室特征

也有在为害的寄主植物上。

天敌　参考本书"条纹艳苔蛾"的相关内容。

主要控制技术措施　一般情况下，苔蛾类害虫不会大发生，不需要进行防治。如果局部林分需要防治，参考本书"条纹艳苔蛾"的油茶苔蛾类害虫主要控制技术措施。

成虫侧背面观

巨网苔蛾

别名：巨网灯蛾
学名：*Macrobrochis gigas* (Walker)
分类：鳞翅目 LEPIDOPTERA　灯蛾科 Arctiidae

分布与为害　在我国主要分布于广西、广东、云南、台湾等地；在国外分布于不丹、尼泊尔、印度、孟加拉国等。主要寄主有苔藓、油茶等，以苔藓为主，笔者观察到大龄幼虫也啃食油茶嫩果皮，为害不严重。

形态特征　**成虫**　展翅 65~84mm。头和颈板翅基片内缘橙色至橙红色，胸及翅基片外半黑色，带绿色闪光，下胸橙色；触角黑褐色；下唇须橙色；胸足黑色，前足基节橙色；腹部背面黑色，有白色横带，腹面及腹部末端橙色；前翅黑色，有蓝绿色光泽，基点白色，其外方有 1 个较大的白斑，后缘基部有 1 条白带，中室端部有 1 个白斑，其下方有 1 条白纹，2 脉与 3 脉间基部具 1 条白纹，亚端线白斑位于 8 脉至 2 脉各间隙上。后翅内半部白色，外半部黑色，缘毛灰白色。**幼虫**　体黑色至蓝黑色，密布成束的灰白色长毛，气孔白色，各足趾粉红色。

发生特点　成虫出现于 4~6 月，生活在低、中海拔山区。白天喜访花，夜晚亦具趋光性。幼

大龄幼虫侧面观

虫白天常出现在树干和叶面，主要以苔藓植物为食，其体上的灰白色长毛看起来很可怕，不过没有毒性。据报道，成虫繁殖率较高，一只雌性飞蛾一次产卵可达三四百粒。

天敌　参考本书"八点灰灯蛾"的相关内容。

主要控制技术措施　参考本书"八点灰灯蛾"的油茶灯蛾类害虫主要控制技术措施。

中龄幼虫及为害状

优美苔蛾

学名：*Miltochrista striata* (Bremer et Grey)

分类：鳞翅目 LEPIDOPTERA　灯蛾科 Arctiidae

分布与为害　在我国主要分布于吉林、河北、山东、甘肃、陕西、江苏、浙江、江西、湖南、湖北、福建、广东、广西、海南、四川、云南等地；在国外分布于日本等。系广东、广西早春人工林、灌木林中常见种，主要寄主有大豆、苔藓；笔者多次拍摄到成虫栖息在油茶树叶上，是否为害油茶叶尚未定论。以幼虫取食寄主植物叶片致缺刻、孔洞或蚕食全叶，一般种群密度不高，不会对寄主造成严重为害。

形态特征　**成虫**　翅展，雄虫28~45mm，雌虫36~52mm。头、胸黄色，颈板及翅基片黄色红边；前翅底色黄或红色，雄蛾以红色、雌蛾以黄色占优势；后翅底色：雄蛾淡红色、雌蛾黄或红色；前翅亚基点、基点黑色，内线由黑灰色点连成，中线黑灰色点状，不相连，外线黑灰色，较粗，在中室上角外方分叉至顶角；前、后翅缘毛黄色。**幼虫**　灰黑色。

发生特点　据报道，苔蛾类成虫多在夜间活动，趋光性较强；休息时常将翅折叠呈屋脊状。

成虫侧面观

老熟幼虫作茧化蛹，茧多有体毛和丝组成；化蛹地点多在地面枯枝落叶下或苔藓间，也有的是在为害的寄主植物上。

天敌　参考本书"条纹艳苔蛾"的相关内容。

主要控制技术措施　一般情况下，苔蛾类害虫不会大发生，不需要进行防治。如果局部林分需要防治，参考本书"条纹艳苔蛾"的油茶苔蛾类害虫主要控制技术措施。

成虫停息在油茶树叶片上

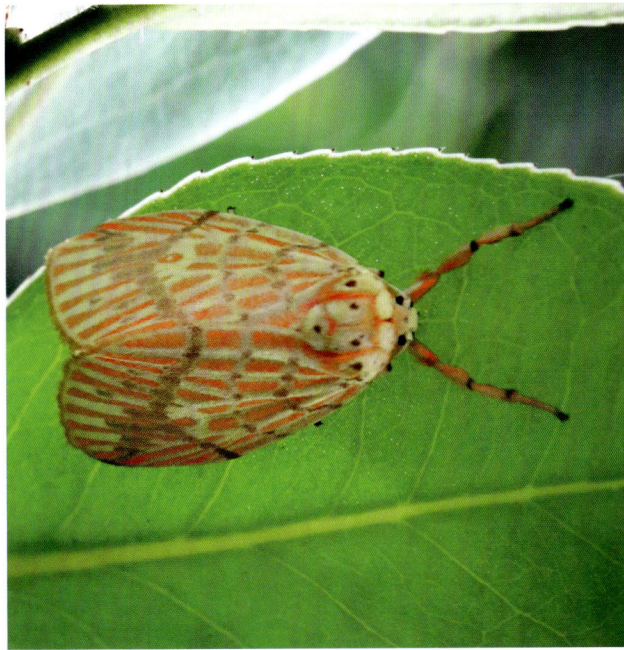
成虫背面斑纹特征

鳞翅目

灯蛾科

117	八点灰灯蛾	学名：*Creatonotos transiens* (Walker)
		分类：鳞翅目 LEPIDOPTERA　灯蛾科 Arctiidae

鳞翅目

灯蛾科

分布与为害　在我国主要分布于山西、陕西、河南、山东、安徽、江苏、浙江、福建、江西、湖北、湖南、广东、海南、广西、四川、贵州、云南、西藏、台湾等地；在国外分布于印度、缅甸、越南、菲律宾、印度尼西亚等。主要寄主有油茶、菜心、白菜、甘蓝等十字花科蔬菜和柑橘、桑叶、茶叶、稻叶等。以幼虫取食叶片造成缺刻或蚕食全叶，为害严重时会影响寄主生长发育。

形态特征　**成虫**　体长 20mm，翅展 36~54mm。头、胸部白色，稍带褐色。下唇须第 3 节、额侧缘和触角黑色；胸足具黑带，腿节上方橙色。腹部背面橙色，雌蛾肛毛簇及腹面白色，腹部各节背面、侧面和亚侧面具黑点。前翅灰白色，略带粉红色，除前缘区外，脉间带褐色，中室上角和下角内、外各具 1 个黑点，其中 1 个黑点不明显。后翅亦灰白色，有时具黑色亚端点 1~4 个。雄虫前翅浅灰褐色，前缘灰黄色，中室亦有黑点 4 个，后翅颜色较深。**卵**　黄色，球形，底稍平。**幼虫**　大龄幼虫体长可达 35~43mm，头褐黑色具白纹，体黑色，毛簇红褐色，背面具白色宽带，侧毛突黄褐色，丛生黑色长毛；气门上线气门线棕黄色。**蛹**　长 22mm，土黄色至枣红色，腹背上有刻点。**茧**　薄，灰白色。

发生特点　1 年发生 2~3 代，以幼虫越冬。翌年 3 月开始活动，5 月中旬成虫羽化，每代历期 70 天左右，卵期 8~13 天，幼虫期 16~25 天，蛹期 7~16 天。笔者在 2019 年 3 月下旬在油茶林内拍摄到成虫，在 2009 年 10 月上旬拍摄到大龄幼虫。据报道，广东 5 月幼虫开始为害，10~11 月进入高峰期，成虫夜间活动，把卵产在叶背或叶脉附近，数粒或数十粒产在一起，每雌可产卵约 140 粒，幼虫孵化后在叶背取食，老熟幼虫多在地面爬行并吐丝粘叶结薄茧化蛹，也有的不吐丝在枯枝落叶下化蛹。

天敌　主要有多种小蜂、姬蜂、茧蜂、螳螂、胡蜂、猎蝽、蚂蚁、蜘蛛、病毒、白僵菌、青虫菌等。这些天敌对害虫有一定的控制作用。其中，茶叶斑蛾颗粒体病毒常在 5、6 月流行，对害虫抑制作用相当明显。

油茶灯蛾类害虫主要控制技术措施　（1）加强虫情监测和预测预报。设置固定监测点，定期踏查，严密监视害虫发生发展动态，做好害虫预测预报工作。重点是正确预报虫源地和低龄幼虫期，以指导防治和提高防治效果。（2）加强营林技术措

成虫侧面观

成虫前背面观

成虫腹部特征

幼虫侧背面观

幼虫背线棕黄色

幼虫气门线棕黄色

施。如结合冬季管理，耕翻土地，或清除树蔸、根际附近的枯枝落叶，尽量消灭越冬虫源。（3）保护天敌。必须采用药剂防治时，不要滥用化学农药，尽量选用生物农药；使用农药治虫时，要设置天敌保护隔离区；尽量在天敌休眠期或相对安全期用药，尽量避免伤害天敌。（4）灯光诱杀成虫。利用成虫有趋光性的特性，在羽化盛期前实施灯光或频谱式杀虫灯诱杀。(5) 生物制剂防治。在害虫发生严重的林分，在低龄幼虫期喷洒1.2％烟参碱1000倍液，或2.5％鱼藤酮乳油300~500倍液，或20％除虫脲悬浮剂1500~3000倍液，或

100亿活芽孢/mL苏云金杆菌乳剂500~1000倍液等。（6）化学药剂防治。在局部害虫高密度林分内，于低龄幼虫期可喷洒农药进行防治，可供选用的常用药剂有2.5％鱼藤酮300~500倍液，或1.2％烟参碱乳剂1000倍液，或10％吡虫啉可湿性粉剂1000~2000倍液，或3％啶虫脒乳油3000~5000倍液，或25％噻虫嗪水分分散剂2000~3000倍液等喷雾；由于此类害虫虫体有蜡粉，非乳剂型药液中（如可湿性粉剂）若加入0.3％~0.4％的柴油乳剂或黏土柴油乳剂，可显著提高防治效果。

粉蝶灯蛾

学名：*Nyctemera plagifera* (Walker)

分类：鳞翅目 LEPIDOPTERA　灯蛾科 Arctiidae

分布与为害　在我国主要分布于北京、内蒙古、河南、浙江、福建、江西、湖北、湖南、江苏、广东、广西、海南、四川、云南、西藏、台湾等地；在国外分布于日本、印度、尼泊尔、马来西亚、印度尼西亚等。主要寄主有油茶、柑橘、狗舌草、菊科（菊芹属、飞蓬属、菊三七属、毛连菜属、千里光属）、无花果等，为害绿肥作物叶果等。以幼虫取食寄主植物叶片，造成缺刻或蚕食全叶，为害严重时会影响寄主生长发育。

形态特征　**成虫**　展翅宽 44~56mm。头黄色，颈板黄色，额、头顶、颈板、肩角、胸部各节具 1 个黑点，翅基片具黑点 2 个；腹部白色、末端黄色，背面、侧面具黑点列；前翅白色，翅脉暗褐色，中室中部有一暗褐色横纹，中室端部有一暗褐色斑，Cu_2 脉基部至后缘上方有暗褐纹，Sc 脉末端起至 Cu_2 脉之间为暗褐色斑，臀角上方有一暗褐斑，臀角上方至翅顶缘毛暗褐色；后翅白色，中室下角处有一暗褐斑，亚端线暗褐斑纹 4~5 个。本种为同属中最常见的灯蛾。雌雄差异不大。**幼虫**　头部及腹足粉红色至橙红色，体背及胸足黑色；各节背面及侧缘具长毛丛；背中央有

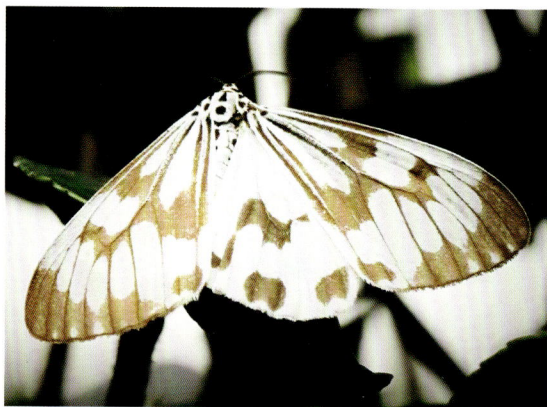
成虫前翅背面特征

白色横纹排列呈纵带，各体节侧面也有白色斑。**蛹**　土黄色至枣红色，蛹体上散布黑色斑，腹背上有刻点。**茧**　薄，灰白色。

发生特点　无系统观察资料。成虫出现于 3~12 月，外观拟态粉蝶，昼行性，行动比较缓慢，白昼于阳光下喜访花采蜜，夜晚亦具趋光性。除了冬季外，成虫生活在平地至中海拔山区。

天敌　参考本书"八点灰灯蛾"的相关内容。

主要控制技术措施　参考本书"八点灰灯蛾"的油茶灯蛾类害虫主要控制技术措施。

成虫后翅背面特征

蛹侧面观

弧角散纹夜蛾

学名：*Ecallpistria duplicans* (Walker)

分类：鳞翅目 LEPIDOPTERA　夜蛾科 Noctuidae

分布与为害　在我国主要分布于山东、江苏、浙江、江西、台湾、福建、海南、四川等地；在国外分布于日本、朝鲜、缅甸、印度等。目前所知以幼虫为害油茶、海金莎等植物，因为该虫在分类地位上接近斜纹夜蛾，故其他寄主植物可参考本书"斜纹夜蛾"的相关内容；未见因该夜蛾大发生成灾的报道。

形态特征　成虫体长 11~13mm；翅展 24~32mm。头部及胸部褐色杂黑色，额两侧有白斑，头顶及颈板大部黑色，中部各有一白色横线；雄蛾触角基部 1/5 处弯曲成弧状，无鳞齿；中、后足胫节及第 1 跗节有长毛；腹部暗褐色，各节末端淡黄色；前翅棕褐色，翅脉淡黄色，基线双线，灰白色至白色，两侧黑色；内线双线白色至灰白色，弯曲，线间黑色；环纹白色马蹄形，窄斜；中线不清；肾纹白色近似梯形，中间黑褐色，中央有一黑曲条及一褐曲纹；外线单线黑色，大角度弯曲，线间白色，外侧较宽红褐色；亚端线灰白色或黄白色，曲度大，锯齿形，在 4 脉处齿尖达端线；端线为一细条黄白色或白色线；缘毛棕褐色；后翅灰棕色，微有黄色光，缘毛灰棕色。

发生特点　缺乏系统资料。仅知分布于低海拔森林地带，成虫主要发生于春夏季，笔者 5 月底在油茶林内拍摄到成虫。

天敌　参考本书"斜纹夜蛾"的相关内容。

主要控制技术措施　未见该夜蛾大发生。防治可参考本书"斜纹夜蛾"的油茶夜蛾类害虫主要控制技术措施。

成虫背面观

成虫背面斑纹特征

鳞翅目

夜蛾科

120 斜纹夜蛾

别名：连纹夜蛾
学名：*Spodoptera litura* (Fabricius)
分类：鳞翅目 LEPIDOPTERA 夜蛾科 Noctuidae

分布与为害 在我国各地均有分布；在国外分布于非洲、亚洲的热带、亚热带地区。寄主很多、很杂，主要为害油茶组培苗、扦插苗、实生苗，桉树组培袋苗、采穗母株、桉扦插袋苗、管苗、茶苗等，还为害蓖麻、美人蕉、荷花、睡莲、菊花、山茶等200多种植物。初孵幼虫取食叶肉，第2龄以后分散为害，第4龄以后进入暴食期，可将整株叶片吃光，是各地油茶及桉树组培苗、采穗（母株）圃、扦插苗圃、管苗、实生苗的苗期及新移栽苗阶段最重要的害虫之一。

形态特征 **成虫** 体长14~21mm，翅展33~42mm，全体灰褐色间白色，雄蛾色较深，喙发达，下唇须灰褐色，各节端部有暗褐色斑，向上伸，第2节达额中部，第3节短，上竖。复眼大而圆。雄蛾触角有纤毛。胸部背面灰褐色，附有鳞片及少数毛，后胸有分裂的毛簇；翅基片褐色，边缘灰黄色。前翅褐色（雄蛾较深），斑纹复杂，基线不显；内线灰黄色，波浪形，在臀脉之后向内弯曲；中线不显；外线灰色，波浪形，第2肘脉后方向外弯；亚端线和端线褐色，近于并行，末端略向内弯；环纹不显；自环纹处向后为一褐灰色斑；肾纹黑褐色，内侧灰黄色，外侧上角前方有一枯黄色斑；环纹与肾纹间有宽阔斜纹，由3条黄白色线组成，故得其名；中室M~Cu脉黄白色，将该斜纹横切；内线和基线间棕褐色杂蓝灰色；除缘脉处为灰黄色条纹外，其后有一叉形纹；外线的外方，从翅尖起达后缘有灰蓝色斑，向后形成一弯曲内凹的宽带（雌蛾色灰黄）；端线内方各纵脉间有黑色小点，亚端线内侧有1列尖黑纹；缘毛褐色与白色相间成锯齿状。后翅银白色，半透明，微闪紫光，翅脉及外缘淡褐色，横脉纹不显，横脉白色，缘毛白色。足褐色，各足胫节有灰色毛，均无刺，各节末端灰色。腹部背面褐灰色，第1、2、3节背面有褐色毛簇，主要为鳞片。**卵** 半球形，顶部圆平，卵孔易见，表面有纵横脊纹，花冠2~3层，第1层菊花瓣形，9~10瓣；第2层略宽短，不规则形，16~17瓣；第3层不规则，与纵棱相连，11~16瓣。卵初为黄白色，孵化前灰褐色。产卵成块状，外被黄色绒毛，每块约300粒。**幼虫** 大龄幼虫体长可达38~51mm；幼虫体色因龄期、食料、季节而变化：初孵幼虫呈绿色，第2~3龄呈黄绿色，老熟时黑褐色；背线和亚背线橘黄色，第2、3节背线和亚背线两侧各有两个小黑点，第3、4节间有一黑色横纹，横贯于亚背线与气门线间，第10、11节亚背线两侧各有一黑点，气门黄色，气门线上亦有黑

成虫停息在油茶树上

活体成虫侧面观

停息在灌木朱槿上

展翅成虫背面观

卵块

卵块盛孵期

点。中胸至第9腹节亚背线内侧有半月形或三角形黑斑1对，中、后胸黑斑外侧有橘黄色圆点。

蛹 圆筒形、赤褐色，体长18~20mm，气门黑褐色，后缘为锯齿状，其后并有一凹陷的空腔；腹部第4~7节背面前缘及第5~7节腹面密布圆形刻点，末端臀刺1对。

发生特点 各地年发生代数不同，华中1年5代，以蛹越冬；华南7~9代，南宁1年四季都发生为害，冬季各虫态均有发生，以5~7月为害最严重，世代重叠。南宁卵期4~5天，幼虫历期13~21天，蛹期一般5~9天。成虫白天羽化，黄昏及夜间活动，多在开花植物上取食花蜜，然后才交尾产卵。一般羽化后3~5天为产卵盛期，产卵历期5~7天，雌虫一生产卵8~17块，1000~2000粒，卵多产在茂密浓绿的植株上，植株中部着卵较多。卵块多产于叶背。初孵幼虫常数十至数百条群集在寄主叶背，将叶肉吃光，留上表皮，呈透明状斑块，并能吐丝随风传播；第2龄以后开始分散，第3龄后隐藏叶背，幼虫共6龄。老熟幼虫在土中作土室化蛹。成虫对糖、酒、醋等发酵物及黑光灯都有很强的趋性。成虫飞翔力强，一次可飞几十米远，高可达10m以上。幼虫晴天躲在荫蔽处很少活动，傍晚出来取食，至黎明又躲起来，一般以21~24时为害最烈。

天敌 甚多，有广赤眼蜂、黑卵蜂、茧蜂、姬蜂、胡蜂、土蜂、步甲、螳螂、猎蝽、寄生蝇、蚂蚁、蜘蛛、细菌、真菌、病毒等。天敌对害虫种群有重要控制作用，应加强保护利用。

油茶夜蛾类害虫主要控制技术措施 （1）加强虫情测报。设置固定监测点，定期踏查，严密监视害虫发生发展动态，做好害虫预测预报工作。重点抓好虫源地及低龄幼虫阶段的测报，以及时正确指导防治。努力做到把害虫消灭在点块状为害期的低龄幼虫阶段。（2）营林技术措施。

低龄幼虫

大龄幼虫

老龄幼虫正在取食

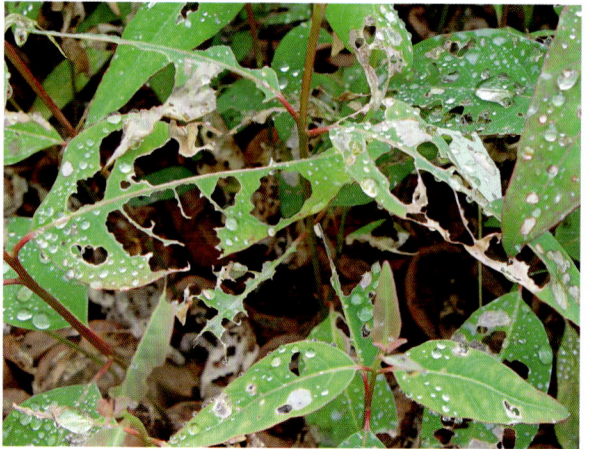
对桉树组培苗的为害状

加强苗圃巡查管理，及时发现虫情。（3）人工防治。根据害虫的产卵习性，人工摘除卵块、初孵幼虫群集为害的叶片，以降低虫口密度。根据为害状，查找出幼虫，及时处死。（4）灯光或糖醋酒液诱杀：利用成虫夜间有趋光的习性，用黑光灯或频谱式杀虫灯诱杀成虫。利用成虫的趋化性，用糖∶醋∶酒∶水=3∶4∶1∶2等混合液诱杀成虫。（5）保护利用天敌。害虫天敌比较丰富，对害虫种群有重要控制作用，切实应加强保护利用。必须采用药剂防治时，不要滥用化学农药，尽量选用生物农药；使用农药治虫时，要设置天敌保护隔离区；尽量在天敌休眠期或相对安全期用药，尽量避免伤害天敌。（6）生物或仿生制剂防治。在害虫低龄幼虫阶段可选用以下药剂防治，

如喷洒0.36%百草1号1000倍液，或喷洒25%灭幼脲3号2000倍液，或每亩用15~20g森得保可湿性粉剂1500~2000倍液喷雾或加入30~35倍中性载体喷粉，或喷洒0.5亿芽孢/mL苏云金杆菌液，或喷洒20%虫酰肼悬浮剂1500~2000倍液等。（7）化学制剂防治。在害虫低龄幼虫或虫龄稍大阶段时，可选用下列化学药剂喷洒：2.5%鱼藤酮300~500倍液，或1.2%烟参碱乳剂1000倍液，或10%吡虫啉可湿性粉剂1000~2000倍液，或3%啶虫脒乳油3000~5000倍液，或25%噻虫嗪水分分散剂2000~3000倍液等喷雾；由于此类害虫虫体有蜡粉，非乳剂型药液中（如可湿性粉剂）若加入0.3%~0.4%的柴油乳剂或黏土柴油乳剂，可显著提高防治效果。

分布与为害　在我国主要分布于浙江、广西、台湾等地。主要寄主有油茶及禾本科类植物。以幼虫取食嫩芽、芽苞及嫩叶等，对苗木及幼树影响较大，未见有单独大发生的报道。

形态特征　成虫翅展 33~45mm。体茶褐色，腹面灰色；翅茶褐色，前翅亚端部下方有黑底、蓝色双心及蓝白色瞳点的大眼斑 1 个，眼斑周围色稍淡；后翅后缘区与亚端区色稍淡，后缘区有 2 个单心蓝白色瞳点眼斑，位于第 2、3 室；臀角处有 1 个小眼斑，1 个小眼点。翅反面有 2 条暗色带，并有灰褐色细纹相间；前翅反面眼斑如正面；后翅反面眼斑 6 个，每两个互相靠近，臀角上的两个相对最大。

发生特点　在华南地区 1 年可发生多个世代。成虫 4 月初至 10 月末均能见到。不访花。飞行较迅速，路线不规则，常活动于林缘及林间阴处。作者在广西南宁油茶林内于 3 月中旬就拍摄到成

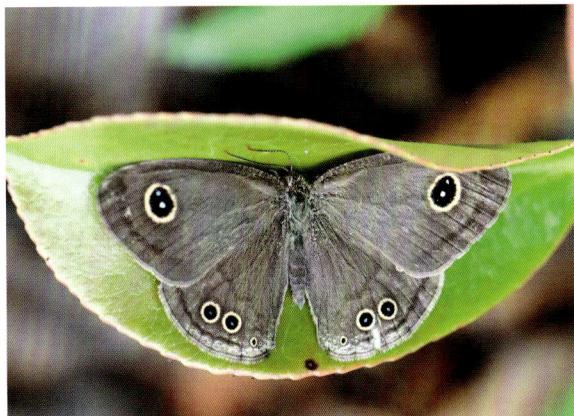

成虫停息在油茶叶上

虫活动。

天敌　参考本书"玳灰蝶"的相关内容。

主要控制技术措施　一般情况下该害虫种群密度不高，不需要进行化学防治。如果局部林分达到防治指标，参考本书"玳灰蝶"的油茶蝶类害虫主要控制技术措施。

成虫背面观

成虫腹面观

鳞翅目

眼蝶科

鳞翅目

粉蝶科

分布与为害　在我国主要分布于广西、广东、海南、福建、台湾、云南等地；在国外分布于越南、泰国、缅甸、不丹、菲律宾、印度、马来西亚、印度尼西亚等。主要寄主植物有油茶、海桑、柿树及桑寄生科、檀香科、大戟科等。以幼虫群集取食为害，幼虫第 3 龄以后食量剧增，导致植物叶片只留下主叶脉，严重时全株叶片都被取食殆尽，严重影响寄主生长发育和产量。

形态特征　雄成虫体长 20~27mm，翅展 48~76mm。头、胸部黑色，被灰色毛。复眼茶褐色。触角黑褐色，腹部背面灰黑色，侧面腹节上有灰白色鳞片，腹面灰白色。翅黑色，前、后翅各有白色、近圆形或三角形小横脉斑 1 个。前翅中室端半部、两 Cu 脉间及 Cu 脉和 A 脉间有 3 个淡蓝灰色长斑，在 Cu 脉和 A 脉间的斑较长而且明显；近外缘有 7~8 个大小不等的灰白色戟形斑，排成弧形，尖端向内。后翅正面基部有灰白色长毛；3A 室的末端和 2A 室及 Cu_2 室的中域各有 1 个亮黄色斑，形成 1 个内缘斑块；在中域经过中室端半部有 1 个前窄后宽的淡蓝灰色斑带，向前达到后翅前缘，后部并入黄色内缘斑块；近外缘有 5 个灰白色戟形斑，Cu_2 室的有时为黄色。翅反面黑色。前翅有明显的灰白色中域斑带，向前止于

Sc 脉，向后到臀角；后翅近基部有 1 条深红色弧形带，从前缘一直到后缘；内缘斑块同翅正面，另外在中室的端半部有 1 个大的黄斑，3 个近卵形的黄色外缘斑分布在 R_1、R_2 和 M_1 室上，3 个黄色的长条斑分布在 Cu_1、M_3、M_2 室的端半部，在中室基半部的上方还有 2~3 个小黄斑，后翅反面的黄斑均为鲜黄色。雌蝶体长 20~23mm，翅展 60~82mm。翅正面黑褐色，前、后翅中域的斑带呈暗灰白色；近外缘的戟形斑大而暗淡；后翅内缘斑区为灰白色。其余特征同雄蝶。雄性外生殖器，爪状突粗壮，端部的 3 个分支不明显，两侧的仅为膨大状的突起；抱器瓣三角形，长度大于宽度，末端突起较钝；囊状突短圆；阳茎短于抱器瓣的长度，端部较粗，基部稍有弯曲，有粗指状突。雌性外生殖器，产卵瓣椭圆形，前、后表皮突细长；前阴片形状不规则，基部和中央加厚，呈皱褶状；囊导管较细，与交配囊接近等长；囊突较小，花生形，两侧的椭圆球上有齿状突起。

卵　圆筒形，顶端较尖，直立；直径 0.6~0.7mm，长约 14mm。顶部有 9~10 个刺状突，每个刺状突之间有向顶部延伸的纵脊 18~20 条。初产时淡黄色，后变为深黄色。**幼虫**　大龄幼虫体长可达 30~35mm。头和臀板黑褐色。足黑色。前胸背板

自然态成虫

成虫羽化

为害柿树桑寄生的黄粉蝶幼虫

及各体节棕红色。中胸及以后各节具黄色横带，半环于体背、侧面，其上有数根黄色长毛排成一横列。腹足 5 对，趾钩为三序中带，一侧有小趾钩数枚。**蛹** 体长 22~28mm，纺锤形。初为橘红色，后变为棕红色至黑褐色。气门和腹端部黑色。第 3~8 腹节背面有黄色横带。头部有 3 个向前伸的瘤状突。前、中胸背部隆起，中部脊突隆起呈屋脊状。后胸有脊突。第 3~8 腹节背部脊突前端隆起成瘤状突。两侧中部各有 1 个小突起。第 3、5 腹节背两侧各有 1 个，第 4 腹节有 1 对瘤状突。腹末臀棘端部平截，其上有钩状刺百余枚。

发生特点 成虫多在早晨或上午羽化，刚羽化的成虫攀于蛹壳上，待展翅后即可飞翔。成虫喜阳光，多在中午交尾，天气晴朗时活动频繁，飞行较慢，常访花，高温会降低成虫的活动能力。交尾前雌、雄成虫婚飞，雄蝶追逐雌蝶，持续约 2 小时；婚飞后，停留在寄主植物或其附近的植物上交尾。成虫产卵呈块状，产于叶面，很少产于叶背，每个卵块有卵 60 余粒至百余粒，平均 80 余粒，按一定距离排列成行。每产 1 个卵块所需时间长达 15 分钟。雌虫怀卵量为 140~220 粒。初孵幼虫吃光卵壳后即取食叶表面，第 2 龄后从叶缘取食，造成缺刻。随虫龄增大，食量大增，常

幼虫被茧蜂寄生

吃完一根枝条上的叶片后即转移到其他枝条上为害，可造成秃枝和光干。幼虫群集性很强，从同一卵块孵化出的幼虫，幼龄期全部群集在一起取食，高龄幼虫常分散成小群。群集的幼虫互叠成团或头靠头同向排列在一起，当受惊时则吐丝下垂。第 5 龄幼虫可四处爬行，活动能力强；老熟幼虫分散或成串地在寄主枝叶上或爬到寄主树周围杂草上化蛹。

天敌 寄生性天敌主要有蛹期的黑纹囊爪姬蜂、黄盾驼姬蜂指名亚种、广大腿小蜂、茧蜂、寄生蝇等，在 11 月，广大腿小蜂对该害虫蛹期寄生

姬蜂正在黄粉蝶蛹体上产卵

率高达 70%~85%；捕食性天敌有螳螂、蚂蚁、步甲、猎蝽、蜘蛛、鸟类等；病原微生物有核型多角体病毒、苏云金杆菌、球孢白僵菌等。天敌对害虫有重要控制作用，应加强保护利用。

主要控制技术措施 一般情况下种群密度不高，不需要进行化学防治。偶有局部高虫口区，其主要控制技术：（1）加强预测预报。设置固定监测点，定期踏查，严密监视害虫发生发展动态，做好害虫预测预报工作。重点抓好虫源地和害虫低龄幼虫期预报，指导及时防治，控制害虫扩散蔓延，提高防治效果。（2）营林技术措施。合理密植，促进林分通风透光；结合追肥、加强中耕除草、合理修剪等田间管理，促进林木生长发育，提高林分综合抗虫能力。（3）保护利用天敌。该类害虫天敌丰富，对害虫有重要控制作用，应切实加以保护利用。主要是不滥用化学农

蛹

药，需要使用农药治虫时，尽量选用生物农药或低毒化学农药；要设置天敌保护隔离区；尽量在天敌休眠期或相对安全期用药，尽量避免伤害天敌。（4）人工防治。针对该害虫低龄幼虫期群集在叶面为害的特点，重点是巡查，若发现有幼虫为害，以人工捕捉、消灭幼虫为主。

123 玳灰蝶

学名：*Deudorix epijarbas menesicles* Fruhsterfer

分类：鳞翅目 LEPIDOPTERA　灰蝶科 Lycaenidae

分布与为害　在我国主要分布于广西、广东、福建、海南、台湾、重庆等地；在国外分布于东南亚各国及印度、澳大利亚等。主要寄主有油茶、豆科植物等。害虫以幼虫钻蛀嫩芽，取食嫩芽和芽苞等，对苗木及幼树影响较大，未见有单独大发生的报道。

形态特征　**成虫**　体长（翅除外）8.5~9.0mm；展翅长23~25mm。复眼互相接近，其周围有一圈白毛；触角短，锤状，每节有白色环。雄蝶翅正面呈橙红色，前翅前缘、顶角和外缘连有宽黑带，并在后角折向后缘，臀域有1条细黑带；后翅前缘黑褐色，臀域灰色，外缘线及脉纹均呈黑色，臀角叶状突出，内有橙色环围绕的黑斑，尾突细长。雌蝶翅正面为褐色。雌、雄蝶翅反面均为明亮的灰褐色（玳瑁色），有白色细线组成的波状纹3条；后翅叶状，黑褐色，在Cu_2端部有1个包黄环的圆形黑斑，斑下有蓝色细线。**卵**　半圆球形，精孔区凹陷，表面满布多角形雕纹。**幼虫**　蛞蝓型，即身体椭圆形而扁，边缘薄而中间隆起；头小，缩在胸部内；足短。体背具4行肉质小突起，小突起顶端有细毛；第7节背板上常有腺开口，其分泌物为蚂蚁所爱好，故此虫与蚂蚁共栖。**蛹**　体长10~11mm；缢蛹，椭圆形，光滑或被细毛，化蛹在丝巢中，丝巢结在植物上或地面落叶上。

发生特点　缺乏研究，也未见相关资料报道。作者林间粗略观察，该害虫至少在9~10月发生一个世代，9月中旬害虫的幼虫已发育至中到大龄期，9月底至10月化蛹，10月中、下旬成虫羽化，11月成虫产卵，散产在嫩芽上，以卵或幼虫越冬。

天敌　卵期天敌主要有多种寄生蜂。幼虫期寄生性天敌有多种茧蜂、姬蜂、寄蝇等；捕食性天敌有多种步甲、猎蝽、螳螂、蚂蚁、青蛙、蜘蛛等；幼虫期还容易感染多种微生物寄生。这些天敌数量丰富，对害虫有重要控制作用，应确实加强保护利用。

油茶蝶类害虫主要控制技术措施　一般情况下种群密度不高，不需要进行化学防治。如果局部林分需要防治，其主要控制技术：（1）加强预测预报。设置固定监测点，定期踏查，严密监视害虫发生发展动态，做好害虫预测预报工作。重点抓好虫源地和害虫低龄幼虫期预报，及时指导防治，控制害虫扩散蔓延，提高防治效果。（2）营林技术措施。合理密植，促进林分通风透光；结合追肥、加强中耕除草、合理修剪等田间管理措施，促进林木生长，提高林分综合抗虫能力。（3）保护利用天敌。该类害虫天敌丰富，对害虫

自然态成虫背面观

自然态成虫侧面观

展翅成虫背面观

展翅成虫腹面观

幼虫从芽苞中钻出

幼虫转移为害

化蛹特征

蛹侧背面观

有重要控制作用，应切实加以保护利用。主要是不滥用化学农药，需要使用农药治虫时，尽量选用生物农药或低毒化学农药；要设置天敌保护隔离区；尽量在天敌休眠期或相对安全期用药，尽量避免伤害天敌；（4）人工防治。针对该害虫主要为害嫩芽的特点，重点是巡查苗期及幼林期嫩芽，若发现有幼虫为害，以人工捕捉、消灭其中的幼虫为主。

（二）刺吸性害虫

<table>
<tr><td rowspan="3">**1**</td><td rowspan="3">**中华管蓟马**</td><td>**别名：**中华简管蓟马、中华单管蓟马、华管蓟马、中华皮蓟马</td></tr>
<tr><td>**学名：***Haplothrips chinensis* Priesner</td></tr>
<tr><td>**分类：**缨翅目 THYSANOPTERA　管蓟马科 Phlaeothripidae</td></tr>
</table>

分布与为害　在我国属广分布种，各地均有发生，长江流域以南地区为害比较严重，为害多种经济林木、园林花卉及农作物等。蓟马的成虫、若虫对花内各器官如心皮、花瓣、花药等的表皮，用其锉吸式口器刮锉，即先用上颚口针制造切口随后1对下颚口针刺入组织内吸取汁液。为害严重时，使嫩芽、心叶呈黄色斑点或凋萎，叶片卷曲，或全叶枯黄；花器被害后，初期呈锈斑，但花朵很快凋谢；随果实的生长发育，受害表皮组织增生并木栓化，逐步形成疮痂。故该害虫严重影响园林花卉植物的观赏价值，经济林及农作物的产量和品质。

形态特征　雌成虫体长1.5~2.0mm，体黑褐色或红褐色，略有光泽；头长于前胸。触角8节，第1、2、7、8节与体同色，其余各节淡黄色。复眼后鬃1对，后缘角具鬃2对，前胸背板上各主要鬃端部均扁钝。前翅中央略收窄，前翅端部后缘间插缨7~9条。前足胫节黄褐色，中、后足胫节褐色。雄虫体色同雌虫，但较小。

发生特点　各地年发生代数不同：华南地区1年可发生15代左右，世代重叠，越冬现象不明显，在广西玉林全年可以见到活动踪迹；据杨子

成虫群集为害油茶花

雌及雄成虫

成虫背面观

成虫交尾

琦等报道，少数北方地区 1 年发生 1 代。成虫靠飞行、若虫靠迅速爬行不断转移为害及繁殖场所。生殖方式有两性生殖、孤雌生殖和卵胎生；雄性少见，以孤雌生殖为主，借此特点，故可广泛分布。趋花性极强。每雌可产卵 15~30 粒。若卵产于植物体表，极易干燥或被天敌捕食，故卵死亡率较高；若卵产于花朵内侧成活率较高。卵期约 3 天。若虫（包括前蛹和蛹）有 4~5 龄，形似成虫，既有外生翅芽的前蛹期，又有静止态蛹期，属过渐变态类型。春末夏初，或南亚热带的秋末冬初、平均气温高于 15℃以上，该虫可以活动取食、繁殖、为害；凡是气温偏高、又比较干旱的年份和干旱的季节，该虫为害会加剧和流行。当气温降到 8℃时，该虫就躲在花朵内，不取食；当降至 4℃以下时，该虫就躲到树冠下 3cm 以上浅松土层中栖息越冬。

天敌 天敌很多，如小花蝽、华野姬猎蝽、蝇纹瓢虫、四条食蚜蝇、草间小黑蛛、中华草蛉等，对害虫均有一定抑制作用，应加强保护利用。

主要控制技术措施 （1）加强植物检疫措施。对苗木、果实、种子等材料外运前要实施检疫，并进行药剂熏蒸处理，严防扩散传播。（2）加强预测预报。设置固定监测点，定期踏查，严密监视害虫发生发展动态，做好害虫预测预报工作。重点是监测虫源地和害虫若虫盛孵至初龄若虫盛期，指导及时准确施药，提高防治效果。（3）营林栽培措施。清除害虫发生区枯枝落叶及杂草，进行秋翻，降低虫源。（4）保护利用天敌。蓟马天敌种类多，对害虫有明显抑制作用，应加强保护利用，重点保护天敌优势种。主要是不滥用化学农药，尽量选用生物农药或低毒化学农药；使用农药治虫时，要设置天敌保护隔离区；尽量在天敌休眠期或相对安全期用药，尽量避免伤害天敌。（5）药剂防治。及时发现虫源地，在害虫发生初期及时喷药防治，可供选择的药剂有：10%吡虫啉可湿性粉剂 1000~2000 倍液，3%啶虫脒乳油 3000~5000 倍液，烟草水 50~100 倍液，中性洗衣粉 200 倍液，25%噻虫嗪水分散剂 2000~3000 倍液等；由于此类害虫虫体有蜡粉，非乳剂型药液中（如可湿性粉剂）若加入 0.3%~0.4%的柴油乳剂或黏土柴油乳剂，可显著提高防治效果。

2 岱蝽

学名：*Dalpada oculata* (Fabricius)

分类：半翅目 HEMIPTERA　蝽科 Pentatomidae

分布与为害　在我国主要分布于广西、广东、福建、云南等地；在国外分布于越南、日本、印度、马来西亚、印度尼西亚等。主要寄主有油桐、油茶、竹、板栗、油橄榄、柑橘、松、油杉、苦楝、泡桐、椿、麻栎、黄檀、凤凰木、白背野桐、木荷、榆、蚬木等。以成虫、若虫刺吸寄主嫩梢、嫩芽、叶片、叶柄、花穗及幼果等的汁液，严重时影响嫩芽发育、新梢生长，可导致枯梢、枯芽、落花、落果等。

形态特征　成虫体长 14~17mm，体宽约8mm，前胸侧角宽约 8.2mm。体椭圆形。头中片端部黑色，余淡黄褐色杂黑色刻点。眼黑褐色。触角除第 2、3 节端部及第 4、5 节基段黄褐色外，余为黑色。前胸背斑隐约具 4~5 条粗黑纵带；侧角黑色，顶端黄色。小盾片两基角黄斑圆而大，末端黄色。侧接缘黄、黑色相间。胫节两端黑色，中段黄色。头侧叶与中叶等长。触角 5 节。前胸背板前侧缘粗锯齿状，侧角结节状，翘起，末端平钝，有黄点。前足胫节的外侧扩大成较宽的叶片状，宽于胫节本身的宽度；前足胫节基部及端部黑色，中段黄白色。第 1、2 跗节全部、爪基部黄白色，余为黑色。前足腿节背面黄白色，腹面基部黄白色，端部黄褐色。中、后足黄白色，腿节端部、胫节基部及第 3 跗节黑色杂黄色点。翅革片黄褐色，黑色刻点混杂相间；膜片黑褐色。喙基部黄白色，端部黑褐色，喙之长度略超过后足基节基部。体腹面黄褐色，其周边有相连的黑斑线；中胸腹板中部、第 2 腹节腹板上有 2 块，第 5 腹节腹板中央有 1 块黑色斑。

发生特点　初步观察，1 年发生 1 代，以成虫躲在寄主叶背或枯枝落叶层内越冬。4~5 月越冬成虫开始活动取食，5~6 月产卵，7 月以后陆续死亡。当年若虫多数于 6 月孵化，8 月陆续羽化为成虫，10 月开始蛰伏越冬。每年 3~5 月为越冬成虫为害期，7~11 月为当年若虫、成虫为害期。成虫多产卵于叶片背面，10~20 粒聚生呈卵块状。

天敌　天敌较多，有寄生蜂、平腹小蜂、金小蜂、蚂蚁、螳螂、草蛉、蠋敌、蜘蛛、鸟类等。其他天敌情况参考本书"油茶宽盾蝽"的相关内容。这些天敌对害虫种群有一定控制作用，要加强保护利用。

主要控制技术措施　若局部林分害虫种群密度很高，对寄主为害很严重，必须进行有效控制时，参考本书"油茶宽盾蝽"的油茶蝽类害虫主要控制技术措施。

成虫为害油茶树嫩枝

成虫在油茶树叶背活动

成虫腹面观

成虫触角及前足特征

中龄若虫

卵块

成虫交尾状

3	麻皮蝽	别名：黄斑蝽、臭屁虫
		学名：*Erthesina fullo* (Thunberg)
		分类：半翅目 HEMIPTERA　蝽科 Pentatomidae

分布与为害　在我国主要分布于华南、西南、华东、华中、华北及台湾、辽宁等地；在国外分布于日本、缅甸、印度、斯里兰卡、安达曼群岛等，属东洋区系。主要寄主有油茶等人工林类、龙眼等经济林果类、梧桐等绿化树类、油菜等农作物类。以成虫、若虫吸食寄主植物叶片、嫩枝、嫩茎、嫩梢、花穗、果实等的汁液，被刺吸处出现苍白色斑点，引起嫩梢、枝叶等枯黄，并可导致早期落叶、落果，轻则影响生长发育、产量，重则引起嫩芽、嫩枝、果枝、幼果等枯萎、死亡。

形态特征　**成虫**　雌虫体长 19.0～24.5mm，雄虫体长 18～21mm；体宽约 10mm；体中大型，椭圆形，黑褐色并具细碎的不规则黄色斑。头部背面黑色，有粗黑点。由头部背面到小盾片基部有 1 条黄色细中纵线。头侧缘、腹部各节侧接缘中央，触角末节基部有 1 条黄色细中纵线。头侧缘、前胸背板、小盾片、腹部各节侧接缘中央、触角末节基部、胫节中段散布有黄色小斑点。触角 5 节，较细长，黑色，第 5 节基部淡黄色。头较狭长，侧叶与中叶末端约平齐，侧叶的末端狭长。前胸背板侧角较尖而略伸出，前侧缘前半略呈锯齿状。腹部背面深黑色，侧接缘黑白相间，腹面黄白色。腹下中央有凹下的纵沟。前翅膜质部棕黑色，稍长于腹。前足胫节加宽，扩大成叶状。**卵**　圆桶形或近球形，长约 1.5mm，淡绿色或淡黄色，顶端有圆形卵盖，周围有 1 圈锯齿状小刺。**若虫**　体扁平，头、胸、翅芽蓝黑色或黑褐色，头短小，全身披白粉，头背中央至小盾片具有 1 条淡黄色纵中线；翅芽内缘基部有红色斑点；腹部背面中央第 4、5、6 节上各有 1 对红褐色圆斑，其中有能分泌臭液的臭腺孔。

发生特点　各地年发生代数不一，陕西、河北等地 1 年发生 1 代，江西南昌、广西桂林等地 1 年发生 2 代，广东、广西南部地区 1 年发生 3 代，各地均以成虫在避风干燥温暖的茅草堆、墙缝、砖瓦堆中等荫蔽处越冬。翌年 3 月中、下旬气温回升到 15℃即外出活动，4 月底开始产卵。卵产于叶片背面，常为 12 粒排成不规则的卵块。卵期 4～6 天，5 月上旬至 7 月下旬若虫孵化。幼龄若虫常在其孵化的叶片上围成一圈，吸食叶汁。若虫第 2 龄后逐渐分散为害。若虫有 5 龄，约经 2 个月才羽化为成虫。1 年 2 代发生区 6 月下旬至 8 月上旬出现第 1 代成虫，7 月上、中旬交尾产卵，7 月下旬至 9 月上旬孵化，8 月末至 10 月中旬第 2 代成虫羽化，11 月上、中旬成虫逐渐进入越冬状态。1 年 3 代发生区：6 月上、中旬第 1 代成虫出

成虫背面观

成虫侧腹面观

成虫腹面观

成虫侧面观

中龄期若虫

现，8、9月第2代成虫出现，10月上、中旬出现第3代成虫。一般9~11月成虫为害最严重，这是引起寄主树在该阶段枯梢和早期落果的重要原因之一。成虫寿命长达2个月以上，越冬代成虫长达半年之久。成虫飞翔力强，趋光性不强。

天敌 天敌较多，已发现卵寄生蜂有黑卵蜂、平腹小蜂、金小蜂、蚂蚁、螳螂、草蛉、蜴敌、蜘蛛、鸟类等。其他天敌可参考本书"油茶宽盾蝽"的相关内容。这些天敌对害虫种群有一定控制作用，要加强保护利用。

主要控制技术措施 若局部林分害虫种群密度很高，对寄主为害很严重，必须进行有效控制时，参考本书"油茶宽盾蝽"的油茶蝽类害虫主要控制技术措施。

4	茶翅蝽	**别名：** 臭板虫、臭大姐
		学名： *Halyomorpha halys* (Stål)
		分类： 半翅目 HEMIPTERA　蝽科 Pentatomidae

分布与为害　在我国主要分布于广西、广东、福建、江西、湖南、河南、河北、北京、山东、江苏、安徽、陕西、湖北、江西、贵州等地；在国外分布于越南、日本、缅甸、印度、斯里兰卡、印度尼西亚等，属东洋区系。主要寄主有油茶、甜菜、大豆、梨、泡桐、阳桃、杜仲、苹果、桃、李、杏、樱桃、山楂、石榴、柿、梅、柑橘、榆、桑等。以成虫、若虫吸食寄主植物叶片、嫩枝、嫩茎、嫩梢、花穗、果实、果柄等的汁液，被刺吸处呈苍白色或褐色斑点，引起嫩梢、枝叶、花穗等枯黄或凋萎，并可导致早期落叶、落果，轻则影响寄主生长发育、产量，重则引起嫩芽、嫩枝、果枝、幼果等畸形、枯萎或死亡。

形态特征　**成虫**　体长 12~16mm，体宽 6.5~9.0mm。体中型，椭圆形。体淡黄褐色，具黑色刻点，或在身体各部具金绿色闪光的刻点，或体多少带有金绿色或紫色光泽，直至整个身体背面均为金绿色，体色变异极大。触角黄褐色，第 3 节端部、第 4 节中段、第 5 节之大半为黑褐色。前胸背板前缘有 4 个黄褐色横列的斑点，小盾片基缘常有 5 个隐约可辨的淡黄色小斑点。翅烟褐色，基部色深，淡黑褐色，端部脉色亦深。侧接缘黄黑色相间，腹部腹面淡黄白色。头短于前胸背板，末端宽圆形，中叶稍超过侧叶，侧叶较宽，侧缘在近前端处成一明显的角度比较突然的弯曲。前胸背板前角略向外伸出；侧角较圆钝，向外伸出不多；前侧缘成一狭边状，稍向上卷起。小盾片三角形，略拱起。臭腺沟缘弯曲，其前壁常覆盖于沟上，不敞开。**卵**　长 0.9~1.0mm，短圆筒形，顶平坦，中央稍鼓起，周缘环生短小刺毛。卵初产时乳白色，接近孵化时变褐色，常 20 余粒排列成块。**若虫**　第 1 龄体长约 4mm，淡黄褐色，头部黑色。触角第 3、4、5 节隐约可见白色环斑。第 2 龄体长约 5mm，淡褐色，头部黑褐色，胸、腹部背面具黑斑。前胸背板两侧缘生有不等长的刺突 6 对。腹部背面中央具 2 个明显可见的臭腺孔。第 3 龄体长约 8mm，棕褐色，前胸背板两侧具刺突 4 对，腹部各节背板侧缘各具一黑斑，腹部背面具臭腺孔 3 对，翅芽出现。第 4 龄体长约 11mm，茶褐色，翅芽增大。第 5 龄体长约 12mm，翅芽伸达腹部第 3 节后缘，腹部茶色。

发生特点　据资料介绍，华北地区 1 年发生 1 代，华南地区 1 年发生 2 代。以成虫在墙缝、屋檐下、石缝里、树洞、草堆等向阳背风处越冬；有的潜入室内越冬；有群集性，常几个或十几个聚在一起。在山西 5 月开始活动，多集中在桑、

成虫胸足特征

成虫侧面观

成虫侧腹面观

榆等植物上，5月中、下旬逐渐出现在梨树上，7月初为孵化盛期。成虫在7月中下旬羽化，9月下旬起逐渐转移越冬。10月中旬室外有时尚可见到少量成虫。成虫白天活动，交尾并产卵。1年2代发生区，6月上旬田间出现大量初孵若虫，小若虫先群集在卵壳周围成环状排列，第2龄以后渐渐扩散到附近的果实上取食为害。田间的畸形桃（果）主要是被若虫为害所致，新羽化的成虫继续为害直至果实采收。7月中旬出现当年成虫，9月中下旬后当年成虫开始寻找场所越冬，到10月上旬逐步转入越冬阶段。上一年越冬成虫在6月上旬以前产卵，到8月初以前羽化为成虫，可继续产卵，经过若虫阶段，再羽化为成虫越冬。每头雌虫可产卵55~82粒，卵多产于叶背，常20余粒排列成一个卵块。卵期4~9天，成虫及若虫以刺吸式口器刺吸嫩梢和果实的果柄；为害嫩梢时被害株率可达100%，被害株高生长或新梢生长量下降；为害果实，严重时被害果率可达25%以上，使杜仲等寄主的果实大幅度减产，也影响杜仲等寄主的种子质量和发芽率。

天敌　天敌较多，有寄生蜂、平腹小蜂、金小蜂、蚂蚁、螳螂、草蛉、蝎敌、蜘蛛、鸟类等。其他天敌可参考本书"油茶宽盾蝽"的相关内容。这些天敌对害虫种群有一定控制作用，要加强保护利用。

主要控制技术措施　若局部林分害虫种群密度很高，对寄主为害很严重，必须进行有效控制时，参考本书"油茶宽盾蝽"的油茶蝽类害虫主要控制技术措施。

| 5 | 稻绿蝽 | 学名：*Nezara viridula* (Linnaeus)
分类：半翅目 HEMIPTERA　蝽科 Pentatomidae |

分布与为害　在我国分布十分普遍，仅黑龙江、西藏、新疆等地未有记录；在国外也有广泛分布，属世界性广布种。食性很杂，可为害八角、油茶等经济林，桉树、松树等用材林，柑橘、桃等果树，还可为害很多农作物和蔬菜。以成虫、若虫吸食寄主植物叶片、嫩枝、嫩茎、嫩梢、花穗、果实、果柄等的汁液，被刺吸处呈苍白色或出现褐色斑点，引起嫩梢、枝叶、花穗等枯黄或凋萎，并可导致早期落叶、落果，轻则影响寄主生长发育、产量，重则引起嫩芽、嫩枝、果枝、幼果等畸形、枯萎甚至死亡。

形态特征　**成虫**　体长 12~16mm，体宽 6.5~8.5mm。体中型，椭圆形，全体绿色。有时前胸背板前侧缘具极狭的黄边。小盾片基缘常有 3 个小黄斑。腹部腹面黄绿色或淡绿色，密布绿色斑点。触角第 1~3 节绿色，第 3 节末端、第 4 节端半部、第 5 节端部为黑色。头宽小于小盾片的宽度。喙较细，第 1 节不特别粗大、不活动，植食性。头末端较圆，中叶与侧叶末端几乎平齐，头侧缘近复眼处略内凹，不卷起。前胸背板饱满，前侧缘处略为单薄，但不卷起；侧角圆钝，不伸出。小盾片基部有 3 个横列的小黄白点或绿点。臭腺沟缘成耳壳状。腹下基部中央微向前突出，成短钝状突起，即腹基刺突短小，末端圆钝，不伸过后足基节。腹部中央纵隆呈屋脊状。**卵**　杯形，顶端周缘有白色小齿突 1 环，中心稍隆起；初产时淡黄色，将孵化时灰褐色；在卵盖处可透见 1 块红色梯形斑；卵集成块，排成 2~6 行。**若虫**　初孵化时黄红色，后渐转绿色；大龄若虫体长约 12mm，体色以绿色为主，杂红色、黑色、白色等。前胸、翅芽、腹部侧缘深红色，相连形成体侧 1 个环状红色边；头、胸、翅芽、小盾片均疏布有黑色斑；腹背正中有 5 对纵列白斑，基部和端部的白斑仅可见一半；自基部起上、下 4 个白斑间有横向梭形红斑，在端部 2 个白斑间则为深绿色梭形斑，组成 1 幅美丽的图案。触角基部 2 节绿色，第 3 节基半部淡红褐色，端半部深红色，末端 2 节红褐色。各足腿节绿色，胫节及附节红色。

发生特点　年发生代数自北向南递增，江苏、

若虫前侧背面观

若虫为害八角树叶片

初孵若虫

浙江北部 1 年 1 代，江西中部 3 代，四川 3 代，广东中部 4 代为主，少数 5 代，广西 3~4 代，以成虫在绿肥田、菜地、杂草、灌木丛、树冠内越冬。1 年 4 代发生区各代发生情况如下：第 1 代于 4 月中旬至 5 月底 6 月初；第 2 代于 6 月至 7 月中、下旬；第 3 代于 8 月上旬至 9 月下旬；第 4 代于 10 月上、中旬至 11 月中、下旬，世代重叠。翌年春季 3~4 月天气转暖后开始活动取食、交尾、产卵。成虫产卵于叶片上，聚产成块状，每块 40~50 粒，排成数行。小龄若虫群集为害，随虫龄长大逐渐分散活动。成虫有弱趋光性，但灯下诱集数量不多。成虫 9~10 月后陆续进入越冬虫态。

天敌 天敌较多，有稻蝽黑卵蜂、绿蝽沟饵蜂等寄生蜂，还有平腹小蜂、金小蜂、蚂蚁、螳螂、草蛉、蠋敌、蜘蛛、青蛙、鸟类。其他天敌参考本书"油茶宽盾蝽"的相关内容。这些天敌

卵块

对害虫种群有一定控制作用，要加强保护利用。

主要控制技术措施 若局部林分害虫种群密度很高，对油茶树为害很严重，必须进行有效控制时，参考本书"油茶宽盾蝽"的油茶蝽类害虫主要控制技术措施。

6 珀蝽

别名：朱绿蝽

学名：*Plautia fimbriata* (Fabricius)

分类：半翅目 HEMIPTERA 蝽科 Pentatomidae

分布与为害 在我国主要分布于广西、广东、江西、北京、河北、山东、江苏、浙江、安徽、福建、河南、湖北、四川、贵州、云南、西藏、陕西等地；在国外分布于日本、缅甸、印度、马来西亚、菲律宾、斯里兰卡、印度尼西亚及西非、东非等，属东洋、非洲区系共有种。主要寄主有油茶、茶、栎、柑橘、梨、桃、柿、李、泡桐、马尾松、枫杨、盐肤木、水稻、大豆、玉米、芝麻、苎麻等。以若虫及成虫刺吸寄主植物嫩梢、嫩芽、幼果等部位的汁液，并在刺吸部位形成针尖大小褐色斑点，严重时可致嫩梢、嫩芽枯死，嫩果畸形或脱落，削弱树势，影响植株生长发育及产品的产量和质量。

形态特征 成虫 体长 8.0~11.5mm，宽 5.0~6.5mm。长卵圆形，具光泽，密被黑色或与体同色的细点刻。头鲜绿色，触角第 2 节绿色，第 3、4、5 节绿黄色，末端黑色；复眼棕褐色，单眼棕红色。前胸背板鲜绿色，前半略下倾，两侧角圆而稍凸起，红褐色；前侧缘直，后侧缘红褐色。小盾片鲜绿色，末端色淡、宽圆形。前翅革片外域鲜绿色，其中的刻点同色；内域暗红褐色或暗红色，刻点较粗黑，并常组成不规则的斑。腹部侧缘后角尖锐，黑色，腹面淡绿色，胸部及腹部腹面中央淡黄色，中胸片上有小脊；各节后侧角有一小黑斑。足鲜绿色。**卵** 长 0.94~0.98mm，宽 0.72~0.75mm，圆筒形，初产时灰黄色，渐变为暗灰黄色。假卵盖周缘具精孔突 32 枚，卵壳光滑，具网状纹。**若虫** 共 5 龄。第 2 龄若虫体长 2.1~2.3mm，宽 1.3~1.4mm，卵圆形，黑色。头部中叶长于侧叶，淡黄色，头顶黑色；触角 4 节，第 4 节最长，黑色，其余各节黄色，节间紫红色。前、中胸背板侧缘扩展，上具淡黄色透明大板块，边缘黑色。第 1 腹节两侧和中央各有黄白色斑纹 1 个，余为黑色；各节侧接缘上有 1 个淡黄色斑块；腹背第 3、4、5 节上各具臭腺孔 1 对。足紫红色，跗节淡黄色，胫节外侧槽状。

发生特点 据报道，此虫在广东也为害油茶，1 年发生 2~3 代；江西报道，南昌 1 年 3 代。各

成虫背面特征

成虫侧面观

成虫后侧腹面观

成虫小盾片特征

地都以成虫在枯草丛中、林木茂盛处越冬，翌年4月上、中旬开始活动，4月下旬至6月上旬产卵，5月上旬至6月中旬越冬代成虫陆续死亡。第1代若虫在5月上旬至6月中旬孵化。6月中旬始羽，7月上旬开始产卵。第2代在7月上旬始孵，8月上旬末始羽，8月下旬至10月中旬产卵。第3代在9月初至10月下旬初孵化，10月上旬始羽。10月下旬开始陆续蛰伏越冬。雌虫产卵呈块状，每块14枚卵粒，卵产于叶背，双行或不规则紧凑排列。成虫趋光性强；晴天上午10时前和下午3时后较活泼，中午常栖于寄主隐蔽处。各虫态历期：卵期第1代7~9天，第2代5~7天，第3代6~9天。若虫期第1代第1龄7~8天，2龄9~11天；第2代31~37天，其中1龄4~6天，

2、3龄各5~7天，4龄7~9天，5龄8~12天；第3代36~43天，其中1龄4~7天，2龄5~7天，3龄6~8天，4龄8~11天，5龄9~15天。成虫寿命第2代35~56天，第3代约9个月。

天敌 天敌较多，有寄生蜂、平腹小蜂、金小蜂、蚂蚁、螳螂、草蛉、蠋敌、蜘蛛、鸟类等。其他天敌情况参考本书"油茶宽盾蝽"的相关内容。这些天敌对害虫种群有一定控制作用，要加强保护利用。

主要控制技术措施 若局部林分害虫种群密度很高，对寄主为害很严重，必须进行有效控制时，参考本书"油茶宽盾蝽"的油茶蝽类害虫主要控制技术措施。

7 **丽盾蝽**

别名：苦楝盾蝽
学名：*Eucorysses grandis* (Thunberg)
分类：半翅目 HEMIPTERA　盾蝽科 Scutelleridae

分布与为害　广泛分布于热带、亚热带地区，在我国主要分布于华南、西南、华东、华中、华北等地；在国外分布于日本、越南、泰国、不丹、印度、印度尼西亚等。主要寄主有油茶、油桐、八角、龙眼、泡桐、柑橘、李、苦楝、樟树、竹、阴香、楠木、乌桕、桃花心、番石榴等。以若虫及成虫在嫩叶、嫩梢、嫩芽、花序、幼果等部位刺吸寄主植物汁液，在刺吸部位形成针尖大小褐色斑点，严重时可致嫩梢、嫩芽等凋萎、枯死，嫩果畸形或脱落，削弱树势，影响生长发育及产品的产量和质量。

形态特征　成虫体大型，体长10~25mm，体宽8~12mm。长椭圆形，黄白色、黄色至黄褐色，有时有淡紫色闪光，有时密布黑色小刻点。头三角形，顶端弧形，外缘在中部略内弯，基部与中叶黑色，中叶长于侧叶。触角黑色，第2节甚短，第3节是第2节的2倍长有余。喙黑色，伸达腹部中央。雄虫前胸背板前半部中间有一纵黑斑，与头基部黑斑互相连接；雌虫前胸背板前半中央的黑斑与头基部黑斑分离，或退化成一个黑影。前胸背板侧缘较直，其后缘与小盾片的基部均明显下陷，以至此两部分相连接之处成一明显的凹槽。小盾片几乎完全遮盖腹部，基部有一横走的刻纹。臭腺孔及臭腺沟明显可见。小盾片基缘处黑色，前半部中央有一卵圆形黑横斑，中央两侧各有一短黑横斑；有时小盾片显亮丽的黄色加上"品"字形排列的3个显眼的黑色短横纹，身体腹面也是黄黑相间的斑纹，鲜明夺目犹如其名。足黑色，胫节背面有纵沟。胸部下方、腹基部、每腹节下方后半及第7腹板中央黑色。腹部后端向后渐狭。

发生特点　华南地区1年大多发生1代，以成虫在油茶林及茶树林等寄主树丛中、下部叶背或根际枯枝落叶层或土块下越冬，翌年春季3月至4月上旬陆续开始活动取食，6~8月为成虫产卵期。卵产于叶背，块状，每块10余粒，每雌可产3~9块，约数十粒。6~7月始见若虫，8~9月羽化为成虫，10月下旬开始越冬。每年成虫为害期在3~10月。第1~2龄若虫和末龄若虫群集于叶背为害，末龄若虫和成虫有假死性。成虫晴天起飞频繁并发出悦耳嗡声，可多次交尾，交尾时间长达数小时，最长可达数天。初孵若虫聚集原叶背刺吸为害，若虫第3龄后分散转移为害蓓蕾、幼果及嫩梢嫩芽。在山区油茶林、茶林发生较多，但在云南海拔1200m以上就较少发生；寄主密度较大、管理不善、杂灌木丛生的林分被害

雄成虫背面观

前胸背板有游离黑斑的雌成虫

前胸背板黑斑退化的雌成虫

成虫前腹侧面观

成虫侧腹面观

金黄色型成虫

若虫群集叶背为害

过渡色成虫

较重；普通油茶易受害。该害虫同时能传播油茶炭疽病等。

天敌 天敌较多，有寄生蜂、平腹小蜂、金小蜂、蚂蚁、螳螂、草蛉、蝎敌、蜘蛛、鸟类等。其他天敌参考本书"油茶宽盾蝽"的相关内容。这些天敌对害虫种群有一定控制作用，要加强保护利用。

主要控制技术措施 若害虫种群密度很高，对寄主为害很严重，必须进行有效控制时，参考本书"油茶宽盾蝽"的油茶蝽类害虫主要控制技术措施。

8 半球盾蝽

学名：*Hyperoncus lateritius* (Westwood)

分类：半翅目 HEMIPTERA　盾蝽科 Scutelleridae

分布与为害　在我国主要分布于广西、广东、浙江、福建、台湾、重庆、四川、贵州、云南、西藏等地；在国外分布于印度等。主要寄主有油茶、枣、酸枣、龙眼、荔枝、桑树、黄荆等。以成虫、若虫吸食寄主植物叶片、嫩枝、嫩茎、嫩梢、花穗、果实、果柄等的汁液，被刺吸处呈苍白色或出现褐色斑点，引起嫩梢、枝叶、花穗等枯黄或凋萎，并可导致早期落叶、落果，轻则影响寄主生长发育、产量，重则引起嫩芽、嫩枝、果枝、幼果等畸形、枯萎、死亡。

形态特征　成虫体长约 10mm。有褐色型及橘黄色型两类；体呈半球形，有金属光泽，外观形似瓢虫。从背面看，头部略呈三角形，前胸背板前缘中央前方的头背后部中央有 1 个三角形黑斑。复眼位于头的两侧。前胸背板隆起，前 2/3 前倾，后 1/3 略后倾；前胸背板前缘较平直，略向前方微弓；前侧缘较平直，后侧缘向内倾斜，后缘较平直，微向前弓；侧角圆突；前胸背板靠近两前侧角处各有 1 个略呈三角形的灰黄白色斑，斑的周边褐色；前胸背板上共有 5 个黑斑：中间 1 个靠近前缘，较小，略呈棱形；后排 4 个，各略呈椭圆形，位于背板弓起部位，其中两侧的黑斑较大。小盾片半球形，与体色一色，伸达腹部末端，上有 13 个大小不等的圆形黑斑列为 3 个横排，基部一排 6 个，中间一排 4 个，端部一排 3 个。

发生特点　在南方 1 年大多发生 1 代，以成虫在油茶林及茶树林等寄主树丛中、下部叶背或根际枯枝落叶层或土块下越冬，翌年春季 3 月至 4 月上旬陆续开始活动取食，每年成虫为害期在 3~10 月。6~8 月为成虫产卵期，卵产于叶背，块状。6~7 月始见若虫，8~9 月羽化为成虫，10 月下旬开始越冬。每年成虫为害期在 3~10 月。第 1~2

橘黄色型成虫

褐黄色型成虫

成虫为害酸枣嫩果

成虫头部与前胸背斑黑斑

成虫腹面观

龄若虫和末龄若虫群集于叶背为害，末龄若虫和成虫有假死性。成虫晴天起飞频繁并发出悦耳嗡声，可多次交尾，交尾时间长达数小时，最长可达数天。初孵若虫聚集原叶背刺吸为害，若虫第3龄后分散转移为害蓓蕾、幼果及嫩梢嫩芽。在山区油茶林、茶林发生较多，但在云南海拔1200m以上就较少发生；寄主密度较大、管理不善、杂灌木丛生的林分被害较重；普通油茶易受害。该害虫同时能传播油茶炭疽病等。

天敌 天敌较多，有寄生蜂、平腹小蜂、金小蜂、蚂蚁、螳螂、草蛉、蠋敌、蜘蛛、鸟类等。其他天敌情况参考本书"油茶宽盾蝽"的相关内容。这些天敌对害虫种群有一定控制作用，要加强保护利用。

主要控制技术措施 若局部林分害虫种群密度很高，对寄主为害很严重，必须进行有效控制时，参考本书"油茶宽盾蝽"的油茶蝽类害虫主要控制技术措施。

分布与为害 在我国目前仅知分布于广西。寄主目前仅知油茶。以若虫、成虫刺吸叶、嫩梢、芽、花蕾及幼果的汁液，刺吸芽梢严重时可导致芽梢死亡；刺吸花蕾及幼果后，出现许多褐色凹点和棕褐色小斑，为害严重时则引起落蕾、落果及油茶籽秕瘪，并降低出油率。

形态特征 成虫卵圆形，背面隆起，腹面较平。体黑色。头近三角形，中叶稍长于侧叶。触角共5节，黑色。前胸背板基部约1/3为橘黄色波形横带，该横带上部，即头后缘后方，呈高脚托盘状；在其两侧，即在头后缘两侧各有1个近三角形的黑斑；致使该宽带两前侧角呈尖角形；宽带下部呈波浪形，在其正中为一向下的短尖角形，两侧下角呈虎口形。前翅除基部外缘，其余均为小盾片所覆盖。小盾片中部为一波浪形宽带，中段为橘黄色，两侧为白色。

发生特点 笔者在2018年3月下旬，于广西南宁广西林业科学院油茶院区拍摄到成虫，由此推测，该蝽像油茶宽盾蝽一样，以成虫在油茶林及茶树林等寄主树丛中、下部叶背或根际枯枝落叶层或土块下越冬，每年发生1代。其他习性参考本书"油茶宽盾蝽"的相关内容。

天敌 天敌较多，有寄生蜂、平腹小蜂、金小蜂、蚂蚁、螳螂、草蛉、蠋敌、蜘蛛、鸟类等。其他天敌参考本书"油茶宽盾蝽"的相关内容。这些天敌对害虫种群有一定控制作用，要加强保护利用。

主要控制技术措施 若害虫种群密度很高，对寄主为害很严重，必须进行有效控制时，参考本书"油茶宽盾蝽"的油茶蝽类害虫主要控制技术措施。

半翅目

盾蝽科

成虫背面斑纹特征

头与前胸背面特征

10 油茶宽盾蝽

别名： 油茶蝽、茶籽盾蝽、蓝斑盾蝽
学名： *Poecilocoris latus* Dallas
分类： 半翅目 HEMIPTERA　盾蝽科 Scutelleridae

分布与为害　在我国主要分布于海南、广东、广西、福建、江西、浙江、湖南、云南、贵州等地；在国外分布于泰国、越南、缅甸、印度等。主要为害油茶、茶树、金花茶等山茶科植物。以若虫、成虫刺吸叶、嫩梢、芽、花蕾及幼果的汁液，刺吸芽梢严重时可导致芽梢死亡；刺吸花蕾及幼果后，出现许多褐色凹点和棕褐色小斑，为害严重时则引起落蕾、落果及油茶籽秕瘪，并降低出油率。

形态特征　**成虫**　体椭圆形，宽扁。体长，雄虫 16~19mm，雌虫 17~20mm，体宽 10~14mm。体橙黄色而多蓝色，显鲜艳金属光泽。触角蓝黑色。体背橙黄色，前胸背板前、后缘两侧各有 1 个深蓝色斑。小盾片满盖腹部背面，前缘中央有 1 个似倒"山"字形大蓝花斑，两肩角各有 1 个小蓝斑，中后部另有 4 块深蓝花斑横列一排，中间 1 对较大而明显。**卵**　近椭圆形，长径 1.8~2.0mm，初产时淡黄绿色，孵化前呈橘黄色。**若虫**　第 5 龄若虫体长 15~17mm，体橙黄色，鲜艳；复眼及触角第 2~5 节蓝黑色，头及中、后胸背面似倒"山"字形蓝色斑，显光泽；腹背中央渐现 2 横列蓝斑；第 1~4 龄若虫，体长分别约为 3、5、8 及 11mm。

发生特点　华南地区 1 年大多发生 1 代，以老熟若虫在油茶林及茶树林丛中、下部叶背或根际枯枝落叶层或土块下越冬，翌春 3 月至 4 月上旬陆续开始活动取食，5 月至 6 月上旬成虫陆续羽化，7 月中旬至 9 月下旬为成虫产卵期。卵产于叶背，块状，每块 10~15 粒，每雌可产 3~9 块共 28~99 粒。7 月下旬始见若虫，10 月下旬开始越冬。每年成虫为害期在 6~10 月，越冬后若虫为害期在 3~6 月，当年若虫为害期 7~10 月。第 1~2 龄若虫和末龄若虫群集于叶面为害，末龄若虫和成虫有假死性。各虫态平均历期：卵 7~8 天，第 1 龄若虫 12~13 天，第 2 龄 20~24 天，第 3 龄 23~26 天，第 4 龄 35~38 天，第 5 龄 100~120 天，成虫 30~70 天。成虫晴天起飞频繁并发出悦耳嗡声，可多次交尾，交尾时间长达数小时，最长可达 5 天。初孵若虫聚集在原叶背刺吸为害，若虫第 3 龄后分散转移为害蓓蕾、幼果及嫩梢嫩芽。在山区油茶林、茶林发生较多，但在云南海拔 1200m 以上就较少发生；寄主密度较大、管理不善、杂灌木丛生的林分被害较重；普通油茶易受害，以青皮果品种受害较重。该害虫同时能传播油茶炭疽病。

天敌　天敌丰富，已发现的主要捕食性天敌

成虫背面观

成虫为害油茶嫩果

标本成虫

成虫与若虫

成虫
若虫
危害果实

大龄若虫分散为害油茶树叶

成虫为害幼果（摄于泰国）

有草蛉、虎甲、蠋敌、螳螂、猎蝽、胡蜂、蚂蚁、食虫虻、蜘蛛、蛙类、鸟类等；已发现的寄生性天敌有赤眼蜂、黑卵蜂、茧蜂、姬蜂、啮小蜂、寄蝇、寄生性病毒、细菌、白僵菌等。这些天敌对害虫种群有重要控制作用，应切实采取有效措施保护利用。

油茶蝽类害虫主要控制技术措施 （1）加强预测预报工作。设置固定监测点，定期踏查，严密监视害虫发生发展动态，做好害虫预测预报工作。重点是测报害虫点片状发生阶段和低龄若虫期，以利于进行及时防治和提高防治效果。（2）营林技术措施。一是冬季结合抚育、修剪尽可能清除林内枯枝落叶及杂草，冬季耕翻，减少虫源；二是合理密植或及时疏伐、间伐，促进林内通风

透光，营造不利害虫生长发育的环境。（3）人工捕捉。成虫越冬期在虫源地对群集越冬的成虫进行人工捕捉。夏季在炎热的中午前后，有些蝽类多群集于寄主的枝干背阴处，也可采取人工捕杀。（4）保护利用天敌。该害虫天敌丰富，应切实加强保护利用，于该害虫发生较多的林内采集卵块，放入寄生蜂保护器内，培养释放寄生蜂；或人工繁殖寄生蜂释放。必须采用药剂防治时，不要滥用化学农药，尽量选用生物农药或低毒化学农药；使用农药治虫时，要设置天敌保护隔离区；尽量在天敌休眠期或相对安全期用药，尽量避免伤害天敌。（5）合理使用生物农药。蝽类害虫为害寄主较轻时，一般不需要进行化学防治。必须根据虫情监测，指导用药，生长季节掌握若

若虫黑色口针

若虫群集为害油茶嫩梢（摄于泰国）

若虫群集叶背取食（摄于越南）

虫盛孵期至初龄盛期，及时施药；应在害虫点片
状高密度发生期、但尚未扩散蔓延前抓紧进行，1
年发生 2 代以上蝽类，如麻皮蝽 1 年发生 3 代以
上，应侧重防治第 1 代。施药应送达各个种的标靶
部位。可选用的常用药剂有 2.5％鱼藤酮 300~500
倍液，或 1.2％烟参碱乳剂 1000 倍液，或 10％吡
虫啉可湿性粉剂 1000~2000 倍液，或 3％啶虫脒
乳油 3000~5000 倍液，或 25％噻虫嗪水分分散剂
2000~3000 倍液等；由于此类害虫虫体有蜡粉，
非乳剂型药液中（如可湿性粉剂）若加入 0.3％
~0.4％的柴油乳剂或黏土柴油乳剂，可显著提高
防治效果。

成虫取食

11	华沟盾蝽	别名：棉盾蝽
		学名：*Solenostethium chinense* Stål
		分类：半翅目 HEMIPTERA　盾蝽科 Scutelleridae

分布与为害　在我国主要分布于广西、广东、福建、江西、台湾等地；在国外分布于越南等。主要为害油茶、茶、金花茶、棉花、柑橘、辣椒等。以若虫、成虫刺吸叶、嫩梢、芽、花蕾及幼果的汁液，刺吸芽梢严重时可导致芽梢死亡；刺吸花蕾及幼果后，出现许多褐色凹点和棕褐色小斑，为害严重时则引起树势衰退、落蕾、落果及油茶籽秕瘪，并降低出油率。

形态特征　成虫体长 15.0~15.5mm，宽 9.5~10.0mm。体呈卵圆形或半球形，背面强烈隆起，腹面平坦。棕褐色，体下黄褐色。头近三角形，中叶稍长于侧叶。触角 5 节，黑色，基节黄色。喙黄色，末端黑色，伸达腹部第 2 节腹板。前胸背板前侧缘黑色，中央有 3 个横列的小黑斑。小盾片上有 8 个小黑斑，排成 2 横列：基部 4 个，中部 4 个。前翅除基部外缘，其余均为小盾片所覆盖。侧接缘黄黑相间，几不显露。足棕褐色，胫节背面有纵沟，沟内有纵脊。中、后胸腹板中央有纵沟，沟的两侧成壁状隆起，静止时置喙于沟中。腹下基部有纵沟。

发生特点　据报道，在广西、广东 3~10 月均可采集到成虫，以成虫越冬。5~8 月成虫发生量较大。其余欠详。

天敌　天敌较多，有寄生蜂、平腹小蜂、金小蜂、蚂蚁、螳螂、草蛉、蠋敌、蜘蛛、鸟类等。其他天敌参考本书"油茶宽盾蝽"的相关内容。这些天敌对害虫种群有一定控制作用，要加强保护利用。

主要控制技术措施　若局部林分害虫种群密度很高，对寄主为害很严重，必须进行有效控制时，参考本书"油茶宽盾蝽"的油茶蝽类害虫主要控制技术措施。

成虫为害油茶树

成虫侧面观

成虫背面斑纹特征

成虫腹面特征

12 肩勃缘蝽

学名：*Breddinella humeralis* (Hsiao)

分类：半翅目 HEMIPTERA　缘蝽科 Coreidae

分布与为害　在我国主要分布于河南、广西、广东、海南、福建、四川、云南、贵州等地。已报道的寄主有油茶、桑、核桃、漆树、华山松、桤木、栎树等。以成虫、若虫吸食寄主植物叶片、嫩枝、嫩茎、嫩梢、花穗、果实、果柄等的汁液，被刺吸处呈苍白色或褐色斑点，引起嫩梢、枝叶、花穗等枯黄或凋萎，并可导致早期落叶、落果，轻则影响寄主生长发育、产量，重则引起嫩芽、嫩枝、果枝、幼果等畸形、枯萎、死亡；为害严重的虫源区，会有很多油茶树没有嫩梢，变成"秃头"，从而逐渐衰败。

形态特征　成虫体长 30~32mm。体大型，棕褐色，密被黄棕色短毛。触角细，黑褐色，基部 3 节颜色深，黑褐色，端部第 1 节亮橙黄色。腹部背面红色，端部稍带暗色。喙超过前足基节。前胸背板稍具不规则皱纹；侧叶扩展并成弧形向上翘起，前部稍向内曲，后部稍向外曲；侧角向前突出，不超过或稍超过头的前端，其后部宽阔；前缘具 2~3 个大齿，后缘两侧几乎平直，后侧缘弯曲，呈不规则的锯齿状。小盾片顶端光滑。腹部两侧呈圆形扩张，臭腺外缘不完整。雄虫后足股节粗大，基部稍弯曲，腹面中央具一个特大的刺状突，各足胫节背面中央前侧均呈叶状扩展，后足胫节腹面中央前侧扩展呈巨齿；雌虫后足胫节腹部稍扩张，但不成齿状。

发生特点　1 年发生 1 代，以成虫在草丛、枝叶间越冬，6~9 月可采到若虫，3~11 月能采到成虫。活动季节多集中在鸭脚木、油茶等寄主树上，在广西北部山区及半山区 5 月中下旬是为害油茶嫩芽、嫩枝盛期，越冬前后则分散于其他林木或草丛中。

天敌　主要有寄生蜂、平腹小蜂、金小蜂、蚂蚁、螳螂、草蛉、蝎敌、蜘蛛、鸟类等。其他天敌情况参考本书"油茶宽盾蝽"的相关内容。这些天敌对害虫种群有一定控制作用，要加强保护利用。

主要控制技术措施　若局部林分害虫种群密度很高，对寄主为害很严重，必须进行有效控制时，参考本书"油茶宽盾蝽"的油茶蝽类害虫主要控制技术措施。

成虫后背侧面观

成虫各足特征

13 黑须棘缘蝽

学名：*Cletus punctulatus* Westwood

分类：半翅目 HEMIPTERA　缘蝽科 Coreidae

分布与为害　在我国主要分布于广东、广西、福建、浙江、湖北、云南、西藏、甘肃等地；在国外分布于印度等。主要寄主植物有油茶、油桐、马尾松、竹类、蓼科及其他禾本科植物等。以若虫及成虫刺吸寄主植物汁液，并在刺吸部位形成针尖大小褐色斑点，严重时可致嫩梢、嫩芽枯死，嫩果畸形或脱落，削弱树势，影响生长发育及产品的产量和质量。

形态特征　成虫小型，体长 8.5~10.0mm；宽2.6~3.3mm。体色暗棕红色，刻点黑色。头顶背面刻点粗黑而密。复眼棕褐色，单眼红色。触角第 1 节外侧及第 2 节黑色，第 3 节褐黄色，第 4节纺锤形、红黄色。喙可达后足基节前缘。前胸背板侧缘具细颗粒，侧角尖刺状，略向上翘，侧角后侧缘有细颗粒。前胸背板以两侧角间为界，前部色淡，后部色深。小盾片及前翅革片同前胸背板后部，刻点均匀，色黑。前翅前缘和侧接缘无刻点，淡黄色。腹部背面全黑色。前翅膜片内基角黑色，余淡棕色，透明，伸越腹末端。腹下淡黄褐色，各胸板上有黑斑 1 个，前胸侧板上的较模糊，有时消失。前、后足基节前方的胸侧板上各有一黑斑。各足基节上有一黑斑。腹部腹背前后缘均横列小黑斑，后缘的黑斑较大，腹侧区有不规则的黑色云斑。中、后足腿节腹面有褐色斑点4~5 个，以后腿节上的更明显。气门周围淡色。

发生特点　在广西、广东、云南等地的南部无明显越冬现象；在其他地区以成虫在枯枝落叶、草丛等处越冬。笔者 4 月下旬就在南宁市郊油茶林内杂草上观察并拍摄到成虫交尾。7 月下旬在油茶树上拍摄到成虫活动与为害。

成虫背面观

成虫侧面观

成虫为害嫩芽

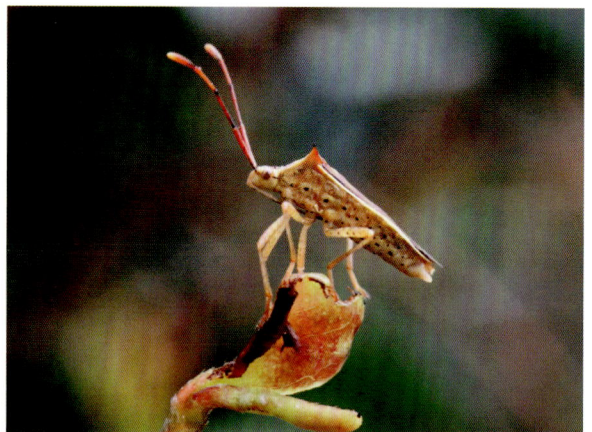

成虫腹侧面观

天敌 已发现的主要捕食性天敌有草蛉、瓢虫、虎甲、蠋敌、螳螂、猎蝽、胡蜂、蚂蚁、食虫虻、蜘蛛、蛙类、鸟类等；已发现的寄生性天敌有赤眼蜂、黑卵蜂、茧蜂、姬蜂、啮小蜂、寄蝇、寄生性病毒、细菌、白僵菌等。这些天敌对害虫种群有重要控制作用，应切实采取有效措施保护利用。

主要控制技术措施 该害虫一般种群数量不高，不需要进行防治。若出现需要防治的虫源地时，参考本书"油茶宽盾蝽"的油茶蝽类害虫主要控制技术措施。

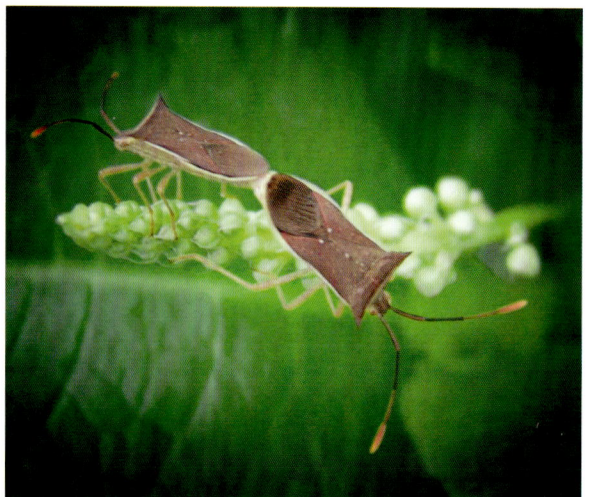

成虫在杂草花序上交尾

14	纹须同缘蝽	学名：*Homoeocerus striicornis* Scott
		分类：半翅目 HEMIPTERA　缘蝽科 Coreidae

分布与为害　在我国主要分布于广西、广东、海南、福建、台湾、河北、北京、甘肃、浙江、江苏、江西、湖南、湖北、四川、云南等地；在国外分布于日本、印度、斯里兰卡等。成虫及若虫主要为害油茶、马尾松、柑橘、合欢、紫荆花、玉米、高粱等。以成虫、若虫吸食寄主植物叶片、嫩枝、嫩茎、嫩梢、花穗、果实、果柄等的汁液，被刺吸处呈苍白色或出现褐色斑点，引起嫩梢、枝叶、花穗等枯黄或凋萎，并可导致早期落叶、落果，轻则影响寄主生长发育、产量，重则引起嫩芽、嫩枝、果枝、幼果等畸形、枯萎甚至死亡。

形态特征　成虫，体中型，狭长，体长18~21mm，宽5~6mm。体淡草绿色或淡黄褐色。头顶中央稍前处有1短纵凹纹。触角红褐色，第4节淡黄褐色，端半部栗褐色，第1、2节约等长，并长于前胸背板，前外侧黑色；复眼黑褐色，单眼红色，复眼前方触角基的外侧具由小黑颗粒组成的纵斑，单眼之前各有1小陷点。喙共4节，伸长可达中足基节前，第3节明显短于第4节。前胸背板较长，有浅色刻点，侧缘黑色，黑缘内方有淡红色纵纹；侧角呈显著的锐角，略突出，侧角上有黑色颗粒，此颗粒向前方散布渐细小。小盾片草绿色，上面有细皱纹，尤以基部较明显。

成虫背面观

半翅目

缘蝽科

成虫侧面观

前翅革片烟褐色，亚前缘和爪片内缘浅黑色；膜片烟褐色，透明。足细长，中、后足胫节常呈淡褐红色。

发生特点　年发生代数欠详。笔者于 10 月中旬在马尾松上拍摄到成虫，据此推测，该虫以成虫由油茶树上转移到松针丛中等处越冬。

天敌　天敌较多，有寄生蜂、平腹小蜂、金小蜂、蚂蚁、螳螂、草蛉、蠋敌、蜘蛛、鸟类等。其他天敌情况参考本书"油茶宽盾蝽"的相关内容。这些天敌对害虫种群有一定控制作用，要加强保护利用。

主要控制技术措施　若局部林分害虫种群密度很高，对寄主为害很严重，必须进行有效控制时，参考本书"油茶宽盾蝽"的油茶蝽类害虫主要控制技术措施。

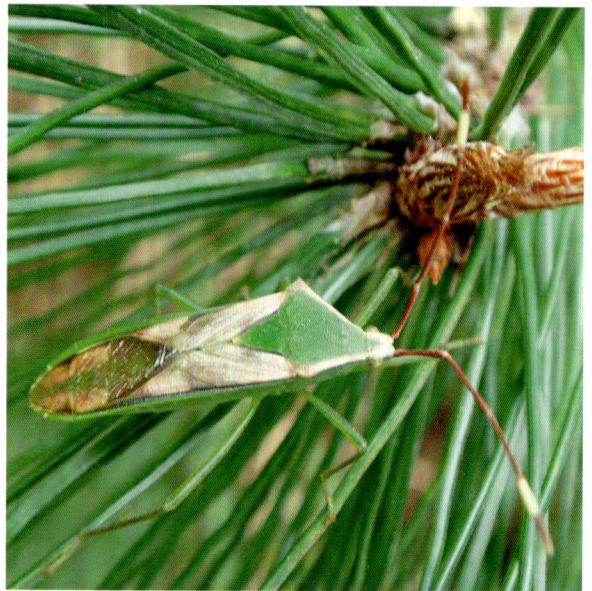

成虫侧背面观

15 黄胫侏缘蝽

学名：*Mictis serina* Dallas

分类：半翅目 HEMIPTERA　缘蝽科 Coreidae

分布与为害　在我国主要分布于广东、广西、湖南、浙江、江西、福建、贵州、四川等地，属东洋区系种类。主要寄主有油茶、茶、黄豆、蚕豆等。以若虫、成虫刺吸寄主的叶、嫩梢、芽、花蕾及幼果的汁液，刺吸芽梢严重时可导致芽梢死亡；刺吸花蕾及幼果后，出现许多褐色凹点和棕褐色小斑，为害严重时则引起落蕾、落果及油茶籽秕瘪，并降低出油率。

形态特征　成虫体长 27~30mm，宽 7.5~10.5mm。深棕褐色，被金黄色短毛。复眼棕褐色与黑褐色斑相间，单眼红色。触角第 4 节及各足跗节棕黄色。喙伸达中足基节中央之前。前胸背板中央有 1 条纵走浅刻纹，侧角尖锐，稍扩展；侧缘和背板中央纵纹黑褐色。小盾片黑褐色，具皱纹，末端棕黄色。前翅革片前缘黑褐色，膜片棕褐色，达于腹末。侧接缘每节基部、端部有狭的棕黄色横斑。腹部第 3 腹板后缘两侧各具 1 短刺突，第 3 腹板与第 4 腹板相交处中央形成分叉状巨突，突起的端部圆钝。腿节和胫节黑色；后足腿节长于胫节，在近基处弯曲，基部内侧有暗褐红色小圆瘤，背面有纵脊，后足胫节靠近端部处有 1 大齿。气门周围浅色。本种与侏缘蝽属（*Mictis*）其他种的主要区别在于后足腿节长于胫节；胫节黑色。

发生特点　在广西、广东、云南等地的南部无明显越冬现象，在其他地区以成虫在枯枝落叶、草丛等处越冬。笔者 3 月下旬就在油茶树上观察并拍摄到成虫活动。

天敌　天敌较多，有寄生蜂、平腹小蜂、金小蜂、蚂蚁、螳螂、草蛉、蠋敌、蜘蛛、鸟类等。

成虫背面观

成虫侧面观

成虫腹板上的巨突

其他天敌情况参考本书"油茶宽盾蝽"的相关内容。这些天敌对害虫种群有一定控制作用，要加强保护利用。

主要控制技术措施　一般种群数量不高，不需要进行防治。若出现需要防治的虫源地时，参考本书"油茶宽盾蝽"的油茶蝽类害虫主要控制技术措施。

成虫后足特征

<table>
<tr><td>**16**</td><td>**翩翅缘蝽**</td><td>学名：*Notopteryx soror* Hsiao</td></tr>
<tr><td></td><td></td><td>分类：半翅目 HEMIPTERA　缘蝽科 Coreidae</td></tr>
</table>

分布与为害　在我国主要分布于广西、广东、江西等地。主要寄主有油茶、马尾松、木荷、漆树、黄檀、野茉莉、黄榄等。以若虫及成虫在嫩叶、嫩梢、嫩芽、幼果等部位刺吸寄主植物汁液，在刺吸部位形成针尖大小褐色斑点，严重时可致嫩梢、嫩芽等凋萎、枯死，嫩果畸形或脱落，削弱树势，影响生长发育及产品的产量和质量。

形态特征　成虫体长 27.5~29.5mm，体大型。雌虫浅栗色至栗褐色，雄虫栗褐色至栗黑色，被金黄色短毛。触角基部 3 节颜色稍深，栗黑色，端部第 1 节亮黄橙色。腹部背面红色，活体时基部第 3~4 节前缘显黑斑，腹面中央具有 1 条深色纵走条纹。喙几乎达中足基节。前胸背板明显前倾，具细小刻点及粗糙皱纹；侧叶扩展并成弧形向上翘起，前部稍向内曲，后部稍向外曲；侧角位于背板中央后方，侧角后缘具有 3~4 个大齿；后缘中央向内弯曲。小盾片背面有横向皱纹，末端尖细。臭腺外缘不完整。前足腹面顶端前侧有 1 个尖锐的齿；头顶前方具纵走凹陷；各足胫节背面具纵沟；雌成虫后足腿节两侧有细颗粒物，雄成虫的颗粒物较粗大。雌虫后足胫节背面显著扩展，扩展部分中央呈弧形凹陷；雄成虫后足胫节上部内侧具大扁刺。雄虫第 6 腹节背板后角不突出。腹部气门位于各节中央前方。

发生特点　1 年发生 1 代，以成虫在草丛或寄

油茶嫩梢被害状

主枝叶间越冬。6~9 月可采集到若虫，3~11 月能采集到成虫。活动季节多集中在鸭脚木、油茶等寄主树上，在桂北 5 月中下旬是为害油茶嫩芽、嫩枝盛期，越冬前后则分散于其他林木或草丛中。

天敌　天敌较多，有寄生蜂、平腹小蜂、金小蜂、蚂蚁、螳螂、草蛉、蝎敌、蜘蛛、鸟类等。其他天敌参考本书"油茶宽盾蝽"的相关内容。这些天敌对害虫种群有一定控制作用，要加强保护利用。

主要控制技术措施　若局部林分害虫种群密度很高，对寄主为害很严重，必须进行有效控制时，参考本书"油茶宽盾蝽"的油茶蝽类害虫主要控制技术措施。

雄成虫背面特征

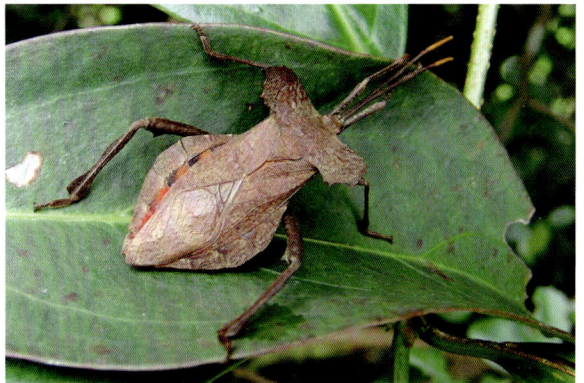
雌成虫背面特征

分布与为害　在我国主要分布于广西、广东、江西、湖南、贵州等地。主要寄主植物有油茶等。以若虫及成虫在嫩叶、嫩梢、嫩芽、幼果等部位刺吸寄主植物汁液，在刺吸部位形成针尖大小褐色斑点，严重时可致嫩梢、嫩芽等凋萎、枯死，嫩果畸形或脱落，削弱树势，影响生长发育及产品的产量和质量。

形态特征　成虫体长 22~24mm，大型，浅褐色，被浓密金黄色细毛。触角第 4 节黄褐色。前胸背板及前翅灰棕色。喙到达中足基节。前胸背板侧缘稍向上折，边缘光滑无瘤状齿；侧角稍成锐角，微向上翘。后足胫节腹面有微齿。雄虫后足股节腹侧有一个长刺和若干短刺，后足胫节腹面稍扩展，但不成角状。

发生特点　1 年发生 1 代，以成虫在草丛或寄主枝叶间越冬。6~9 月可采到若虫，3~11 月能采到成虫。其他有关习性参考本书"油茶宽盾蝽""翩翅缘蝽"的相关内容。

天敌　天敌较多，有关情况参考本书"油茶宽盾蝽""翩翅缘蝽"的相关内容。这些天敌对害虫种群有一定控制作用，要加强保护利用。

主要控制技术措施　若局部林分害虫种群密度很高，对寄主为害很严重，必须进行有效控制时，参考本书"油茶宽盾蝽"的油茶蝽类害虫主要控制技术措施。

雌成虫背面观

雌成虫后侧面观

18	**条蜂缘蝽**	别名：白条蜂缘蝽
		学名：*Riptortus linearis* Fabricius
		分类：半翅目 HEMIPTERA　蛛缘蝽科 Alydidae

分布与为害　在我国主要分布于浙江、江西、广西、广东、海南、台湾、四川、贵州、云南、江苏、安徽、福建、江西、湖北、湖南等地；在国外分布于泰国、缅甸、马来西亚、印度、斯里兰卡、菲律宾等。主要为害油茶、栎树等木本植物，蚕豆、大豆、豇豆等豆科植物，水稻、麦类、高粱、玉米、红薯、棉花、甘蔗、丝瓜等农作物。以成虫、若虫吸食寄主植物叶片、嫩枝、嫩茎、嫩梢、花穗、果实、果柄等的汁液，被刺吸处呈苍白色或褐色斑点，引起嫩梢、枝叶、花穗等枯黄或凋萎，并可导致早期落叶、落果，轻则影响寄主生长发育、产量下降，重则引起嫩芽、嫩枝、果枝、幼果等畸形、枯萎甚至死亡。

形态特征　**成虫**　体长 13~15mm，宽约 3mm。体形狭长，浅棕色或棕黄色。头在复眼前部呈三角形，后部细缩如颈。复眼大且向两侧突出，黑色；单眼突起在后头，赭红色。触角 4 节，第 1 节长于第 2 节，第 4 节长于第 2、3 节之和，第 2 节最短。前胸背板向前下倾，前缘具领，后缘呈 2 个弯曲，侧角刺状，表面及胸侧板密布疣点和刻点。头、胸两侧有光滑完整的带状黄色横条斑。后胸腹板后缘极窄，几乎呈角状。腹部背面浅黄棕色，各节端部有黑色斑。后足腿节基部内侧有 1 个明显的突起，腿节腹面具 1 列黑刺，胫节稍弯曲，其腹面顶端具 1 齿，雄虫后足腿节粗大。臭腺道长而向前弯曲，几乎达于后胸侧板前缘。前翅革片前缘的近端处稍向内弯，腹部第 1 节较其余节窄。**卵**　长 1.3~1.4mm，初产时暗蓝色，渐变黑褐色，近孵化时黑褐色微显紫红色；半卵圆形，正面平坦，附着面弧状。卵壳表面散生少量白粉，

油茶嫩芽被害枯死

活成虫背面斑纹特征

体侧带状黄色斑纹

略具金属光泽。**若虫** 第1~4龄体似蚂蚁，腹部膨大，但第1腹节小，第5龄狭长。第1龄体长2.5~2.7mm，紫褐色或褐色，头大圆鼓。第2龄体长4.2~4.4mm，头在眼前部分成三角形，眼后部变窄，复眼紫色，稍突出。第3龄体长6.2~6.5mm，灰褐色，触角与体长相等，复眼突出，黑褐色，前翅芽初露。第4龄体长9.1~9.8mm，灰褐色，触角短于体长，前翅芽达后胸后缘。第5龄体长10~11.3mm，灰褐色或黑褐色，前翅芽达第2腹节的中部。

发生特点 据报道，江西1年发生3代，以成虫在枯草丛中、树洞和屋檐下等处越冬。越冬成虫3月下旬开始活动，4月下至6月上旬产卵，5月下旬至6月下旬陆续死亡。第1代若虫5月上旬至6月中旬孵化，6月上旬至7月上旬羽化为成虫，6月中旬至8月中旬产卵。第2代若虫6月中旬末至8月下旬孵化，7月中旬至9月中旬羽化为成虫，8月上旬至10月下旬产卵。第3代若虫8月上旬末至11月初孵出，9月上旬至11月中旬羽化。成虫于10月下旬至11月下旬陆续越冬。5~6月为盛发期，成虫和若虫白天极为活泼，早晨和傍晚稍迟钝，阳光强烈时多栖息于寄主叶背。初孵若虫在卵壳上停息半天后，即开始取食。成虫交尾多在上午进行。卵多产于叶柄和叶背，少数产在叶面和嫩茎上，散生，偶聚产成行。每雌每次

后足腿节特征

产卵5~14粒，多为7粒，一生可产卵14~35粒。

天敌 天敌较多，主要有寄生蜂、平腹小蜂、金小蜂、蚂蚁、螳螂、草蛉、蝎敌、蜘蛛、鸟类等。其他天敌情况参考本书"油茶宽盾蝽"的相关内容。这些天敌对害虫种群有一定控制作用，要加强保护利用。

主要控制技术措施 若局部林分害虫种群密度很高，对寄主为害很严重，必须进行有效控制时，参考本书"油茶宽盾蝽"的油茶蝽类害虫主要控制技术措施。

分布与为害　在我国的分布，北抵辽宁，西迄陕西、四川、西藏，东至沿海各省，南达广西、广东、海南等地；在国外分布于缅甸、马来西亚、印度、斯里兰卡等，属东洋区系。主要为害油茶、大豆、菜豆、蚕豆、豇豆、绿豆等，以豆科植物为主，亦能吸食水稻、麦类、棉花、麻、丝瓜、野燕麦等的汁液。为害油茶时，成、若虫主要在嫩梢、嫩芽及幼果取食；在局部地区，当豆科植物和水稻等开始结实时，往往群集为害，致使蕾、花、幼穗凋落，果荚不实，或形成瘪粒；严重为害时造成植株枯死，颗粒无收。

形态特征　**成虫**　体长 15~17mm，体宽 3.6~4.5mm。狭长形。体黄褐色至黑褐色，被白色细绒毛。头在复眼前部呈三角形，后部细缩如颈。触角第 1 节长于第 2 节，第 1、2、3 节端部稍膨大、基半部色淡，第 4 节基部距 1/4 处色淡。喙伸达中足基节间。头、胸部两侧的黄色光滑斑变成点斑状或消失。前胸背板及胸侧斑具许多不规则的黑色颗粒，前胸背板前叶向前倾斜，前缘具领片，后缘有 2 个弯曲，侧角呈刺状。小盾片三角形。前翅膜片淡棕褐色，稍长于腹末。腹部侧接缘稍外露，黄黑相间。足与体同色，胫节中段色淡，后足腿节粗大，有黄斑，腹面具 4 个较长的刺和几个小齿，基部内侧无突起，后足胫节向背面弯曲。腹下散生许多不规则的小黑点。**卵**　与条蜂缘蝽的卵极相似，仅稍宽一些，上面平坦部的中间有 1 条不太明显的横形带脊。**若虫**　各龄若虫体长幅度及平均体宽分别依次为：第 1 龄 2.8~3.3mm、0.8mm，第 2 龄 4.5~4.7mm、1.5mm，第 3 龄 6.8~8.4mm、2.7mm，第 4 龄 9.9~11.3mm、

成虫在油茶林内活动

成虫背面特征

成虫背侧面特征

4.1mm，第 5 龄 12.7~14.0mm、3.8mm。第 1~4 龄若虫体似蚂蚁，第 5 龄若虫除翅较短外，其他外形似成虫。

发生特点 据报道，江西南昌 1 年发生 3 代，以成虫在枯枝落叶和草丛中越冬。翌年 3 月下旬开始活动，4 月下旬至 6 月上旬产卵，5 月下旬至 6 月下旬陆续死亡。第 1 代若虫于 5 月上旬至 6 月中旬孵出，6 月上旬至 7 月上旬羽化，6 月中旬至 8 月中旬产卵。第 2 代若虫于 6 月中旬末至 8 月下旬孵出，7 月中旬至 9 月中旬羽化，8 月上旬至 10 月下旬产卵。第 3 代若虫于 8 月上旬末至 11 月初孵出，9 月上旬至 11 月中旬羽化，此后如若未羽，则被冻死。成虫于 10 月下旬至 11 月下旬陆续蛰伏越冬。第 3 代各虫态历期：卵期 8~11 天；若虫期 26~32 天，其中第 1、2 龄各 4~5 天，第 3 龄 5~7 天，第 4 龄 7~8 天，第 5 龄 8~11 天；成虫寿命 7~10 个月。卵多散产于叶背、嫩茎和叶柄上，少数 2 枚在一起。成虫每次产卵 7~21 枚，多数为 7 枚，一生可产卵 21~49 枚。成虫和若虫极活跃，善于飞翔和疾行，早晚气温低时稍迟钝。成虫需取食寄主生殖器官的汁液后，才能正常发育和繁殖。

天敌 天敌较多，主要有寄生蜂、平腹小蜂、金小蜂、蚂蚁、螳螂、草蛉、蝎敌、蜘蛛、鸟类

成虫为害松树嫩头

等。其他天敌情况参考本书"油茶宽盾蝽"的相关内容。这些天敌对害虫种群有一定控制作用，要加强保护利用。

主要控制技术措施 若局部林分害虫种群密度很高，对寄主为害很严重，必须进行有效控制时，参考本书"油茶宽盾蝽"的油茶蝽类害虫主要控制技术措施。

棉红蝽

分布与为害　在我国分布于湖北、福建、广东、广西、云南、四川、云南、贵州、海南、台湾等地；在国外分布于越南、缅甸、马来西亚、印度、巴基斯坦、斯里兰卡、菲律宾等，属东洋区系。为害油茶及棉花等锦葵科植物。成虫、若虫为害青铃或刚开裂的棉铃，刺穿棉花铃壳吸食发育中的棉籽汁液，致棉籽和纤维不能充分成熟，纤维被污染，被害青铃出现褐斑，棉絮变成硬块，严重时棉铃干缩脱落，严重影响棉花的产量和质量。

形态特征　**成虫**　体长 12~18mm，头、前胸背板和前翅几乎全为赭红色。触角 4 节，黑色，第 1 节基部朱红色。喙 4 节，红色，第 4 节端半部黑色，伸达第 2 或第 3 腹节。前胸前缘缝合线白色。小盾片黑色，革片中央具 1 个椭圆形大黑斑，膜片黑色。胸部、腹部腹面红色，各节后缘具两端加粗的白横带。各足基节外侧有弧形白纹。**卵**　长 1.1mm 左右，椭圆形，黄色，表面光滑。**幼虫**　共 5 龄，初孵幼虫淡黄色，12 小时后变红，喙达第 1 腹节；第 3 龄后长出翅芽，背面生红褐斑 3 个，两侧有 3 个白斑；第 5 龄体长 8~10mm，颈白色，翅芽达第 2 腹节。

发生特点　云南 1 年发生 2 代，广西、台湾报道 1 年发生 6 代。云南报道以卵在表土缝隙内常成堆越冬少数则为若虫或成虫在土缝内、棉花枯枝落叶下越冬；台湾以若虫、广西以成虫在野生植物或树木间越冬。成虫最适温度为 22~34℃，17℃以下不活动，0℃以下超过 5 小时即死亡，37℃经 3~4 小时死亡。最适相对湿度为 40%~80%。卵在 35℃以上迅速死亡，不耐低湿，相对湿度 66% 以下不能孵化。幼虫不耐低湿和高温，相对湿度 37% 以下、35℃经 3 天，幼虫死亡。

成虫背面观

头及前胸背面特征

成虫侧面观

成虫前背面观

生活习性 成虫爬行迅速，不善飞翔。成虫羽化后的 10 天雌虫开始交配，交配时不停止活动和取食，交配后 10 多天才产卵，产卵 1~3 次。第 1 代成虫产卵量平均为 102 粒，第 2 代为 79 粒。卵成堆，每堆有卵 20~30 粒；多产在土缝、植株根际、土表下和枯枝落叶下，有时产在棉铃苞叶或棉絮上。卵期 6~7 天。幼虫有群居习性。初孵幼虫先在棉株或杂草根际群集，后转移到青棉铃上，数十头聚于一铃，5~7 月和 9~11 月是 2 个世代的严重为害时期。

天敌 天敌较多，有关情况参考本书"油茶宽盾蝽"的相关内容。这些天敌对害虫种群有一定控制作用，要加强保护利用。

主要控制技术措施 若局部林分害虫种群密度很高，对寄主为害很严重，必须进行有效控制时，参考本书"油茶宽盾蝽"的油茶蝽类害虫主要控制技术措施。

21	硕蝽	别名：大臭蝽
		学名：*Eurostus validus* Dallas
		分类：半翅目 HEMIPTERA　荔蝽科 Tessaratomidae

分布与为害　在我国的分布，北起山东、河南、陕西，南及广东、海南、广西，东自沿海各省和台湾，西至四川等地；在国外分布于越南、缅甸等。长江以南山区比较常见。主要为害油茶、板栗、茅栗、白栎、苦槠、麻栎等，成虫尚见取食乌桕、胡椒、梨、油桐、梧桐等。以若虫及成虫在嫩叶、嫩梢、嫩芽、花序、幼果等部位刺吸寄主植物汁液，在刺吸部位形成针尖大小褐色斑点，严重时可致嫩梢、嫩芽等凋萎、枯死，嫩果畸形或脱落，削弱树势，影响生长发育及产品的产量和质量，逐步导致寄主受害林分衰退。

形态特征　**成虫**　体长 23~31mm，宽 11~14mm。长卵形，棕红色，具金属光泽，密布细刻点。头小，三角形，侧叶长于中叶。触角黑色，末节枯黄色。喙黄褐色，外侧及末端棕黑色，长达中胸中部。前胸背板前缘带蓝绿光，小盾片近正三角形，有强烈的皱纹，两侧缘蓝绿色，末端呈小匙状。足深栗色，跗节稍黄色，腿节近末端有 2 枚锐刺。腹部背面紫红色，侧接缘较宽，蓝绿色，接缝处微红色。第一可见腹节背面近前缘处有 1 对发音器，长梨形，雌、雄均有，有硬骨片和相连之膜所组成，系通过鼓膜振动形式发音，遇敌或遇偶时常会发出"叽、叽"的叫声。这在蝽科昆虫中是比较特别的。**卵**　状似乒乓球，直径约 2.5mm。灰绿色，即将孵化时可见 2 个小眼点，破卵器呈"T"字形。**若虫**　第 1 龄体长 5~9mm，宽 4~7mm，扁椭圆形。中、后胸背板宽度相等，腹末平直。初孵时淡黄绿色，显淡黄褐斑，第 2 天起渐变红褐色乃至红色，后变淡黄色，斑纹红色。腹部各节侧缘具明显的半圆形白斑。取食后腹部变亚梨形。体色淡黄绿色至淡绿色。第 2 龄体长 8~12mm，第 2 龄起体略呈扁长方形、中部稍宽。后胸背板显著窄于中胸背板。刚蜕皮时为草绿色，1、2 天后变淡黄绿色，有细红斑，稍后红斑

成虫成对成群活动

成虫取食使嫩芽萎蔫

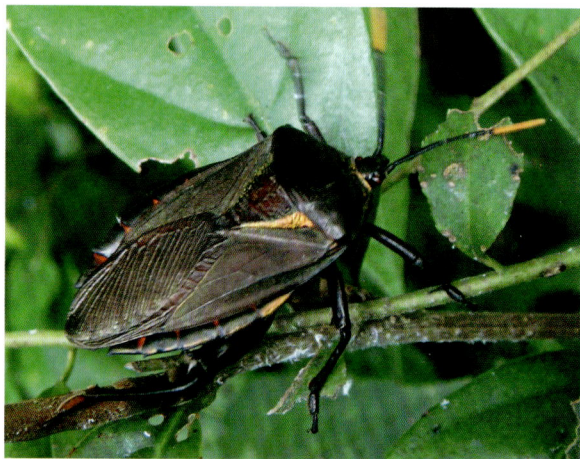
成虫胸足特征

消失，体也逐渐丰满。第 3 龄体长 11~15mm，宽 7~9mm，黄绿色至淡草绿色，侧缘稍显红色。中胸背板后角延伸为翅芽，与第 1 腹节前缘相接或部分相叠。第 4 龄体长 15~19mm，宽 8~11mm。蜕皮时草绿色，不显斑纹，后变淡黄绿色，有红斑，侧缘红色。越冬后体色稍深，也有红斑，侧缘更为鲜红。翅芽伸长至第 2 腹节背面。第 5 龄体长 19~25mm，宽 11~15mm。初蜕皮时红黄色，显红斑，后体渐丰满，色也变黄绿色至淡绿色，红斑消失。翅芽发达，伸至第 3 腹节背面。

发生特点 在各地 1 年都是发生 1 代。以第 4 龄若虫在寄主植物林内杂草灌丛近地面的青绿色叶背蛰伏越冬。据 1975 年江西南昌郊区的系统观察，各虫态发生期大致如下：成虫在 5 月 12 日开始羽化，5 月中下旬达羽化高峰，6 月 29 日羽化完毕，历期 49 天；6 月 8 日开始产卵，6 月中、下旬盛产，7 月 27 日产卵止，历期 50 天；这代成虫于 6 月下旬初至 8 月初相继死亡。卵于 6 月 18 日开始孵化，6 月下旬至 7 月上旬盛孵，8 月 6 日结束，历时 50 日。若虫在年内完成 4 龄，第 4 龄自 10 月初起，延续至翌年 4 月上中旬，才蜕皮转为第 5 龄。1974 年成虫羽化、交尾、产卵及若虫孵化始期，均比 1975 年提早约半个月，其盛期也相应有所提早。南昌各虫态历期：卵期 9~13 天；若虫期第 1 龄 11~28 天；第 2 龄 12~23 天；

第 3 龄 31~77 天；第 4 龄 190 余天；第 5 龄 32~75 天，若虫期合计 9.5~10.5 个月；成虫寿命 43~70 天，内产卵前期 25~28 天，产卵历期 15~40 天，产卵后期 1~3 天。卵多产在寄主植物附近的双子叶杂草叶背，少数直接产在寄主叶背，聚生平铺，每个卵块多数 14 枚，排列成 3~4 行，少数 12~13 枚，个别的少至 2 枚。初孵若虫静伏卵壳旁。第 1~3 龄若虫在叶背吸食液汁，第 4~5 若虫和成虫一起在嫩梢上吸食。

天敌 天敌丰富，已发现的主要捕食性天敌有草蛉、瓢虫、虎甲、蠋敌、螳螂、猎蝽、胡蜂、蚂蚁、食虫虻、蜘蛛、蛙类、鸟类等；已发现的寄生性天敌有赤眼蜂、黑卵蜂、茧蜂、姬蜂、啮小蜂、寄蝇、寄生性病毒、细菌、白僵菌等。这些天敌对害虫种群有重要控制作用，应切实采取有效措施保护利用。例如，一种螽蟖（*Honorocoryphus fuscipes*）和一种蚂蚁（*Aphaenogaster* sp.，属切叶蚁亚科），会吃卵块。前一种系将卵粒啃食，后一种则先啃掉卵块周围的叶组织，然后将整块卵搬走。据在南昌观察，两种天敌对抑制硕蝽的发生量均有一定作用。

主要控制技术措施 若局部林分害虫种群密度很高，对寄主为害很严重，必须进行有效控制时，参考本书"油茶宽盾蝽"的油茶蝽类害虫主要控制技术措施。

22 斑缘巨蝽

别名：花边蝽
学名：*Eusthenes femoralis* Zia
分类：半翅目 HEMIPTERA　荔蝽科 Tessaratomidae

分布与为害　在我国主要分布于广西、广东、海南、福建、江西、贵州、云南等地，属东洋区系。主要寄主有油茶、板栗、杉、木荷、椆木、黄檀、龙眼、荔枝、山苍子、冬青等。以若虫及成虫在嫩叶、嫩梢、嫩芽、花序、幼果等部位刺吸寄主植物汁液，在刺吸部位形成针尖大小褐色斑点，严重时可致嫩梢、嫩芽等凋萎、枯死，嫩果畸形或脱落，削弱树势，影响生长发育及产品的产量和质量。

形态特征　成虫体长 28~30mm，宽 12~13mm。椭圆形，体紫绿色、棕红色、深绿色、红褐色、褐绿色或墨绿色，绿色成分较显著；略带草绿色光泽；刻点同色；体下方棕黄色。头小，三角形，有浅皱纹，侧叶在中叶之前会合。触角 4 节，黑褐色，基节与第 4 节末端黄褐色。喙短，末端不及中胸腹板后缘。前胸背板向前倾斜，有横纹，边缘有卷边，前角尖，侧角钝圆。小盾片三角形，有浅横纹，端部黄褐色，稍向上翘，呈匙状。前翅膜片烟褐色。足黄褐色，腿节端部具 2 刺。侧接缘较宽，每节基半部黄褐色，端半部与体同色。雌虫后足腿节正常，雄虫的则较粗大，且其基部内侧具 1 根刺。

发生特点　华南地区 1 年发生 1 代，以成虫在寄主树冠内中、下部叶背或根际枯枝落叶层内、土块下等荫蔽处越冬。翌年 3、4 月恢复活动，5 月交尾产卵。多在嫩梢或花序上取食，在油茶树上可把嫩梢、嫩芽吸食至萎蔫甚至枯死；油茶林的春梢期和秋梢期是受害最严重时期。板栗产区在田边、山边、村边的板栗树上数量较多，7、8 月待板栗结果后即转移别处为害。

天敌　天敌较多，有寄生蜂、平腹小蜂、金小蜂、蚂蚁、螳螂、草蛉、蠋敌、蜘蛛、鸟类等。其他天敌参考本书"油茶宽盾蝽"的相关内容。这些天敌对害虫种群有一定控制作用，要加强保护利用。

主要控制技术措施　若局部林分害虫种群密度很高，对寄主为害很严重，必须进行有效控制时，参考本书"油茶宽盾蝽"的油茶蝽类害虫主要控制技术措施。

油茶植株严重受害，新顶芽很少

成虫交尾状

成虫刺吸嫩芽并致死

成虫群集为害

成虫腹面及喙的特征

下方为雌成虫，上方为雄成虫

雄成虫及前胸背板前缘眼斑

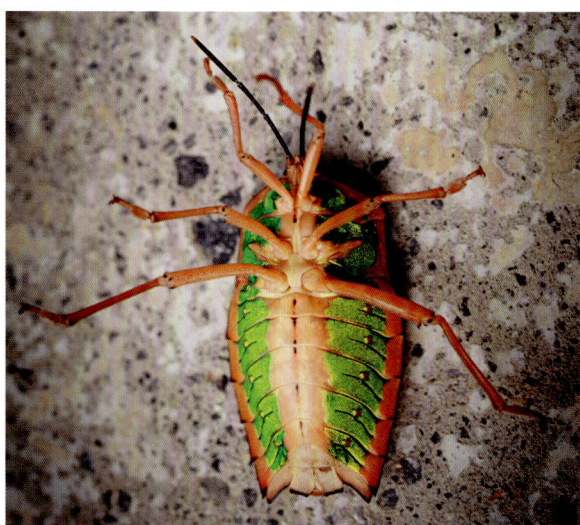

若虫腹面特征

23 巨蝽

学名：*Eusthenes robustus* (Lepeletier et Serville)

分类：半翅目 HEMIPTERA　荔蝽科 Tessaratomidae

分布与为害　在我国主要分布于广西、广东、福建、江西、云南等地。在国外分布于越南、印度、斯里兰卡、印度尼西亚等，属东洋区系。主要为害油茶、板栗、鸭脚木等。以若虫及成虫在嫩叶、嫩梢、嫩芽、花序、幼果等部位刺吸寄主植物汁液，在刺吸部位形成针尖大小褐色斑点，严重时可致嫩梢、嫩芽等凋萎、枯死，嫩果畸形或脱落，削弱树势，影响生长发育及产品的产量和质量。

形态特征　**成虫**　体长 30~38mm，宽 18~23mm。体椭圆形，深紫褐色至墨绿色，有光泽，密布同色刻点，腹下中央色较淡。头小，近三角形，侧叶长于中叶，并于中叶前会合，中叶具横皱，侧叶具斜纹。触角 4 节，黑色；喙黑色，其末端不达中胸腹板后缘。前胸背板刻点密，前缘具卷边，前角略突出，侧角圆，稍外伸。小盾片三角形，具微弱的横皱纹。前翅膜片褐色，长于腹末。足黑褐色，有光泽，腿节基部细小，端部粗大，近端处有 2 个大刺。侧接缘较宽，各节基部为淡色的窄斑。腹下中央呈屋脊状隆起。雌雄异型，雌虫后足正常，雄虫后腿节特别粗大，基部具大刺。**若虫**　第 5 龄若虫体长约 30mm，体宽约 20mm，椭圆形，扁平。体黄褐色。前胸背板、翅芽及腹背中央色较深，棕褐色。触角黄褐色，末节端部黑色，前胸背板前缘及腹末均内凹。本种与异色巨蝽 *Eusthenes cupreus* 的紫色个体甚

自然态成虫背侧面观

成虫部分腹面观

相似，但后者体较窄，宽仅 13~18mm，前胸背板前侧缘具 1 条极窄的卷边，而本种则该处明显变扁，略成叶状；雄性生殖节也不一样。

发生特点 1 年发生 1 代，以成虫在草丛、枝叶间越冬，6~9 月可采到若虫，3~11 月能采到成虫。活动季节多集中在鸭脚木、油茶等寄主树上，越冬前后则分散于其他林木或草丛中。

天敌 天敌较多，有寄生蜂、平腹小蜂、金小蜂、蚂蚁、螳螂、草蛉、蠋敌、蜘蛛、鸟类等。其他天敌参考本书"油茶宽盾蝽"的相关内容。这些天敌对害虫种群有一定控制作用，要加强保护利用。

主要控制技术措施 若局部林分害虫种群密度很高，对寄主为害很严重，必须进行有效控制时，参考本书"油茶宽盾蝽"的油茶蝽类害虫主要控制技术措施。

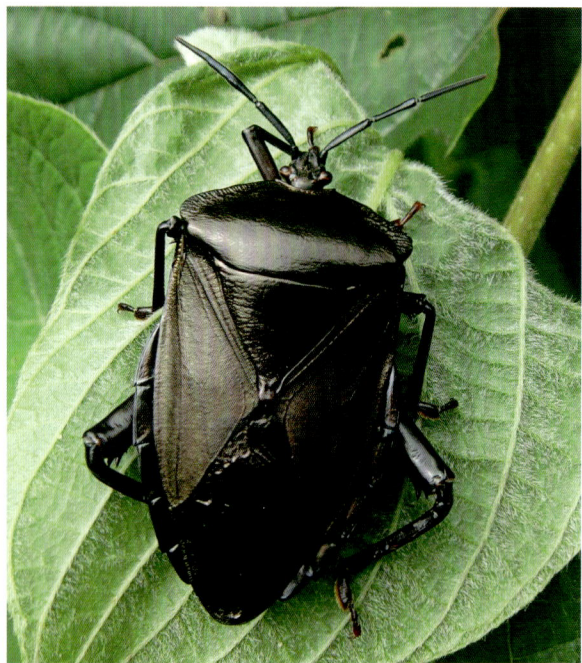

成虫背面观

24	长白蚧	别名：日本白蚧、梨白片盾蚧
		学名：*Lopholeucaspis japonica* (Cockerell)
		分类：半翅目 HEMIPTERA　盾蚧科 Diaspididae

分布与为害　在我国分布普遍，东自东部沿海、台湾，西至云南、贵州、四川，南起海南、广东、广西，北达陕西、山东等地；在国外分布于日本、朝鲜、印度、巴西、美国、俄罗斯等。主要为害竹子、油茶、山茶、茶、梨、柑橘、苹果、李、柿、葡萄、无花果、海桐、牡丹、梅、木兰、杨等。成虫及若虫以刺吸式口针固着于寄主枝条及叶片上刺吸汁液，并诱发煤烟病，可导致树势衰退、落叶、枝枯、减产减收，降低出油率，并可导致严重受害株死亡。

形态特征　介壳　雌虫介壳长茄形，长 1.7~1.8mm，暗色，覆有一层白蜡；头端稍尖，覆有褐色壳点前突，后部宽圆，背脊隆起。雄虫介壳略小，直而较狭，头端尖削，有前突壳点。**成虫**　雌成虫略呈纺锤形，淡黄色，长 0.6~1.4mm，腹部显分节，臀叶两对均略呈三角形，端部尖，第 1 对略大；雄成虫淡紫色，体长 0.5~0.7mm，1 对翅灰色半透明，翅展 1.3~1.6mm，触角丝状，各节簇生细毛，末节尖球形，腹末交尾器细长。**卵**　椭圆形，淡紫色，长 0.2~0.3mm。**若虫**　雌性的有 3 龄，雄性的有 2 龄；第 1 龄椭圆形，淡紫色，足发达；第 2 龄转黄色至橙黄色，足消失，现白色介壳；雌虫第 3 龄梨形，淡黄色，介壳灰白色较宽大。**雄蛹**　细长形，长 0.7~0.9mm，淡紫色，触角、翅芽及足明显，腹末交尾器针状。

发生特点　在长江中下游地区 1 年发生 3 代，以老熟若虫及前蛹期在竹子、油茶或茶树等寄主枝干上越冬。每代卵的盛孵期一般分别在 5 月下旬，7 月中、下旬和 9 月上、中旬。各虫态历期：卵期 11~20 天；若虫第 1~2 代 23~29 天，越冬代若虫期长达 4~5 个月；雄蛹约 20 天；雄成虫 1 天，雌成虫 23~30 天。雄虫多于下午羽化，就近交尾后即死亡。雌成蚧产卵于介壳下，第 1~3 代每雌分别平均产卵 20、16、32 粒。卵期第 1~2 代约 20 天，第 3 代长达 2 个月。初孵若虫活泼善爬，并可随风或人畜携带传播，觅得合适寄主的枝、叶后定居刺吸汁液后不再移动。虫口分布：第 1~2 代以叶上较多，雄虫多位于叶缘锯齿间，雌虫多在主脉两侧；第 3 代绝大多数在枝干上。最适于 20~25℃、相对湿度 80% 以上的条件发生，气温高于 30℃，相对湿度低于 70% 时不利其生存及繁殖。偏施氮肥、密植郁蔽、低洼积水处的林分，营养及小气候均有利害虫发生。

天敌　天敌丰富，主要捕食性天敌有瓢虫（如异色瓢虫、红点唇瓢虫等）、食蚜蝇、食蚜虻、食蚜螟、草蛉、蛇蛉、蚂蚁、食虫螨、蜘蛛、鸟类等；主要寄生性天敌有蚜茧蜂、蚜小蜂（如长白蚧长棒蚜小蜂、盾蚧长缨蚜小蜂、四节蚜小蜂等）等。天敌对害虫种群有重要控制作用，应切实采取有效措施加强保护利用。

主要控制技术措施　参考本书"伪角蜡蚧"的油茶蚧虫类害虫主要控制技术措施。

雌蚧

群集为害

雄蚧与雌蚧

25 山茶片盾蚧

学名：*Parlatoria camelliae* Comstock

分类：半翅目 HEMIPTERA　盾蚧科 Diaspididae

分布与为害　在我国主要分布于广西、广东、福建、浙江、云南、湖南、湖北等地。主要为害油茶、山茶、月桂、柑橘、杜鹃、茉莉、黄杨等植物。以雌成虫、若虫群集于枝叶刺吸树体汁液，并诱发煤烟病，影响植株生长发育，严重时会导致提前落叶落果。

形态特征　成虫，雌介壳长椭圆形，质薄，扁平，白色或灰黑褐色，壳点 2 个，黄绿色，第 2 壳点伸出一部分在介壳外。雌成虫梨形，紫色，身体分节明显，各节侧缘略呈瓣状突出，触角具 1 根长刺毛；臀叶 5 对，前 3 对发达，后 2 对很小。雄介壳长形，两侧略平行，灰色，壳点位于一端，黄绿色。

发生特点　1 年发生代数因地而异，江苏、浙江一带 1 年 2~3 代，湖南 3 代，江西、四川 3~4代，华南地区 5 代以上。雌成虫寿命长达百天以上，雄成虫仅 1~2 天。每雌平均产卵约 50 粒，卵产于介壳下。若虫孵化后爬行寻找合适部位固定

雌蚧与雄蚧

取食，分泌白色绵毛状蜡质物覆盖虫体。喜群聚于寄主隐蔽或光线不足的枝叶、小枝、果面为害。叶面虫口数为叶背的 2~3 倍，有世代重叠现象。

天敌　参考本书"伪角蜡蚧"的相关内容。

主要控制技术措施　参考本书"伪角蜡蚧"的油茶介壳虫类害虫主要控制技术措施。

为害状

雌蚧与雄蚧放大

26 考氏白盾蚧

别名：贝形白盾蚧
学名：_Phenacaspis cockerelli_ (Cooely)
分类：半翅目 HEMIPTERA 盾蚧科 Diaspididae

分布与为害 在我国主要分布于南方各地，如广西、广东、海南、福建、浙江、江西、台湾等地及北方地区的温室。主要为害油茶、板栗、八角、白玉兰、含笑、鹤望兰、夹竹桃、君子兰、木兰、杜鹃花、万年青、苏铁、桂花、荷花、广玉兰、绣球花、丁香、八仙花、变叶木等植物。成、若虫固定在寄主嫩果、小枝、叶片上刺吸汁液，致使果实变小、畸形，甚至落果；致使叶片褪绿，呈现黄色斑点；又能分泌蜜露，导致煤烟病发生，枝叶变黑，引起早期落叶、落果，甚至死亡，影响产量或观赏价值。

形态特征 **成虫** 雌虫介壳梨形或近圆形，雪白色，壳点 2 个，位于前端，第 1 壳点淡黄色，有一半伸出壳外；第 2 壳点红褐色。雌虫体近椭圆形或梨形，淡黄色，臀板带红色；触角上生有 1 根长毛和 1 根小刺；臀板凹较显著。雄虫介壳银白色，长形，体背中心线稍隆起，各呈一纵脊，群集一起，分泌白蜡粉。**卵** 长卵形，淡黄色。**若虫** 初孵若虫黄绿色，卵圆形，分泌白色蜡丝。

发生特点 据报道，广州 1 年发生 5 代，从 4~12 月均可见各虫态。广西 1 年发生 3~5 代，以受精雌虫越冬，各代发生整齐，很少重叠。翌年 3 月下旬产卵，各代若虫发生期为 4 月中旬、7 月上旬、9 月下旬。南昌每年发生 3 代，以若虫和雌虫越冬。各代产卵期大约在 2 月上旬至 5 月上旬、6 月中下旬至 7 月上旬、9 月中下旬至 12 月，世代

嫩叶被害状

果实被害状

成蚧特征

叶部被害症状

中龄果被害状

重叠。雌成虫每头平均产卵76粒，卵产于母体介壳内。雄成虫多群居，雌成虫多散居，于固定枝叶上吸取汁液。

天敌　主要捕食性天敌有日本方头甲、尼氏钝绥螨、德氏钝绥螨、小毛瓢虫、食蚧啮虫等，其中以日本方头甲捕食量最大，其幼虫每天平均食蚧卵17粒，取食第1龄若虫34头；主要寄生性天敌有丽蚜小蜂、长棒跳小蜂、长棒蚜小蜂、

瘦柄花翅芽小蜂，寄生率可达90.84%。天敌对害虫种群有重要控制作用，应切实采取有效措施加强保护利用。

主要控制技术措施　一般情况下，不需要进行防治。若在虫源株或虫源区确实需要进行防治时，参考本书"伪角蜡蚧"的油茶蚧虫类害虫主要控制技术措施。

堆蜡粉蚧

别名：橘鳞粉蚧
学名：*Nipaecoccus vastator* (Maskell)
分类：半翅目 HEMIPTERA　粉蚧科 Pseudococcidae

分布与为害　在我国主要分布于华中、华东、华南地区，其中华南各省比较普遍且严重；在国外分布于泰国、亚洲东南部、美国等。寄主除油茶、柑橘外，还有葡萄、龙眼、荔枝、黄皮、油梨、番荔枝、枣、茶、桑、榕树、冬青、夹竹桃等，造成果树枯梢和落果，影响经济价值。若虫、成虫刺吸枝干、叶的汁液，重者叶干枯卷缩，削弱树势甚至枯死。

形态特征　**成虫**　雌成虫，椭圆形，长3~4mm，体紫黑色，触角和足草黄色。足短小，爪下无小齿。全体覆盖厚厚的白色蜡粉，在每一体节的背面均横向分为4堆，整个体背则排成明显的4列。在虫体的边缘排列着粗短的蜡丝，仅体末1对较长。雄成虫，体紫酱色，长约1mm，翅1对，半透明，腹末有1对白色蜡质长尾刺。卵淡黄色，椭圆形，长约0.3mm，藏于淡黄白色的绵状蜡质卵囊内。**若虫**　形似雌成虫，紫色，初孵时无蜡质，固定取食后，体背及周缘即开始分泌白色粉状蜡质，并逐渐增厚。**蛹**　外形似雄成虫，但触角、足和翅均未伸展。

发生特点　华南地区每年发生5~6代，以若虫和成虫在树干、枝条的裂缝或洞穴及卷叶内越冬。2月初开始活动，主要为害春梢，并在3月下旬前后出现第一代卵囊。各代若虫发生盛期分别出现在4月上旬、5月中旬、7月中旬、9月上旬、10月上旬和11月中旬。但第3代以后世代明显重叠。若虫和雌成虫以群集于嫩梢、果柄和果蒂上为害较多，其次是叶柄和小枝。其中第1、2代成、若虫主要为害果实，第3~6代主要为害秋梢。常年以4~5月和10~11月虫口密度最高。

天敌　参考本书"伪角蜡蚧"的相关内容。

主要控制技术措施　参考本书"伪角蜡蚧"的油茶蚧虫类害虫主要控制技术措施。

半翅目

粉蚧科

雌成虫背面观（摄于泰国）

雌成虫侧背面观（摄于泰国）

矢尖蚧

分布与为害　在我国主要分布于广西、广东、海南、河北、山西、陕西、江苏、上海、浙江、福建、湖北、湖南、河南、山东、江西、四川、云南、安徽等地；在国外分布于泰国、越南等。主要寄主植物有油茶、龙眼、杧果、金橘、黄皮、大叶黄杨、香橼、柑橘、木瓜、枸骨、白蜡树等。以雌成虫、若虫固着于寄主叶片、果实和嫩梢上吸食汁液，被害处形成黄斑，导致叶片畸形、卷曲、枝叶干枯，果实受害处呈黄绿色，外观差、果味酸，严重影响树势、产量和果实品质，还可诱发烟煤病。

形态特征　**成虫**　雌成虫介壳体黄褐色或棕褐色，边缘灰白色；体长 2.8~3.5mm，宽 1.0~1.2mm；雌介壳箭头形，常微弯曲，前端尖、后端宽，末端呈弧形；第 1、2 龄蜕皮壳黄褐色于介壳前端；介壳背面中央具 1 条明显的纵脊，其两侧有许多向前斜伸的横纹。雌成虫橙黄色，长约 2.5mm，胸部长，腹部短。触角位于前端，退化呈一瘤状突起，上面各生长毛 1 根。雄成虫介壳狭长，长 1.3~1.6mm，粉白色，棉絮状，背面有 3 条纵脊；第 1 龄蜕皮壳黄褐色位于前端；壳点 1 个，淡黄色，位于前端。雄成虫体长约 0.5mm，橙黄色，具发达的前翅，后翅特化为平衡棒；翅展约 1.7mm；腹末性刺针状。**卵**　呈椭圆形，长约 0.2mm，橙黄色。**若虫**　第 1 龄呈草鞋形，橙黄色，触角 1 对和足 3 对，发达；腹末具 1 对长毛；第 2 龄扁椭圆形，淡黄色或淡橙黄色，触角和足均消失。**蛹**　体长约 0.4mm，长形，橙黄色，性刺突出。

发生特点　各地年发生代数不一，甘肃、陕

新一代蚧虫在长大

油茶被害状

雄成虫介壳

为害油茶（摄于泰国）

为害油茶树叶片（摄于越南）

半翅目

粉蚧科

西1年发生2代，湖南、湖北、四川3代，广西、广东、福建3~4代，以受精雌虫越冬为主，少数以若虫越冬。第1龄若虫盛发期大体为：2代区5月下旬前后、8月中旬前后；3代区5月中下旬、7月中旬、9月上中旬；3~4代区4月中旬、6月下旬至7月上旬、9月上中旬、12月上旬。成虫产卵期可达40余天，卵期短，仅1~3小时，若虫期夏季30~35天，秋季50余天。单雌产卵量70~300粒，第3代最多，第1代次之。卵产于母体下，初孵若虫爬出母壳分散转移到枝、叶、果上固着寄生，仅1~2个小时即固着刺吸汁液，体渐缩短，翌日开始分泌棉絮状蜡粉，第2龄时触角和足消失，于蜕皮壳下继续生长并分泌介壳，再蜕皮变为雌成虫。雄若虫第1龄后即分泌棉絮状蜡质介壳，常喜群集于叶背寄生。

天敌 参考本书"伪角蜡蚧"的相关内容。

主要控制技术措施 参考本书"伪角蜡蚧"的油茶蚧虫类害虫主要控制技术措施。

29 伪角蜡蚧

学名：*Ceroplastes pseudoceriferus* Green

分类：半翅目 HEMIPTERA　蜡蚧科 Coccidae

分布与为害　在我国主要分布于广西、广东、浙江、福建、四川、云南、贵州、江西、江苏、湖南、湖北等地；在国外分布于朝鲜、日本、印度等。主要为害油茶、茶、山茶、木兰、杉木、松、月桂、枇杷、柑橘、柠檬、金橘、石榴、冬青等。主要为害枝条，严重时可导致叶片干枯而陆续脱落，影响寄主生长发育。

形态特征　雌成虫体卵圆形，头部稍狭，腹部稍宽。触角6节，其中第3节最长。足与虫体相比较小，股节粗壮，胫节和跗节几乎等长，但跗节端部显著变细；气门发达，气门腺路主要由五孔腺组成。前胸和后胸气门刺皆为圆锥形，但较短粗，数量很多，分布较拥挤。肛门长，近似三角形，肛门周围体壁高度硬化。尾突较短，圆锥形，似等边三角形样的突起。体背、腹两面三孔腺和二孔腺均很丰富，体缘生有细毛，缘毛成列分布。

发生特点　每年发生代数欠详。以雌虫越冬。越冬雌虫于5月中旬开始产卵、孵化。每雌平均产卵250~530粒。初孵若虫绝大多数迁移至当年生新梢上，成、若虫吸食寄主汁液，在排水差的条件下，湿度大，兼之排泄物有糖液，诱发煤烟病，导致树冠叶片变黑，抑制光合作用，进而影响植株生长。

天敌　天敌丰富，主要捕食性天敌有瓢虫（如异色瓢虫、红点唇瓢虫等）、食蚜蝇、食蚜虻、食蚜螟、草蛉、蛇蛉、蚂蚁、食虫螨、蜘蛛等；主要寄生性天敌有跳小蜂（如蜡蚧扁角跳小蜂等）、蚜茧蜂、蚜小蜂（如黑软蚧蚜小蜂、日本软蚧蚜小蜂等）等。天敌对害虫种群有重要控制作用，

在主干上为害

在侧枝上为害

部分边缘特征

背面观特征

应切实采取有效措施加强保护利用。

油茶蚧虫类害虫主要控制技术措施 （1）加强预测预报工作。设置固定监测点，定期调查，严密监视害虫发生发展动态，做好害虫预测预报工作。特别是要准确地监测到害虫点片状发生而未扩散蔓延之前的若虫盛孵至初龄若虫盛期阶段，以利及时采取防治措施，提高控制效果。（2）加强营林技术措施。施足基肥，加强抚育，增施磷、钾肥，及时排水，合理修剪（特别是虫枝、枯枝）、间伐、择伐、砍杂，保持林内通风透光，促进树木健康生长，提高其抗虫性、耐虫性，提高林分的免疫力。（3）及时防治。对于有些蚧虫如吹绵蚧，及时发现虫源株或小面积虫源区，可采用人工刮除虫体的方法来防治，能有效降低虫口密度并减轻为害。（4）科学保护、合理利用自然天敌。适当保留林地周边、林道两旁植被，必要时适当铺草，让各种自然天敌如瓢虫、草蛉、食蚜蝇、蚜茧蜂等安全越冬。早春严格控制在林分内施药。必须采用药剂防治时，不要滥用化学农药，尽量选用生物农药；使用农药治虫时，要设置天敌保护隔离区；尽量在天敌休眠期或相对安全期用药，避免伤害天敌。（5）合理使用化学农药。必须根据虫情监测指导用药，生长季节掌握若虫盛孵期至初龄盛期及时施药，若延误时机则介壳形成，势必降低药效；应在害虫点片状高

密度发生期、但尚未扩散蔓延前抓紧进行，1年2代以上蚧类，如长白蚧1年发生3代以上，应侧重防治第1代。施药应送达各个种的标靶部位。常用的药剂：1.2%烟参碱乳剂1000倍液，或10%吡虫啉可湿性粉剂1000~2000倍液，或3%啶虫脒乳油3000~5000倍液，或25%噻虫嗪水分分散粒剂3000~5000倍液，或烟草水50~100倍液，或柴油乳剂30倍液或洗衣粉200倍液等（用于杀灭未泌蜡的刚出蛰的越冬若虫）等；由于此类害虫虫体有蜡粉，非乳剂型药液中（如可湿性粉剂）若加入0.3%~0.4%的柴油乳剂或黏土柴油乳剂，可显著提高防治效果。

30	日本履绵蚧	别名：草履蚧
		学名：*Drosicha corpulenta* (Kuwana)
		分类：半翅目 HEMIPTERA　绵蚧科 Monophlebidae

分布与为害　在我国主要分布于华北、华南、华中、华东、西南、西北等地；在国外分布于日本等。食性杂、分布广、为害严重的刺吸式口器害虫，除为害油茶、核桃、桃、梨、苹果、杏、李、枣、樱桃、果桑、石榴、无花果、柿、板栗、柑橘、枇杷、荔枝等果树外，还为害刺槐、白蜡、杨、柳、雪松、三球悬铃木等绿化树。若虫和成虫常常成堆聚集在芽腋、嫩梢、叶片和枝干上允吸汁液为害，树木受害后，树势衰弱、枝梢枯萎、发芽迟缓、叶片早落，甚至枝条或整株枯死，造成巨大的经济损失。

形态特征　**成虫**　雌成虫体长 7.8~10.0mm，宽 4.0~5.5mm，椭圆形，形似草鞋，背略突起，腹面平；体背暗褐色，边缘橘黄色，背中线淡褐色，触角和足亮黑色；体分节明显，胸背可见 3 节，腹背 8 节，多横皱褶和纵沟，体被细长的白色蜡粉。雄成虫体紫红色，长 5~6mm，翅 1 对，翅展约 10mm，淡黑色至紫蓝色，前缘脉红色；触角 10 节，除基部 2 节外，其他各节生有长毛，毛呈三轮形，头部和前胸红紫色，足黑色，尾广瘤长，2 对。**卵**　椭圆形，长约 1mm，初为淡黄色，后为黄褐色，外被粉白色卵囊。**若虫**　体灰褐色，外形似雌成虫，初孵时长约 2mm，蛹体圆筒形，长约 5mm，褐色，外有白色棉絮状物。

发生特点　在我国南方 1 年发生 3~4 代，长江流域 2~3 代，华北、东北、西北地区 1 代。以卵和初孵若虫在树干基部土壤中越冬。1 代发生区越冬卵于翌年 2 月上旬至 3 月上旬孵化，若虫出土后爬上寄主主干，沿树干爬至嫩枝、幼芽等处取食。低龄若虫行动不活泼，喜在树洞或树杈等

雌成虫背面观

雌成虫侧面观

雌成虫前侧面观

处隐蔽群居；3月底4月初若虫第一次蜕皮，开始分泌蜡质物；4月下旬至5月上旬雌若虫第三次蜕皮后变为雌成虫，并与羽化的雄成虫交尾；至6月中下旬开始下树，钻入树干周围石块下、土缝等处，分泌白色绵状卵囊，产卵其中，分5~8层100~180粒。主要暴发原因：一是草履蚧繁殖力较强，一般每头雌成虫产卵100余粒，多者可达200余粒。二是卵囊是其双重保护伞，雌成虫分层产的卵外有卵囊保护，当越冬卵孵化后，刚孵化的若虫仍停留在卵囊内，受到其保护。三是近些年来，暖冬的存在给越冬卵孵化成活创造了适宜温度条件，因此，草履蚧大量的卵在适宜的条件下，大量孵化成活是其暴发的内在因素。四是树种结构单一，大面积单一的树种结构，给草履蚧的存活、发展、繁殖创造了良好的生存条件。五

是错过防治最佳时机；草履蚧1年发生1代区，且发生期较早，多在春节前后，若虫出土上树时虫体很小，不易引起注意，一旦上树后人工防治困难；等草履蚧易被发现时，虫龄已达2龄，体壁上已被一层蜡质物覆盖，药物防治效果较差。六是防治意识淡薄，对林果树木放任管理，给草履蚧发生、蔓延提供了可乘之机。

天敌　参考本书"伪角蜡蚧"的相关内容。

主要控制技术措施　参考本书"伪角蜡蚧"的油茶蚧虫类害虫主要控制技术措施。对于高大的树木遭受该蚧虫严重为害时，喷雾无法达到树冠，可在树干基部周围以45°角打3~4个孔，用注射器向孔内注入5%啶虫脒乳油、6%虫线清乳油等内吸性农药，每孔注入2~4mL，有较好的杀虫效果。

31	吹绵蚧	别名：澳洲吹绵蚧
		学名：*Icerya purchasi* Maskell
		分类：半翅目 HEMIPTERA　绵蚧科 Monophlebidae

分布与为害　在我国主要分布于华南、西南、华东、华中等地及北方温室；在国外分布于日本、朝鲜、菲律宾、印度、印度尼西亚、巴勒斯坦、斯里兰卡，欧洲、非洲、北美洲也有分布。以成虫、若虫寄生于枝干、嫩梢及叶片上刺吸树汁，影响寄主生长发育。为害严重时，可导致叶片发黄，树势衰弱，提早落叶、落花、落果，甚至引起寄主死亡。除为害油茶、油桐外，还为害木麻黄、台湾相思、桂花、柚子、柑橘、肉桂等经济林木、园林花卉等80多科250余种植物。

形态特征　**成虫**　雌成虫体长4~10mm，体宽3~6mm，椭圆形或长椭圆形，背面隆起，腹面平坦，体橘红色或暗红色，足和触角黑色，体表生有黑色短毛，背被白色蜡质物；触角11节，第1节宽大，第2、3节粗长，第4~11节呈念珠状，第11节较长，每节生有细毛。雄成虫体长约3mm，胸部红紫色，有黑骨片，腹部橘红色，前翅狭长，暗褐色，基角处有1个囊状突起，后翅退化成匙形的拟平衡棒，腹末有2个肉质短尾瘤，其端有长刚毛3~4根。**卵**　长椭圆形，长约0.7mm，初产时橙黄色，后呈橘红色。卵囊从腹部末端向后生出，蜡质，白色，半卵形或长卵形，隆起，与体等长，与虫体腹部成45°角，囊的表面有14~16根明显纵脊。**若虫**　雌性3龄，雄性2龄，各龄均椭圆形，眼、触角及足均黑色；第1龄时体橘红色，触角端部膨大，有长毛4根，腹末有与体等长的尾毛3对；第2龄时体背红褐色，覆黄色蜡粉，散生黑毛，雄性体略长，但体表蜡粉

在油茶上为害状

雌成虫

及蜡丝较少，行动较活跃；第 3 龄属雌性，体红褐色，体表布满蜡粉和蜡丝，黑毛发达。**蛹** 体长 3.5mm，橘红色，被白色薄蜡粉。**茧** 由白色蜡丝组成，长椭圆形，白色，质地疏松。

发生特点 华南地区 1 年发生 3~4 代，世代重叠，各种虫态均可越冬，以若虫和成虫在枝干、叶背越冬为多。翌年 3~4 月雌成虫大量产卵，5~6 月若虫大量发生，5~11 月可出现 3~4 个为害高峰期。初孵若虫很活跃，1~2 龄若虫多栖居在树冠新梢叶背主脉两侧，雌性第 3 龄后多数移到树枝分叉处及阴面。适宜活动温度为 22~28℃，温暖潮湿的环境有利繁殖为害，故郁闭度大的林分受害较重。干热环境则不利于其发生发展，高于 39℃ 则容易死亡。雌成虫初期无卵囊，成熟后到产卵期才逐渐形成卵囊。

天敌 参考本书"伪角蜡蚧"的相关内容。

主要控制技术措施 参考本书"伪角蜡蚧"的油茶蚧虫类害虫主要控制技术措施。

雌成虫及卵囊

受精雌成虫

半翅目

蚜虫科

分布与为害　在我国主要分布区域：东自东部沿海、台湾，西至云南、贵州、四川，南起海南、广东、广西，北止秦岭、淮河，山东局部有发生；笔者调查到泰国等有分布，还分布于亚洲热带地区、北非及中非、欧洲南部、大洋洲、拉丁美洲、北美洲等热带和亚热带地区。主要为害油茶、茶树、山茶等山茶属、柑橘属类植物，以及荔枝、银杏、榕树、咖啡、可可、无花果等很多植物。主要聚集在嫩茎、嫩梢、嫩芽、新叶、花穗等处吸取汁液；多数蚜虫是聚居叶背为害嫩叶，可导致叶片卷曲，芽叶萎缩，新梢生长受阻，还能排泄蜜露，引发煤烟病，严重影响寄主生长。

形态特征　**有翅成蚜**　体长约 2mm，黑褐色有光泽，触角第 3~5 节依次渐短。前翅中脉二叉状。腹部背侧有 4 对黑斑。腹管短于触角第 4 节，而长于尾片，基部有网纹。尾片中部较细，端部较圆，约有 12 根细毛。**有翅若蚜**　棕褐色，触角第 3~5 节几乎等长，翅芽乳白色。**无翅成蚜**　近卵圆形，棕褐色，稍肥大，体表多细密淡黄色横置网纹。触角黑色，第 3~5 节依次渐短。**无翅若蚜**　外形和成虫相似，浅黄色至浅棕色，体长 0.2~0.5mm，第 1 龄若虫触角 4 节，2 龄 5 节，3 龄 6 节。**卵**　长椭圆形，长约 0.6mm。一端稍细，背隆起，初产时浅黄色，后转棕色至黑色，有光泽。

发生特点　华南地区 1 年发生 30 代以上，无明显越冬现象。安徽年发生 25 代以上，以卵在老叶叶背处越冬，翌年 2 月下旬后开始孵化，3 月上旬盛孵，而后逐代孤雌生殖，世代重叠，直至秋后末代出现两性蚜交配产卵过冬，11 月中旬产卵最盛。趋嫩性强，聚于新梢叶背、嫩茎上吸食，并随芽梢生长不断向上转移，经常以芽下第 2~3 片叶上的虫口居多。当虫口增长过甚，芽梢营养不足，或因气候变化，会产生有翅蚜飞迁扩散。飞迁多在黄昏无风或微风时进行。秋后末代出现两性蚜，有翅雄蚜飞寻无翅雌蚜交配产卵越冬。该蚜繁殖力强，条件适宜时 5~7 天即可完成 1 代，1 头无翅胎生雌蚜可孤雌生殖 35~45 头仔蚜。秋后末代每雌产卵 4~10 粒。越冬卵较耐低温，但春暖后孵化出的若蚜不耐低温，倒春寒可使其死亡率达 45% 以上。4 月后气温稳步回升，虫口迅速增长，4 月下旬至 5 月中旬呈现全年虫口高峰；夏季高温暴雨，蚜群数量显著减少；9~10 月秋凉后虫口呈现次高峰，直到秋末。

天敌　多达 70 多种，如异色瓢虫、龟纹瓢虫、黑带食蚜蝇、大灰食蚜蝇、四条食蚜蝇等，还有

无翅成蚜及无翅若蚜特征

夏初的有翅成蚜与若蚜

秋末的有翅蚜

为害状初期

有翅蚜、无翅蚜一起为害

多种草蛉、粉蛉、斑腹蝇、步甲、食蚜瘿蚊、蚜茧蜂、蜘蛛、蚜霉寄生菌、弗氏虫霉等。这些天敌对害虫有重要控制作用，要切实做好保护、助迁等利用工作。

油茶蚜虫类害虫主要控制技术措施 （1）加强预测预报工作。设置固定监测点，定期踏查，严密监视害虫发生发展动态，做好害虫预测预报工作。特别是要准确的监测到害虫点片状发生阶段而未扩散蔓延之前，以利及时采取防治措施，提高控制效果。（2）加强栽培管理措施。及时抚育、间伐、砍杂，合理修剪，使林分内通风透光，增强树木生长势，提高其抗虫性、耐虫性。（3）科学保护利用自然天敌。适当保留林地周边、林道两旁植被，必要时适当铺草，让各种自然天敌如瓢虫、草蛉、食蚜蝇、蚜茧蜂等安全越冬。早春严格控制在林分内施药。必须采用药剂防治时，

蚜害使嫩叶萎焉

为害状后期

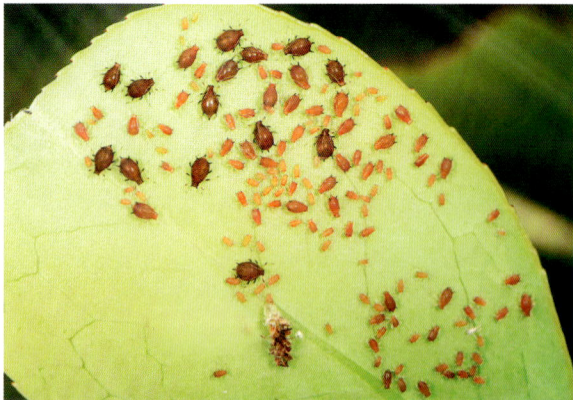
食蚜蝇在捕食

食蚜蝇幼虫在捕食

有翅蚜和无翅蚜混合发生（摄于泰国）

主要为害嫩叶嫩梢

不要滥用化学农药，尽量选用生物农药或低毒化学农药；使用农药治虫时，要设置天敌保护隔离区；尽量在天敌休眠期或相对安全期用药，尽量避免伤害天敌。（4）化学药剂防治。应在害虫点片状高密度未扩迁前抓紧进行，可选用的药剂有10％吡虫啉可湿性粉剂，或1.8％爱福丁（齐墩霉素）乳油等1000~2000倍液，或15％唑蚜威乳油，或25％灭蚜威乳油，或1.2％苦·烟乳油，或1.2％烟参碱乳油等1000倍液，或50％抗蚜威可湿性粉剂1000~2000倍液，或3％高渗苯氧威乳油3000倍液，或3％啶虫脒乳油3000~5000倍液，或噻虫嗪水分分散粒剂5000~8000倍液，或烟草水50~100倍液，或中性洗衣粉200倍液等喷雾。

| 33 | 烟翅白背飞虱 | 学名：*Sogatella kolophon* (Kirkaldy) |
| | | 分类：半翅目 HEMIPTERA 飞虱科 Delphacidae |

分布与为害 分布于我国各地，属迁飞性害虫。同属的白背飞虱几乎分布于亚洲、大洋洲许多国家。主要寄主有水稻等禾本科作物，也为害油茶等植物。以成虫和若虫群栖稻株基部或寄主嫩叶、嫩芽部位刺吸汁液，造成稻叶等叶尖褪绿变黄，严重时全株枯死，穗期受害还可造成抽穗困难、枯孕穗或穗变褐色、秕谷多等为害状；影响油茶等植物生长发育。

形态特征 成虫体长，雄虫 1.8~2.0mm，雌虫 2.5~2.9mm；体连翅长雄虫 2.9~3.4mm，雌虫 3.8~4.3mm。整个头部包括触角淡污黄色微褐色，有些个体颊区略带橙色，额中脊色较浅而发青，颊区在单眼下方有大小、浓淡不一的棕褐色斑块；复眼黑色，单眼棕褐色。前胸背板淡污黄色，在复眼后方的侧区色略暗；中胸背板中部淡橙黄色，侧区橙黄褐色，小盾片色浅至端部成淡黄色；胸部腹面及各足基节烟褐色，足其余各节淡污黄色，但前足色微烟暗；前翅有淡黄褐晕几乎透明，端部后区 1/3 烟污，翅脉与翅面同色。腹部棕褐色至黑褐色，两侧边淡黄色。雌虫体色较浅淡，胸部腹面包括足基节多为橙黄色，腹部腹面淡橙黄色，前翅端部后区无烟污晕。雌雄少数个体颜色略加深呈橙红色，体背具淡橙红色中带，中胸背板侧区为橙红褐色。雄虫生殖节开口

暗光下成虫

宽圆，具有微小的腹中突；阳基侧突宽短，内侧缘于近中部有一短的分叉。

发生特点 各地年发生代数不一，但缺该飞虱的专门研究。可以参考同属的白背飞虱，在海南省南部 1 年发生 11 代，岭南 7~10 代，长江以南 4~7 代，淮河以南 3~4 代，东北地区 2~3 代，新疆、宁夏 1~2 代。各地翌年早春的主要虫源是随西南气流从中南半岛迁飞而来，并且都是与稻褐飞虱交替混合发生，以水稻生长前期数量大，广西早稻在 5 月、晚稻在 9 月各出现 1 次为害高峰。成虫有趋光性、趋嫩性，水稻分蘖期对其生育繁殖最有利。

天敌 参考本书"黑尾大叶蝉"的相关内容。

主要防治技术措施 参考本书"黑尾大叶蝉"的油茶叶蝉类害虫主要控制技术措施。

成虫侧面观

成虫侧背面观

34 油茶粉虱

别名：油茶黑胶粉虱
学名：*Aleurotrachelus camelliae* Kuwana
分类：半翅目 HEMIPTERA　粉虱科 Aleyrodidae

分布与为害　在我国主要分布于广西、广东、海南、浙江、河南、湖南等地。主要寄主植物有油茶、杨梅、石栎、枣树、乌桕、桑树、木荷、紫穗槐等。其若虫吸食叶片汁液，并不断排出蜜液；虫口密度大时容易诱发煤污病，发生严重的林分，全林发黑，导致枝枯叶落，花果不生。

形态特征　**成虫**　雌成虫体长 1.7~2.0mm（至翅端），翅展 3.0~3.5mm。体灰色，腹部橘红色。前翅有 6 块灰黄色斑，分布于前、外、后缘上。前缘的 2 个色斑中，1 个较狭长，起于前缘线，止于主脉下折处。后翅略小于前翅。雄虫体长略小，体长 1.2~1.3mm，翅展 2.2~3.0mm。抱握器钳状，突出于腹部末端，阳具楔状。**卵**　初产时乳白色，渐变为黄绿色，略弯。卵壳表面光滑。长 0.19~0.21mm。**若虫**　初孵若虫长椭圆形，浅黄色。体壁透明；体长 0.25~0.27mm，宽 0.13~0.15mm。胸气门以前的虫体部分有长缘毛 10 根；其他部位体线有端缘毛 10 根，臀板有长刺毛 4 根。第 2 龄若虫长圆梨形，长 1.0~1.5mm，宽 0.7~1.0mm；背腹扁平，前端略尖，后端平截而向内略凹入，背部漆黑革质，腹面灰白膜质。背面中部有脊状隆起。胸气门陷处各有 1 簇白色蜡毛。臀板也长有 1 团蜡毛，体缘腺栉齿状突出，300 余枚，分泌宽达 1mm 黏胶。化蛹时介壳稍有隆起。**蛹**　橘红色，体长 0.9~1.1mm，宽 0.4~0.6mm；离蛹，橘红色，翅芽黑色皱褶，具成虫的基本特征。羽化前两天介壳显著隆起似锥形。

发生特点　1 年发生 1 代，以第 2 龄若虫于

为害状

油茶叶背越冬。翌年 3 月下旬化蛹，4 月上旬开始羽化，4 月中旬为羽化盛期。成虫羽化要求日均温约在 18℃，相对湿度大于 80%，在时晴时雨天气其羽化产卵最盛，寒冷阴雨天气少见成虫羽化。晴天，多在 8~10 时羽化；阴雨天则在 12~14 时羽化最盛。成虫羽化历期约 20 天，但羽化高峰期只有几天。成虫有多次交尾现象；交尾后即可产卵，卵多产于新老叶片背面。怀卵量 21~44 粒，平均 32.6 粒。成虫产卵后转移到新梢嫩叶上栖息，善飞翔，未见进行营养补充。成虫寿命，雌虫 2~6 天，平均 4.4 天；雄虫 4~7 天，平均 5.5 天。卵期为 2 个月，若虫于 6 月下旬开始出现。初孵若虫善爬行，找到合适场所后用口针插入叶片组织取食。若虫多寄生于叶背面，很少寄生于枝、干、花、果、芽等部位。7 月下旬至 8 月，普遍脱皮进入第 2 龄。第 2 龄若虫足、触角退化，丧失活动能力，虫体背、腹扁平，并形成黑色介壳，体缘腺分泌无色透明黏胶固着虫体，此后不再迁移。第 2 龄若虫历期 250 天左右，为害极大。不仅直接为害油茶，而且不断分泌蜜露诱发油茶烟煤病。多发生于郁闭度大的老龄油茶林，凡生长茂盛的林分，经常发生虫害。同株树上不同叶龄上幼虫寄居量不同，一般虫口密度是 3 年生大于 2 年生，2 年生大于当年生叶片。但成虫羽化率恰相反，即叶龄越小的叶片上成虫羽化率越高。

天敌 病原真菌扁座壳孢是该虱重要的寄生性天敌，该虱盛发后期往往遭受此菌寄生，其自然寄生率可达 32.8%~86.9%。其他捕食性天敌有瓢虫、草蛉、蛇蛉、褐蛉、蚂蚁、食虫螨、蜘蛛等；寄生性天敌有粉虱茧蜂、粉虱小蜂、寄生霉菌等。天敌对害虫种群有重要控制作用，应切实加强保护利用。

主要控制技术措施 （1）加强预测预报工作。设置固定监测点，定期踏查，严密监视害虫发生动态，做好害虫预测预报工作。特别是要准确地监测到害虫点片状发生而未扩散蔓延之前以及第

新羽化出的雄成虫

1 代若虫初孵盛期的阶段，以利于及时采取防治措施，提高控制效果。（2）加强栽培管理措施。及时抚育、间伐、择伐、砍杂、合理修剪，使林分内通风透光，增强树木生长势，提高其抗虫性、耐虫性，提高林分的免疫力。（3）科学保护、利用自然天敌。适当保留林地周边、林道两旁植被，必要时适当铺草，让各种自然天敌如瓢虫、草蛉、食蚜蝇、蚜茧蜂等安全越冬。早春严格控制在林分内施药。必须采用药剂防治时，尽量选用生物农药；不要滥用化学农药，使用农药治虫时，要设置天敌保护隔离区；尽量在天敌休眠期或相对安全期用药，避免伤害天敌；若条件允许，可从外地人工引进黑刺粉虱黑蜂和黄伯恩蚜小峰等天敌。（4）药剂防治。应在害虫点片状高密度发生期、但尚未扩散蔓延前，特别是第 1 代若虫孵化盛期抓紧进行，可选用的药剂有 10% 吡虫啉可湿性粉剂 1000~2000 倍液，或 3% 啶虫脒乳油 3000~5000 倍液，或烟草水 50~100 倍液，或中性洗衣粉 200 倍液，或 25% 噻虫嗪水分散剂 2000~3000 倍液等；由于此类害虫虫体有蜡粉，非乳剂型药液中（如可湿性粉剂）若加入 0.3%~0.4% 的柴油乳剂或黏土柴油乳剂，可显著提高防治效果。

龙眼鸡

别名：龙眼樗鸡、龙眼蜡蝉
学名：*Pyrops candelaria* (Linné)
分类：半翅目 HEMIPTERA　蜡蝉科 Fulgoridae

分布与为害　在我国主要分布于华南、西南等地；在国外分布于印度等。主要为害油茶、龙眼、荔枝、杧果、橄榄等植物。以若虫和成虫刺吸寄主树干或枝梢的汁液，发生严重时可使受害枝条衰弱、枯干，甚至引起落果，其排泄物还可诱发煤烟病，影响寄主生长。

形态特征　**成虫**　体长 35~42mm，翅展 67~75mm。头褐赭色，头额延伸向上稍弯如长鼻，末端圆形；头突背面褐赭色，腹面黄色，散生很多小白点；复眼黑褐色，触角短粗，第 2 节膨大，黑褐色。胸部褐赭色，有零星白点；前胸背板有中脊和 2 枚明显的刻点，中胸背板有 3 条纵脊。前翅墨绿色或黄绿色，翅端半部分布大小 10 余个黄赭色圆斑，翅基部有一黄赭色横带，近中部有 2 条交叉的黄赭色横带。后翅基部 2/3 橙黄色，端部 1/3 黑褐色。腹部背面橘黄色，腹面黑褐色。足黄褐色，前中足胫、跗节深褐色。**卵**　长约 2.5mm，卵粒倒桶形，卵盖椭圆形；初产时为白色，孵化前为灰黑色；卵块长方形或正方形排列，表面被白色蜡粉。**若虫**　初孵若虫体长约 4mm，酒瓶状，黑色；足的腿节、胫节和跗节均为淡黄色，腹部两侧淡灰色。

发生特点　1 年发生 1 代，以成虫蛰伏在寄主枝条分杈处下侧越冬。翌年 3 月又开始活动，4 月后飞翔活跃，5 月交尾盛期。雌成虫交尾后 7~14

成虫在树干上

天开始产卵，卵多产在约 2m 高的树干平坦处或径粗 5~15mm 的枝条上。每雌一般产 1 个卵块，每块有卵 60~100 粒，数行纵列呈长方形或正方形，被白色蜡粉。卵期 19~30 天，平均约 25 天。6 月初若虫开始孵化，初孵出时静伏在卵块上约 1 天后才分散活动。低龄若虫有群集性，若虫善弹跳。9 月出现新成虫，善跳能飞。成、若虫受惊时均能迅速弹跳逃逸。

天敌　成虫常被龙眼鸡寄蛾 *Fulgoraecia bowringi* 寄生，每年 6 月寄生率较高；其他天敌还有胡蜂、蚂蚁、蜘蛛、青蛙等。有关情况可参考本书"白蛾蜡蝉"的相关内容。这些天敌对控制害虫大发生起到显著作用，要加强保护利用。

主要控制技术措施　参考本书"白蛾蜡蝉"的油茶蜡蝉类害虫主要控制技术。

成虫背侧面观

成虫侧面观

36	眼纹疏广蜡蝉

学名：*Euricania ocellus* (Walker)

分类：半翅目 HEMIPTERA　广翅蜡蝉科 Ricaniidae

分布与为害　在我国主要分布于广西、河北、湖北、湖南、江苏、浙江、江西、广东、海南、四川等地；在国外分布于越南、缅甸、印度、日本等。主要为害寄主有油茶、桉树、油桐、柑橘、蓖麻、桑、刺槐等。主要以若虫及成虫取食寄主树汁，使寄主植物长势减弱，着卵多的小枝易变黄，甚至枯死；成、若虫所排泄的蜜露，易诱发煤烟病，使寄主生长衰弱。

形态特征　成虫翅展 16~17mm。头宽广，头和前胸背板等阔，头顶短而阔，边缘有脊线。额阔大于长，有明显的中脊线和短的亚侧脊线，侧缘脊状；唇基仅有一中脊线。头、前胸、中胸、额栗褐色，中胸盾片色更深；唇基、后胸、腹部腹面和足黄褐色；腹部各节背面褐色。前胸背板极短，有中脊线。中胸背板较长，有 5 条脊线：亚侧脊线左右各 2 条，内侧 1 条前端向内弯曲，在近前缘接近中脊线；外侧 1 条前端不太明显，后端与内侧 1 条合成"Y"形。前翅阔三角形，翅角圆，从基室发出 R$_1$+R$_2$、M、Cu 等 3 条纵脉；纵脉分枝较少；横脉在基半部极少，中部以后横脉连成 2 条横线，里面 1 条常弯曲成弧形。前翅无色透明；翅脉除中央基部脉纹无色外，余部均为褐色；前缘、外缘、内缘均有栗褐色宽带，前缘带更宽些，在中部和近端部 2 处中断，各夹有 1 个黄褐色三角形斑；中横带栗褐色，较宽，其中段围成 1 个白色圆环，形似眼纹，故得其名；外横带淡褐色，略呈波形；近翅基中央有 1 个栗褐色小斑。后翅短，翅脉褐色，中部以外有 2 条褐色横脉，有些纵脉近端部分叉，外缘及后缘有褐色带。后足胫节外侧有 2 个刺。

发生特点　1 年发生 1 代，以卵在寄主组织内越冬。成虫产卵于枝条上成行排列。4~5 月孵化，7~8 月成虫盛发，8~9 月产卵。若虫腹部末端有多条白色的蜡丝，能做褶扇状开张动作，常群栖在嫩枝、嫩梢、嫩芽上为害，其下方落有一层其排泄的蜜露，易发煤烟病。苗圃及寄主密度较大的林分，害虫数量较多，为害较重。

天敌　参考本书"白蛾蜡蝉"的相关内容。

主要控制技术措施　在林间种群数量一般不会很高，一般不需要进行防治。若虫源地害虫数量多，确实需要防治，参考本书"白蛾蜡蝉"的油茶蜡蝉类害虫主要控制技术措施。

成虫正在油茶树枝条上为害

成虫为害油茶叶主脉

成虫背面斑纹特征

成虫腹部侧面观

成虫与若虫在一起为害

37 圆纹宽广蜡蝉

学名：*Pochazia guttifera* Walker

分类：半翅目 HEMIPTERA　广翅蜡蝉科 Ricaniidae

分布与为害　在我国主要分布于广西、广东、海南、云南、贵州、江西、湖南、湖北等地；在国外分布于越南、印度、斯里兰卡等。主要寄主有油茶、油桐、桉等。主要以若虫及成虫取食寄主树汁，使寄主植物长势减弱，着卵多的小枝易变黄，甚至枯死；成、若虫所排泄的蜜露，易诱发煤烟病，使寄主生长衰弱。

形态特征　成虫体长 8~9mm，翅展 28~31mm。体栗褐色，中胸背板近沥青色。额中脊明显，无侧脊。前胸背板有一中脊，两边的刻点明显；中胸背板有脊 3 条，中脊长而直，侧脊由中部向前分叉，外叉略断开，两内叉向中央倾斜在前端几乎会合。前翅大三角形，外缘约等于后缘；前缘端部 1/3 处有 1 个三角形略透明的浅色斑，外缘有 2 个较大的半透明斑，两斑的后面沿外缘有数个微小的透明斑点；翅面近中部有 1 个较小的近圆形半透明斑，围有黑褐色宽边；翅面上散布有黄色、白色蜡粉。后翅无斑纹，翅脉全为黑色，翅脉周围有少量蜡粉，前缘基部色淡，后缘有淡色纵条。后足胫节外侧有 2 个大刺。

发生特点　1 年发生 1 代，以卵在寄主组织内越冬。成虫产卵于枝条上成行排列。4~5 月孵化，7~8 月成虫盛发，8~9 月产卵。若虫常群栖在嫩枝、嫩梢、嫩芽上为害，其下方落有一层其排泄的蜜露，易诱发煤烟病。苗圃及寄主密度较大的林分，害虫数量较多，为害较重。

天敌　参考本书"白蛾蜡蝉"的相关内容。

主要控制技术措施　在林间种群数量一般不会很高，一般不需要进行防治。若虫源地害虫数量多，确实需要防治，参考本书"白蛾蜡蝉"的油茶蜡蝉类害虫主要控制技术措施。

成虫侧面观

成虫背面观

38 可可广翅蜡蝉

学名：*Ricania cacaonis* Chou et Lu

分类：半翅目 HEMIPTERA　广翅蜡蝉科 Ricaniidae

分布与为害　在我国分布于广东、广东、海南、湖南、贵州、浙江和江苏等地。寄主有可可、桃、杨梅、柑橘、水杉、樟树、广玉兰、茶树和油茶等。以若虫、成虫在嫩枝、嫩梢、花穗、叶柄及叶片上刺吸树体汁液，分泌蜡丝、蜜露，影响寄主生长；还可通过雌成虫在嫩茎组织产卵，形成较深的刻痕，导致枝条腐烂直至枯萎，影响树体生长。

形态特征　成虫体长6~8mm，翅展18~23mm，体黄褐色至深褐色，头、胸及足黄褐色，额角黄色，头顶有5个并排的褐色圆斑，部分个体褐斑较浅，颊上围绕着复眼有4个褐色小斑，以触角处的1个最大；腹部褐色。前胸背板具中脊，两边刻点明显；中胸背板具纵脊3条，中脊长而直，侧脊从中部分叉，两内叉内斜于端部左右会合，外叉短，基部断开。前翅烟褐色，披黄褐色蜡粉，外缘略呈波状，前缘外2/5处有一黄褐色横纹分成2~3个小室，沿前缘至翅基有10多条黄褐色斜纹，外缘略呈波状，亚外缘线为黄褐色细纹，与外缘平行，顶角处有一隆起圆斑，翅面散生黄褐色横纹。后翅黑褐色，半透明，前缘基半部色稍浅。后足胫外侧具刺1对。若虫体淡褐色，较狭长，胸背外露，有4条褐色纵纹，腹部披有白蜡，腹末呈羽状平展。卵近圆锥形，乳白色。

发生特点　在江苏1年发生2代，在贵州1年

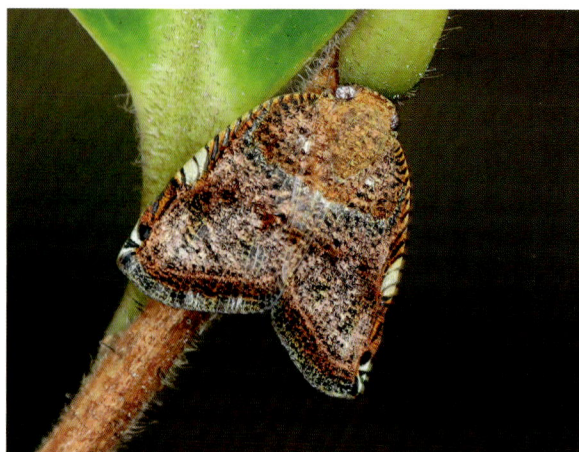

成虫背面观

发生1代。以卵在寄主枝条内越冬。江苏第1代幼虫第二年4月上旬越冬卵开始孵化，4月中旬为孵化盛期，5月下旬开始出现成虫，6月中旬为若虫羽化盛期；第1代卵始见于6月下旬开始孵化，7月上旬为若虫，孵化盛期第2代若虫，于8月下旬开始羽化9月上旬为羽化盛期；9月下旬第2代成虫开始产卵，10月上旬为产卵盛期，10月下旬仍可见少量雌成虫产卵，少数年份的若虫存在世代重叠现象。

天敌　参考本书"白蛾蜡蝉"的相关内容。天敌对害虫种群有一定控制作用，应加强保护利用。

主要控制技术措施　参考本书"白蛾蜡蝉"的油茶蜡蝉类害虫主要控制技术措施。

成虫侧面观

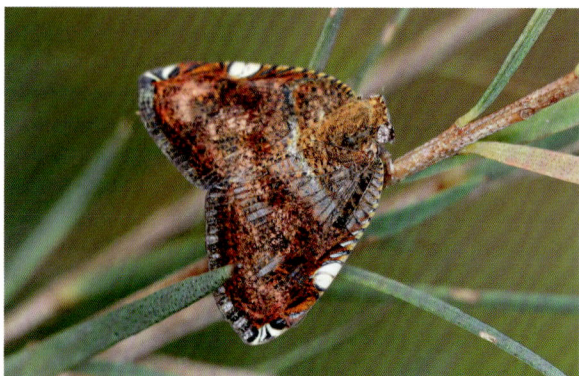

成虫背面观

39	斑点广翅蜡蝉	别名：点滴广蜡蝉
		学名：*Ricania guttata* (Walker)
		分类：半翅目 HEMIPTERA　广翅蜡蝉科 Ricaniidae

分布与为害　在我国主要分布于广西、广东、海南、福建等地，其他地方未见报道，因与八点广翅蜡蝉常混合发生，估计其他地方也会有分布；是红树林重要害虫，估计越南等国会有分布。食性较杂，寄主较广，有油桐、油茶、桉树等多种林木、果树、红树林、花卉、农作物。以若虫、成虫在嫩枝、嫩梢、花穗、叶柄及叶片上刺吸树体汁液，影响寄主生长，严重时可导致着卵小枝长势弱，变黄甚至枯死；若虫、成虫均可排泄出大量蜜露，易诱发煤烟病，影响寄主植物生长、发育。

形态特征　**成虫**　体长 5.9~7.3mm，翅展 21.5~26.3mm。成虫特征与八点广翅蜡蝉相似。体大致灰褐色至棕黑色。头、胸部黑褐色，腹部及足褐色至浅褐色。头与前胸背板宽相近，额具中脊和侧脊，但中脊基部和侧脊均不清晰。顶具中脊；唇基具明显中脊。前胸背板具中脊，两边点刻明显，无侧脊。中胸背板坚隆起，具纵脊 3 条，中脊长而直，亚侧脊明显，两条亚侧脊近头端起点与中脊相近不相接，与中脊形成类似箭头图案；即亚侧脊近中部向前分叉，内分叉内斜，几与中脊基端汇合；外叉略短。前翅不透明，大致褐色至棕黑色，阔三角形，前缘及外缘具许多微小刚毛。成虫翅面有三斑型和二斑型两种形态。三斑型成虫翅面有 3 个透明斑，一个位于前缘约 2/3 处，近三角形；一个位于外缘近顶角处，不规则形；另一个位于翅面中部，小，近圆形，此斑常有深褐色宽边。二斑型成虫前翅外部色较深，笔者拍到的照片，雌性呈棕褐色至棕黑色，雄性呈灰褐色；近前缘 1/3 处有 1 个透明的三角形黄白色斑；翅中部有 1 个小白斑，一般外缘无透明斑。后翅褐色至浅褐色，翅脉黑褐色，半透明，无白斑，近三角形。前足胫节有 1 排小刺突；中足基节有刺突；后足胫节有 2 个侧刺和 7 个端刺，第 1 跗节有 7~8 个小刺，第 3 跗节长度约等于第 1 跗节及第 2 跗节长度之和。**卵**　乳白色，纺锤形，长 0.8~1.0mm。**若虫**　共 5 龄，第 1~4 龄体灰白色；第 5 龄时中胸背板及腹背灰黑色，其余灰白色，中胸背板尚有 3 个白斑，体长 4~5mm，盾形，腹末有白色长蜡丝 10 条。

发生特点　1 年发生 1 代，以卵块在寄主枝条内越冬。在广西南部地区，3 月上旬陆续孵化为若虫，5~6 月出现成虫，7~8 月产卵。每个产卵孔产卵 1 粒，产卵后孔口封以胶质物，卵多数产在寄主树末级枝梢上，每处产卵数十粒，着卵过多的枝条较细弱，容易枯死。每雌一生产卵 60 余

成虫

成虫在油茶树上为害

成虫背面观

若虫侧面观

成虫前翅斑纹特征

若虫腹端蜡丝开屏

斜纹猫蛛捕食成虫

粒。卵期约270天，若虫期为80~100天，成虫期为30~40天。若虫有群集性，善跑能跳。成虫也有群集性，飞翔力较强，善跳。林分较郁闭的地方，虫口密度较大。影响该虫消长的因素主要是风雨及天敌，若、成虫期风雨天气多，不利于其发生。

天敌　主要天敌有蚂蚁、蜘蛛、螳螂、草蛉、猎蝽、鸟类等。其他天敌情况参考本书"白蛾蜡蝉"的相关内容。天敌对害虫种群有一定控制作用，应加强保护利用。

主要控制技术措施　参考本书"白蛾蜡蝉"的油茶蜡蝉类害虫主要控制技术措施。

眼斑广翅蜡蝉

学名：*Ricania* sp.

分类：半翅目 HEMIPTERA　广翅蜡蝉科 Ricaniidae

此种为笔者给予的中文名，此种在《中国经济昆虫志（第三十六册）》同翅目蜡蝉总科专著中无记载，是否是新种或新记录种，有待相关专家确定。

分布与为害　在我国主要分布于浙江、广东、海南、广西、福建、甘肃等地。主要寄主有油茶等。主要以若虫及成虫取食寄主树汁，使寄主植物长势减弱，着卵多的小枝易变黄，甚至枯死；成、若虫所排泄的蜜露，易诱发煤烟病，使寄主生长衰弱。

形态特征　成虫体长约 7.2mm，翅展 23mm。体沥青色杂红褐色及黑色。中胸背板色深近沥青色。额中脊长而明显，侧脊很短。前胸背板短，具中脊。中胸背板长，隆起，具中脊 3 条，中脊直而长，侧脊前半段分叉。前翅色杂，主要有沥青色、红褐色及黑色。前翅前缘外方 1/3 处有 1 个三角形透明斑；其内下方有 1 个近圆形的透明斑；此斑内有 1 个醒目的眼斑，其中央是黑色圆斑，该黑斑外围有个近透明的白色圆环，再外围

是沥青色斑；自前缘近顶角起有一近似半圆形的弧形斑向内弯曲，抵达近前缘内角 1/3 处；该弧形斑之弧顶向下连接背中沥青色带。前翅外缘有 2 个不规则形的透明斑，其中前斑在外缘上方 1/3 处；后斑在外缘下方 1/3 处；沿外缘还有一些透明小斑点；把黑色外缘分隔成 3 块黑斑。翅面上散布有白色蜡粉，前翅的基半部更多些，折光下使翅呈银褐彩色，蜡粉易脱落，一般干标本缺。后翅黑褐色半透明，脉纹近黑色，前缘基部稍浅。后足胫节外侧具 2 个刺。

发生特点　参考本书"缘纹广翅蜡蝉"的相关内容。

天敌　参考本书"白蛾蜡蝉"的相关内容。天敌对害虫种群有一定控制作用，应加强保护利用。

主要控制技术措施　在油茶林间种群数量一般不会很高，一般不需要进行防治。若虫源地害虫数量多，确实需要防治，参考本书"白蛾蜡蝉"的油茶蜡蝉类害虫主要控制技术措施。

成虫侧面观

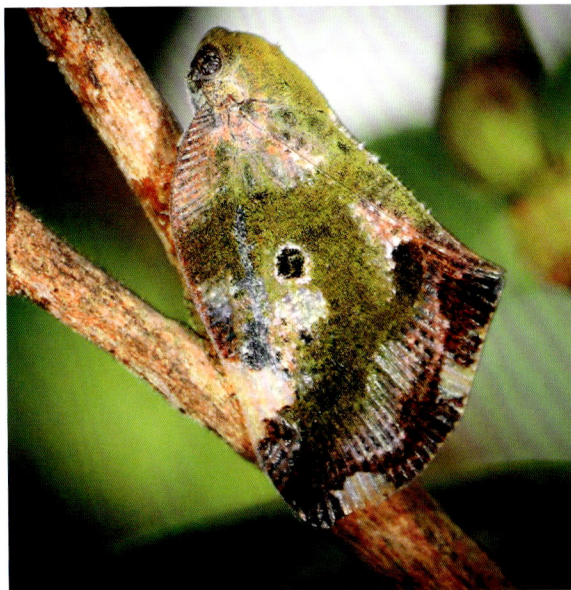

成虫后侧面观

41	八点广翅蜡蝉	学名：*Ricania speculum* (Walker)
		分类：半翅目 HEMIPTERA　广翅蜡蝉科 Ricaniidae

分布与为害　在我国主要分布于广西、广东、海南、江苏、浙江、福建、台湾、安徽、湖北、湖南、云南、贵州、四川、陕西、河南等地；在国外分布于越南、尼泊尔、印度、菲律宾、斯里兰卡、印度尼西亚等。主要为害油茶、油桐、山茶、茶树、龙眼、荔枝、柑橘、桃树、核桃、油梨、咖啡、迎春花、桉树、木荷、漆树、黄檀等植物。以成虫、若虫群集在较荫蔽的枝干、嫩梢、花穗、果梗上刺吸树体汁液，所排出的蜜露易诱发煤烟病，致使树势衰弱，受害严重时引起落花、落果及品质变坏。

形态特征　**成虫**　体长 6.0~7.5mm，翅展 18~27mm。头、胸部黑褐色，有些个体黄褐色；翅、腹部及足褐色。额具中脊和侧脊，但侧脊不明显；唇基具中脊。前胸背板具中脊，两边点刻明显；中胸背板具纵脊 3 条，中脊长而直，侧脊近中部向前分叉，两内叉内斜在端部几乎会合，外叉较短。前翅褐色至深褐色；前缘近端部 2/5 处有 1 个近半圆形透明斑，斑的外下方有 1 个较大的不规则形透明斑，内下方有 1 个较小的似长圆形透明斑，近前缘顶角处还有 1 个很小的狭长形透明斑（有些个体缺）；翅外缘有 2 个较大的透明斑，其中前斑的形状不规则（多数在内上方有 1 个突起，有的个体在内下方也有 1 个突起），后斑似长圆形，内有 1 个小褐斑（有的个体该小斑近乎消失，而有的个体较大，几将后斑一分为二）；此外，前翅外缘还有若干小白圆斑；前翅翅面上散布有白色蜡粉，中基部的更厚，折光下呈银铜彩色，蜡粉易掉落，有些干标本已缺。后翅深褐色至黑褐色、半透明，翅脉颜色较深；有些个体后翅外缘端半部有 1 列小透明斑。后足胫节外侧有刺 2 个。**卵**　乳白色，纺锤形，长约 0.8mm。**若虫**　共 5 龄，大体灰白色，末龄时体长可达 4~5mm，盾形，腹末附着灰白色波状弯曲的蜡丝，蜡丝常作扇状伸张。

发生特点　各地多数 1 年发生 1 代，主要以卵在寄主枝条内越冬。华南地区南部翌年 3 月下旬至 4 月上旬开始孵化，4~5 月主要是若虫期，5 月下旬始见成虫，6~10 月主要是成虫期。成虫善跳能飞，但每次飞行距离较短。每头雌成虫一生可产卵数十粒至 150 多粒，分 4~5 次产完。雌成虫将卵产于枝条、叶柄皮层中，卵列纵行呈长条

成虫前翅斑纹特征

成虫为害油茶叶片

成虫为害油茶嫩枝

成虫为害嫩芽

若虫为害嫩枝

若虫开屏前上面观

若虫侧面观

若虫开屏后面观

状，每块有卵数粒至10余粒，外被白色絮状丝；害虫种群数量较大时，被害枝条上刺满产卵痕。若虫有群聚性，随虫龄增大，虫体上白色蜡丝加厚，呈三五成群分散活动；若虫善跳，受惊时立即弹跳逃逸。若虫期40~50天，成虫期25~50天，卵期270~300天。在生长茂密、通风透光不良的林地，夏、秋多阴雨期间发生较多。

天敌　参考本书"白蛾蜡蝉"的相关内容。

主要控制技术措施　在林间种群数量一般不会很高，一般不需要进行防治。若虫源地害虫数量多，确实需要防治，参考本书"白蛾蜡蝉"的油茶蜡蝉类害虫主要控制技术措施。

分布与为害　在我国主要分布于广西、广东、福建、浙江、台湾等地。食性较杂，寄主较广，有油桐、油茶、桉树等多种林木、果树、红树林、花卉、农作物、可可、咖啡、油梨、禾本科植物。以若虫、成虫在嫩枝、嫩梢、花穗、叶柄及叶片上刺吸树体汁液，影响寄主生长；若虫、成虫均可排泄出大量蜜露，易诱发煤烟病，影响寄主植物生长、发育。

形态特征　成虫体长 5~7mm，展翅宽 15~22mm。头黑褐色；额侧缘各有 2 个黄褐色长条斑，近唇基处黄褐色；颊在单眼处和复眼的上方、前方各有一黄褐色小斑；前胸、中胸黑褐色，后胸黄褐色，腹部基节背面黄褐色，其余各节黑褐色，各足的腿节深褐色，胫节、跗节黄褐色。唇基无中脊，略隆起；额的基部 1/5 处有一横脊，脊下方凹入，额的中脊、侧脊均明显，长不过横脊；前胸背板中脊明显，前端和前缘脊相接，两边刻点不明显，有的个体无刻点；中胸背板具纵脊 3 条，中脊直而长，侧脊亦长，并从中部向前分叉，二内叉内斜于端部互相靠近，外叉短，基部断开很多。前翅烟褐色，前缘域色稍深；近顶角处有 2 个隆起的斑点；前缘外方 2/5 处有一黄褐色半圆形至三角形斑，被褐色横脉分隔成 2~4 个小室，此斑沿前缘到翅基部有 10 余条黄褐色斜纹；翅近后缘的中域有黄褐色网状细横纹。后翅黑褐色，半透明，前缘基部色浅。后足胫节外侧具 2 刺。笔者拍摄到的照片与上述略有差异：近翅顶角处有一个圆形白斑，内有粗 "T" 形斑，该斑外侧黑色，内侧暗褐色；该斑下方，即前翅外缘上方有 3 条白色短纵条斑，其内、外为暗褐色横纹；前翅中域和外域各有 1 条醒目的横带（斑）：中带内侧为蓝黑色斑点组成，外侧由黑色小圆斑组成中间暗褐色；外缘带由 4 条波形横带组成，由外向内分别为红黑色带、白色＋黑色带、黑褐色带、淡粉色带。

发生特点　1 年发生 1 代，以卵块在寄主枝条内越冬。成虫出现于 4~7 月，生活在低、中海拔山区。其他发生特点参考本书"八点广翅蜡蝉"的相关内容。

天敌　参考本书"白蛾蜡蝉"的相关内容。天敌对害虫种群有一定控制作用，应加强保护利用。

主要控制技术措施　参考本书"白蛾蜡蝉"的油茶蜡蝉类害虫主要控制技术措施。

成虫侧背面观

前翅斑纹特征

43 柿曲广蜡蝉

学名：*Ricanula sublimata* (Jacobi)

分类：半翅目 HEMIPTERA　广翅蜡蝉科 Ricaniidae

分布与为害　在我国主要分布于广西、广东、海南、台湾、福建、浙江、上海、江苏、安徽、河南、湖北、湖南、重庆、山东、山西、黑龙江等地。食性杂，主要寄主有油茶、柿、油桐、山楂、板栗、柑橘、金橘、猕猴桃、梨、苹果、桃、李、葡萄、石榴、杜英、柚、桂花、刺槐等果树、花卉、林木。以成虫、若虫群集油茶嫩梢、叶背、嫩芽刺吸汁液，影响油茶枝条生长和叶片光合作用，造成枯枝、落叶、落果。雌成虫通过产卵器划破油茶枝条表皮产卵其中，造成枝条损伤开裂，伤口处易折断或枯死；排泄物易导致煤污病发生，严重削弱树势，影响油茶产量和果实品质。

形态特征　**成虫**　体长 6~10mm，翅展 22~36mm。头、胸背面黑褐色；腹部基部黄褐色，其余各节深褐色；头、胸及前翅表面多被绿色蜡粉。额中脊长而明显，无侧脊；唇基具中脊；前胸背板具中脊，两边具刻点；中胸背板具纵脊 3 条，中脊直而长，侧脊斜向内，端部互相靠近，在中部向前外方伸出一短小的外叉。前翅前缘及外缘深褐色，向中域和后缘色渐变浅；前缘外方 1/3 处稍凹入，此处有 1 个三角形到半月形淡黄褐色斑。后翅暗黑褐色，半透明，脉纹黑色。前足

胫节外侧有 2 枚刺。**卵**　长 0.8~1.2mm，乳白色，长卵形或长肾脏形，顶端有小乳状突起。初产时乳白色，后渐变白色至浅蓝色，近孵化时为灰褐色。**若虫**　体长 3~6mm，略呈钝菱形，翅芽处最宽，疏被白色蜡粉。腹部末端有 10 条白色绵毛状蜡丝，呈扇状伸出；其中 2 条向上、向前弯曲并张开，蜡丝长 7~15mm；另 8 条蜡丝长 6~12mm，虫体两侧各 3 条斜向上伸，2 条与虫体平行并向后伸展。平时腹端略上翘，白色蜡丝覆于体背保护身体，常做多种孔雀开屏状活动。第 1~4 龄若虫体呈白色，第 5 龄时中胸背板及腹部背面呈灰黑色，复眼灰色，余多为白色。

发生特点　在南方 1 年发生 2 代，以卵于当年生枝条内、叶脉或叶柄内越冬。第 1 代自上年 9 月上、中旬上代成虫产卵越冬至当年 7 月上中旬新羽化成虫又开始产卵；第 2 代为 7 月下旬当年成虫新产卵至 9 月上中旬当年第 1 代成虫产卵。越冬卵 4 月上旬陆续孵化。若虫期共有 5 龄，初孵若虫 10 小时后腹末即分泌出白色雪花状蜡丝覆盖于体背，犹如孔雀开屏，体色变为淡绿色至绿色，开始跳跃活动。若虫在第 2 龄前群集叶背为害，第 3 龄后分散到嫩枝及叶片上为害。若虫爬行迅速，善于跳跃，受惊后蜡丝作孔雀开屏状，横行斜走

成虫及若虫为害油茶树嫩枝

成虫在油茶树叶面上

若虫为害油茶树嫩枝

或跳跃逃逸。为害盛期一般在 5 月下旬至 9 月中旬。白天活动为害，晴朗温暖天气活跃，成虫飞行能力强，对外界震动等反应迅速。成虫多产卵于直径 3~6mm 粗的当年生枝梢的木质部内。产卵时先用产卵器刺开嫩梢等皮层，再将卵产于刻痕内，产卵刻痕外带点木丝并覆有白色蜡丝，两粒卵之间隔 1mm，多呈条状双行互生倾斜排列，也有单行排列的；每次可产卵 70~80 粒，每雌可产卵 120~150 粒。成虫寿命 50~70 天，第 2 代成虫于秋后陆续死亡。发生及为害程度与气候条件、寄主品种及生育期、栽培技术、地形、植被、天敌等因素密切相关。喜温暖干旱，最适发育气温 24~32℃，相对湿度 50%~68%。凡 1~4 月月均温比常年高，降水量比常年偏多，干旱指数略低的年份，第 1 代发生重；凡 5~10 月均温低于常年，降水量较常年少，干旱指数大于 0.8 以上年份，第 2 代可能大发生。同时，在同一地区或果园，凡春、秋梢抽发早，生长茂盛、品质好、栽培密度大的丘陵和山区的果园，一般发生较重。

天敌 已查明的有 24 种，其中小蚂蚁捕食

成虫为害桉树

卵，赤眼蜂和舞毒蛾平腹小蜂寄生卵，中华草蛉、大草蛉、晋草蛉、八斑瓢虫、龟纹瓢虫、异色瓢虫、长颈蓝步甲等捕食若虫，两点广腹螳螂、大刀螂、点球腹蛛、灰背狼蛛、麻雀、蝙蝠、燕子等捕食若虫和成虫。小蚂蚁、中华草蛉、两点广腹螳螂、异色瓢虫和点球腹蛛等为优势种，具有较强控制作用，应该加强利用。

主要控制技术措施 参考本书"白蛾蜡蝉"的油茶蜡蝉类害虫主要控制技术措施。

44 娇弱鳃扁蜡蝉

学名: *Tambinia debilis* Stål

分类: 半翅目 HEMIPTERA 扁蜡蝉科 Tropiduchidae

分布与为害 在我国主要分布于广西、广东、海南、台湾、浙江、安徽、福建、江西、湖南等地；在国外分布于日本、马来西亚、印度、斯里兰卡、新加坡、泰国等。主要寄主有油茶、茶、八角、樟、白玉兰、柑橘等。以成虫及若虫刺吸寄主树液汁，影响寄主的生长发育。

形态特征 成虫体长（到翅端）6~7mm。活体绿色或翠绿色，翅脉及各条脊呈翠绿色。头顶宽度略大于长度，头顶突出，前端圆弧形，前缘及侧缘脊起，与中脊形成"川"字形。顶面红褐色，额黄绿色。额长为宽的 1.1 倍，前缘弧形，中域扁平；唇基短，中脊为乳黄色纵条，两侧有褐色斜纹；喙淡褐色，粗短，只达中足基节；复眼黄褐色，长椭圆形。触角淡绿色，较细小。前胸背板前缘中部突出，平直，有翠绿色的中脊和斜向的侧脊，脊间黄绿色；中胸背板黄绿色或红褐色，有 3 条翠绿色纵脊。腹部黄绿色。前翅淡绿色，半透明，翅脉绿色，前缘略呈弧形，前翅约长出身体 1/3；有 4 条纵脉伸达翅端的 1/3 处，第 1 条很接近前缘，第 4 条在中部以后分叉，在近翅端 1/3 处有斜向结脉，由此分出 7 条短纵脉，这些短纵脉又分叉，形成许多小的长形翅室。后翅色淡，近透明。足淡绿色，跗节淡黄褐色，后足胫节有 2 个刺。

发生特点 尚缺乏研究。每年 5~8 月是成虫活动高峰期。就这几年的观察，该虫种群数量有限，不会造成严重灾害，一般不需要防治。

天敌 参考本书"白蛾蜡蝉"的相关内容。

主要控制技术措施 在林间种群数量一般不会很高，一般不需要进行防治。若虫源地害虫数量多，确实需要防治，参考本书"白蛾蜡蝉"的油茶蜡蝉类害虫主要控制技术措施。

成虫背面观（摄于泰国）

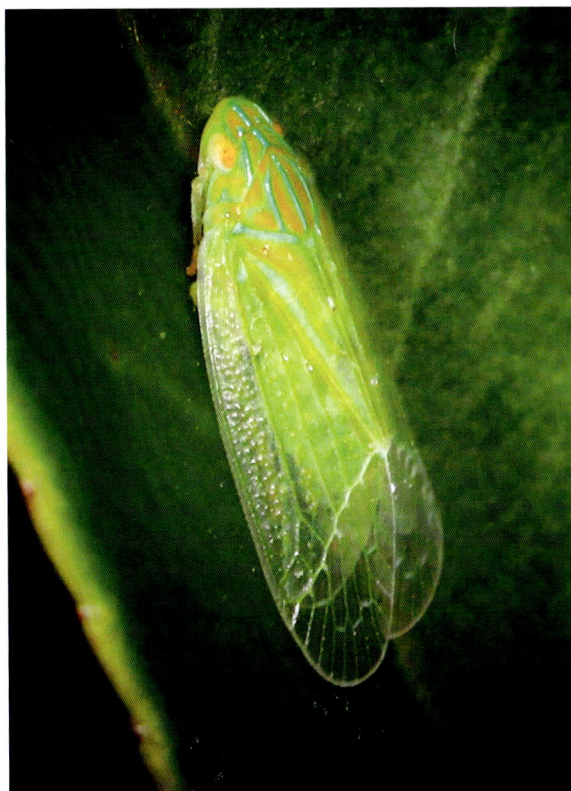
成虫侧面观（摄于泰国）

45	碧蛾蜡蝉	别名：碧蜡蝉、青翅羽衣
		学名：*Geisha distinctissima* (Walker)
		分类：半翅目 HEMIPTERA　蛾蜡蝉科 Flatidae

分布与为害　在我国主要分布于广西、广东、海南、山东、江苏、上海、浙江、江西、湖南、湖北、福建、四川、贵州、云南、辽宁、吉林等地；在国外分布于日本、越南等。为害茶、油茶、柑橘、桃、李、桉树等经济林木。以成、若虫刺吸寄主植物枝、茎、叶的汁液，严重时枝、茎和叶上布满白色蜡质；成、若虫还可排泄出大量蜜露，易诱发煤烟病，同样影响寄主植物生长、发育，致使树势衰弱，造成落花，影响寄主树产品质量和产量。一般种群数量不高，不会造成严重灾害。

形态特征　**成虫**　体长 7~8mm，翅展 18~21mm。体黄绿色或绿色，顶短，向前略突，侧缘脊状，褐色。额长大于宽，有中脊，侧缘脊状带褐色。喙粗短，伸至中足基节。唇基色略深。复眼黑褐色，单眼黄色。前胸背板短，前缘中部呈弧形前突达复眼前沿，后缘弧形凹入，背板上有 2 条褐色纵带；中胸背板长，上有 3 条平行纵脊及 2 条淡褐色纵带。腹部浅黄褐色，覆白粉。前翅宽阔，外缘平直，翅脉黄色或棕黄色，脉纹密布似网纹，红色细纹绕过顶角经外缘伸至后缘爪片末端。后翅灰白色，翅脉淡黄褐色。足胫节、跗节色略深。静息时，翅常纵叠成屋脊状。**卵**　纺锤形，乳白色。**若虫**　老熟若虫体长形，扁平，

成虫背侧面观

腹末截形，全身覆以白色棉絮状蜡粉，腹末附白色长的绵状蜡丝。

发生特点　年发生代数因地域不同而有差异，大部地区 1 年发生 1 代，以卵在枯枝中越冬。第 2 年 5 月上、中旬孵化，7~8 月若虫老熟，羽化为成虫，至 9 月受精雌成虫产卵于小枯枝表面和木质部。广西等地 1 年发生 2 代，以卵越冬，也有以成虫越冬的。第 1 代成虫 6~7 月发生。第 2 代成虫 10 月下旬至 11 月发生，一般若虫发生期

深色型成虫

淡色型成虫

成虫为害其他寄主

成虫及若虫为害油茶结果枝

成虫与若虫

若虫前面观

成双活动的若虫

若虫前侧面观

无蜡丝若虫侧背面观

3~11个月。

天敌 参考本书"白蛾蜡蝉"的相关内容。

主要控制技术措施 参考本书"白蛾蜡蝉"的油茶蜡蝉类害虫主要控制技术措施。

46	白蛾蜡蝉	别名：紫络蛾蜡蝉、白翅蜡蝉
		学名：*Lawana imitata* Melichar
		分类：半翅目 HEMIPTERA　蛾蜡蝉科 Flatidae

分布与为害　在我国主要分布于福建、台湾、海南、广东、广西、云南等地；在国外分布于日本、越南等。寄主有油茶、油桐、桉树等经济林及用材林，龙眼、荔枝、黄皮、葡萄等果树，扁桃、八宝树、黄梁木等园林花卉植物。成、若虫群集在较浓密的枝干、嫩梢、花穗上刺吸树汁，其排出的蜜露易诱发煤烟病，致使树势减弱，受害严重时影响生长发育，造成落花落果等。

形态特征　**成虫**　体长 14~20mm，翅展 42~45mm。体色有青翅型、白翅型，以后者居多。头、胸淡黄褐色，有的标本带淡紫色或淡黄绿色。顶宽，近圆锥形，其尖端浅淡褐色，略向上方突出。额宽，近基部稍窄，前缘融合顶锥，后缘略呈波状，侧缘脊状。唇基色略深，中域稍隆起，两侧有褐色细斜线，有些个体不明显。喙粗短，端节淡褐色，伸达中足基节处。触角基部 2 节膨大，其余各节刚毛状。复眼红褐色，单眼淡红色。前胸背板宽舌状，前缘中央有 1 个小凹刻，近前缘处有 1 对弧形横刻纹，后缘凹入呈弧形。中胸背板有 3 条纵脊，近平行。腹部黄褐色至褐色，侧扁。前翅膜质加厚，粉白色或黄白色，有的个体带点黄绿色或青绿色，翅面宽广，端部扩大，略呈三角形，前缘弧形，外缘平截，臀角延伸成 1 个尖锐突起；翅脉粉红色或紫红色，尤其短横脉为明显紫红色，故有紫络蛾蜡蝉之称；翅脉多分支，多横脉，呈网状；翅中央有 1 个不甚显著的白色（有时呈淡红色）小斑。后翅白色、黄白色、粉绿色或灰白色，膜质，柔软，半透明。静栖时，双翅呈屋脊状竖起。**卵**　长椭圆形，长径 0.6mm，横径 0.35mm，淡黄白色，表面有细网纹。**若虫**　体躯长椭圆形，略扁平，被白色棉絮状蜡质物；翅芽向体后侧平伸，末端平截；腹端有成束粗长蜡丝。

发生特点　广西南宁 1 年发生 2 代，以成虫在寄主枝叶浓密处越冬。翌年 2~3 月天气转暖后越冬成虫开始活动、取食、交尾、产卵。第 1 代若虫盛孵期在 3 月下旬至 4 月中旬，若虫盛发期在 4 月下旬至 5 月初，成虫盛发期在 5~6 月。第 2 代若虫盛孵期 7~8 月，若虫盛发期 7 月下旬至 8 月中旬，第 2 代成虫盛发期为 9 月中下旬。至 11 月所有若虫均已发育为成虫。随气温下降成虫陆续进入越冬阶段。成、若虫善跳，受惊时迅速弹跳逃逸，成虫能做短距离飞行。卵产于嫩枝、叶柄皮层中，卵粒排成纵列长条块状，每块有数

幼虫期严重为害状

严重为害状

白翅型成虫

青翅型成虫

黄绿色型成虫

蓝翅型成虫

低龄幼虫期

被双纹异漏斗蛛捕食

十至数百粒，多达 400 余粒，产卵处稍隆起，表面呈枯褐色。若虫有群集性，随虫龄增大，体上白色蜡絮加厚。成虫也有群集性。成虫、若虫都可以为害寄主的枝干、嫩梢、花穗、叶片、叶柄等。在生长茂密、通风透光差的寄主林，雨季或多阴雨季节，害虫发生较多。冬季或早春气温连续数天降至 3℃ 以下时，越冬成虫大量死亡，害虫密度下降，发生数量明显减少。

天敌 常见的天敌有 20 多种，其中草蛉科 1 种、胡蜂科 7 种、螺蠃科 6 种、茧蜂科 1 种、瓢虫科 5 种、猎蝽科 2 种、螳螂科 1 种，另有蚂蚁、鸟类、蜘蛛、绿僵菌等，能对控制害虫大发生起到显著作用。

油茶蜡蝉类害虫主要控制技术措施 （1）加强预测预报。设置固定监测点，定期踏查，严密监视害虫发生发展动态，做好害虫预测预报工作。特别是要准确的监测到害虫高虫口点片状发生阶段而未扩散蔓延之前，以利及时采取防治措施，提高控制效果。（2）营林防治技术。寄主林要合理密植，可结合整形整枝，剪除无效枝、过密枝、着卵枝，集中烧毁，减少虫源。（3）人工防治。根据成虫产卵及若虫为害习性用人工捕杀，或剪除着卵枝，或用竹扫帚把若虫扫落，进行捕杀或放鸡啄食。（4）保护利用天敌。各类天敌对害虫均有一定抑制作用，应加强保护利用；必须采用药剂防治时，不要滥用化学农药，尽量选用生物农药或低毒化学农药；使用农药治虫时，要设置天敌保护隔离区；尽量在天敌休眠期或相对安全期用药，尽量避免伤害天敌。（5）化学药剂防治。严重发生的林分，在若虫盛发期，及时防治害虫密度较高的虫源地，可供选择的有效药剂有 1.2% 烟参碱乳剂 1000 倍液，或 10% 吡虫啉可湿性粉剂 1000~2000 倍液，或 3% 啶虫脒乳油 3000~5000 倍液，或 25% 噻虫嗪水分分散剂 2000~3000 倍液等喷雾；由于此类害虫虫体有蜡粉，非乳剂型药液中（如可湿性粉剂）若加入 0.3%~0.4% 的柴油乳剂或黏土柴油乳剂，可显著提高防治效果。

47	褐缘蛾蜡蝉	别名：褐边蛾蜡蝉、青蛾蜡蝉
		学名：*Salurnis marginella* (Guérin-Méneville)
		分类：半翅目 HEMIPTERA　蛾蜡蝉科 Flatidae

分布与为害　在我国主要分布于安徽、江苏、浙江、广东、海南、广西、四川等地；在国外分布于越南、印度、马来西亚、印度尼西亚等。主要寄主有油茶、油桐、八角、肉桂、桉树等林木，龙眼、荔枝、油梨等果树，迎春花等花卉。以成虫、若虫在寄主枝干、嫩梢上刺吸树汁，其排泄物蜜露易诱发煤烟病，致使树势衰弱，发生严重时，着卵多的枝条易变黄变枯。

形态特征　成虫　体长 6~8mm，翅展 17~19mm。体淡黄绿色。头部黄赭色，顶极短，略呈圆锥状突出，中央具 1 条褐色纵带。额长略大于宽，侧缘脊状，顶角及侧缘色深。唇基略隆起，两侧具淡黄色斜条纹。喙绿色，稍短粗，伸达中足基节处。触角深褐色，基节膨大，鞭节不分节。复眼红褐色，单眼水红色。前胸背板长为头顶长的 2 倍，前缘褐色，中部近圆锥形，向前突出于复眼之前；后缘略凹入呈弧形，中央有 2 条红褐色纵带，侧带黄色，其余部分为黄绿色。中胸背板发达，左右各有 2 条弯曲的侧脊，有红褐色纵带 4 条，其余部分黄绿色（黄翅个体的前中胸上述黄绿色部分为黄褐色）。腹部灰黄绿色，被白色蜡粉，侧扁。前翅绿色或黄绿色（干制标本有时褪为黄色），边缘褐色，在后缘特别显著，故称为

褐缘蛾蜡蝉；在爪片端部有 1 个显著的马蹄形褐斑，斑的中央灰褐色；在后缘爪片外侧有深褐色颗粒分布；网状脉纹明显隆起，在绿色个体上脉纹为深绿色，在黄色个体上脉纹呈红褐色；前翅与后翅略等宽，端部扩大，前缘弧形，外缘近平截状，顶角阔圆，臀角略呈尖角形突出。后翅绿白色，翅基部翅脉带淡绿色，其余为浅绿白色，边缘完整。前、中足褐色，后足腿节、胫节绿色，跗节浅褐色。后足胫节近端部具 1 侧刺。

发生特点　与白蛾蜡蝉相似，1 年发生 2 代，以成虫在寄主荫蔽浓密的枝条上静栖越冬。第 1 代若虫 5 月上旬发生，成虫 6 月上旬盛发；第 2 代成虫盛发期在 9 月。成虫产卵于嫩枝、嫩梢树皮组织内。成虫、若虫无群集性，多为分散活动、取食。

天敌　主要天敌有蜘蛛、草蛉、螳螂、猎蝽和鸟类等，详细情况参考本书"白蛾蜡蝉"的相关内容。

主要控制技术措施　在林间种群数量一般不会很高，一般不需要进行防治。若虫源地害虫数量多，确实需要防治，参考本书"白蛾蜡蝉"的油茶蜡蝉类害虫主要控制技术措施。

成虫背侧面观

成虫后侧面观

低龄若虫侧背面观

中龄若虫背面观

中龄若虫侧面观

48 锈涩蛾蜡蝉

学名：*Satapa ferruginea* (Walker)

分类：半翅目 HEMIPTERA　蛾蜡蝉科 Flatidae

分布与为害　在我国主要分布于广西、广东、安徽、浙江、湖南、福建、四川、贵州、云南等地；在国外分布于越南、印度等。为害山茶、油茶、咖啡、腰果等经济林木。以成虫、若虫刺吸寄主植物枝、茎、叶的汁液，严重时枝、茎和叶上布满白色蜡质；成虫、若虫还可排泄出大量蜜露，易诱发煤烟病，影响寄主植物生长、发育，致使树势衰弱，造成落花，影响寄主树产品质量和产量。一般种群数量不高，不会造成严重灾害。

形态特征　**成虫**　体长约5.5mm，翅展约16mm。头、前胸背板和身体的下方褐色，中胸背板及腹部淡褐色。顶宽扁，横长方形，近前缘左右各有一黑褐色斑点；额具中脊，前缘有横脊；侧缘脊状，近基部两侧有短脊状突起；唇基色稍深，中间有淡色纵线，两侧有斜条纹；复眼黑褐色；触角短，端部褐色，基部深褐色；单眼淡褐色。前胸背板与顶等长，前缘平截，后缘稍凹；中胸背板侧缘有褐色狭条，3条纵脊仅端部可见。腹部腹面色深，覆有蜡絮。前翅淡褐赭色，深浅不均匀，翅脉色深，翅面凸凹不平，顶角和臀角均较圆，横脉多网状，以端半部较多，爪片发达，向后突出，以近后缘的基半部颗粒为多，两爪脉在爪片的近末端会合，第2爪脉黑褐色，隆起很高。后翅浅烟褐色，翅脉深褐色。足褐色，跗节短，后足胫节外侧有2个刺。

发生特点　缺乏研究。该蜡蝉与"碧蛾蜡蝉"同属蛾蜡蝉科，其发生规律参考本书"碧蛾蜡蝉"的相关内容。笔者是在7月上旬于油茶林内拍摄到的照片。

天敌　参考本书"白蛾蜡蝉"的相关内容。

主要控制技术措施　参考本书"白蛾蜡蝉"的油茶蜡蝉类害虫主要控制技术措施。

成虫为害油茶嫩枝

成虫在油茶叶片上

成虫侧面观

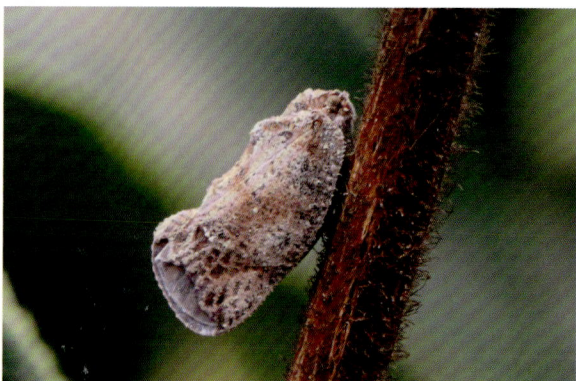

成虫后侧面观

49 蚱蝉

别名：黑蚱蝉
学名：*Cryptotympana atrata* (Fabricius)
分类：半翅目 HEMIPTERA 蝉科 Cicadidae

分布与为害 在我国主要分布于华南、华东、华中、华北及四川、陕西、甘肃等地；在国外分布于朝鲜、越南、老挝等。为害寄主广泛，记载有41科77属144种，受害较重的有油茶、竹、甘蔗、杨、柳、柑橘、榆、桂花、苹果、龙眼、荔枝、悬铃木、红椿、苦楝、樟、桃、扁桃等。蝉类是果树、林木的主要害虫之一，若虫在地下生活，从根部吸取汁液，虽为害严重而不被人们所重视；成虫产卵在枝条的组织内或产卵于叶缘，常使枝条枯死折断，或造成落叶落果，也常被忽视。蝉类可作为人类食品，也可供药用，又是装饰和文艺美术用品。

形态特征 成虫 体长 44.4~50.2mm，翅展113~128mm，头冠宽 14~18mm。体大型，漆黑色，密被金黄色短毛；头冠略宽于中胸背板基部，前翅比体长，腹部与头胸部约等长。头部宽短，复眼深褐色、大而突出，单眼浅红色。后唇基发达，中央有短纵沟，两侧有黑褐色横纹；后唇基中沟顶端、复眼和触角间的斑纹黄褐色；下颚叶与舌侧片间的缝及后唇基的下周缘黄色。喙管黑褐色，粗短，伸达中足基节间。前胸背板内片黑色，无斑纹，中央有"I"字形隆起，其上有细刻纹，侧缘波状。中胸背板宽大，中央有黄褐色"八"字形纹隆起，前缘中部有"W"形刻纹，外侧的刻纹尤为明显，"X"形隆起纹两侧的金黄

成虫白天躲藏在叶片下

色毛密而长，前臂外侧有1对赭色圆斑。前、后翅透明，但基部 1/4~1/3 黑褐色，离身体越近颜色越深，不透明，且被有灰黄色短绒毛；基室暗黑色，其翅基部的黑褐色斑纹变化很大，特别是前翅更明显，不同地区的标本其斑纹大小和颜色深浅均有变化；前翅基半部脉纹红褐色，端半部及后翅脉纹黑褐色。后翅基部 1/3 黑褐色。前足腿节发达，具强刺，中足胫节上的斑纹及后足胫节和跗节中部红褐色，余为褐色至深褐色。腹部背面黑色，侧腹缘黄褐色；背瓣大，稍隆起，被黑色绒毛；腹瓣铁铲形、黑褐色，外侧及顶端黄褐色达第2腹节后缘或略超出。雄性腹部第1、2节有鸣器；尾节较大，背面黑色，两侧黄褐色，具端刺；抱钩合并呈粗棒状，端部较细、钝圆、下

展翅成虫背面观

展翅成虫腹面观

成虫腹面斑纹特征

成虫背面斑纹特征

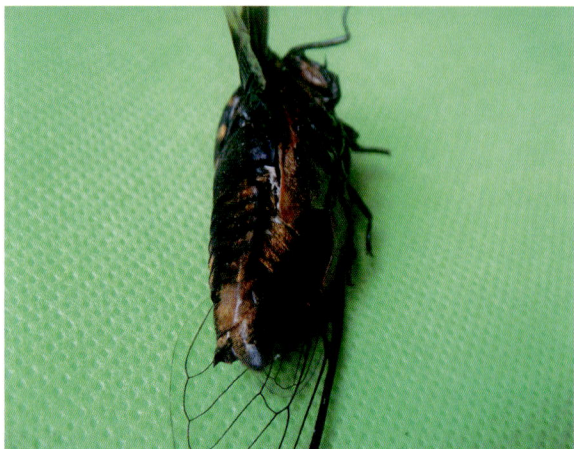
成虫侧面斑纹特征

前后翅特征

弯。阳具鞘舌状、弓形，端囊呈钩状；下生殖板长，中央具纵脊。雌性无鸣器，腹部第9、10节黄褐色，尾节背面黑色，两侧黄褐色，产卵管鞘粗、黑色、末端被长毛，与腹端齐；第7腹板后缘中央有较大的"V"形缺刻。**卵** 梭形，微弯曲，一端圆钝，一端较尖削长，长3.3~3.7mm，宽0.5~0.9mm，乳白色。**若虫** 第4龄若虫头壳宽10~12mm，体长25~39mm，体棕褐色，头冠、触角前区红棕色，密生黄褐色绒毛。触角黄褐色，头冠后缘1/5~1/2处中部有一黄褐色棕纹，到前缘分叉直达触角基部，形成"人"字形纹。前胸背板前部2/3处有倒"M"形黑褐色斑。翅芽前半部灰褐色，后半部黑褐色，腹部黑棕色；产卵器黄褐色。

发生特点 据记载，在北京4~5年、陕西关中5年发生1代，以若虫在土壤或以卵在寄主枝干内越冬。华南地区越冬卵于翌年5月陆续孵化，

6月中旬结束，初孵幼虫即落地入土；老熟若虫每年4月出土羽化，9月底结束，5~6月为成虫盛发期，6~7月为产卵盛期；老熟若虫出土以21~22时最多，若虫出土后爬到附近的树干、竹秆、笋箨、杂草或灌木上羽化，历时93~147分钟。新羽成虫翅脉绿色，体淡红色；翅逐渐伸展，贴于背上呈屋脊状；之后虫体及翅色逐渐变深，6时30分以后新羽成虫陆续爬上高处，在树干下部很少能见到了。成虫以刺吸树干或竹秆汁液补充营养，15~20天后开始交尾，交尾后即开始产卵。每雌怀卵量500~800粒。成虫产卵时先用产卵器刺破枝条皮层和木质部，将卵产在枝条的髓心，使枝条皮层和木质部开裂，破坏寄主养分和水分输导，引起着卵部位以上枝条迅速萎蔫枯死或风折；每条着卵枝平均有卵153~358粒，平均每根有产卵槽2.6个，每槽平均有11.8窝，每窝平均卵6.4粒。卵槽多呈梭形，卵窝在槽内呈互生的双

蝉蜕侧面观

蝉蜕背面观

排直线或螺旋形紧密排列。成虫具群居性和群迁性，每天 8~11 时成群由大树迁向小树，18~20 时由成群从小树迁向大树；成虫飞翔力强，但多为短距离迁飞。在摇动树干情况下，夜间成虫有一定趋光性和趋火性。雄成虫善鸣，一般气温 20℃以上始鸣，26℃以上多群鸣，30℃以上时蝉鸣时间长、群鸣次数多、音量大，成虫寿命 45~60 天。湿度对卵的孵化影响极大，降雨多，湿度大，卵孵化早，孵化率高，卵期 260~345 天。若虫孵化后就钻入土中，吸取植物根系或竹鞭养分为生，破坏根系分生组织，使之逐渐老化，降低吸收功能，影响水分吸收及根系正常发育，导致寄主地上枝叶发育不良，引起落叶、落花、落果、树势衰退，影响当年及以后数年产量，影响园林植物观赏性。若虫在地下要生活 3~4 年以上，每年 5~9 月蜕皮 1 次，共 4 龄，第 1、2 龄若虫多附着在侧根和须根上，而第 3、4 龄时多附着在较粗的根系上，在根系分叉处最多；若虫在蜕皮和为害时均紧靠根系筑 1 个椭圆形土室，入土深度以 30cm 左右居多。此虫多分布于江河流域两岸及远离村镇的平原、山脚及低山丘陵地带，种群数量大，为害重。一般幼林受害重于成林，疏林重于密林。凡周围有柑橘园和较多苦楝树的南方龙眼园受蝉害严重。多雨高温有利于若虫出土羽化和卵的孵化，而晴天高温有利于成虫交尾、产卵和鸣叫等活动。

天敌 成虫期有鸟类、蝙蝠、螳螂、盗虻、猎蝽、蚂蚁、蛙类、蜘蛛及病原菌等。卵期有寄生蜂、瓢虫、蚂蚁、蠼螋等。若虫期有蚂蚁、蜘蛛、蠼螋、螳螂、蜈蚣、螨类、病原菌等。

油茶蝉类害虫主要控制技术措施 （1）加强预测预报。设置固定监测点，进行定期踏查，严密监视害虫发生发展动态，做好预测预报工作；重点抓好虫源地，及时正确指导防治工作。（2）营林技术措施。在蚱蝉羽化、产卵前，砍伐寄主林中的老树，剪除寄主林内枯枝，集中烧毁，降低林木密度，减少自然枯枝；并利用成虫产卵于枯枝的特性，在剪除寄主林内枯枝集中烧毁的基础上，可在寄主林中挂放枯枝诱其产卵后集中烧毁。（3）灯光诱杀。在蚱蝉严重为害区设置诱虫灯或频谱式杀虫灯进行诱杀。（4）人工措施。在害虫高密度且严重为害区，于 21~23 时成虫羽化盛期，人工捕捉出土若虫或刚羽化的成虫。（5）仿生制剂及药剂防治。于卵孵化盛期前，在高虫口严重为害寄主林区于地面每亩用 15~20g 森得保可湿性粉剂加入 30~35 倍中性载体喷粉撒施，或喷撒 10% 吡虫啉可湿性粉剂；于成虫羽化盛期，在严重为害的寄主林区，每亩喷洒 15~20g 森得保可湿性粉剂 1500~2000 倍液，或喷洒 5% 吡虫啉可湿性粉剂 1500~2000 倍液，或喷施 25% 噻虫嗪水分散剂 4000 倍液等。

分布与为害 在我国主要分布于广东、广西、湖南、四川、福建、云南等地；在国外分布于缅甸、斯里兰卡、印度等。为害特性参考本书"蚱蝉"的相关内容。

形态特征 成虫体长 27~33mm，翅展 88~120mm。体黑色，被黑色绒毛，头部和尾部的绒毛较长。头冠宽于胸背板基部，头顶复眼内侧有 1 对黄色斑纹，后单眼间距明显小于到复眼间的距离；复眼绿褐色，较突出；后唇基发达，较突出，黑色，两侧有较浅的横脊，复眼腹面与翅基之间有一大斑纹；喙管基部褐色，端部黑色，伸至后足基节端部。前胸背板黑色，无斑纹，短于"X"隆起前部分。中胸背板有 4 个黄褐色斑纹（不同个体间斑纹形状及颜色有些变异），中间一对较小，两侧一对较大，"X"隆起两侧也有一对黄褐色斑纹。前、后翅不透明，前翅黑褐色，基半部有 5 个黄褐色斑点，端部的斑纹灰白色；后翅基半部斑纹黄白色，端半部黑褐色，有 5 个灰白色斑点。腹部黑色，第 8 节背板后缘黄褐色，尾节较细长，下生殖板细长呈舟行。初出壳的斑蝉看

成虫停息在油茶树枝条上

上去体色较浅，大约要经过 2 个小时体色地会慢慢变黑。

发生特点 参考本书"黑蚱蝉"的发生特点相关内容。

天敌 参考本书"黑蚱蝉"的相关内容。

主要控制技术措施 参考本书"黑蚱蝉"的油茶蝉类害虫主要控制技术措施。

成虫交尾侧面观

成虫交尾侧腹面观

成虫停息在油茶树叶片上

成虫停息在油茶树干上

51　红蝉

别名：红娘子、花蝉、黑翅红娘子

学名：*Huechys sanguinea* (De Geer)

分类：半翅目 HEMIPTERA　蝉科 Cicadidae

分布与为害　在我国主要分布于在广东、广西、四川、陕西、福建、浙江、江苏、江西、湖南、云南、贵州、海南、台湾等地；在国外分布于缅甸、马来西亚、印度等。为害特性参考本书"蚱蝉"的相关内容。

形态特征　成虫体较大，雄成虫体长17.2~23.5mm，中胸背板基部宽4.8~5.6mm；雌成虫分别为21.4~25.5mm、5.9~6.5mm。头、复眼黑色，单眼红色，后单眼间距离约等于后单眼到相邻复眼的距离，后唇基血红色，明显突出，中央具纵沟，两侧具横脊，密被成排的黑色长毛；喙管黑色，刚伸过中足基节。前胸背板漆黑色、无斑纹，侧缘不明显，后角稍扩张，约等于中胸背板"X"隆起前部分。中胸背板两侧具1对近圆形大红斑，"X"隆起及后胸背板后缘黑色。胸部腹面及足黑色、无斑纹；前足腿节具强刺。前翅黑褐色，不透明，结线不明显；翅脉黑色，8个端室，后翅淡褐色，半透明，翅脉黑褐色，6个端室。另一种为褐翅型类群，即前翅褐色，不透明，后翅淡褐色，半透明。腹部第1节背板及第2节背板的前缘黑色或黑褐色，其余血红色。腹瓣小，黑色、横位，内角较大而向内突出，基节刺黑色，三角片状，第7腹板较长。

成虫在柑橘树上交尾

黑翅红娘子与褐翅红娘子形态非常相似，二者之间除生殖器有显著区别外，前翅颜色也有差别，前者呈黑色不透明，后者前翅灰褐色较透明，后翅淡褐色较透明。

发生特点　在广东、广西、四川等地成虫最早出现在4月，在福建、浙江、江苏出现于5月。多发生于丘陵地带，成虫栖息于低矮树丛中或栖息于草间，不能高飞；若虫生活于未开垦的砂质土壤中。成虫运动较迟钝，容易捕捉。其余发生特点参考本书"蚱蝉"的相关内容。

天敌　参考本书"蚱蝉"的相关内容。

主要控制技术措施　参考本书"蚱蝉"的油茶蝉类害虫主要控制技术措施。

成虫正侧面观

成虫前翅特征

绿草蝉

别名：草春蝉

学名：*Mogannia hebes* (Walker)

分类：半翅目 HEMIPTERA 蝉科 Cicadidae

分布与为害 在我国主要分布于华北、陕西、江苏、安徽、浙江、江西、湖南、福建、广东、广西、四川等地；在国外分布于朝鲜、日本等。主要寄主植物有油茶等多种人工林以及甘蔗、水稻、黄豆、豇豆、柿、桑、茶、柿、柑橘、泡桐等。为害特性参考本书"蚱蝉"的相关内容。

形态特征 成虫体长雄虫 13.2~18.5mm，雌虫 12.5~15.5mm；中胸背板基部宽雄虫 3.8~4.7mm，雌虫 3.6~4.5mm。体绿色，或绿褐色，有的为黄绿色或黄褐色，密被金黄色极端的毛，后唇基突出较短，稍短于头顶中央，腹部稍长于头胸部。单眼浅橘黄色，复眼黑褐色，后单眼间距离稍短于后单眼到相邻复眼的距离，之间有黑褐色横斑；喙管黄绿色，末端深褐色，达中足基节端部。前胸背板周缘绿色，内片浅褐色，中央中带黄绿色，两侧有黑褐色界限；中胸背板从前缘处伸出 2 对倒圆锥形黑斑，中央一对较小，"X"隆起前臂内侧有 1 对小黑点；前、后翅透明，前翅基半部浅黄色，翅脉绿色，端部 1/3 翅脉浅褐色，爪区后缘稍呈褐色；后翅脉纹浅绿色，端部 1/3 浅褐色，4~6 个端室，通常为 5 个。背中央稍隆起，黄绿色或绿褐色，两侧有不规则黑斑，背瓣小，三角形；腹瓣小，长茄形，横位。但是，本种体色变异很大。

发生特点 参考本书"蚱蝉"的相关内容。

天敌 参考本书"蚱蝉"的相关内容。

主要控制技术措施 参考本书"蚱蝉"的油茶蝉类害虫主要控制技术措施。

半翅目

蝉科

成虫背面观

成虫腹面观

成虫背侧面观

成虫前背面观

分布 在我国主要分布于江西、福建、台湾、广东、广西、四川、贵州；在国外，日本有分布报道。

形态特征 成虫自头至翅端长约 10mm，体卵圆形，棕褐色，略扁平。头部宽短，前端圆且中央隆起；颜面侧缘相当明显，两侧中央各有 1 个小亮点；后唇基稍隆起；复眼中等大小，棕褐色，单眼着生于头冠偏中后部的中脊线两旁；整个头部包括复眼在内约与前胸背板等宽。有 1 条贯穿头部及前胸背板的中脊线。体背刻点粗大，小盾片处的刻点为棕色，显亮。前胸背板发达，后部宽于前部，前缘向前突出，侧缘极短，前端有横皱，中脊线中部有 1 个小黑点。小盾片三角形，基部弧形略弓，末端尖。复翅宽而短，全长超过腹部，爪片平截端片宽大，端室 5 个，自复翅前缘中央至臀角方向有一条由 5 个黑褐色斑点形成的断续斜带。

发生特点 常与其他尖胸沫蝉混杂发生，具体生活习性和发生特点缺乏研究，也未见有资料报道。

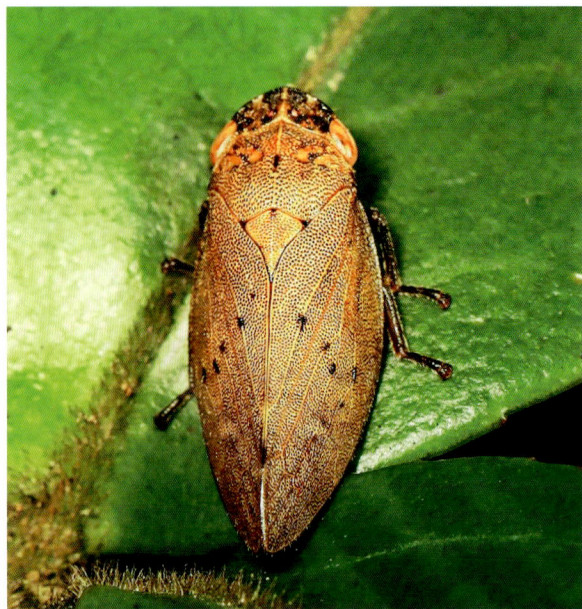

成虫背面观

天敌 常见的有蚂蚁、猎蝽、草蛉、蜘蛛、鸟类等。其他天敌情况参考本书"尾大叶蝉"的相关内容。

主要控制技术措施 参考本书"黑尾大叶蝉"的油茶叶蝉类害虫主要控制技术措施。

成虫背面前中部观

成虫背面中后部观

54 中华丽沫蝉

学名：*Euptyelus sinica*

分类：半翅目 HEMIPTERA　尖胸沫蝉科 Aphrophoridae

分布与为害　在我国分布于陕西、江苏、安徽、浙江、江西、福建、四川。目前仅发现在油茶树嫩枝上为害。以成虫和若虫在寄主嫩叶、嫩芽、嫩枝部位刺吸汁液，主要影响寄主生长发育。

形态特征　成虫体长约9mm。头部背面黑色，杂有褐黄色；头冠外缘弧形，中部前突，后缘略内凹；头部中脊线白色，与前胸背板连接处略扩为白色小三角形；触角柄节、梗节均为黑色，鞭节丝状且呈灰白色；复眼背面观呈椭圆形，褐色。前胸背板前2/3部白色，但前端间杂浅黑褐色，后1/3部黑褐色；两侧有淡褐黄色斑；前缘向前突出，后缘弧形向后略弓起。小盾片、复翅背面黑色，均布白色小点；小盾片三角形，基缘略突，前端尖。复翅背面中部有白色波形纹。足酱黑色至黑色。

发生特点　各地年发生代数不明，缺乏专门研究。有关情况参考本书"黑尾大叶蝉"的相关内容。

天敌　参考本书"黑尾大叶蝉"的相关内容。

成虫背面观

主要控制技术措施　参考本书"黑尾大叶蝉"的油茶叶蝉类害虫主要控制技术措施。

成虫侧面观

成虫在嫩枝条上取食

东方丽沫蝉　学名：*Cosmoscarta heros* (Fabricius)

分类：半翅目 HEMIPTERA　沫蝉科 Cercopidae

分布与为害　在我国主要分布于广西、浙江、江西、福建、广东、海南、四川、贵州、云南、西藏；在国外，越南有分布报道。主要寄主有油茶、油桐、桉树等多种林木。若虫、成虫取食寄主植物汁液，使受害枝变黄、变枯；成虫可排泄出大量蜜露，易诱发煤烟病，从而影响寄主植物的生长、发育。油茶林内一般种群数量不高，不会造成严重灾害。

形态特征　成虫体长 14.6~17.2mm。体背大部分黑褐色，腹面大部分赭红色。自前胸背板前部连头部一起朝虫体前下方倾斜。额面隆起，唇基中部隆起。复眼灰褐色，单眼深褐色。触角黑褐色，柄节、梗节较粗短，鞭节细长丝状。前胸背板宽大，黑色，布有许多微小刻点，侧缘宽，前缘两侧明显凹陷，中后部明显隆起似半球形，中脊略显。小盾片橘黄色，三角形，稍隆起。复翅黑褐色，端区脉纹明显且呈网状；翅基及翅端部网状脉纹区内侧各有 1 条橘黄色横带，其中翅基的 1 条较宽，近三角形，翅端网状脉纹区内侧的 1 条较窄，呈波形。后翅前缘后半部、后缘大部以及后翅基部为浅赭红色，其余部分略带浅灰色而透明；外缘密布短小纵脉，后翅翅脉及外缘为褐色。前、中胸腹板黑褐色。前、中足基节、转节、腿节中基部赭红色，余黑褐色。后足大部赭红色，但胫

成虫腹侧面观

成虫在取食及排泄物

成虫在油茶树上取食为害

节末端、第1跗节末端及其他跗节为黑褐色；后胸腹板及腹部全体赭红色。后足胫节端部有2根侧刺，其端部有2列端刺，后足第1、2跗节端部各有1列黑褐色端刺。

发生特点　尚缺乏深入研究。初步观察，若虫腹部第7、8节具有发达的泡沫腺，能分泌胶质，与呼出的气体相混，形成泡沫，若虫一生就在这泡沫中取食为害、生长发育，并以此作掩护。若虫期共有5龄。在广西南宁及桂林尧山等地观察，5~9月均能经常在油茶、油桐、桉树等寄主植物上见到成虫、若虫为害，在萌芽枝条上较多；因其虫体较大，吸取的树汁量多，故排泄出的蜜露量很大，易诱发煤烟病，影响寄主植物生长。

天敌　成虫和若虫期主要有蚂蚁、草蛉、蛇蛉、捻翅虫、泥蜂、胡蜂、螳螂、猎蝽、蝎敌、蛙类、蜘蛛、线虫、螨类、鸟类等；卵期有多种寄生蜂寄生及蚂蚁等。这些天敌对害虫有一定控制作用，应切实采取有效措施加强保护利用。

主要控制技术措施　（1）加强监测和预测预报。设置固定监测点，定期踏查，严密监视害虫发生发展动态，做好害虫预测预报工作。特别是预报虫源地及第1代成虫发生始盛期，准确指导防治，提高防治效果。（2）营林防治技术。寄主林要合理密植；可结合秋、冬季或夏季整形整枝，剪除无效枝、过密枝、着卵枝，集中烧毁，减少虫源。（3）人工防治。根据成虫产卵及若虫为害习性实施人工捕杀，或剪除着卵枝，或用竹扫帚把若虫扫落，进行捕杀或放鸡啄食。（4）保护利用天敌。林间各种天敌对害虫均有一定抑制作用，应加强保护利用。在必须采用化学药剂防治措施时，不要滥用化学农药，尽量选用生物农药或低毒化学农药；使用农药治虫时，重在治点保面，要设置天敌保护隔离区；尽量在天敌休眠期或相对安全期用药，尽量避免伤害天敌。（5）药剂防治。严重发生的林分，在若虫盛发期，及时挑治害虫密度较高的虫源地，可供选择的有效药剂有10%吡虫啉可湿性粉剂1500倍液，或25%噻虫嗪水分分散剂2000~3000倍液，或3%啶虫脒乳油1000倍液等；由于此类害虫虫体有蜡粉，非乳剂型药液中（如可湿性粉剂）若加入0.3%~0.4%的柴油乳剂或黏土柴油乳剂，可显著提高防治效果。

56 白盾弧角蝉

学名：*Leptocentrus leucaspis* (Walker)

分类：半翅目 HEMIPTERA 角蝉科 Membracidae

分布与为害 在我国目前已知分布于广西；在国外分布于斯里兰卡、印度、菲律宾、孟加拉国、新加坡、马来西亚、印度尼西亚（爪哇）、文莱、缅甸等。主要寄主树有油茶等。以成虫、若虫吸食寄主植物汁液，影响寄主植物生长发育。

形态特征 成虫 中型种类，头部到翅的端部大约长 10mm。头部黑色，具瘤状突起。复眼灰褐色至棕褐色。前胸背板黑色具刻点，肩角大，顶尖。上肩角细长，约为宽的 2 倍，后突起具 3 条脊，基部向下弯曲顶端尖锐，伸达第 5 端室顶端之外。体黑色，密布黑色刻点。小盾片基部具白色短柔毛，胸部侧面具白色丝状短柔毛。翅暗褐色至黄褐色，翅脉黑色，翅脉上也被白色短绒毛。腹背各节具黄褐色环纹；复眼后方至各胸足基节处及上方具白色斑；各足黑褐色，跗节棕黑色至棕褐色。**若虫** 体大致粉白色，体背有灰褐色斑，蜡丝长，白色。

发生特点 常发生于油茶等人工林及其他杂灌木林内。善跳跃。成虫及若虫主要喜在嫩枝上取食为害。

天敌 参考本书"褐三刺角蝉"的相关内容。

主要控制技术措施 参考本书"褐三刺角蝉"的油茶角蝉类害虫主要控制技术措施。

成虫侧面观

成虫背面观

成虫正在取食

成虫后侧面观（摄于泰国）

若虫为害油茶嫩枝

若虫形态特征

57 褐三刺角蝉

学名：*Tricentrus brunneus* Funkhouser

分类：半翅目 HEMIPTERA　角蝉科 Membracidae

分布与为害　在我国主要分布于陕西、甘肃、山东、广西、贵州、云南等地；在国外主要分布于越南、新加坡、马来西亚、印度尼西亚等。主要寄主有油茶、油桐、桉树、构树、刺槐、胡颓子及多种花卉植物等。以成虫、若虫在寄主的嫩枝、嫩梢、花穗、叶柄、主脉上吸取树汁，受害枝条易变黄变枯，易落叶，甚至枯死。

形态特征　**成虫**　雌成虫体长 5.6~6.8mm，肩角间宽 2.2~2.8mm。体中型，黑褐色至黑色。头黑色，近直，宽大于长，头顶上缘弧形，波曲，下缘斜而曲，稍上翘。复眼黄褐色，有褐色斑；单眼黄色，位于复眼中心连线的上方。触角刚毛状，柄节最粗，梗节较粗，鞭节细长，自基部向端部逐渐变细而尖。额唇基长大于宽，中、侧瓣融合，侧瓣很小，下缘不在一条弧线上，中瓣 1/2 多伸出头顶下缘，顶端平截，具长细毛，喙黄褐色，几乎伸达后足基部。前胸背板褐色至黑褐色，多刻点，密被黄色或黄褐色长毛，中脊起纵贯全长。前胸斜面宽大于高，中央略圆，胝黑色，多毛。上肩角伸向侧上方，顶端尖，向后弯，其长度等于两基间距离，背面有脊起。肩角大，三角形。后突起三棱状，基部扁，顶端尖，黑色，略上举，刚伸过前翅臀角，中脊起直，侧脊伸达后突起基部。小盾片两侧外露。前翅白色，多皱纹，半透明，基部褐色，革质，具刻点及毛，翅脉黄褐色，被 2 列微毛，2 个盘室，5 个端室。后翅白色，透明，多皱纹，3 个端室。足黄褐色，前足略深，后足转节内侧有弱齿。腹部背面和腹面均为黑褐色。雄成虫，体较雌虫小，黑色，上肩角短小，其长度小于两基间距离的 1/2。前胸背板凸圆。前翅脉纹暗褐色。足黄色或黄褐色。**卵**　白色，长椭圆形，稍弯曲，一端较细，表面光滑。**若虫**　共有 5 龄，各龄体长分别为 2.4mm、3.6mm、4.5mm、5.0mm、6.2mm，第 1~4 龄虫体均为黄绿色，5 龄若虫体黄绿色，羽化前变为褐色。

发生特点　1 年发生 2 代，以卵在寄主植物枝

成虫为害油茶树枝条

成虫背面观

成虫背侧面观

成虫为害叶柄

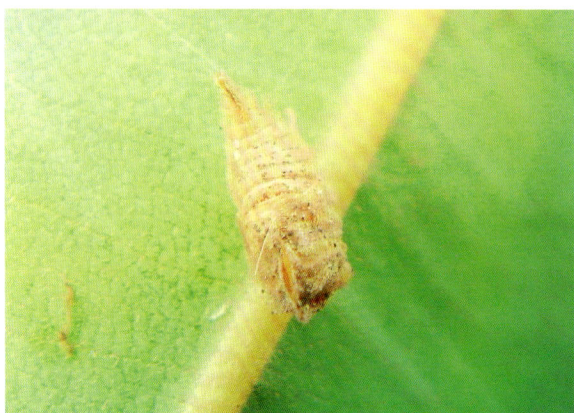
若虫蜕

条内越冬。成虫发生期：第1代6~8月，第2代9~11月。成虫、若虫散居，无聚集行为；但是由于角蝉迁飞扩散能力不强，在林间其种群及对寄主植物的为害呈核心型或集团型分布。雌虫产卵于寄主嫩枝皮层下组织内。

天敌 常见的捕食性天敌有螳螂、蚂蚁、猎蝽、蠋敌、花蝽、泥蜂、蜘蛛、鸟类等，寄生性天敌有线虫、寄生蜂、螨类等。这些天敌对害虫有一定的控制作用，要注意保护利用。

主要控制技术措施 （1）加强监测和预测预报。设置固定监测点，定期踏查，严密监视害虫发生发展动态，做好害虫预测预报工作。特别是根据去年及前几年的发生和为害情况，预报虫源地及第1代成虫发生始盛期，准确指导防治，提高防治效果。（2）营林防治技术。寄主林要合理密植，结合抚育施肥清除林间杂草及杂灌木，减少野生寄主；结合秋、冬季或夏季整形整枝，剪除无

效枝、过密枝、着卵枝，集中烧毁，减少虫源。（3）保护利用天敌。林间多种天敌可以捕食或寄生角蝉的成虫和若虫，这些天敌对害虫均有一定抑制作用，应加强保护利用。角蝉在林间呈核心型分布，没有必要全面施药防治。在必须采用化学药剂防治措施时，不要滥用化学农药，尽量选用生物农药或低毒化学农药；使用农药治虫时，重在治点保面，重点防治角蝉为害区，要设置天敌保护隔离区；尽量在天敌休眠期或相对安全期用药，尽量避免伤害天敌。（4）化学药剂防治。发生角蝉严重为害的寄主林，及时防治害虫密度较高区域，有效的药剂有10%吡虫啉可湿性粉剂1500倍液，或25%噻虫嗪水分分散剂2000~3000倍液，或3%啶虫脒乳油1000倍液等；由于此类害虫虫体有蜡粉，非乳剂型药液中（如可湿性粉剂）若加入0.3%~0.4%的柴油乳剂或黏土柴油乳剂，可显著提高防治效果。

58 黑尾大叶蝉

学名：*Bothrogonia ferruginea* (Fabricius)

分类：半翅目 HEMIPTERA　叶蝉科 Cicadellidae

分布与为害　在我国分布很广，北自辽宁，南至海南、广东、广西，东起台湾，西达四川、云南等地；在国外分布于朝鲜、日本、缅甸、菲律宾、印度、印度尼西亚及非洲南部等。主要寄主有油茶、油桐、桉树等各种人工林，桃、枇杷、梨、柑橘、葡萄、苹果等果树，茶、桑等经济作物，甘蔗、高粱、玉米、甘薯、大豆、向日葵等农作物，月季、红桑、扶桑等花卉。以成虫、若虫刺吸寄主植物嫩梢、嫩茎、嫩芽、叶片等的汁液，叶部被害后，出现白色斑点，严重时小白斑布满全叶，甚至可导致叶片枯死，为害嫩枝、嫩梢后，枝、梢生长受阻，甚至停止发育，其上叶片萎缩。

形态特征　**成虫**　体长约 13mm。体橙黄色。体形较大，呈长圆筒形。头冠部狭于复眼外缘，头冠前部凸出钝圆，其前侧缘与复眼内缘成一直线。后唇基凸出略似球形，中央无隆线，侧区有横印纹。颊狭长，单眼位于头冠上，接近额缝的末端。触角短，具触角脊。头部、前胸背板及小盾片橙黄色。在头冠部的中央近后缘处，有 1 个明显的圆形黑斑；顶端另有 1 个黑斑，并向下方颜面略作长方形延伸；在颜面的前、后唇基相交处，横跨 1 条黑色斑纹。复眼和单眼均为黑色。前胸背板长于头冠部，前缘略凸起，后缘几平截；前胸背板上有黑斑 3 枚：1 枚在近前缘处，2 枚在后缘上，成"品"字形排列。小盾片略小，中央稍前处具横刻痕，中央有 1 枚黑斑。前翅长于腹部，具 5 个端室；前翅为橙黄色稍带褐色，在翅基部有 1 个黑斑，翅端部全为黑色，故得其名。后翅黑色。胸、腹部腹面与腹部背面均为黑色，在胸部腹板的侧缘及腹部环节的边缘具淡黄白色边。后足胫节刺长，足为淡黄白色，基节、股节的端部、胫节的基部及端部以及末端的跗节黑色。此虫体色变化很大，主要有下列变异：①前翅较暗呈紫红色；②前翅如①，但在前翅端部黑色部分之前为淡褐色；③前翅端部为淡橙黄褐色；④变化如③，但在前翅亚前缘的中外部，具 1 条宽的紫红色条纹；⑤变化如③，头冠部没有斑纹；⑥头部和前胸背板斑纹如典型记述，但前翅为淡黄绿色。**卵**　长 1.8~2.0mm，宽 0.6mm；白色；长椭圆形，前部稍弯曲。**若虫**　初孵化时体白色，无斑纹，头部半圆形，体长约 2mm。成熟若虫体淡黄色，头部呈钝五角形，复眼黑色，周缘略带灰黄色；触角基部 2 节淡黄色，先端色暗；喙短，褐色；前胸背板梯形，幅广；翅芽及足均为淡黄色；足爪褐色；体长 9~10mm。

发生特点　1 年发生 1 代，以成虫蛰伏于杂草、常绿树及小竹丛中越冬。翌年春季转暖后即开

前翅紫红色型成虫

前翅橙红色型成虫

前翅淡粉色型成虫

前翅粉红色型成虫

成虫侧腹面观

前翅淡橙黄绿色型成虫

前翅颜色不同的成虫

成虫颜面观

若虫

始活动，尤喜在嫩芽、嫩叶上取食。4~5月产卵，5~6月孵化为若虫，7~8月为成虫。雌虫常产卵于叶片组织内，每个卵穴产卵3~7粒，作扇形排列，每雌可产卵50粒左右。卵期2~3周，若虫期约2月。若虫善于跳跃，喜栖息于叶背取食，静息时常由肛门排出白色蜜露，易诱发煤烟病。

天敌　主要捕食性天敌有瓢虫、蚂蚁、胡蜂、草蛉、捻翅虫、蜘蛛、鸟类等；主要寄生性天敌有虻、卵蜂、小蜂、细蜂、螯蜂等科中的一些种类。这些天敌对害虫有一定的控制作用，要注意保护利用。

油茶叶蝉类害虫主要控制技术措施　（1）加强监测和预测预报。设置固定监测点，定期踏查，严密监视害虫发生发展动态，做好害虫预测预报工作。特别是要正确预报虫源地及第1代成虫发生始盛期，准确指导防治，提高防治效果。（2）营林防治技术。寄主林要合理密植，结合抚育、施肥，清除林间杂草及杂灌木，减少野生寄主；果树类可结合秋、冬季或夏季整形整枝，剪除无

效枝、过密枝、着卵枝、叶，集中烧毁，减少虫源。（3）人工防治。根据成虫产卵及若虫为害习性用人工捕杀，或剪除着卵的叶片，或用竹扫帚把若虫扫落，进行捕杀或放鸡啄食。（4）保护利用天敌。叶蝉类害虫天敌很多，这些天敌对害虫有一定抑制作用，应加强保护利用。在必须采用化学药剂防治措施时，不要滥用化学农药，尽量选用生物农药或低毒化学农药；使用农药治虫时，重在治点保面，要设置天敌保护隔离区；尽量在天敌休眠期或相对安全期用药，尽量避免伤害天敌。（5）化学药剂防治。严重发生的寄主林或果园，若虫盛发期，及时防治害虫密度较高区域，可供选择的有效药剂有1.2%烟参碱乳剂1000倍液，或10%吡虫啉可湿性粉剂1000~2000倍液，或3%啶虫脒乳油3000~5000倍液，或25%噻虫嗪水分分散剂2000~3000倍液等喷雾；由于此类害虫虫体有蜡粉，非乳剂型药液中（如可湿性粉剂）若加入0.3%~0.4%的柴油乳剂或黏土柴油乳剂，可显著提高防治效果。

59 大青叶蝉

学名：*Cicadella viridis* (Linnaeus)

分类：半翅目 HEMIPTERA　叶蝉科 Cicadellidae

分布与为害　我国各地都有分布；在国外分布于朝鲜、日本、俄罗斯、加拿大及欧洲等。主要寄主有油茶、八角、柿、核桃等经济林，杨、泡桐等用材林，桃、梨、苹果等果树，梧桐、刺槐等园林植物，还为害多种农作物。以成虫和若虫刺吸寄主嫩枝、嫩叶的汁液，晚秋成虫越冬产卵时，用锯状产卵器将枝条皮层刻划成弯月形开口并在其内产卵，造成枝干损伤，形成泡状突起伤疤，使枝条失水，轻者生长衰弱，重者变干枯死。

形态特征　**成虫**　体连翅长 7.2~10.1mm。草绿色或青绿色；前面观头部呈三角形，黄褐色，头冠前半部两侧各有 1 组淡褐色弯曲横纹，顶部有 1 对不规则形黑斑；复眼墨绿色，三角形。前胸背板前缘黄绿色，其余为深绿色。前翅深绿色，周边黄色，末端灰白色，半透明；翅反面、后翅、腹部背面及腹下前部黑色，腹下后部和足黄褐色。**卵**　体光滑，黄白色，长约 1mm，香蕉形，一端稍尖。**若虫**　初孵化时呈灰白色略带黄绿色，胸、腹背面无明显条纹；第 3 龄若虫后呈黄绿色，胸背及两侧有直达腹端的 4 条深褐色纵纹，第 5 龄若虫胸部呈黑褐色，翅芽超过第 2 腹节，体长约 7mm。

发生特点　广西 1 年发生 5~6 代，北京、浙

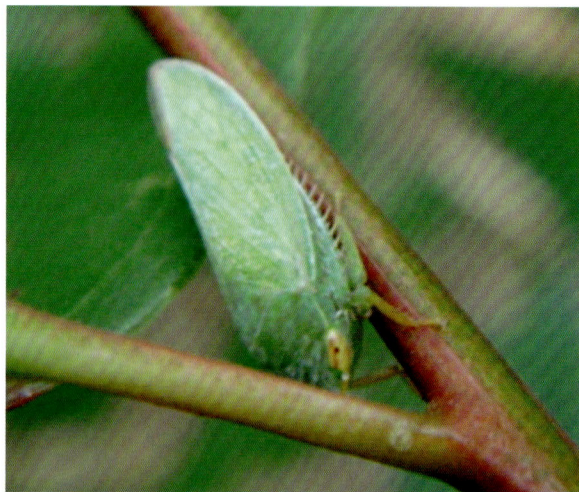

成虫背侧面观

江等地 1 年发生 3 代，以卵在寄主树枝条皮层中越冬。北京 4~5 月，浙江樱桃树萌芽时孵化为若虫。1 年 3 代发生区各代成虫发生期分别为 5~6 月、7~8 月及 9~11 月。成虫趋光性强。遇惊扰立即快速逃飞。10 月上旬开始雌成虫用产卵器将枝条皮层刻划出月牙形伤痕，再产卵其中，每个伤痕内约产卵 10 粒，每头雌虫可产卵 50~100 粒。初孵若虫有群集为害习性，若虫第 2~3 龄后开始分散活动，爬行灵活，善横行。

天敌　参考本书"黑尾大叶蝉"的相关内容。

主要控制技术措施　参考本书"黑尾大叶蝉"的油茶叶蝉类害虫主要控制技术措施。

成虫腹侧面观

成虫背面观

成虫胸足特征

60 **小贯小绿叶蝉**

别名：小贯松村叶蝉
学名：*Empoasca (Matsumurasca) onukii* Matsuda
分类：半翅目 HEMIPTERA 叶蝉科 Cicadellidae

分布与为害 在我国分布于河北、陕西、内蒙古、山东、湖北、湖南、四川、安徽、江苏、浙江、福建、广西、广东、西藏等地；在国外分布于日本、韩国、印度、俄罗斯、土耳其及非洲、欧洲、北美洲。主要寄主有茶树、油茶。以成虫、若虫取食寄主植物汁液，被害叶片出现白色小点，当害虫发生多，被害严重时，受害叶片变黄，或自周缘逐渐卷缩，以致全叶凋萎。

形态特征 **成虫** 体长 3~4mm。体淡绿色，死后除去足端部色泽不变外，常变成黄色或橙黄色。头部向前突出，但头冠中长短于两复眼间宽，头冠淡黄色，颜面色泽较黄，尤以额唇基区基部黄色成分较浓，有时成为黄色。复眼灰褐色。前胸背板与小盾片淡鲜绿色，二者与头部常具有白色斑点。前翅近于透明，微带黄绿色，周缘具淡绿色细边，基半前缘区中具有白色蜡区，但常消失。后翅透明。胸、腹部腹面色泽略淡，为淡黄色、淡绿色或淡黄绿色。前翅端部第 1、2 分脉在基部非常接近，但明显地分向端部伸出，其间形成 1 个三角形端室。后翅具亚缘脉，仅 1 个端室。各足与虫体腹面同色，但自胫节端部以下呈淡青绿色，爪褐色。腹部背板较腹板的黄色或黄绿色成分较浓，腹部末端常呈淡青绿色雄虫下生殖板长度约大于最后一腹节腹板宽度 2 倍，基宽端圆，向上弯曲，表面密生细毛。**卵** 长径 0.6mm，短径 0.15mm，白色，长椭圆形，微弯曲。**若虫** 共 5 龄，初孵化时体长 0.7mm；成长后，体淡黄绿色，复眼由赤色渐转灰褐色，足、爪褐色，头冠及腹部各节生有白色细毛，翅芽随蜕皮而增大，老熟体长 2.0~2.2mm。

成虫背面观

成虫背面观

成虫背侧面观

成虫侧面观

成虫在芽梢上为害

发生特点 主要活动时间为 4~11 月。1 年发生 9~13 代。华中地区 9~11 代，华南地区 11~13 代，均以成虫在枯草、落叶、树皮缝隙及冬季低矮绿色植物丛中越冬。翌年春季，在长江以南地区转暖后即开始活动、取食、交尾、产卵。雌成虫将卵产于新梢及叶脉组织内，散产。一般产卵前期 4~5 天，卵期 5~20 天，若虫期 8~19 天，成虫寿命约 1 个月，越冬代成虫寿命更长。若虫大多栖息在嫩叶背部及嫩茎上，善爬行。成、若虫常栖息于叶背，不时由肛门排出略透明的蜜露。

旬平均温度 15~25℃，适于该虫生长发育，28℃以上时种群密度就下降。下雨时日长，雨量大或久晴不雨均不利该虫繁殖，易发生于留养及杂草丛生的茶园，各虫态混杂，世代重叠。

天敌 主要有蚂蚁、猎蝽、草蛉、蜘蛛、鸟类等。其他天敌情况参考本书"黑尾大叶蝉"的相关内容。

主要控制技术措施 参考本书"黑尾大叶蝉"的油茶叶蝉类害虫主要控制技术措施。

奴塔小绿叶蝉

学名：*Empoasca notata* Melichar

分类：半翅目 HEMIPTERA　叶蝉科 Cicadellidae

分布与为害　在我国主要分布于广西、广东、浙江、安徽、湖北、广东、贵州、四川、甘肃等地；在国外分布于斯里兰卡、印度等。主要寄主有油茶、山茶、茶、蓖麻、水稻、糜子、杂草、大麻、落花生、四季豆、通菜、葡萄等。为害油茶、山茶时，以成虫及若虫吸取寄主植物汁液，主要为害嫩叶，被害叶片出现白色小点，当害虫发生多，被害严重时，受害叶片变黄，或自叶尖、叶缘逐渐卷缩，以致全叶凋萎；整个顶芽和嫩叶逐步枯萎，变为黑褐色。为害蓖麻时，造成叶片向背面卷缩变硬变碎，叶质粗老，逐渐焦枯脱落；芽叶受害后，造成萎缩，生长停滞，植株结籽稀少，严重影响蓖麻的产量和品质。

形态特征　**成虫**　体长 2.4~2.7mm，体连翅长3.3~3.6mm。体淡黄色或淡灰黄色，有白色斑纹。头部向前呈钝角突出，头冠与颜面均为淡黄色或淡灰黄色，头冠中线处具 1 条白色纵纹，白纹的两侧于头冠中叶内各有一白色斜斑，此三条斑构成"小"字纹形；颜面没有斑点；复眼为褐色。前胸背板及小盾片为淡黄色或淡灰黄色，前胸背板前缘有数个大小不等的白色斑点，连成一列；

小盾片上具 2 条白色条纹，自基缘伸至中央横刻纹处，又紧接横纹下缘有 1 条白色横线，横刻纹平直；前翅透明，翅脉细弱微带黄色或淡灰色，翅端部有时稍现烟褐色，前缘区的长圆形蜡区明显，有时消失；后翅透明。虫体腹面、胸足及腹部背面皆为浅黄色或淡灰黄色，没有任何斑纹，仅有时自胫节以下及腹部末端带有绿色色泽。

发生特点　不喜阳光直射，常栖息于寄主树嫩叶背面或嫩芽隐蔽处。成虫清晨和傍晚活动力较弱，飞翔力不强。主要为害嫩叶，被害后嫩叶边缘呈失水状，从叶尖、叶缘出现干枯或枯焦状，嫩叶中部不均匀褪绿，后整个顶芽和嫩叶逐步枯萎，颜色变为黑褐色，叶片被害区区域后期发生扭曲。在广西南宁为害油茶或山茶，每年有 2 个高峰期，即 4~6 月及 10~11 月，第一个高峰期害虫数量多，为害重。不同寄主、同一寄主不同品种间受害情况往往不同，可能由寄主或品种的抽梢盛期与该叶蝉繁育盛期同步性决定。

天敌　参考本书"黑尾大叶蝉"的相关内容。

主要控制技术措施　该参考本书"黑尾大叶蝉"的油茶叶蝉类害虫主要控制技术措施。

成虫背面观

成虫头胸部特征

62 杧果扁喙叶蝉

别名： 杧果叶蝉

学名： *Idioscopus nitidulus* (Walker)

分类： 半翅目 HEMIPTERA　叶蝉科 Cicadellidae

分布与为害　在我国主要分布于海南、福建、广东、广西、云南等地；在国外分布于东南亚各国等。目前仅发现为害杧果、油茶。成、若虫为害寄主树花穗、嫩梢及幼叶，严重时可致其干枯。雌成虫在花芽、花梗、叶芽、嫩梢及嫩叶叶片主脉上产卵。产卵部位最后亦呈现干枯。亦分泌蜜露导致烟煤病在枝、叶及果实表面发生，使之呈污黑色，影响树的生长势及果实品质，为害严重的果园，往往减产或甚至失收。

形态特征　**成虫**　体长 4.6~4.8mm，呈楔状，赭色。头部宽于前胸背板，头冠微向前突出，头顶具黑白相间的花纹，后唇基顶部两侧具黑色大小相同形似正方形的斑块，其上有两个略呈圆形的小白点，前唇基端部黑褐色。喙甚长，端部膨大且扁平。雄虫呈红色而雌虫呈黑褐色。复眼大而斜置，下缘几达前胸背板。前胸背板与头部同为赭色，具有多个不规则呈灰褐色及深褐色斑纹。小盾片相当大，呈三角形，基部赭黄色而端部乳白色，二基侧角区各有一黑色三角形斑纹；基部中央亦有一呈三角形或似方形的黑色斑纹；此斑纹的端部具 2 条约呈"八"字形的黑线纹；线纹外侧上方有一呈乳白色长形的斑块，其上具一似肾形小黑斑。小盾片端部乳白色，两侧各有一小黑点。前翅几乎透明，具赭色光泽，在近基部有 1 条乳白色横带与小盾片端部的乳白色斑相连接。在爪片端部亦有 1 条乳白色斑纹，端前室 3 个。体

的腹面及足均为赭色。雄虫阳基侧突外缘无小刚毛。**卵**　乳白色，长椭圆形，两头较细，顶端稍平，一侧平直，长约 1.0mm，宽约 0.3mm，顶部具一白色棉絮状毛束。**若虫**　共 5 龄。第 1 龄体长 1.1mm，体背中央从前部至尾部具一乳白色纵中线将其上的淡褐色横置长方形斑纹分成左右相等的两部分，腿节、胫节大部分及爪淡褐色。第 2 龄体长 1.6mm，一条乳白色纵中线将脚部背面的淡褐色斑纹分成左右相等的两部分，腹部第 1、2 节背面中央淡褐色，第 3、4 节背面中央区乳白色，第 5 节背面中央前部乳白色。这些乳白色部分外观似椭圆形的白斑，其余为左右相同的淡褐龟斑。此后各腹节背面均具淡褐色斑，且中间具乳白色纵中线。足的腿节、胫节大部分及爪为淡褐色，其余为乳白色。第 3 龄体长 2.3mm；各胸节背面中央乳白色，左右侧为相等大小的淡褐色斑，翅芽出现。第 1、2 腹节背部淡褐色，第 3、4、5 节背部中央乳白色。外观似上端平截的长椭圆形，其两侧为相等的淡褐色斑，其余各腹节背面均为淡褐色并由乳白色纵中线将其分成左右相等的两部分，足之颜色与第 2 龄同。第 4 龄体长 4.0mm，第 1 胸节背面中央乳白色，其余淡褐色，第 2、3 胸节背面淡褐色中央具 1 条乳白色纵中线，此线与两节之间的乳白色横线相交叉组成"十"字形，第 2 胸节背面纵中线两侧具月牙形乳白色小斑。翅芽淡褐色伸至第 1 腹节，第 1、2 腹节背面具淡褐色

成虫在油茶叶片上为害

成虫侧面观

成虫背侧面观

成虫前侧面观

横纹，第3、4、5腹节背面中央及第6节中央前缘乳白色。这些乳白色部分组成外观似顶部平截的长椭圆形乳白色大斑，其余为淡褐色，并由乳白色纵中线分成左右相等的两块，足之颜色与第3龄同。第5龄体长5.1~5.4mm，胸部背面呈淡褐色，前胸背面具淡黄色纵中线，此线的两侧各具1个淡黄色小点，中胸背面具呈倒"八"字形的淡黄色线纹。翅芽达腹部第3节，前翅翅芽内侧缘为深褐色，第1腹节背面中央具横置的半圆形黑褐色斑，第2腹节背面中央具一横置长方形黑褐色斑，第3、4节背面中央黄白色，两侧黑褐色，第5节背面前部黄白色，其余黑褐色。这些黄白色部分组成外观似长方形的斑块，此后各腹节背面均为黑褐色，并由黄白色纵中线将其分成左右相等的两部分。足的腿节、胫节中部及爪为黑褐色，其余为黄白色。

发生特点　在广西南宁1年可发生7代，在广西田阳13代，在海南8代，田间世代重叠。以成虫在油茶、杧果等寄主树冠、树皮裂缝中越冬，冬暖年份无明显越冬现象。发生量受环境条件及天敌的影响较大。田间世代重叠，每年3~4月和8~10月为盛发期，产卵于嫩梢、叶片、叶脉、叶柄及花穗上，少的几十粒，多的达1000多粒，可造成花穗、嫩梢枯萎。成虫吸取汁液，分泌蜜露，利于真菌在叶背和花穗上迅速繁殖，导致煤烟病。成虫羽化几个小时后便开始吸取汁液，其寿命一般为2~75天，最长可达11个月。产卵前期为4~18天，一头雌虫最多能产卵800多粒。若虫整天都可孵化，以7~9时孵化最多。若虫历

期为11~15天，温度高则若虫历期短，温度低则历期长。由于卵、若虫、成虫历期不一，故每一世代所需的时间也不一。夏、秋季一代需58~82天，冬季时间则更长。卵和若虫的发生量与嫩梢的发育密切相关，发生时间基本与抽梢、抽花穗的时间同步。成虫的抗逆性强，有趋光性。防治重点应放在若虫期。在海南大部分地区1年发生8代，一代需时18.4~96.6天，其中卵期3~4天，一龄若虫2~3天，二龄若虫1.3~2.0天，三龄若虫1.4~2.5天，四龄若虫1.3~3.6天，五龄若虫3.1~7.6天，成虫寿命10.0~75.5天。成虫多栖居于叶片背面或枝条上，受惊动后迅速爬行或跳跃，在大田雌雄性比为1∶1.1，羽化出的成虫经8~34天始行交尾，交尾方式为重叠式，交尾次数为多次，一次交尾时间可长达6个小时；交尾后第1~2天开始产卵，产卵次数为多次，产卵方式为单粒散产，卵产于杧果花、叶芽苞片、花梗、嫩梢、幼叶叶脉组织中，仅露出顶端的白色棉絮状毛束，一头雌虫产卵最多的可达149粒，卵多在清晨孵化，孵化率可高达100%。若虫脱皮4次，初龄若虫具群集性。成、若虫喜择油茶、杧果树幼嫩部位在其上长时间取食。成虫在田间以6月虫口数量最大并呈核心分布。

天敌　观察发现，寄主林中的蜘蛛、螳螂和有些寄生蜂都是扁喙叶蝉的天敌，对抑制该害虫种群数量的发展有着长期的作用。其他天敌情况参考本书"黑尾大叶蝉"的相关内容。

主要控制技术措施　参考本书"黑尾大叶蝉"的油茶叶蝉类害虫主要控制技术措施。

63 黑颜单突叶蝉

学名：*Olidiana brevis* (Walker)

分类：半翅目 HEMIPTERA　叶蝉科 Cicadellidae

分布与为害　在我国主要分布于广西、云南等地；在国外分布于印度等。主要寄主有油茶、桉树等林木。以成虫、若虫刺吸寄主植物嫩枝、嫩茎、叶片等的汁液，叶部被害后，最初出现淡白色斑点，严重时整叶布满白点甚至变黄、变枯而脱落，影响寄主生长发育。

形态特征　成虫体长6~7mm，含翅体长7.5~9.2mm。全体黑色，具黄色带纹。体近长圆筒形。头部宽度较前胸背板狭窄，头冠部自后向前渐次扩大呈倒梯形，其宽度小于1只复眼的横宽；头冠前缘微突出超过复眼前端，其前缘宽圆，表面平坦，颜面额唇基区微隆起，占据复眼间宽度的大部分；前唇基端部突出，扩大，末端平截；复眼大形，左右位置较近；单眼位于头部端缘近复眼处。头冠部淡黄色；整个颜面黑色，故得"黑

颜"之名；复眼褐黑色；单眼暗褐色，在其周缘有1个细小的黑色圈，使单眼似一个小黑点。头冠部的中冠缝明显；颜面后唇基的两侧区各有1列细小的横刻痕，不甚显著。前胸背板横宽，很短，短于小盾片的长度；前胸背板为黑色，其上散布淡色小点，散生稀疏白色小毛。小盾片较大，其基缘最长，至其宽略大于长，接近等边三角形；小盾片大部黑色，端尖部为黄色，其上刻痕短而平直。前翅宽，以端部最宽，末端圆；前翅黑色，翅外缘中部色略淡；在翅基部分、连小盾片端角有黄色的宽横带；又在翅端1/3处、由前缘向后伸向爪片端部另有1条黄色横带，两带均明显，但后者较狭，且由前缘向后渐次狭窄；前翅端片发达，弯转几达前缘；翅端具5个端室。后翅亦为黑色，且在前翅着生黄色横带的对应部位，色

成虫在油茶叶片上为害

成虫侧面观

成虫为害桉树小枝条

浅而带黄色。胸部腹面及胸足皆为黑色，仅后足胫节端半部及第1跗节基半部色泽较淡，而呈深黄褐色。腹部背、腹面同为黑色，每一环节后缘有黄色边。后足胫节有强刺列，并有端刺。

发生特点　初步观察，1年发生1代，以成虫蛰伏于杂草、常绿树及小竹丛中越冬。翌年春季转暖后即开始活动，尤喜在嫩芽、嫩叶上取食。4~5月产卵，5~6月孵化为若虫，7~8月又发育为当年的成虫。雌虫常产卵于叶片组织内，每1个卵穴产卵3~7枚，作扇形排列，每雌可产卵50粒左右。卵期2~3周，若虫期2月余。若虫善于跳跃，好栖息于叶背取食，静息时常由肛门排出白色蜜露。

天敌　成虫和若虫期主要有蚂蚁、草蛉、蛇蛉、捻翅虫、泥蜂、胡蜂、螳螂、猎蝽、蠋敌、蛙类、蜘蛛、线虫、螨类、鸟类等；卵期有多种寄生蜂及蚂蚁等。这些天敌对害虫有一定控制作用，应切实采取有效措施加强保护利用。

油茶叶蝉类害虫主要控制技术措施　（1）加强监测和预测预报。设置固定监测点，定期踏查，严密监视害虫发生发展动态，做好害虫预测预报工作。特别是根据去年及前几年的发生和为害情况，预报虫源地及第1代成虫发生始盛期，准确指导防治，提高防治效果。（2）营林防治技术。寄主林要合理密植，结合抚育、施肥，清除林间杂草及杂灌木，减少野生寄主；结合秋、冬季或夏季整形整枝，剪除无效枝、过密枝、着卵枝，集中烧毁，减少虫源；寄主林要合理密植，科学施肥，及时择伐、间伐，促进寄主林健康生长，提高林分自身免疫能力。（3）保护利用天敌。害虫的天敌种类很多，对害虫有一定抑制作用，应加强保护利用。蝉类害虫在林间一般呈核心型分布，没有必要全面施药防治。在必须采用化学药剂防治措施时，不要滥用化学农药，尽量选用生物农药；使用农药治虫时，重在治点保面，重点防治严重害区；要设置天敌保护隔离区；尽量在天敌休眠期或相对安全期用药，尽量避免伤害天敌。（4）药剂控制。严重发生的林分，在若虫盛发期，及时防治害虫密度较高的虫源地，可供选择的有效药剂有10%吡虫啉可湿性粉剂1500~2000倍液，或25%噻虫嗪水分分散剂2000~3000倍液，或2%烟碱乳剂900~1500倍液等喷雾；由于此类害虫虫体有蜡粉，非乳剂型药液中（如可湿性粉剂）若加入0.3%~0.4%的柴油乳剂或黏土柴油乳剂，可显著提高防治效果。

（三）钻蛀性害虫

1	**山茶象**	别名：油茶象甲、茶籽象甲 学名：*Curculio chinensis* (Chevrolat) 分类：鞘翅目 COLEOPTERA　象甲科 Curculionidae

分布与为害　在我国分布于江苏、安徽、浙江、江西、湖北、湖南、福建、广东、广西、四川、云南、贵州等地。油茶蛀果害虫，通过取食和产卵为害油茶果实，引起油茶果品质下降，严重时造成大量落果导致严重损失。

形态特征　成虫体长 6.7~8.0mm，体黑色或褐色，覆盖白色和黑褐色鳞片。前胸背板后角和小盾片的白色鳞片密集，鞘翅白色鳞片似不规则斑点，中间之后具 1 横带，腹面散布白毛。喙细长，雌虫喙长几同体长，触角着生于喙基部 1/3 处，雄虫喙短，为体长的 2/3，触角着生于喙中间。卵长约 1mm，长椭圆形，黄白色。幼虫体长 10~12mm，头黄褐色，体肥多皱，呈半透明，无足。

发生特点　云南、广西部分地区 1 年发生 1 代，我国多数油茶产区 2 年 1 代。成虫具假死性，以喙端口器咬住果实，身体往复旋转助力，喙钻入果皮伸至种仁取食种子汁液或咬食种仁。5~6 月为成虫出土盛期，产卵盛期 6~7 月。成虫将卵产至取食孔中，喙将其推入深处，每孔 1 粒，每雌平均产卵 90~115 粒。卵期 10~15 日，幼虫孵化后蛀入种仁取食，幼虫 4~5 龄，老熟后将果实咬出圆孔逃逸，孔径 2~3mm，出果盛期为 7~9

幼虫（杨再华　提供）

月。山茶象成虫出现与温度有关。气温回暖早，越冬成虫出土则早。

天敌　瘤姬蜂等寄生性蜂类。

主要控制技术措施　（1）加强虫情测报。定期踏查，严密监视害虫发生发展动态，做好害虫预测预报工作，重点做好成虫盛发初期以提高防治效果。（2）加强营林栽培技术管理措施。在高发、频发区域造林选择抗虫品种。加强抚育，及时采果，发现蛀果时及时清除、捡拾落果对其集中焚烧。（3）物理防治。利用其对植物挥发物或聚集信息素的趋性，林间间种金银花（*Lonicera*

成虫（杨再华　提供）

成虫交尾（杨再华　提供）

幼虫

幼虫

天敌

果实受害状

果实受害状

果实受害状

spp.) 和白背桐 (*Mallotus aelta*) 或利用糖醋液引诱成虫振落捕杀。（4）药剂防治。5~6 月成虫出土盛期可喷施绿僵菌和白僵菌，控制害虫数量，或选用绿色威雷、乐果乳油、敌百虫、醚菊酯乳油、三唑磷乳油、敌敌畏等药剂进行喷雾，密集油茶林可使用烟雾剂熏杀；幼虫出果期于地面撒施药粉、石灰或喷洒 90% 敌百虫 500 倍液进行灭杀。

2 茶天牛

别名： 楝树天牛、楝闪光天牛
学名： *Aeolesthes induta* (Newman)
分类： 鞘翅目 COLEOPTERA　天牛科 Cerambycidae

分布与为害　在我国分布东自东部沿海、台湾，西至云南、贵州、四川，南起海南、广东、广西，北达淮河以南的安徽、河南等地；在国外分布于泰国、老挝、缅甸、斯里兰卡、菲律宾、印度尼西亚等。主要为害油茶、山茶、茶树、松树、楝树、人面子、凤凰木、乌桕等植物。以幼虫蛀入寄主的主根、根蔸和主干基部，往往导致受害植株衰弱、枯竭而死。

形态特征　**成虫**　体长 23~38mm，体阔 8.0~11.5mm。体褐色到黑褐色，密被淡褐色短毛，腹面的毛灰褐色。额中央两侧各有 1 个深的凹陷，两侧相连成半圆形，头顶中央有 1 条纵脊纹，复眼后方中央有 1 条短且浅的纵沟，头顶后方有很多小的横颗粒，头部腹面两颊之间有 1 条很深向后弯的弓形横沟。雌虫触角较短，约与体长相等；雄虫的超过体长 1 倍；柄节有若干横脊纹，与第 3 节约等长；第 6~10 节外侧扁平具小而尖的外端刺，第 5~9 节具内端刺。前胸宽略胜于长，前端较狭于后端，两侧弧形；前胸背板两侧具有规则的褶皱，后端中央有 1 个长方形平滑的区域，在它的两侧及前端有深的沟围绕，沟被若干平行的横脊所间隔。小盾片短，末端圆钝。鞘翅基端阔，末端狭，两侧平行，后缘斜切，外端角齿状，内端角刺状；翅面密被淡褐色丝绒状有光泽的绒毛，排列成不同的方向，呈现出明暗的花纹。前胸腹面凸片中央有 1 条纵脊。**卵**　长约 4mm，长椭圆形，乳

为害状

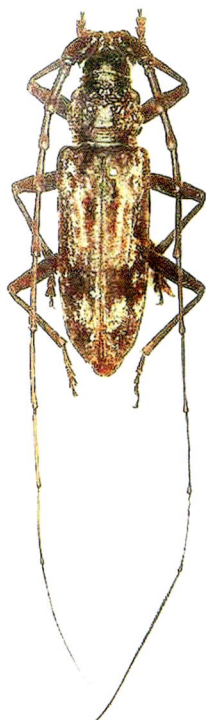
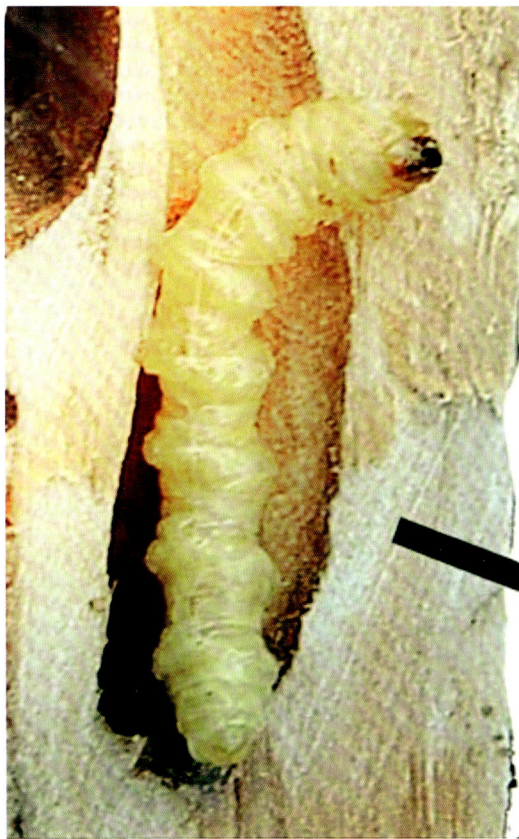

雌成虫　　　　　　　　　　　　雄成虫　　　　　　　幼虫、蛀道及为害状

白色。**幼虫**　大龄幼虫体长可达 37~52mm，圆筒形，头淡黄色，体黄白色，前胸背板前缘有 4 块黄褐色斑，中央 2 块横置，两侧 2 块纵列后延，后缘有 1 条横纹；中胸至第 7 腹节背中均有瘤突，其上有沟纹；腹面亦有瘤突。气门褐色。**蛹**　长 25~38mm，初期乳黄白色，后期转淡赭色。

　　发生特点　一般 1~2 年发生 1 代，以幼虫或成虫在寄主主根根蔸内越冬；亦有报道幼虫经历 2 次越冬，前后 3 年完成 1 代。各虫态历期：卵期 8~20 天，幼虫期 6~10 个月甚至 27 个月，蛹期 12~30 天，越冬成虫期 120 天左右。越冬成虫春季上移至茎基地表处从羽化孔处爬出，再爬上寄主隐蔽处蛰伏，夜晚、凌晨活动。具趋光性，但飞翔力不强，扑灯以雄虫居多。爬出活动后 2~3 天交尾，可交尾 1~4 次。卵散产于根茎或主干基部，且多选择地上 5~10cm、径粗中等的主干上。

成虫先咬破寄主基干皮层，再插入产卵管产卵，也有产于树皮裂缝或枝干外的苔藓内。每株多数只产 1 粒卵。每雌产卵 14~31 粒。幼虫孵化后咬食枝干皮层，蛀入木质部，向上钻蛀一段距离，即转头向下蛀至根部，形成径粗 1.2~1.8cm、长达 20~50cm 的蛀道，食空 1 枝再转蛀另 1 枝，甚至根蔸全被蛀空。同时，在干基地面上 2~3cm 处蛀成排粪孔，排出木渣状粪屑。幼虫老熟后上移至地表，在茎壁上咬制出羽化孔，而后又退回蛀道内作茧化蛹。树龄大、树势衰老或因管理差而早衰的林分，受害严重，幼、壮龄油茶园受害较轻。山地油茶林比丘陵地、平地的油茶林发生较重。

　　天敌　参考本书"星天牛"的相关内容。

　　主要控制技术措施　参考本书"星天牛"的油茶天牛类害虫主要控制技术措施。

3	星天牛	别名：柑橘星天牛
		学名：*Anoplophora chinensis* (Forster)
		分类：鞘翅目 COLEOPTERA　天牛科 Cerambycidae

分布与为害　在我国主要分布于广西、广东、海南、台湾、福建、浙江、江苏、上海、山东、江西、湖南、湖北、河北、河南、北京、山西、陕西、甘肃、吉林、辽宁、四川、云南、贵州等地；在国外分布于日本、朝鲜、缅甸等。主要寄主有油茶、油桐、桉树、核桃、柑橘、龙眼、荔枝、苹果、梨等50多种林木、果树及花卉植物。主要以幼虫蛀食寄主近地面的主干主根，破坏树体养分和水分运输，致使树势衰弱，降低树木寿命，影响产量和质量，重者整株枯死；幼虫蛀害还影响用材林材质，降低使用价值。成虫取食叶片、咬食嫩枝皮层，严重的可导致枝条枯死。

形态特征　**成虫**　体长19~44mm，体阔6.0~13.5mm，体漆黑色，有时略带金属光泽，具小白斑点。触角第3~11节每节基部约1/3有淡蓝色毛环；头部、体腹面、足跗节被银灰色和部分蓝灰色细毛；前胸背板无明显毛斑，小盾片具不显著的灰色毛；每个鞘翅约有20个小型白色毛斑，排成不整齐的5横行：第1、2行各4个；第3行略斜，5个；第4、5行各2~4个；末端靠外缘与第3、4行间，各有1个小斑点，肩基部也常有斑点；斑点变异大，多数似圆形，有时不整齐。体长形；

成虫交尾

触角柄节端疤关闭式，触角比身体略长；前胸背板中瘤明显，两侧另有瘤状突起，侧刺突粗壮；鞘翅基部具颇密的、大小不等的颗粒，约占翅长1/4，其排列整齐处呈2、3条隆纹；后翅膜质，发达。中胸腹板有瘤突；后胸腹板正常，中足与后足基节之间的距离远较中足基节本身为长；中足胫节外沿端部有斜沟。**卵**　长5~6mm，长椭圆形，乳白色，孵化前为黄褐色。**幼虫**　大龄幼虫体长可达38~70mm，前胸宽达12.5mm；体长圆筒形，略扁，向后端稍狭；头颅扁，长方形；口器框及上颚深棕黑色，其余部分黄褐色；唇基梯形；上唇横椭圆形；触角3节；单眼1对，棕褐色，微突；前胸背板前缘部分色淡，其后为1对形似飞鸟的黄褐色斑纹，前缘密生粗短刚毛，前胸背板后区有1个明显的较深色的"凸"字形纹，其前方边缘有深褐色的细线，"凸"字纹前半部的中央两旁各有1个卵形区，由粗刻点组成，后半部有多条不规则纵刻纹；前胸腹板中前腹片分界明显，中部两侧各有1个长卵形骨化斑，密生有微细颗粒；小腹片褶色较深，密布微细颗粒，前缘骨化成脊状，每侧有纵脊沟10多条；腹部背步泡突微隆，具2条横沟和4列念珠状瘤突，瘤突表面密布极微细刺粒，腹面步泡突具1横沟、2列瘤突；腹部各节上侧片突出，侧瘤突近矩形，具2个大而明显的骨化坑；气门椭圆形；肛门3裂，侧裂缝长。**蛹**　体长20~40mm，长椭圆形或纺锤形；黄白色，老熟时呈褐色；触角位于腹部第3节腹面中央，细长卷曲；翅芽伸达腹部第3节后缘；形似成虫。

发生特点　在长江流域以南1年发生1代，也有3年2代或2年1代的；以幼虫在树干基部或主根蛀道内越冬。越冬幼虫翌年3月开始活动，4月上中旬陆续化蛹，蛹期20~30天。4月下旬至5月上旬始见成虫，5~6月为成虫羽化盛期，8~9月仍有少量成虫出现，刚羽化的成虫仍停留在蛹室内7天左右，待身体变硬后爬出羽化孔，飞向树冠，取食叶片和幼枝嫩皮作为补充营养，可造成枯枝。在晴天8~11时和傍晚活动，中午多在枝干

为害状及虫粪

上栖息。成虫飞翔力不强，最远约40m，稍有趋光性。成虫羽化10~15天后才交尾，交配3~10天后开始产卵，一般在黄昏前后交尾产卵。雌、雄成虫一生均可交尾多次。卵多产在胸径6~15cm、离地面10cm范围内的树干皮层中。产卵前雌虫先在树皮上咬一约宽5mm、长8mm、深2mm的"T"或"人"形刻槽，深达木质部，再将产卵管插入此刻槽一边，产卵于树皮夹缝中，每处产1粒，成虫产卵后分泌淡黄褐色胶质物覆盖卵，并用口器夹合树皮伤口，产卵处一般稍隆起。每雌产卵20~80粒，多数产卵23~32粒，5月中下旬至6月中旬为产卵盛期。成虫寿命40~50天。6月上旬初见幼虫孵化，6月下旬至7月上旬为孵化高峰期。初孵幼虫先在产卵处蛀食皮层，被害处有白色泡沫状胶质物或酱油状液体流出，在树木表皮与木质部之间蛀食，形成不规划的扁平虫道，蛀道内充满虫粪，经20~30天后开始蛀入木质部形成蛀道，初期向下蛀食，至一定深度后转而向上，并开有通气孔1~3个，虫粪及木屑则从近地面处的通气排粪孔排出。被害株同时受数头幼虫为害时，常造成树干基部环状蛀损，阻碍水分和养分输导，从而影响植株生长，甚至枯死。幼虫蛀道一般与树干平行，少数弯曲或斜向。幼虫为害部位离地面20cm以下树干的占90%以上。9月

卵粒

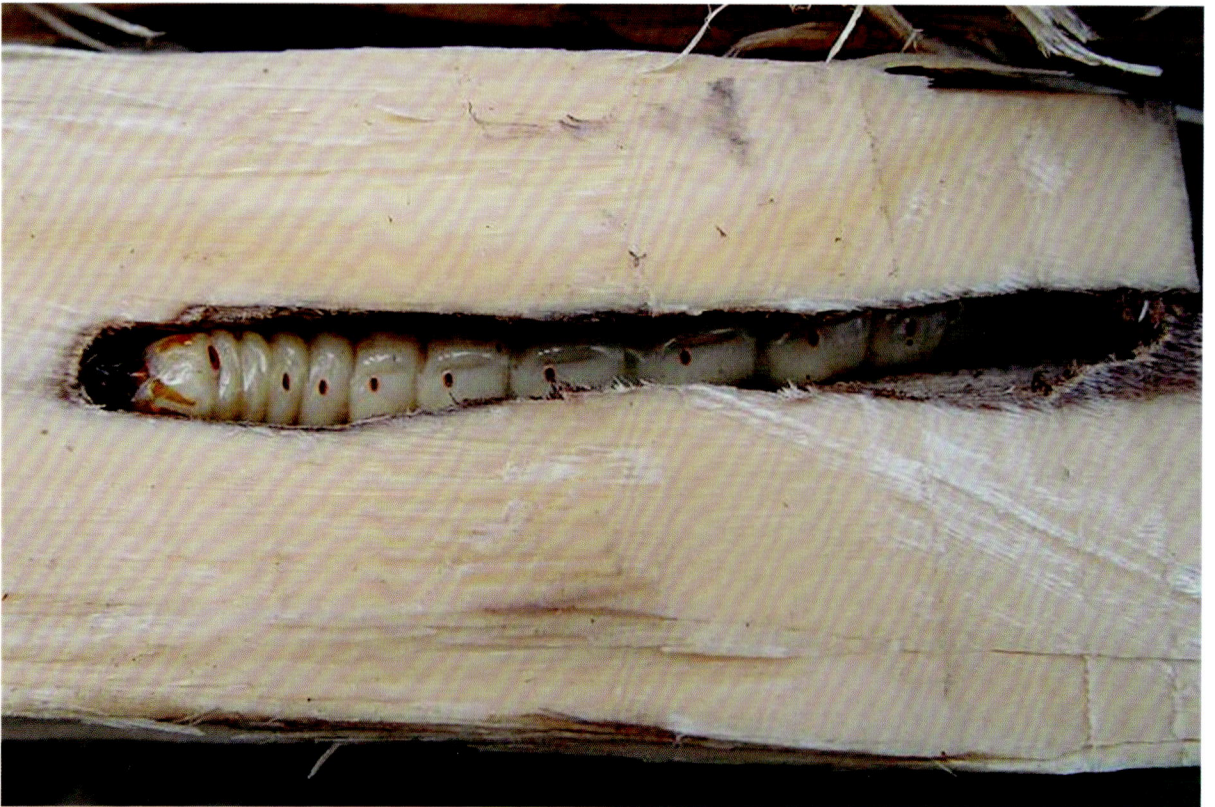

幼虫及蛀道

下旬后，大多数幼虫转头向下渐向根部蛀食，11月左右越冬，蛀道长达 50~60cm、宽 0.5~2.0cm。幼虫共 6 龄。老熟幼虫化蛹前爬到近地面的蛀道内把虫粪和木屑推往体后，以紧塞蛀道下端，上端作 1 个约长 4cm、宽 2cm 大蛹室，并在蛹室顶部咬 1 个直通表皮的羽化孔，然后头部向上静伏在室内准备化蛹。幼虫期约 10 个月。主要为害 1 年生以上寄主树，林分郁闭度大、通风透气不良、管理粗放、周围有喜食寄主（如柑橘园等）的寄主林为害严重。

老熟幼虫

天敌 种类多、数量丰富，卵期有黑卵蜂、赤眼蜂、肿腿蜂、蚂蚁等，幼虫期、蛹期、成虫期有茧蜂、姬蜂、虎甲、隐翅虫、蠼螋、蚂蚁、猎蝽、螳螂、胡蜂、蜘蛛、蛙类、啄木鸟及其他鸟类等，寄生性天敌有线虫、白僵菌、绿僵菌、病毒、立克次氏体等。这些天敌对害虫种群有一定抑制作用，应实施切实有效措施加强保护利用。

油茶天牛类害虫主要控制技术措施 （1）加强虫情测报。设置固定监测点，定期踏查，严密监视害虫发生发展动态，做好害虫预测预报工作。重点抓好害虫点片状发生阶段的虫源地、成虫盛发初期及幼虫孵化初盛期，以正确指导防治，提高防治效果。（2）加强检疫措施。加强苗木等种植材料检疫，特别是对外检疫，防止害虫远距离扩散蔓延。（3）加强营林栽培管理措施。选用抗虫、耐虫树种，提倡营造混交林；改善管理，及时清除虫害木；林缘及林间隙地栽植诱饵树，但需及时处理。在为害区彻底伐除没有保留价值的严重被害木，运出林外及时处理以控制虫源扩散源头。对新发生或孤立发生区，要拔点除源，及时降低虫口密度控制害虫扩散蔓延。（4）人工物理防治。成虫有趋光性的天牛可用黑光灯诱杀；有趋化性的可用饵木诱杀；人工振落捕杀成虫；锤击产卵处卵粒及初孵幼虫等。（5）保护利用天敌。该害虫天敌很丰富，对害虫种群有显著控制作用，要加强保护利用措施。在必须采用化学药剂防治措施时，不要滥用化学农药，尽量选用生物农药；使用农药治虫时，重在治点保面，要设置天敌保护隔离区；尽量在天敌休眠期或相对安

蛹

全期用药，尽量避免伤害天敌，尤其是要保护啄木鸟；有条件的地方，天牛幼虫期释放肿腿蜂。（6）合理进行药剂防治。防治成虫是防治工作的关键。在天牛成虫期向寄主树干上用机动喷雾机喷洒噻虫啉微胶囊悬浮剂防治；成虫产卵盛期和幼虫孵化初期向产卵靶标部位喷施 10％吡虫啉可湿性粉剂，或 3％高渗苯氧威乳油 2000 倍液、3％啶虫脒乳油 3000~5000 倍液，或 25％噻虫嗪水分分散剂 2000~3000 倍液，或 1.8％爱福丁乳油 3000 倍液，或 1.2％苦参碱乳油等，毒杀卵和初孵幼虫；由于害虫虫体有蜡粉，非乳剂型药液中（如可湿性粉剂）若加入 0.3％~0.4％的柴油乳剂或黏土柴油乳剂，可显著提高防治效果。对已蛀入木质部的大龄幼虫，可用药液注洞、堵孔法等防治，如用棉球蘸取 5％啶虫脒乳油 30~50 倍液塞入蛀道，或用 6％虫线清乳油 10 倍液虫道注射等，药效达 100％；树干基部涂白可防止有些天牛成虫产卵，即在离地面 1~2m 以下树干涂白，涂白剂配方：生石灰 10 份、硫黄 1 份、食盐或动物胶适量、水 20 份，搅拌均匀即可。

黑跗眼天牛

别名：油茶蓝翅天牛、茶红颈天牛、节结虫
学名：*Bacchisa atritarsis* (Pic)
分类：鞘翅目 COLEOPTERA　天牛科 Cerambycidae

分布与为害　在我国分布于中国广东、广西、四川、贵州、云南、湖南、江西、浙江、福建、台湾等地。主要寄主有油茶、茶树。主要以幼虫蛀害枝干，破坏树体养分和水分运输，受害树生长受阻、树势衰弱，重者整株枯死。成虫取食寄主叶片和嫩枝，雌成虫在枝干产卵为害。

形态特征　成虫体长 10~12mm，体阔 3.0~4.5mm。头部褐色至暗红色，其上被深棕色毛，复眼黑色。触角柄节基部膨大，梗节较短，基部黄褐色，第 3~5 节基部为橙黄色，其他部分和以后各节皆黑色，各节连接处黄色。前胸背板及小盾片褐色至暗红色，被黄色毛。鞘翅紫蓝色，被黑色毛，各足胫节端部和跗节黑色。**卵**　卵圆形，长 2~3mm，初产时乳白色后逐渐加深至乳黄色。**幼虫**　体长 18~22mm，扁筒形，头和前胸棕黄色，上颚黑，后胸至腹部第 7 节背、腹面均有长方形肉瘤隆起；幼虫表皮薄半透明。**蛹**　体长 10~12mm，橙黄色，翅芽和复眼黑色。

发生特点　一般 1~2 年发生 1 代，广西、广东和福建 1 年发生 1 代，浙江、江西 2 年发生 1 代。以幼虫在枝干内越冬，幼虫 3 月中旬至 5 月下旬化蛹，4 月中旬至 6 月中旬成虫从蛀孔爬出，并交配产卵，成虫将主茎和枝干皮咬破形成新月形或 "U" 字形刻槽，每个刻槽内产卵 1 枚，可在同一枝条多个不同部位刻槽产卵，每头雌虫可产卵 12~20 枚，以在直径 1~2cm 的枝干上产卵为多。5 月上旬至 7 月下旬幼虫孵化，孵出后即在刻槽皮下蛀食，然后环状取食一圈，老熟幼虫 8 月下旬至 11 月下旬蛀入主茎或枝干内先向上、再向下蛀食啃食木质部，形成虫道；植株受害部委呈环状肿胀，皮层环裂，严重时一个枝干可密布多个环结，破坏树体养分和水分输运，甚至整株枯死。

天敌　参考本书"星天牛"的相关内容。

主要控制技术措施　参考本书"星天牛"的油茶天牛类害虫主要控制技术措施。

成虫（林美英　提供）

为害状

5 沟翅土天牛

学名：*Dorysthenes fossatus* Pascoe

分类：鞘翅目 COLEOPTERA　天牛科 Cerambycidae

分布与为害　在我国主要分布于广西、广东、福建、海南、浙江、湖南、湖北、江西、四川、贵州、河南、陕西、青海等地。主要寄主有油茶等经济林，其他寄主欠详。为害油茶时，低龄幼虫潜入根部附近，取食须根、根皮，大龄幼虫先取食根皮，进而钻蛀根部并向上钻蛀主干，严重时受害主干逐渐枯死。

形态特征　成虫体长 28~42mm，体宽 13~15mm。体较小，黄褐色或棕褐色至黑褐色等，头、前胸背板、触角基部三节棕红色至黑褐色，有时前、中足略带黑褐色。头顶刻点细密，额部刻点粗糙；上唇边缘着生半圆形的金黄色缨毛；下颚须、下唇须端节呈喇叭状；触角基瘤相互远离，为纵凹洼分开，雄虫触角一般较短，伸至鞘翅中部之后。前胸背板短阔，每侧缘具二齿，分别位于前端及中部，前齿较宽大，后角突出；两侧中后部微隆起，表面分布细刻点，两侧刻点较粗糙，中区光亮。小盾片中部具少许刻点。鞘翅两侧近于平行，端部稍狭，外端角圆形，缝角明显；表面密布刻点，较前胸背板刻点为粗，每翅有 2~3 条纵脊线，中部纵凹沟明显。前胸腹板凸片不向上拱突；第 3 跗节的两叶端部较圆。雄虫后胸腹板具黄色绒毛，仅沿中央有一纵向无毛区，

成虫背面观

腹板末节后缘微凹，着生稀疏细毛。

发生特点　欠详。笔者在广西于 6 月在纯油茶林内见到成虫活动。

天敌　参考本书"星天牛"的相关内容。天敌种类较多，对害虫有一定抑制作用，应加强保护利用。

主要控制技术措施　在一般情况下，种群密度不高，不需要进行防治。若虫源地为害达到需要进行防治时，参考本书"星天牛"的油茶天牛类害虫主要控制技术措施。

成虫侧面观

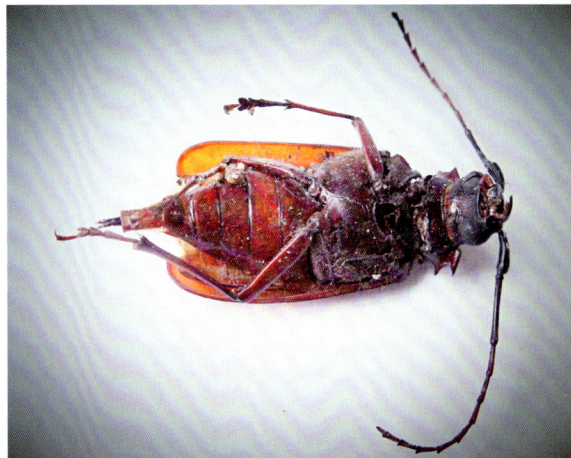

成虫腹面观

6 **蔗根土天牛**

别名：蔗根锯天牛、蔗根天牛
学名：*Dorysthenes granulosus* (Thomson)
分类：鞘翅目 COLEOPTERA　天牛科 Cerambycidae

分布与为害　在我国主要分布于广西、广东、云南、湖南、海南、浙江、福建、香港、贵州等地；在国外分布于越南、泰国、老挝、缅甸、印度等。寄主包括甘蔗、油茶、龙眼、柑橘、桉树、木薯、板栗、松树、油棕、椰子、槟榔、橡胶、厚皮树、麻栎、竹子等。为害油茶时，低龄幼虫潜入根部附近，取食须根、根皮，大龄幼虫先取食根皮，进而钻蛀根部并向上钻蛀主干，严重时受害主干枯死。但主要为害甘蔗，初孵幼虫潜入根际附近，取食蔗根，大龄幼虫从地下蔗基部土表上的蔗茎蛀食，造成蔗节内上下通道；一般以宿根蔗受害严重，受害轻时，心叶不能开展，叶片枯黄；被害严重时，蔗茎蛀成空道，留下蔗皮而枯死；有人报道，宿根蔗受害茎率达50%左右，幼虫数约2头/m²；宿根蔗比新植蔗受害率高18%~20%；对于坡地的甘蔗，坡顶甘蔗的受害率较坡底甘蔗高8%~12%。

形态特征　**成虫**　体长24~63mm，体宽8~25mm。体型大，但个体差异悬殊。体棕红色，前胸背板色泽较深，头部、上颚及触角基部3节黑褐色至黑色，有时前足腿节、胫节黑褐色。头正中有1条纵沟，以额部为深，额的前端有1条横深凹；复眼上叶顶端至复眼内缘的前端，各有1条龙脊呈"八"字形；上唇前缘着生金黄色缨毛，下颚须、下唇须端节呈棒状；触角基瘤宽阔，彼此接近，基瘤内侧具较粗密刻点；额刻点粗糙，头顶刻点细密；雄虫触角粗大、变阔，长达鞘翅末端，第3~7节下沿有齿状颗粒；雌虫触角细小，长达鞘翅中部之后。前胸背板宽阔，两侧缘各具3个尖锐齿突，中齿向后稍弯下，后齿较小，胸面密布细刻点。小盾片两侧有刻点分布。鞘翅宽于前胸，两侧近于平行，端部渐窄，外端角圆形，缝角垂直；翅面有微弱的皱纹刻点，每翅

成虫背面观

显出2~3条纵脊线，靠中缝两条近端处连接。前胸腹板凸片不向上拱突；后胸腹板仅沿中央有一个菱形的无毛区外，其余部分密生浓密的黄色软毛。雄虫前足胫节腹面着生数列齿状突，腹部末节端缘微凹，着生淡色毛。**幼虫**　体长约57mm，体较粗大，圆筒形，前端稍扁平，后端略窄；乳白色。上颚、头及前胸背板几丁质化，呈黑褐色或黄褐色，体表光亮，有极少许棕褐色细毛。头略横阔，大部分嵌入前胸背板；上唇横阔，前缘圆弧形，沿前缘有稀疏棕褐色短毛；上颚粗壮。前胸背板宽阔，近前缘有1条黄褐色几丁质化的波形横纹，横纹微凹；前缘及其两侧有稀疏长短不一的棕褐色细毛；两侧近后端各有1条短纵凹线；表面具细皱纹。有胸足，较小，圆锥形。腹部前端7节背腹面的步泡突显著；每个腹节背面的步泡突具2条横凹线；腹面具1条横凹线。前胸与中胸之间的两侧及腹部前端8节的两侧，各节有1对椭圆形的气孔；腹部前端6节，各节侧

成虫腹面观

板中区有 1 个放射状的细纹眼斑；第 9 节最长。

发生特点 在广西 2 年发生 1 代，以幼虫在寄主根部、蔗蔸内、在蔗蔸附近的土中越冬。越冬幼虫在 3 月下旬至 5 月下旬化蛹。以 4 月上中旬化蛹最多，蛹期 15~31 天。4 月上旬成虫开始羽化。成虫羽化后，先蛰居蛹室内，不大活动，经过 10~39 天，当土壤湿度适宜或下大雨后，土壤较疏松，便破土室而出土。成虫有趋光性，交尾、产卵在夜间进行，在 5 月上旬至 6 月上旬成虫产卵；初产卵淡黄色而有黏液，易与土壤黏在一起，卵一般经 7~9 天孵化。初孵幼虫潜入寄主植株附近，取食树根或蔗根等，大龄幼虫钻蛀入根内。每年 3~5 月，幼虫老熟后转出蔗蔸，在附近土中，也可离根系 20~30cm 的土下，用粪便、蔗渣和黏液做成一个似鸭蛋状的土蛹室而后在内化蛹，蛹室离土表可达 18~30cm 深。

天敌 参考本书"星天牛"的相关内容。天

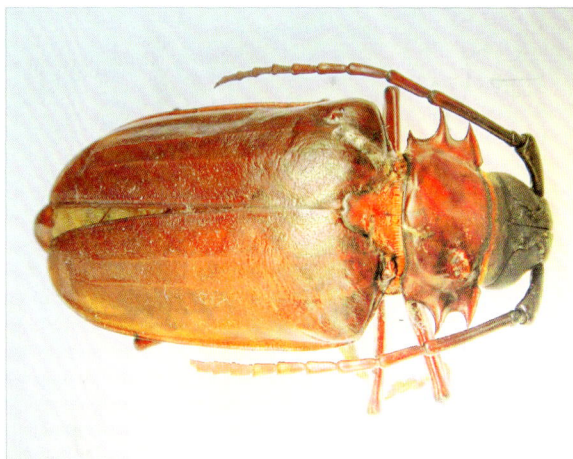

成虫前侧面观

敌种类较多，对害虫有一定抑制作用，应加强保护利用。

主要控制技术措施 首先尽量不在油茶林区及周边种植甘蔗，其他控制技术措施参考本书"星天牛"的油茶天牛类害虫主要控制技术。

7 油茶瘦花天牛

学名：*Strangalia* sp.

分类：鞘翅目 COLEOPTERA　天牛科 Cerambycidae

分布与为害　在我国分布区域欠详，笔者在广西桂林纯油茶林内拍摄到活成虫，起初误认为是栎瘦花天牛 *Strangalia attenuate*，后来发现两者形态特征有明显不同，故暂时命名为油茶瘦花天牛，学名待定。估计以成虫取食花粉和嫩叶补充营养，以幼虫钻蛀为害油茶主干为主，可导致被害枝干逐渐萎蔫、死亡，影响油茶生长发育及产量。

形态特征　成虫体长 15~17mm。体瘦长，中等大小，大致体背漆黑色，被较密的金黄色细毛，体腹面大致金黄色。颜面前半部棕黄色，后半部黑褐色；复眼内、后缘、颈前后缘、前胸背板两后侧角均为黄色。触角第 1~4 节棕褐色，第 5 节基部黑褐色，余大部黑色；第 6 节黑色，第 7~11 节黄色，其中第 7 节基部微显灰黑色。每个鞘翅有 4 条横形黄色宽带纹：第一条位于翅基端，后缘逐渐向内倾斜；第二条位于翅基部 1/3 处，黄带前后缘均明显向外倾斜；第三条位于翅中点之后，横形，前缘呈斜坡状向外倾斜，后缘微凹，使此黄斑似呈长三角形；第四条位于翅端约 1/6 处，前后缘均向内倾斜，使黄斑略呈三角形，该三角形顶端不达鞘翅外缘。体腹面金黄色，足棕褐色，腿节内侧大部黑色，胫节棕黑色，跗节黑褐色。头部短，额横宽，中线具纵沟，头顶密布细刻点；复眼大，呈球形突出；头部在复眼后紧缩呈颈状。触角细长，触角第 3 节最长，约为第 4 节长的 1.5 倍，第 4 节比第 5 节略短，与 11 节约等长。前胸钟形，明显隆起，略向前端狭窄，基部明显窄于鞘翅基部，背面刻点细密，基部中央的毛较长。小盾片三角形，密布细小刻点，末端尖。鞘翅狭长，显著向末端狭窄，背面较弯拱，侧缘稍向内凹，两翅端分开，末端斜截，翅面密布

成虫在油茶林内活动

成虫背面特征

成虫侧面特征

成虫颈斑前后特征

细小刻点，基部中央略凹。腹面及足密布微细刻点，足较粗长，后足腿节末端超过第4腹节，几乎抵达腹末；后足第一跗节长于其余各节总长。

发生特点　笔者在广西桂林纯油茶林内观察到成虫于6月中旬在油茶树上活动，取食嫩叶补充营养，其余习性欠详。

天敌　参考本书"星天牛"的相关内容。天敌种类较多，对害虫有一定抑制作用，应加强保护利用。

主要控制技术措施　在一般情况下，在油茶林内种群密度不高，不需要进行防治。若虫源地为害达到需要进行防治时，参考本书"星天牛"的油茶天牛类害虫主要控制技术措施。

8	黄带楔天牛	别名：黄带楔天牛
		学名：*Thermistis croceocincta* (Saunders)
		分类：鞘翅目 COLEOPTERA　天牛科 Cerambycidae

分布与为害　在我国主要分布于广西、广东、福建、江西、浙江、湖南、四川等地；在国外分布于越南、印度等。主要为害油茶、山茶花、栎、枪木等植物。以成虫取食叶片、嫩梢树皮，以幼虫蛀害枝干木质部，重者导致枝干枯萎甚至整株枯死。

形态特征　成虫体长 17~22mm，体宽 6~7mm。体背面黑色有黄色绒毛斑纹，体腹面大部分及腿节除端末外被浓密黄色绒毛。额区全被浓厚黄色绒毛，前胸背板两侧的前端，各有 1 个黄色毛斑。小盾片黑色，被黑色绒毛。每个鞘翅有 3 条黄色横带，分别位于基部、中部之后及端末，中带较倾斜，端斑较小横列。触角黑色，自第 3 节起各节基部及端末有灰白色毛环。前、中足腿节背面、后足腿节端部及各足其余部分均为黑色，各足跗节基部灰白色。头正中有 1 条细纵沟，头顶纵沟较深，额前缘密布细刻点，其后有 1 条纵沟；上唇着生粗、细刻点，唇基黄褐色，光亮；复眼下叶大，长于颊。雄虫触角长于身体，雌虫触角与体长约相等，第 3 节稍长于第 4 节。前胸背板横阔，侧刺突圆锥状，胸面刻点粗密，略呈弯曲粗皱纹。小盾片近半圆形。鞘翅肩较宽，翅端收窄，端缘切平；翅面刻点较前胸的稀，中部刻点显著。

发生特点　成虫春季活动期，正值油茶树嫩叶生长期。成虫取食嫩叶补充营养时，沿中脉及其两侧取食，使叶片中部出现长条形大孔洞，洞缘不整齐。幼虫钻蛀树干。其余发生特点欠详。

天敌　参考本书"星天牛"的相关内容。

主要控制技术措施　参考本书"星天牛"的油茶天牛类害虫主要控制技术措施。

成虫正在取食油茶嫩叶主脉

成虫背面斑纹特征

9	黑双棘长蠹

学名：*Sinoxylon conigerum* Gerstacker

分类：鞘翅目 COLEOPTERA　长蠹科 Bostrychidae

分布与为害　中国新记录种，是热带和亚热带地区常见的钻蛀性害虫，广泛分布于日本、东南亚、南美和非洲地区。食性杂，为害大，严重为害木材、竹材、藤材，被害木材表面可明显看到蛀孔，重则呈蜂窝状，严重影响木材的经济价值。据笔者观察，黑双棘长蠹在泰国为害活着的油茶树枝条、衰弱树等，严重影响生长；中国发现的寄主有杉木、荔枝树。

形态特征　成虫体长 3.5~5.5mm。体黑色，圆柱形；头密布颗粒，其前缘有一排小瘤；触角10 节，末端 3 节栉齿状，形成触角棒，发达，第 2 节宽长比较大，棕黑色至黑色；触角棒每节端部有若干小槽；触角基部 7 节圆珠状，暗红棕色。上颚发达，额具 4 齿。前胸背板帽状，盖住头部；前胸前缘毛多；前半部有齿状和颗粒状突起，后半部具刻点，布满纵线；前胸后角尖。小盾片小，近三角形或后端圆形。鞘翅黑色，端缘成宽沟状，翅基有锐边；鞘翅密布刻点，被灰白色细毛；鞘翅侧缘在端部外侧不中断，延伸至缝角；鞘翅后端急剧下倾，倾斜面黑色；斜面合缝两侧有 1 对刺状隆起（又称斜面缝）；斜面缝齿不立于缝上，与翅缝有一定距离，互相不紧密相连；斜面缝齿圆锥形，不侧扁，基部有圆颗粒；斜面缝齿下的翅缝凸起，斜面两侧缘无齿突；斜面多少具毛，斜面毛倒伏状，并且顶部弯向翅缝；斜面上部侧缘无齿突；斜面下半部缘边简单，无宽阔的延展；斜面基部无横形肋状突。足大部分黑色或黑棕色，基节、股节黑色；胫节、跗节外侧棕黑色，内侧暗红棕色。

发生特点　食性杂，为害大，严重为害木竹藤材，被害木材表面可明显看到蛀孔，重则呈蜂窝状，严重影响木材的经济价值，是《中华人民共和国进境植物检疫性有害生物名录》中禁止进境的有害生物，在我国仅部分地区报道有零星发现。一旦传入，将对我国林业生产形成潜在威胁；近 10 年来，我国口岸已有 1000 多次截获记录。

主要控制技术措施　（1）检疫处理。实施严格检疫。按规定对所有进境的染疫木质包装及运

为害活的油茶树小枝（摄于泰国）

成虫背面观（摄于泰国）

成虫体表被有白色绒毛（摄于泰国）

成虫鞘翅端部斜面棘突（摄于泰国）

成虫鞘翅端部特征（摄于泰国）

成虫头部观（摄于泰国）

输工具实施溴甲烷熏蒸除害处理，对堆放场地实施喷雾杀虫处理，能有效防控疫情传入。（2）营林技术。加强水肥管理，在施足基肥的基础上，每次梢期要合理用肥，以促进新梢生长粗壮，减少小蠹侵害。采果后至冬季，结合果树修剪和冬季清园，剪除虫害枝。对受害严重的果株，实行重施肥、重全修剪，以减少虫源，使树体更新复壮。（3）药剂防治。修剪清园后，及时用药喷洒枝干。掌握越冬代成虫和第一代成虫羽化出孔活动期喷药在枝干上，以杀死部分成虫。成虫产卵盛期和幼虫孵化初期向产卵靶标部位喷施 10% 吡虫啉可湿性粉剂，或 3% 高渗苯氧威乳油 2000 倍液，或 3% 啶虫脒乳油 3000~5000 倍液，或 25% 噻虫嗪水分分散剂 2000~3000 倍液，或 1.2% 苦参碱乳油等，毒杀卵和初孵幼虫；对已蛀入树干内的幼虫，用棉球蘸取 3% 高渗苯氧威乳油 200 倍稀释液堵塞虫洞和坑道加泥密封，或用 5% 啶虫脒或 6% 虫线清乳油虫道注射。由于害虫虫体有蜡粉，非乳剂型药液中（如可湿性粉剂）若加入 0.3% ~0.4% 的柴油乳剂或黏土柴油乳剂，可显著提高防治效果。若害虫种群数量较多为害严重的林分，可于幼虫孵化初盛期喷药防治。

<table>
<tr><td>**10**</td><td>**茶堆沙蛀蛾**</td><td>别名：茶木蛾、茶枝木掘蛾
学名：*Linoclostis gonatias* Meyrick
分类：鳞翅目 LEPIDOPTERA　木蛾科 Xyloryctidae</td></tr>
</table>

分布与为害　在我国主要分布于秦岭、淮河以南油茶及茶叶产区，东自东部沿海、台湾，西至云南、贵州、四川，南起广东、广西、海南，北达湖北、河南、安徽等地。主要为害油茶、山茶、茶、大叶相思、黄檀等。以幼虫蛀害枝干、树梢及树枝分叉处，啃食树皮、叶片，蛀孔外结有粘满树屑和虫粪的堆沙状丝包，被害枝梢迅速枯死，加速寄主衰退。

形态特征　**成虫**　体长 7~10mm，翅展 16~19mm。体白色，头部、颜面棕色。雌蛾触角丝状，雄蛾栉齿状。下唇须上举过头顶，末端尖。前翅浅灰褐色，具白缎光泽，前缘色浅，其基部褐色；后缘略深。后翅银白色至灰褐色，外缘略暗黄色。缘毛均为银白色。**卵**　球形，乳黄色。**幼虫**　大龄幼虫体长约可达 15mm，头部红褐色，前胸背板黑褐色，中胸红褐色，背面有 6 个黑褐色斑，后胸略呈白色。各腹节均有红褐色、黄褐色斑纹，前后断续连成纵线。各节亦有 6 个黑点，排列为前列 4 后列 2，点上有 1 根褐色细毛。臀板淡黄色。**蛹**　体长约 8mm，黄褐色，头部、后胸及各腹节背面有细网纹凸起，第 5~7 腹节后缘各有 1 列小齿，腹末有 1 对三角形刺突。

发生特点　除有报道台湾 1 年发生 2 代外，各地均为 1 年发生 1 代，以老熟幼虫在被害枝干蛀道内越冬。各地各虫态发生期不一，卵期、幼虫期、蛹期、成虫期在广西分别发生于 6 月中旬至 7 月中旬、6 月下旬至翌年 5 月上旬、4 月下旬至 5 月中旬、5 月中旬至 6 月中旬；在湖南长沙分别为 7 月上旬至 9 月上旬、7 月中旬至翌年 8 月中旬、5 月中旬至 8 月下旬、6 月中旬至 9 月上旬。成虫昼伏击夜出，有趋光性，但不强；飞翔力较弱，1 次起飞约可飞 10m。卵多产于嫩叶背面。幼虫孵化后即吐丝缀叶匿居其中嚼食表皮和叶肉，残

为害活的油茶树小枝

留一层半透明叶膜。第 3 龄幼虫开始蛀害枝梢，且多以树枝分叉处蛀入为主，先剥食皮层，而后向内蛀入并向下蛀食成 2~3cm 短直虫道。蛀孔外以丝缀连树屑和虫粪形成黄褐色堆沙状巢，故得其名。幼虫匿居蛀道内并以虫巢掩护，爬出剥食树皮，还可就近取食叶片、嫩果，有时可将叶片粘于巢外。幼虫老熟后即在蛀道内作茧化蛹。发生量与林分、树势、树龄等关系密切，树龄大、树势弱、管理粗放、不抚育施肥修剪的衰老油茶林、茶园虫口发生多、为害严重，从而加剧林分衰退，逐年减产减收。

天敌　主要捕食性天敌在幼虫期和蛹期有蚂蚁、螳螂、蜘蛛等；主要寄生性天敌在卵期有寄生蜂，幼虫期主要有茧蜂、姬蜂、泥蜂等；寄生菌有白僵菌、细菌等。天敌对害虫有重要控制作用，要加强保护利用。

油茶蛀蛾类害虫主要控制技术措施　（1）加强虫情测报。设置固定监测点，定期踏查，严密监视害虫发生发展动态，做好害虫预测预报工作。重点抓好点片状发生阶段的虫源地、虫源株

剥除虫粪包的为害状及幼虫　　　带状虫粪包及为害状　　　　　　蛹

及幼虫孵化初盛期，以正确指导防治，提高防治效果。（2）加强营林技术控制措施。冬、秋季结合油茶林砍杂修剪，清除有虫巢的被害枝、被害株并烧毁。若虫巢在粗枝或枝丫上，则可先剥除堆沙巢后再用铁丝向下捅刺蛀道，杀死幼虫。（3）诱杀。成虫有一定趋光性，可利用黑光灯或频谱式杀虫灯诱杀，也可用活体雌蛾或其性信息素粗提物诱杀雄蛾。油茶织蛾趋光性强，约3hm² 林地装1盏40W黑光灯，连诱2~3年，会收到很好的防治效果。（4）药剂防治。成虫产卵盛期和幼虫孵化初期向产卵靶标部位喷施10%吡虫啉可湿性粉剂，或3%高渗苯氧威乳油2000倍液，或3%啶虫脒乳油3000~5000倍液，或25%噻虫嗪水分分散剂2000~3000倍液，或1.8%爱福丁乳油3000倍液，或1.2%苦参碱乳油等，毒杀卵和初孵幼虫；对已蛀入树干内的幼虫，用棉球蘸取3%高渗苯氧威乳油200倍稀释液堵塞虫洞和坑道加泥密封，或用5%啶虫脒或6%虫线清乳油虫道注

成虫背面观

射。由于害虫虫体有蜡粉，非乳剂型药液中（如可湿性粉剂）若加入0.3%~0.4%的柴油乳剂或黏土柴油乳剂，可显著提高防治效果。若害虫种群数量较多为害严重的林分，可于6月中、下旬幼虫孵化初盛期喷药防治。

11 油茶织蛾

别名： 茶枝镰蛾、茶枝蛀蛾、茶蛀梗虫
学名： *Casmara patrona* Meyrick
分类： 鳞翅目 LEPIDOPTERA　织蛾科 Oecophoridae

分布与为害　在我国油茶产区均有分布，东自东部沿海、台湾，西到云南、贵州、四川，南起广东、广西、海南，北达安徽、湖北、河南等地，但主要分布于长江流域以南油茶主产区。主要为害油茶、山茶、茶等，以幼虫蛀害寄主树枝干，有的蛀道直至地面，被害枝干蛀道以上的叶片初期呈暗绿色凋萎状，很快枯死；被害枝茎外留有排粪孔，地面堆有粪屑。

形态特征　**成虫**　体长 12~20mm，翅展 32~42mm，体茶褐色；触角丝状，下唇须细长，上举过头顶。后足长，超过前足一倍前翅具 6 簇红棕色、黑褐色的竖鳞毛，分别位于基部 1/4 处、中部弯曲白纹处与白纹外侧；前缘 1/3 处有一土黄色斑，中部具一白色弯曲白纹；后翅灰褐色。**卵**　扁圆形，长 1.0~1.2mm，初期浅米黄色，后期赭色。**幼虫**　大龄幼虫体长可达 25~34mm，头黄褐色，中央有淡白色"人"字形纹；体乳黄白色；前、中胸背板黄褐色，其节间有 1 个明显的乳白色瘤状突起；腹末臀板黑褐色；趾钩三序缺环，臀足趾钩三序半环。**蛹**　体长 18~20mm，黄褐色，长筒形，翅芽伸达第 4 腹节后缘，第 4~7 腹节各节间凹陷；腹末有 1 对突起，端部黑褐色。

发生特点　各地均为 1 年发生 1 代，以老熟幼虫在被害枝干蛀道内越冬。各地各虫态期发生期不同，卵期、幼虫期、蛹期、成虫期在广西分别发生于 6 月上旬至 6 月下旬、6 月上旬至翌年 5 月下旬、3 月下旬至 5 月下旬、5 月中旬至 6 月上旬盛发；在湖南长沙分别发生于 6 月上旬至 7 月中旬、6 月上旬至翌年 5 月下旬、4 月下旬至 6 月下旬、5 月中旬至 7 月上旬；在福建安溪分别发生于 6 月上旬至 6 月下旬、6 月中旬至翌年 5 月上旬、5 月中旬至 6 月上旬、6 月上旬至 6 月下旬。各虫态历期：卵期 10~23 天，幼虫期 290~310 天，蛹期 29~39 天，成虫期 2~10 天，雌蛾平均 5 天，雄蛾 4 天。成虫多数于夜晚羽化，昼伏夜出，羽化后次晚交尾，交尾一般持续 2~3 小时，雌蛾一生多数交尾 1 次。成虫飞翔力强，有强趋光性，常用足攀援于枝叶上而虫体悬挂。成虫将卵散产于新梢嫩茎上，且以第 2~3 叶节间最多，有的产于顶芽基部，每处产卵 1 粒。每雌可产卵 30~80 粒。幼虫孵化后即从嫩梢叶腋间蛀入木质部，渐向下蛀食，蛀孔小，孔外留有木屑，第 4~5 天后芽叶开始凋萎枯死。第 1~2 龄幼虫时蛀害小嫩枝，第 3 龄后蛀害较大侧枝，进而蛀入主干直达根茎部。在小树上，幼虫蛀害部位以上枝叶会陆续枯死；大树枝干粗，幼虫仅蛀害部分木质部及髓部，

新羽化出来的成虫

展翅成虫

1 年生油茶嫁接枝被害状

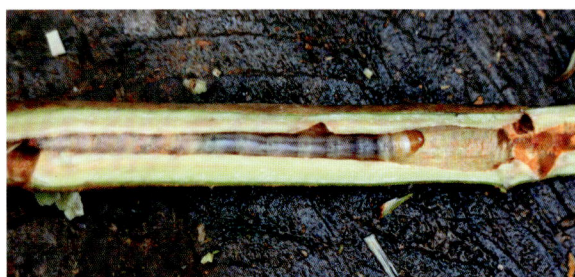

幼虫在蛀道内

故不会很快失水枯萎。每条幼虫一生蛀食枝干长度达 60~80cm，最长达 100cm 以上；虫道径粗一般为 8~13mm，最粗达 30mm，虫道内壁多圆形凹陷。1 个虫道一般有 7~9 个排泄孔，此孔自上而下渐大。幼虫在蛀道内转动进退自如，排出棕红色圆柱形粪粒堆积于根基地面。老熟幼虫多移至枝干中部咬 1 个比邻近排泄孔稍大的羽化孔，并吐丝

树干上的蛀道

新嫁接油茶树被害状

结膜封洞，在孔下 3~7cm 处作室化蛹。一般随树龄老化、树势衰退、管理粗放的林分害虫发生多且为害严重。从不修剪虫害枝的林地为害亦重。

天敌 幼虫期主要有茶枝镰蛾绒茧蜂、大螟纯唇姬蜂、三室短柄泥蜂、长距茧蜂及茶枝镰蛾茧蜂等寄生，捕食性天敌有蚂蚁、螳螂、蜘蛛等，寄生菌有白僵菌、细菌等。天敌对害虫有重要控制作用，要加强保护利用。

主要控制技术措施 参考本书"茶堆沙蛀蛾"的油茶蛀蛾类害虫主要控制技术措施。

油茶萌芽枝基部被害状

学名：*Arbela baibarana* Matsumura

分类：鳞翅目 LEPIDOPTERA　木蠹蛾科 Cossidae

分布与为害　在我国主要分布于华南及云南、福建和台湾等地。寄主有油茶、八角、荔枝、龙眼、大叶相思、木麻黄、石榴、秋枫树等林果木数十种。幼虫钻蛀枝干成坑道，咬食树干韧皮部时，常吐丝缀连虫粪和树皮屑在树皮表面形成隧道，幼虫白天匿居坑道中，夜间钻出，沿隧道啃食前端的树皮及韧皮部，严重削弱树势，易风折，甚至导致枝条或整株树枯死。

形态特征　**成虫**　雌成虫体长 7~12mm，翅展 22~25mm；雄成虫体长 7~10.5mm，翅展 20~24mm。成虫刚羽化时，就停息在羽化孔附近的小枝或叶片上，呈屋脊状，雌成虫全体黑色，触角灰黑色，具少许白色缝隙；雄成虫全体灰黑色或灰褐色，具较多白色缝隙，触角灰白色；雌、雄成虫触角均为单羽状；成虫展翅活动后，头顶鳞片灰白色，口器退化，下唇须短小。胸部背面被灰褐色鳞片，腹面白色。足粗短，各足内侧被白色鳞片，外侧被灰色鳞片，胫节及第一跗节外侧鳞片长 2~4mm，成丛。前翅灰白色，中室中部具 1 个黑色斑块。黑斑的外侧有 6 个近长方形的褐斑，连续横列成弧形。前缘具 11 个褐斑，外缘及后缘各有 5~6 个灰褐色斑块，沿翅缘分列。后翅外缘有 8 个灰褐色斑。腹部背面被灰褐色长鳞片，腹部白色，腹端鳞片长 2~4mm，黑褐色。

卵　长径 0.6~0.7mm，短径 0.5~0.6mm。椭圆形，乳白色，近透明，表面光滑。卵粒排列成鱼鳞状卵块，外被黑褐色胶状物。**幼虫**　大龄幼虫体长可达 18~27mm，宽 2~3.5mm。体漆黑色；体壁大部分骨化。头部赤褐色，上唇基部中央色较淡，具许多不规则皱纹，唇基长度为头长 1/3。单眼 6 个，上颚具 3 齿，皆短钝。前胸背板漆黑色，背中线色淡。腹部各节大部分骨化。**蛹**　长 12~16mm，黑褐色。触角内上方有粗大突起 1 对，着生的方向和体轴平行，这是与荔枝拟木蠹蛾蛹的区别。无

枯死株

濒危株

对树皮的为害状

蛀孔口

刚羽化雄成虫自然态

自然界刚羽化的成虫

下颚须。雌性蛹的第二腹节前缘具刺状突，雄性的第 3 节前缘及第 4~7 节前、后缘皆具刺状突；腹端都浑圆，具粗短臀棘 6~8 个。雌性第 7 节后缘无刺状突。

发生特点 1 年发生 1 代，以幼虫在蛀道内越冬。翌年 4 月上旬至 5 月下旬化蛹，蛹期 20 天，4 月下旬至 6 月中旬羽化；初羽化成虫栖息在蛀道口附近的枝干或叶片上，当晚可交尾、产卵，4 月底至 6 月下旬为产卵期。卵多产在直径 12cm 以上的枝干分叉处或树皮破伤处。每雌产卵约 100 粒，产卵持续 3~4 晚，卵期约 12 天。幼虫 5 月中旬后出现，初孵幼虫在树枝分叉、树皮伤口处蛀食为害，继而钻蛀成孔洞、坑道，在树皮上织成隧道为害。白天匿居其中。虫道不深，在木麻黄中的虫道平均长度为 8~12cm。虫道在树干外面有由粪及树皮碎屑等组成的隧道，幼虫在傍晚沿隧道外出啃食树皮。幼虫比较活泼，能依靠腹部的环状齿突前后移动。成虫羽化多在午后，羽化后蛹壳插于虫道口。成虫寿命一般 2~3 天，能做短距离飞翔。有弱趋光性。雌虫对雄虫有较强的引诱力。在油茶林分内的为害呈集团状分布。老熟幼虫在坑道内缀以薄丝化蛹。老熟幼虫化蛹前，预先筑好羽化孔道；羽化时，蛹体有一半或一半以上露出羽化孔口。

天敌 主要捕食性天敌在幼虫期和蛹期有蚂蚁、螳螂、蜘蛛等；主要寄生性天敌在卵期有多种寄生蜂，幼虫期主要有多种茧蜂、姬蜂、泥蜂等；寄生菌有白僵菌、细菌等。天敌对害虫有重要控制作用，要加强保护利用。

油茶木蠹蛾类害虫主要控制技术措施 （1）加强虫情测报。设置固定监测点，定期踏查，严密监视害虫发生发展动态，做好害虫预测预报工作。

自然态雌成虫

幼虫在蛀道内

蛹侧面观

留在秋枫树修剪口上刚羽化的蛹壳

重点抓好点片状发生阶段的虫源地、成虫盛发初期及幼虫孵化初盛期测报，以正确指导防治，提高防治效果。（2）加强营林栽培技术管理措施。选用抗虫、耐虫树种，提倡营造混交林；不在油茶林区或周边种植易感树种；改善管理，及时清除虫害木。在为害区彻底伐除没有保留价值的严重被害木，运出林外及时处理以控制虫源扩散源头。对新发生或孤立发生区，要拔点除源，及时降低虫口密度控制害虫扩散蔓延。（3）人工防治。每年4~5月蛹期和8~9月幼虫期，用铁丝插入坑道刺杀坑道内的蛹和幼虫，或用黏土堵塞坑道，闷死其中的幼虫和蛹。（4）药剂防治。成虫产卵盛期和幼虫孵化初期向产卵靶标部位喷施10%吡虫啉可湿性粉剂，或3%高渗苯氧威乳油2000倍液，或3%啶虫脒乳油3000~5000倍液，或25%噻虫嗪水分分散剂2000~3000倍液，或1.8%爱福丁乳油3000倍液，或1.2%苦参碱乳油等，毒杀卵和初孵幼虫；对已蛀入树干内的幼虫，用棉球蘸取5%啶虫脒乳油30~50倍液塞入蛀道，或用6%虫线清乳油10倍液虫道注射。由于害虫虫体有蜡粉，非乳剂型药液中（如可湿性粉剂）若加入0.3%~0.4%的柴油乳剂或黏土柴油乳剂，可显著提高防治效果。

13	**咖啡豹蠹蛾**	别名：茶枝木蠹蛾、咖啡木蠹蛾、棉茎木蠹蛾
		学名：*Zeuzera coffeae* Nietner
		分类：鳞翅目 LEPIDOPTERA　木蠹蛾科 Cossidae

分布与为害　在我国主要分布于广西、广东、台湾、福建、浙江、江西、江苏、上海、湖南、湖北、四川等地；在国外分布于日本、印度、斯里兰卡、印度尼西亚等。主要为害的寄主有油茶、桉树、木麻黄、板栗、台湾相思、乌桕、蝴蝶果、悬铃木、香椿、红锥、红枫、狭叶十大功劳、白玉兰、广玉兰、栀子、木槿、枫杨、水杉、刺槐、柳、榆、银杏、山麻秆、山茶、杜鹃花、贴梗海棠、重阳木、冬青、核桃、桃、樱桃、青爪槭、棉花等。初龄幼虫多从新梢上部芽腋蛀入，沿髓部向上蛀成隧道，不久新梢即枯死；幼虫又可钻出，重新转移新梢为害，可多次转蛀，导致寄主多个或部分新梢枯死；大龄幼虫可钻蛀树干或大枝条，并绕旋环道一周，导致被害处以上部位黄化、枯死或风折；可蛀害1年生以内桉幼树主干，导致枯死。

形态特征　**成虫**　雌蛾体长11~26mm，翅展30~35mm，触角丝状；雄蛾体长11~20mm，翅展33~36mm，触角基部羽毛状，端部丝状。触角黑色，上被白色短绒色。复眼黑色，口器退化。体被白色鳞毛，头部及胸部白色，胸背有青蓝色斑点6个。前翅白色，前缘、外缘及后缘各有1列青蓝色斑点，翅的其余部分也散布这种斑点，除中室处斑点较圆外，余均为窄形；后翅亚中褶之前同样散布青蓝色斑点。腹部白色，背面各节有3条纵纹，两侧各有1个圆斑。第3腹节以下各节具有青蓝色小点围绕排成的横带纹。胸足被黄褐色或灰白色绒毛。胫节及跗节为青蓝色鳞片所覆盖，雄虫前足胫节内侧着生1个比胫节略短的前胫突。**卵**　长椭圆形，长0.9mm，初期嫩黄色，后期变橘黄色，孵化前为紫黑色。**幼虫**　成熟幼虫体长约30mm，头部深褐色，体淡赤黄色或红褐色，前胸背板黄褐色，前半部有1个黑褐色近长方形斑，后缘有黑色齿状突起4列，形似锯齿状；中胸至腹部各节有成横排的黑褐色小颗粒状隆起；臀板深度骨化，黑褐色。**蛹**　长圆筒形，体长16~27mm，赤褐色，蛹的头端有1个尖的突起，深色，腹部第3~9节的背侧面甚至腹面有小刺列；腹末有6对臀棘。

发生特点　广西等南方地区1年发生2代，江苏、上海等地1年发生1代，江西1年发生1~2代；1年1代区以大龄幼虫在被害枝蛀道内越冬，1年2代区则以低龄幼虫越冬。越冬幼虫翌年春季回暖后在被害枯枝内继续取食或转枝为害，转枝率接近50%。1年2代区越冬幼虫4月以后陆续化蛹，5月以后成虫开始羽化，5月下旬在林间

幼虫在油茶树主干内绕旋环道

幼虫及其蛀道

自然态成虫

蛀道内中龄幼虫

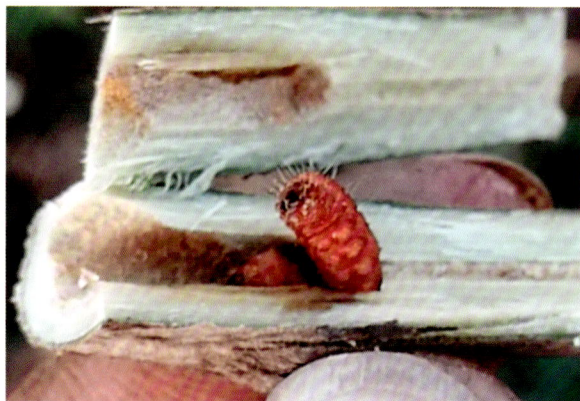
中龄幼虫头胸部腹面

是成虫羽化盛期，5 月底 6 月初林间可见初孵幼虫，第 2 代成虫期在 8~9 月发生。正在发叶的枝条若被转枝幼虫蛀害，新叶及嫩梢很快枯萎，症状非常明显。老熟幼虫化蛹前，咬透蛀道边的木质部在皮层处预做近圆形的羽化孔盖；在孔盖下方的 8mm 处再咬出 1 个直径 2mm 的小孔与外界相通。在孔盖与小孔间筑一斜向羽化孔道；在羽化孔上方幼虫用丝和木屑封堵虫道两端筑成蛹室，蛹室长 20~30mm，化蛹时头部朝下，蛹期 13~17

天。羽化前，蛹体借背腹面刺列蠕动顶破羽化孔盖半露于羽化孔外，羽化后留在孔口的蛹壳长久不落。成虫全天均可羽化，成虫白昼静伏，黄昏后开始活动。雄蛾飞翔力较强，趋光性弱。成虫多数在 20~23 时交尾，至翌日清晨脱离。雌虫交尾后 1~6 小时产卵，产卵历时 1~4 天，每雌可产卵一般约 600 粒。卵产于树皮裂缝、旧虫道内、嫩梢上或芽腋处，多数产于雌虫的羽化孔内，卵散产或呈块状。成虫寿命 1~6 天。卵期 9~15 天。

大龄幼虫

蛹

初孵幼虫吐丝结网群集于丝幕下取食卵壳，经2~3天后扩散，在寄主叶腋或腋芽处蛀入。幼虫取食4~5天后开始转枝蛀害，一生可多次转枝。幼虫蛀害时在木质部和韧皮部之间绕旋蛀一环道，切断寄主输导组织，受害枝、干上部很快枯死，蛀环处很易风折。10月下旬起幼虫陆续停止取食，用丝缀合木屑、虫粪封堵虫道两端静伏越冬。

天敌 已发现的有寄生于幼虫的小茧蜂、串珠镰刀菌及病毒等，捕食卵及幼虫的多种蚂蚁。

主要控制技术措施 参考本书"相思拟木蠹蛾"的油茶木蠹蛾类害虫主要控制技术措施。

大龄幼虫头部

14	桃蛀螟

学名：*Conogethes punctiferalis* (Guenée)

分类：鳞翅目 LEPIDOPTERA 草螟科 Crambidae

分布与为害 在我国广布于各个地区；在国外分布于朝鲜、日本、印度、斯里兰卡、印度尼西亚等。食性很杂，主要为害油茶、银杏、马尾松、板栗、松、杉、柿、核桃、桃、石榴、枇杷、荔枝、龙眼、山楂、臭椿、李、木波罗、向日葵、棉、玉米、大豆等 40 余种寄主。蛀害油茶、银杏等果实时，多在果梗基部食害果皮，渐沿果核蛀入果心，蛀食嫩核仁和果肉，从蛀入孔流出液滴，并有大量红褐色粉状虫粪，被害果易腐烂、早落；桃子等水果被害后造成流胶和落果，果内充满虫粪，不能食用。蛀梢为害松树等寄主时，幼虫吐丝缀连叶及嫩梢呈虫苞，在其中食害针叶及树皮，或钻入新梢内蛀入，造成落叶和枯梢。

形态特征 成虫 体长 9~14mm，翅展 20~28mm。体和翅均橙黄色。触角丝状，下唇须发达，上弯，镰刀状；吻发达。胸背有 5 个黑斑。前翅正面散生 27~28 个大小不等的黑斑，基部 1 个，亚基线 3 个，中室中央 1 个，内横线 4 个，外线及亚外缘线各 8 个，亚缘线外 3 个；中室前端有 1 条黑横纹。后翅有 15~16 个黑斑，中室内 2 个，外横线 7 个，亚外缘线 8 个，腹背第 1、3、4、5 节各具黑斑 3 个，第 6 节有时有 1 个黑斑，第 2、7 节无黑斑；第 8 节末端为黑色，雄蛾显著。雌蛾腹末圆锥形，雄蛾腹末有黑色毛丛。

卵 椭圆形，长 0.6~0.7mm，宽 0.5mm。初产时乳白色，后变红褐色，卵面有细密而不规则纹。

幼虫 大龄幼虫最大体长 18~25mm，体色多变，有淡灰褐色、淡灰蓝色、体背面紫红色；头暗褐色，前胸背板褐色，臀板灰褐色，腹足趾钩双序缺环。**蛹** 体长 10~15mm，纺锤形，初期黄褐色，渐变黑褐色；头、胸、腹部 1~8 节背面密布细小突起，腹部末端有细长两卷曲的臀棘 6 根。**茧** 灰白色或灰褐色。

发生特点 北方 1 年发生 2~3 代，南方 4~5 代，主要以老熟幼虫在树皮裂缝、被害浆果、坝堰乱石缝隙、向日葵花盘、高粱和玉米茎秆内结茧越冬；少以蛹越冬。据笔者观察，越冬幼虫翌年 4 月上中旬开始化蛹，4 月下旬至 6 月初羽化产卵，盛期 5 月中下旬。第 1~5 代各代幼虫出现期依次为 5 月上旬至 6 月下旬、6 月下旬至 8 月下旬、7 月下旬至 9 月下旬、8 月下旬至 9 月下旬、9 月中旬至 10 月下旬；各代幼虫出现盛期为 5 月下旬至 6 月上旬、7 月中旬至 8 月上旬、8 月中旬至 9 月上旬、9 月上中间、10 月上中旬；其中 9 月的第 4

油茶叶背的成虫

自然态成虫

展翅背面观

展翅腹面观

中龄幼虫

代少数幼虫老熟后即开始越冬，但大部分幼虫继续发育至产生第 5 代（越冬代）。成虫大多夜间羽化，以 20~22 时最盛，白天隐伏，夜晚活动；趋光性不强，但对黑光灯有较明显扑光性，取食花蜜补充营养；以 20~22 时产卵最盛；卵散产，也有数粒相连呈块状；卵多产于松梢上、桃果等表面、板栗球果针刺间，为害其他植物的，亦多产于幼虫将蛀入部位。初孵幼虫在果模或果带基部吐丝蛀食果皮，然后蛀入果心，蛀孔处有其分泌的黄褐色胶液，周围堆积大量虫粪。第 1~5 代卵的平均历期依次为 8.7 天、6.2 天、5.7 天、3.9 天、5.9 天；各代幼虫历期依次为 17 天、17 天、16 天、18 天（少部分直接越冬的 247 天）、232 天；各代蛹历期依次为 9 天、8 天、11 天、10 天、19 天。由于寄主分散，世代重叠，成虫发生不整齐。桃蛀野螟的发生量与雨水有关。一般 4~5 月多雨，相对湿度 80% 以上，越冬幼虫及蛹和羽化率均高，有利于大发生。

天敌　幼虫期常被黄眶离缘姬蜂 Trathala flavoorbitalis 寄生，主要其他寄生天敌有卵期的赤眼蜂，幼虫期及蛹期的次生大腿蜂、广大腿蜂、绒茧蜂、姬蜂、茧蜂、寄生蝇、颗粒体病毒病等；幼虫期的捕食性天敌有黄足蠼螋、虎甲、步甲、蚂蚁、胡蜂、蜘蛛等。这些天敌对害虫有一定的控制作用，应加强保护利用。

主要控制技术措施　（1）加强监测和预测预报。设置固定监测点，定期线路踏查，严密监视害虫发生发展动态，做好害虫预测预报工作。重点是掌握害虫点块状发生阶段时的虫源地及初龄幼虫期，以准确指导防治，提高防治效果。（2）

幼虫背面观

幼虫在油茶枝丫处蛀害

银杏果被害状

加强营林技术防治措施。该害虫食性杂，除加强果园防治，对周围农作物的防治也不容忽视。建园时不宜与桃、梨、苹果树混栽或近距离栽植。5月前碾压完玉米、高粱秆、向日葵茎秆和花盘，减少越冬虫源。常灾区及重灾区果园冬春刮除树干老翘皮，清除地被物，尽量消灭越冬幼虫。合理密植，提倡针、阔叶树混交，加强抚育间伐，砍杂，增施磷肥、钾肥、有机肥，增强树势，提高林分抵抗力。冬季清除林内杂草和枯枝落叶，剪除带有越冬幼虫和蛹的枝叶；适当进行人工防治，生长季节巡视林地随时摘除着卵块叶、虫包叶、虫害果等，而后集中放于寄生蜂羽化器内，以保护天敌。对经济价值较高的水果实施套袋。

（3）物理防治。成虫盛发初期开始，在林地内安

蛀害松树嫩梢

装黑光灯诱杀成虫。每公顷可安装40W黑光灯3支。也可用2份红糖、1份黄酒、1份醋和4份水配制成糖醋酒诱杀液来诱杀成虫。（4）保护利用天敌。此类害虫天敌丰富，对害虫种群有显著控制作用。在必须采用药剂防治时，重在治点保面，不要滥用化学农药，尽量选用生物农药或低毒化学农药；使用农药治虫时，要设置天敌保护隔离区；尽量在天敌休眠期或相对安全期用药，尽量避免伤害天敌。（5）生物防治。第1代成虫产卵始盛期开始，释放松毛虫赤眼蜂或玉米螟赤眼蜂进行防治，每代放蜂3~4次，间隔期5~7天，每公顷放蜂量为30万~40万头。（6）在害虫局部发生阶段的低龄幼虫期，可适度进行药剂防治。可供选择的药剂有10%吡虫啉可湿性粉剂1000~2000倍液，或25%除虫脲可湿性粉剂1500~2000倍液，或1.8%爱福丁乳油3000倍液等，也可每亩撒施15~20g森得保可湿性粉剂1500~2000倍液。

为害银杏枝条

剥茧后的中期蛹

1 东方蝼蛄

别名：土狗
学名：*Gryllotalpa orientalis* Burmeister
分类：直翅目 ORTHOPTERA　蝼蛄科 Gryllotalpidae

分布与为害　分布遍及我国，以江苏、浙江、福建、台湾、广东、广西、四川、辽宁发生较严重；在国外分布于日本、马来西亚、印度、斯里兰卡、菲律宾、印度尼西亚、夏威夷及大洋洲、非洲等。杂食性，主要为害油茶、桉、松、杉、大叶相思等林木实生苗、新定植苗及多种农作物、果菜苗等。以成虫和若虫咬食苗木根部及幼茎基部，被害处呈不整齐的丝状残缺，受害苗木因此枯死；也食害新播和刚发芽的种子；还在土壤表层挖掘纵横交错的隧道，使苗木须根与土壤分离而枯死。

形态特征　**成虫**　体长 30~35mm，前胸宽 6~8mm。体浅褐色或浅灰褐色，全身密生细毛。前胸背板卵圆形，长约 8mm，宽约 6mm，前缘稍向内方弯曲，后缘钝圆，中央有 1 个明显凹陷的暗红色长心脏形斑，长 4~5mm。前翅长 12mm，黄褐色，伸达腹部中央。后翅淡黄色，卷缩如尾状，超出腹端。前足开掘足，发达，粗短扁阔，跗节分叉如掌状，能开挖洞穴，后足胫节背面内侧有能动的棘 3~4 个。腹部纺锤形，背面黑褐色，腹面暗黄色，末端有尾须 2 根，伸向尾后略外弯。雌产卵器不外露。**卵**　长椭圆形，长 2.0~2.4mm，宽 1.4~1.6mm。初产乳白色，渐变黄褐色，孵化前为暗紫色。**若虫**　2~3 龄后形似成虫，6 龄若虫体长 16.3mm，8 龄时 22.1mm，9 龄时 24.8mm。

发生特点　1 年发生 1 代，以成虫或若虫在土穴中越冬。翌年 3 月开始活动，4~5 月越冬成虫交配产卵，是为害盛期。越冬若虫 5~6 月羽化为成虫，7 月交配产卵。越冬的成虫寿命长。产卵前在土中 5~10cm 深处作扁圆形卵室，每室产卵 30~50粒，每雌可产 100~300 粒。卵经 2~3 周孵化，若虫期约 4 个月。10 月下旬起陆续入土越冬。该虫昼伏夜出，晚上 9~11 时为活动取食为害高峰。初孵若虫有群集性，3~6 天后分散为害。成虫有趋光性，成虫和若虫有趋向马粪等习性，嗜好香甜腐烂物质，喜在潮湿砂质土中生活，多栖息在沿河两岸、道路两旁、苗圃的低洼地、水浇地和稻田堤埂等处。在闷热无风、久雨初晴的夜晚特别活跃。

主要控制技术措施　（1）灯光诱杀。在成虫盛发期使用。（2）毒饵诱杀。用 1 份 40% 乐果乳剂加水 10 份拌 100 份炒至糊香的饵料（麦麸、豆饼、碎玉米等），每隔 3~5m 挖个小坑，放少许毒饵后覆浅土，每公顷用毒饵 22.5~37.5kg（折合每亩 1.5~2.5kg）。（3）滴油毒杀。在苗床上发现蝼蛄隧道，顺着找到洞口，滴入少量机油或煤油，然后灌水，害虫爬出地面中毒死亡或出洞时捕杀之。（4）栽培措施。播种前或栽植苗木时忌使用未腐熟的厩肥、马粪或垃圾肥。（5）挖坑诱杀。在被害寄主树苗圃地边，挖长、宽各 30cm，深 60cm 的坑，坑壁要光滑；坑内放新鲜牛马粪，上盖青草，引诱蝼蛄跳入坑内取食，即可集中消灭。

成虫背面观及各足特征

黄脸油葫芦

别名：北京油葫芦

学名：*Teleogryllus* emma

分类：直翅目 ORTHOPTERA　蟋蟀科 Gryllidae

分布与为害　在我国各地均有分布；在国外分布于朝鲜半岛及日本等。食性杂，为害油茶、桉、松、杉、大叶相思等林木新定植苗及多种农作物、果菜苗等。成虫、若虫取食植物的根部、茎、叶和果实，受害苗木常因韧皮部被取食致死。

形态特征　**成虫**　体长 20~25mm。头部颜色均一或杂色；头圆形，单眼呈三角形排列，侧单眼间缺淡色横条纹。体型中等偏大，褐色至深褐色；复眼上缘淡黄色带宽；头背侧，前胸背板及腹部褐色至黑褐色，前胸背板几单色，被绒毛。翅、附肢及尾须黄褐色。额唇基沟平直。前翅亚前缘脉 2~6 分支，雄虫前翅具 4~6 条斜脉。前足胫节听器正常；后足胫节内背距 5~6 枚，外背距 5~7 枚。产卵瓣较长，针状。**卵**　长圆形，长 2.75~3.45cm，初期浅黄色，后期变为乳白色，孵化前出现红色眼点。

发生特点　1 年发生 1 代，以卵在土中越冬，翌年 4~5 月孵化为若虫，若虫共 6 龄，5 月中旬至 8 月陆续羽化为成虫，多在白天羽化，9~10 月进入交配产卵期，交尾后 2~6 日产卵，卵散产在土壤中，每雌产卵 33~121 粒。成虫和若虫昼间隐蔽，夜间活动。成虫白天多潜藏在土中、石块下或杂草间，一般在夜间和早晚活动为害，每年的 5~8 月为主要为害期。成虫有趋光性。土壤湿润，地温高，有利于卵的越冬及若虫孵化出土。

天敌　寄生螨与蛙类。

主要控制技术措施　参考本书"东方蝼蛄"的油主要控制技术措施。

雄成虫体长 25mm

为害状（李富洲　提供）

雌成虫体长 20mm

为害状

为害状

"八"字纹

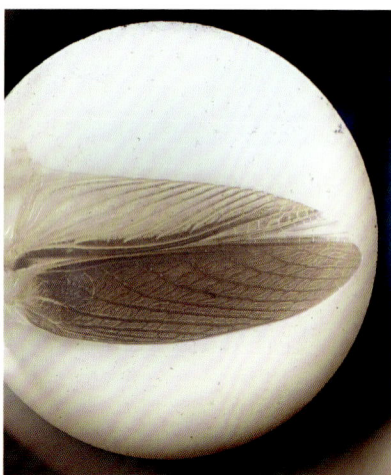

雌虫前右翅

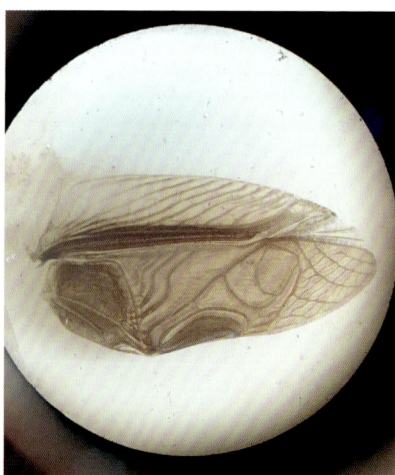

雄虫前右翅

前胸背板羊角形纹

3	土垅大白蚁	学名：*Macrotermes annandalei* (Silvestri)
		分类：等翅目 ISOPTERA 白蚁科 Termitidae

分布与为害 在我国主要分布于广西、广东、海南、云南等地。主要为害油茶、桉、大叶相思、杉等多种用材林和经济林，也为害部分农作物。由于该蚁常筑巢于路基或堤坝上，暴雨或洪水冲击时，常造成路基或堤坝崩塌而导致大灾。2001年笔者在广西武鸣灵马镇一块 320 多亩、坡度为 10°~15° 山坡地上，营造尾叶桉 3329 号无性系组培扦插苗林，该林地坐北朝南，位于村庄旁，原为油茶和马尾松疏残林，林地中共发现土垅大白蚁 236 巢，揭开了头 2 年造林成活率不到 20%、补苗效果又不好的原因。所以凡是有该白蚁生存或活动的地方造林，一定要重视除治工作。

形态特征 **有翅成虫** 体长 15.0mm，翅长 24.5mm。头及胸腹部暗红棕色，足棕黄色，翅黄色，后唇基暗赤黄色。头宽卵形，头顶平，复眼长圆形，单眼椭圆形，其与复眼的距离小于单眼本身的宽度。囟位于头顶中点，为极小的颗粒状突起，囟前方有一龙骨状纵隆起。后唇基显著隆起，长不达宽之半，中央有纵沟。前唇基白色，上唇橙红色，中央有白色横纹，触角 19 节，第 3 节微长于第 2 节，第 2、4、5 节长度约相等。前胸背板的前缘略向后凹，后缘向前方凹，狭窄；前胸背板的前中部有淡色的"十"字形斑，其两侧前方有圆形或肾形的淡色斑。前翅鳞略大于后翅鳞。前翅 M 脉在肩缝处独立伸出，距 Cu 脉较近于 R_5 脉，在中点后开始有分支；后翅 M 脉由 R_5 脉基部伸出，或在肩缝处独立伸出，贴近 Cu 脉延伸，在中段以后开始有分支。前、后翅 Cu 脉均有 10 根以上分支。**大兵蚁** 体长 13~14mm。头背及腹面暗红褐色，胸及腹棕褐色，上颚基部暗红棕色，余为黑色。头部毛极少，腹部毛较多。头扁平巨大，背视呈长梯形，后宽前狭；头后缘略弯曲或几乎平直，侧缘微曲，前端弯向中线；头长大于头宽，咽颏狭长，弯向腹方，但未突出腹外，囟细小，位于头背部中点。后唇基有少数短毛。上颚粗壮，镰刀形，左上颚中点后有数个浅缺刻及 1 个较深缺刻；右上颚无齿。上唇舌状，尖端有白色半透明三角块。触角 17 节，第 3 节的长度相当于第 2 节的 1.5~2.0 倍，第 4 节显著短于第 3 节；在触角窝的后下方有圆形色淡的小眼点。前胸背板略宽于头宽的一半，前部斜向上翘，侧缘呈钝角向两侧方伸展，前缘及后缘的中央有明显缺刻；后胸背板狭于前胸背板，足很长。**小兵蚁** 体长 8~9mm，体形较大兵蚁小，体色相似。头形略

油茶与桉混交林中的蚁丘

巢纵剖面

为害造成幼树死亡

蚁巢内的泥骨架及菌圃

蚁巢内的菌圃

显狭长，后宽前狭，后缘近似直，侧缘略弯，囟在头顶的中央。咽颏显著曲突于腹面外，上唇狭长，尖端有半透明三角斑，上颚狭长弯曲，左上颚后部有少数缺刻外，余光滑。触角17节，第3节长于第2节及第4节。足很长。**大工蚁** 体长7.5mm。头暗红棕色，腹部棕褐色。头侧缘及后缘连成圆形，触角窝处最宽。囟在头顶中央，略呈圆形淡色凹坑，大而显著。后唇基显著隆起，长不及宽之半，中央有中缝。触角17~19节，第2节长于、等于或短于第3节。前胸背板约相当于头宽之半，前部显著翘起。腹部膨大如橄榄形。**小工蚁** 体长5.5mm。体形小于大工蚁。体色相似。头小，头与腹的差别远较大工蚁本身的差别明显。囟在头顶中点之后。触角17节。**蚁王** 体

长13.4~14.1mm，体色比有翅成虫深，无翅。**蚁后** 体长36~42mm，头、胸棕红色；腹部特别膨大，淡黄色。

发生特点 营群体生活，用泥筑巢，巢分地面以上和地面以下两部分，地上部分自地面隆起，大的如坟，小的似小土堆，高的可达1m；地下部分巢深30~70cm，深者1m以上；底径可达2m。巢内有较大巢腔，腔内有泥片层或泥骨架组成，在泥骨架中长有菌圃。在巢腔外的土层中也有零星散列的菌圃。菌圃向外的或向上的一面较平，上面布满铅笔杆粗细的孔洞，如同蜂巢状，孔洞穿过整个菌圃另一面。王室位于泥骨架当中，形似烧饼，厚而坚硬；常有一王多后或多王多后。对广西武鸣灵马林地的236巢白蚁进行剖析发现，

蚁巢内的王宫

王宫内的蚁后

蚁王在蚁后身上

巢内的卵粒

一般每巢 1 王 1~4 后。在其中一个大巢中，我们发现蚁王 3 个，蚁后 13 个。兵蚁和工蚁外出活动取食时，一般都筑泥被或泥路。有翅繁殖蚁分飞期在每年 4、7 月，分飞多在天气闷热或雷雨前的晚上，经短时飞翔后落地脱翅配对并寻找合适场所，钻入土中营建新巢。有翅成虫具趋光性。

天敌　成虫分飞期及落地后的主要天敌有蝙蝠、青蛙、蟾蜍、蜥蜴、壁虎等。平时活动及蚁巢中常见天敌有蚂蚁、蜘蛛、穿山甲、螨类、真菌、病毒等。这些天敌对控制害虫有一定作用，应加强保护利用。

主要控制技术措施　这里所指土栖性白蚁还包括黑翅土白蚁、黄翅大白蚁等。（1）驱避保护法。近几年大力发展油茶林及短周期速生桉林，春季定植造林时苗木遭这一类白蚁及家白蚁等严重为害。为防治白蚁为害，可在苗圃容器苗移栽前，

先暂停淋水 2~3 天，让苗团干燥一些，再喷淋一定浓度的高效氰戊菊酯、溴氰菊酯、辛硫磷等多元药剂复配的驱避杀虫剂，让苗团吸足药液，即可按正常工序起苗、运输、上山造林；这个方法所需费用很低，每株苗处理成本费约几分钱，操作也简便容易，保护幼林效果较好，保护期可长达 0.5~1.0 年，在广西、广东、福建等地应用后，保苗效果很理想。（2）诱杀坑法，也是一种毒饵诱杀法。100mg/kg 虫螨腈原药和 5000mg/kg 氟铃脲原药加少量马尾松或竹笋壳粉末混匀制成诱杀包，放在白蚁出没的地方，苗圃地或林地中有白蚁为害，说明苗圃或林地本身或附近有蚁巢，可以用此法来防治。或在白蚁活动处的周围挖若干坑，深 30cm、长 50cm、宽 40cm，坑内放满松木条、甘蔗渣、桉树皮等作诱饵；再洒上适量洗米水或 2% 红糖水；用稻草或枯杂草盖住，上面覆层泥

兵蚁和工蚁

大、小兵蚁

蚁巢内的有翅蚁

土，使其呈馒头状，以防积水；过2~4周后，当引诱到大量白蚁时喷撒3%克蚁星粉或喷洒10%吡虫啉悬浮液等治之，但动作不宜过大，避免惊扰白蚁活动；施药后按原样放好，添加适量诱饵及红糖水，继续引诱，直到无白蚁为止。（3）灭蚁灵毒饵法。第1种方法是毒饵纸法：用3%克蚁星粉剂或灭蚁灵粉0.1g、红糖2.0g、松花粉2.0g（或用面粉、米粉、甘蔗渣粉代替）、水适量，按重量称好，先用水将红糖溶开，再将松花粉及灭蚁灵粉拌匀倒入，搅拌成糊状，用皱纹卫生纸包好，或直接涂抹在卫生纸上揉成团即可。将涂药卫生纸塞入有白蚁活动的部位，如蚁路、分飞孔、被害物的边缘或里面，2~4周后可检查药效。第2种方法是毒饵袋法：用甘蔗渣粉或桉树皮粉、食糖、3%克蚁星粉剂或灭蚁灵粉按4:1:1的比例拌均匀，每4g装一袋，投药时，可先在林地或苗圃内白蚁活动处，将表土铲去一层，铺一层白蚁喜食的枯枝杂草，放上毒饵袋，再用杂草覆盖，其上盖层土，每亩放15袋左右，可达到显著防效。（4）丙硫克百威穴施法。在桉苗造林定植前，每一栽植穴内施放5%丙硫克百威5~15g颗粒剂，并与基肥及上部回坎土稍加拌匀再植树，有效期可长达1~2个月。这种药剂既有触杀作用，又具有内吸性，防治白蚁效果好。缺点是花工多、成本高、毒性大、对环境有污染。（5）压烟灭蚁法。通过为害状、蚁路、泥被线、分飞孔等，找到通向蚁巢的主蚁道，然后把压烟筒的出烟管插入主蚁道，用泥堵住其他道口，防止烟雾外泄；再将杀虫烟雾剂放入压烟器内点燃，扭紧上盖，有毒烟剂便从蚁道压入巢内，达到杀灭白蚁的目的。（6）挖巢灭蚁法。土栖白蚁的主巢都筑在地下，但工蚁取食等活动都在地面之上，外出活动时总会留下被害物、蚁路、泥被线、分飞孔等痕迹，借此跟踪追击即可找到蚁道；在蚁道内插入嫩草秆等探条追挖可找到主道和主巢；每年5~6月在地面上长出鸡枞菌的地方，地下往往有蚁巢；挖到主巢后喷洒触杀剂把白蚁歼灭之。（7）灯光诱杀。家白蚁、黑翅土白蚁、黄翅大白蚁、土垅大白蚁等有翅成虫分飞时均有很强的趋光性，在每年白蚁分飞期可用黑光灯、频谱式杀虫灯或其他灯光诱杀之。

4 黑翅土白蚁

别名：黑翅大白蚁
学名：*Odontotermes formosanus* (Shiraki)
分类：等翅目 ISOPTERA　白蚁科 Termitidae

分布与为害　在我国主要分布区南自海南，北抵河南，东起台湾，西至西藏东南部；在国外分布于缅甸、泰国等。主要为害油茶、桉、松、杉、大叶相思、樟等，也为害旱作、地下电缆、水库堤坝等，是农林和水利方面的重要害虫。对油茶、桉树的为害主要是新定植的苗、缓苗期的苗及幼林，主要是为害根部、根茎部的皮层和部分木质部，局部地块严重时导致苗木死亡率高达80%以上。

形态特征　有翅成虫　体长12~15mm，翅长23~25mm。全体背面黑褐色，腹面棕黄色。胸腹部有较密集的毛。头背面卵形，触角19节，第2节长于第3、4、5节中的任何一节。复眼黑褐色，椭圆形；单眼橙黄色，椭圆形，其与复眼的距离约等于单眼本身的长度。前胸背板略狭于头，前宽、后狭，前缘中央无明显的缺刻，后缘中部向前凹入。前胸背板中央有一淡色的"十"字形纹，纹的两侧前方各有一椭圆形淡色点，纹的后方中央有带分枝的淡色点。前翅鳞大于后翅鳞。**卵**　乳白色，椭圆形，长径约0.6mm，短径约0.5mm。

兵蚁　体长5.4~6.0mm，头橙黄色，卵形，上颚发达镰刀状，左齿较大，左上颚中点前方有一显著的齿；右上颚有一不明显的微齿。上唇舌形，两边弧形，沿侧边有1列直立的毛；上唇长达并靠拢上颚的中段。触角15~17节，第2节长度相当于第3与第4节之和。前胸背板前狭后宽，前部斜翘起；前后部在两侧角之前有一斜向后方的裂沟，前后缘中央皆有凹刻。胸淡黄色。**工蚁**　体长4.6~6.0mm，头黄色，近圆形，胸腹部灰白色，触角17节。第2节长于第3节。后唇基显著隆起，长相当于宽之半，中央有缝。**蚁后**　体长70~80mm，体宽13~15mm，无翅，头淡红色，蚁后的头胸部和有翅成虫相似，但色较深，体壁较硬，腹部各节的背板和腹板仍保持原色，延伸的节间膜为乳白色，侧膜上有许多暗红色小点。**蚁王**　形态和脱翅的有翅成虫相似，但色较深，体壁较硬，体形略有收缩。

发生特点　营群体生活，筑巢地下。以工蚁在土中咬食林木或幼苗的根皮，或出土沿树干筑泥路，取食树皮。每年3月下旬或4月后开始活

为害新定植苗

为害幼树根颈部

为害树干

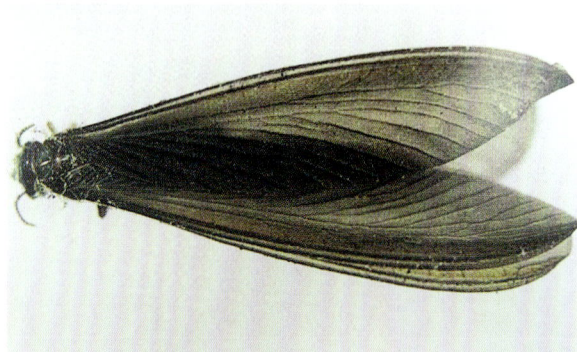
工蚁在泥被下活动

有翅成虫

兵蚁

动为害，11~12月气温下降后集中在巢内越冬。但华南地区如柳州以南，冬季仍能见到少数白蚁活动。黑翅土白蚁当年羽化，当年分飞。纬度越小，分飞越早，一般在3月下旬至5月下旬。分飞前由工蚁筑好分飞孔，通常在傍晚18~20时分飞。分飞后，翅脱落。雌雄追逐配对，寻找合适场所，钻入地下，筑成小腔室定居，6~8天后产卵，每天产卵4~6粒，第1批卵30~40粒，孵化期26~40天。巢群的发展与成熟需要经过几次转移，腔室逐渐增大，巢位由浅入深，一般要经过无菌圃期、单菌圃期、多菌圃期、群体成熟期，此时已历时8~10年，而后慢慢走向群体衰老期。初建群体常有多王多后，成熟群体只有一王多后。巢在地下分散，由主巢、菌圃、腔室等组成，有王室、菌圃的腔室为主巢，所有菌圃之间、菌圃与主巢之间都由蚁路相通。离地面40~60cm深的菌圃在条件适合时可长出一种鸡枞菌，此菌可食用，也是追挖主巢的指示植物。主巢一般筑在0.8~3.0m深的土中。工蚁司职筑巢、修路、抚育白蚁、寻食等，兵蚁司职保卫及御敌。工蚁和兵蚁眼已退化，畏光，到地面上取食或活动时筑蚁路、泥被掩蔽。有翅成虫不畏光，分飞时有强烈趋光性。对油茶、桉树、桉苗及农作物的为害，一般雨季较轻，旱季严重。对生长衰弱的林木为害严重，对生长健壮的林木为害较轻。

天敌　参考本书"土垄大白蚁"的相关内容。天敌对控制白蚁为害有重要作用，应加强保护利用。

主要控制技术措施　参考本书"土垄大白蚁"的油茶白蚁类害虫主要控制技术措施。

5 台湾乳白蚁

别名： 家白蚁

学名： *Coptotermes formosanus* Shiraki

分类： 等翅目 ISOPTERA　鼻白蚁科 Rhinotermitidae

分布与为害　在我国主要分布于广东、广西、海南、台湾、福建、浙江、江西、江苏、安徽、湖南、湖北、四川等地，北界为淮河，愈向南为害愈严重；在国外分布于日本、菲律宾、美国及非洲等。主要为害油茶、松、杉、桉、竹、大叶相思、银杏等林木，也为害房屋建筑、桥梁、电杆、枕木、家具等，是一种土木两栖白蚁。近些年油茶产业大发展，新造林、新植苗木、1~3年生幼林及油茶成林常遭为害，局部地块苗木死亡率较高，给林农及经营者造成较大经济损失。

形态特征　**有翅成虫**　体长7.5~15.0mm，翅展20~25mm。体黄褐色，触角念珠状，20~21节。头部背面深黄色，胸腹部背面黄褐色，腹部腹面黄色，翅为淡黄色。复眼近于圆形，单眼椭圆形，其与复眼间距离小于单眼本身的宽度。后唇基极短，如一横条隆起。前胸背板前宽后狭，前、后缘向内凹。前翅鳞大于后翅鳞，翅面密布细小短毛。**卵**　乳白色，椭圆形，长径0.6mm，短径0.4mm。**兵蚁**　体长5.3~5.9mm；头黄色，椭圆形；触角14~15节；上颚发达呈镰刀状，黑褐色；左上颚基部有1个深凹刻，其前方另有4个小突起；前胸背板较头狭窄，前缘及后缘中央部位有缺刻；腹部淡黄色或乳白色。**工蚁**　体长5.0~5.4mm；头圆形，淡黄褐色，触角15节；头后部呈圆形，而前部呈方形，最宽处在触角窝部

位；后唇基很短，长度相当于宽的1/4，微隆起。胸、腹部乳白色，前胸背板前缘略翘起，腹部较长，略宽于头，被疏毛。**蚁后**　体长约50mm，腹部特别发达，头胸部仍和有翅繁殖蚁一样，但颜色变浅。**蚁王**　较一般有翅繁殖蚁色较深，体壁较硬，体型略收缩。一个大型的家白蚁巢群可有数十万头白蚁个体，分为若干个品级，生殖类型中分为原始蚁王、蚁后，短翅补充蚁王、蚁后；非生殖类型中主要有兵蚁和工蚁两个品级。兵蚁的职责是保卫整个白蚁群体不受外敌侵扰。工蚁数量最多，主要负责取食，筑巢，开路，喂食幼蚁、蚁后、蚁王、兵蚁等职务。

发生特点　营群体生活，分飞是扩散繁殖的主要形式。每年5~6月，有翅繁殖蚁发育成熟，在下雨前后或下雨时的19~20时进行分飞，历时约20分钟。分飞的成虫可高飞几十米，距离100~500m。一群可分飞1~3次。经短时飞翔后翅脱落，雌、雄成虫配对，即在适宜的环境条件下，特别是接近水源的地方交配。经过5~13天后开始产卵，每天产卵1~4粒，第1批约产卵25粒；从分飞到当年年底，群体约有40头白蚁，第2年发展到50多头，第3年发展到1000多头，到第8年发展到近10万头。成龄巢的主巢直径可达1m，有数十万以至上百万头白蚁，并有许多副巢。家白蚁生活最适温为25~30℃，低于17℃时，很少

有翅成虫背面观

有翅成虫腹面观

被害油茶树濒临枯萎

外出，取食不多；短暂 0℃ 低温不能冻死家白蚁，巢温约高于室温 4℃，夏季巢温可达 32~35.5℃；巢内 CO_2 浓度较高，占 0.5%~6.5%，O_2 浓度较少，许多生物不能生存繁殖。有翅成虫复眼发达，有强烈趋光性；工蚁、兵蚁复眼、单眼退化，畏光，长期过隐蔽生活。一般筑巢在阴暗潮湿、木材较粗、墙壁较厚、竹子丛生或温暖潮湿的高坡、沟边或大树洞中，在泥路内活动。有互相舐吮身上污物的习性。

天敌 有翅成虫迁飞时及落地后常被蝙蝠、青蛙、壁虎、蜥蜴、蟾蜍、蚂蚁、蜘蛛等天敌捕食，蚁巢中有螨类、真菌、细菌等寄生在白蚁身上，常引起大量死亡。天敌对控制害虫有重要作用，应加强保护利用。

主要控制技术措施 （1）挖巢灭蚁。根据排泄物、蚁路、分飞孔、通气孔等特征，顺蚁路线索追踪寻找蚁巢，但家白蚁建有主、副巢，并会产生补充繁殖蚁，一般挖巢很难一次根除，最好冬季挖巢，此时白蚁高度集中，歼灭比较彻底。（2）土坑诱杀。在林地、苗圃地或建筑物附近

油茶树侧主干被害状

有白蚁为害处，挖深 30~40cm、宽 40~50cm、长 60~80cm 的土坑，放入桉树皮、松木、甘蔗渣等作诱饵，加少量洗米水或 2% 糖水，盖上松针或稻草，用泥土填平，略呈馒头状，以防积水，15~30 天后检查，诱集白蚁较多时喷洒 15~20g 森得保可湿性粉剂 1500~2000 倍液，或喷洒 5% 吡虫啉可湿性粉剂 1500~2000 倍液，或喷施 25% 噻虫嗪水分散剂 4000 倍液等。（3）毒饵诱杀。灭蚁灵毒饵的配制：0.1g 灭蚁灵粉、2.0g 红糖、2.0g 松花粉（或面粉、米粉、甘蔗渣粉等代替）、水适量，按重

蚁巢表面特征

根部被害状

蚁路

工蚁及蚁巢

等翅目

鼻白蚁科

称好，先用水溶解红糖，再将灭蚁灵和松花粉倒入拌匀，搅成糊状，用皱纹卫生纸包好，或直接涂抹在卫生纸上揉成团即可。将纸包或纸团巧妙地塞入有白蚁活动之处，如蚁路、分飞孔、被害物的边缘或里面；半月后即见效，气温低时，见效时间要长些。（4）灯光诱杀。于有翅成虫分飞时进行黑光灯或其他灯光诱杀。（5）生物防治。使用绿僵菌等粉剂，用合适的方法喷到蚁巢内或蚁路内，让白蚁感染后再互相传染，达到防治白蚁的目的。（6）药液淋苗。在苗木移栽前喷淋如辛硫磷、高效氰戊菊酯等多元复配药液；或制成泥浆浆根，再上山造林，可保苗半年；并可兼治其他地下害虫。（7）种植穴处理。在油茶苗、桉苗等造林定植前，每个栽植穴内施放5%丙硫克百威等内吸性颗粒剂10~15g等，并与回坎土或基肥

稍加拌匀再植树，有效期可长达半年左右，还可兼治其他地下害虫。（8）药剂防治。常用配方：亚砷酸85%、水杨酸10%、砒红5%，或亚砷酸80%、水杨酸10%、升汞5%、砒红5%，或亚砷酸70%、滑石粉25%、三氧化二铁粉（或美术绿粉）5%。把药粉喷到蚁巢或蚁路上消灭白蚁。方法是通过白蚁的排泄物、分飞孔、通气孔、蚁路等可找到蚁巢。先在巢上戳3个"品"字形的孔，见兵蚁来守卫时才喷药，喷粉器朝开孔方向快速喷5~6次，每巢用药约5g，施药后用废纸或棉花塞好孔口，再用力振动蚁巢，使白蚁发生混乱，增加接触药剂机会，提高药效；或直接喷撒3%克蚁星粉剂。

海丽花金龟

学名：*Euselates schonfeldti* Kraat

分类：鞘翅目 ISOPTERA　金龟科 Scarabaeidae

分布与为害　在我国主要分布于广东、海南、广西、云南等地；在国外分布于越南等。主要寄主植物有油茶、龙眼、荔枝、柑橘、栎类、杂灌木等。种群数量不高，没有单独成灾的报道。

形态特征　成虫体长 18~21mm，体宽 7.5~8.5mm。体型稍长、大，黑色，体上匀布天鹅绒般分泌物，腹面稍具光泽，唇基前缘、鞘翅、腹部中间、胫节、跗节通常呈深红色或褐红色，触角褐黄色，唇基的 2 条纵绒带、前胸背板的 4 条纵绒带为黄色，鞘翅和前胸侧板、中胸后侧片的后缘、后胸腹板的前和后内外缘、腹部的 1~4 节两侧后缘、后足基节等均有不同形状的黄色绒斑，鞘翅上并有 "V" 字形黑斑，全体几乎遍布褐黄色绒毛。唇基和头、额部较长大，唇基前缘中凹较深，呈锐角形，两侧向下倾斜，边缘呈钝角形扩展；背面密布粗大皱纹，有一中纵隆贯穿于头与唇基，两侧各有一条黄色纵绒带。前胸背板长稍大于宽，两侧边呈弧形，具窄边框，后缘呈弧形向后延伸；背面密布刻点和褐黄色绒毛，有 4 条间距几乎相等的黄色纵绒带和 1 条中纵隆，中 2 条和纵隆与头部的 2 纵带和中纵隆几乎相衔接。小盾片较长大，末端尖，除中部两侧为黑色外全为黄色。前翅较长大，肩部最宽，两侧向后强烈收狭，后部外端缘呈波纹状，翅缝稍高，缝角略突出；背面散布较大皱纹和褐黄色长绒毛，每翅有 5 个黄色绒斑：近外缘有 3 个间距几等的小横斑（肩后 1 个，后端 1 个，两者之间 1 个），沿翅缝 2 个，前面的 1 个左右翅合成小 "V" 字形，

成虫背面观

成虫腹面观

成虫侧面斑纹特征

后部中间1个近圆形；每翅另有3个黑斑，近小盾片1个，左右两翅合成近长方形，第2个斑从肩部到翅缝中间的斜向带左右两翅合为大"V"字形，第3个在翅端部，近翅的中间之后有4条纤细纵向沟纹。肩斑短宽，近于半圆形，密被皱纹和黄绒毛，中间有一近于六角形或圆形黄色大绒斑，两肩角各有一黄色小绒斑。中胸腹突较窄，很光亮，微呈纵向拱形，前面近于垂直。后胸腹板中间除中央小沟外很光滑，两侧密被刻点和褐黄色绒毛。腹部散布稀大刻点和弧形皱纹。足中等长，散布粗糙刻点、皱纹和黄色长绒毛。前足

胫节外缘有3齿；中足胫节中隆突齿状；跗节细长，爪中等弯曲。

发生特点 缺乏参考资料。笔者在5月下旬于丘陵山区油茶林内拍摄到成虫活动。

天敌 参考本书"红脚绿丽金龟"的相关内容。这些天敌对控制害虫有重要作用，应加强保护利用。

主要控制技术措施 若该害虫种群密度很高，需要进行防治时，参考本书"红脚绿丽金龟"的油茶金龟类害虫主要控制技术措施。

学名：*Oxycetonia jucunda* (Faldermann)

分类：鞘翅目 ISOPTERA　金龟科 Scarabaeidae

分布与为害　在我国主要分布于广西、广东、海南、台湾、江西、福建、浙江、江苏、安徽、山东、河南、河北、辽宁、吉林、黑龙江、宁夏、陕西、四川、贵州、云南等地；在国外分布于俄罗斯、日本、尼泊尔、印度、孟加拉国及北美等。主要为害油茶、悬铃木、榆树、槐、菊花、月季、葡萄、美人蕉、大丽花、杨、石竹、梅、萱草、金盏菊、木芙蓉、丁香、桃、柑橘、柚、梨等。成虫食害油茶等多种植物的花蕾、花、嫩叶及幼果，严重为害时常群集在花序上将花瓣、花蕊和雌花吃光，降低寄主植物产量及观赏价值。

形态特征　**成虫**　体长 13~17mm。体暗绿色，头部黑色，复眼和触角黑褐色；胸腹部的腹面密生许多短毛；前胸背板和鞘翅均为暗绿色或铜色，并密生许多深黄色短毛，无光泽。鞘翅上具有黄白色斑纹；腹部两侧各有 6 个黄白色斑纹，排成 1 行，腹部末端也有 4 个黄白色斑纹。足皆为黑褐色。**卵**　球形，白色。**幼虫**　老熟幼虫较小，褐色，胴部乳白色，各体节多皱褶，密生绒毛。肛腹板上具有 2 行纵向排列的刺毛。**蛹**　裸蛹，白色，尾端为橙黄色。

发生特点　1 年发生 1 代，以成虫在土壤中越冬。翌年 4~5 月在月季、玫瑰、桃、梨等开花期，成虫陆续出土活动。一般以晴天和气温较高的 10~16 时活动频繁，取食、交配最盛，飞翔最烈。成虫喜群集为害花朵，严重时在 1 个花序中可聚集 20~30 头，取食花蕊和花瓣，造成花而不实。若遇阴雨天气，则栖息于花中，活跃度不高，日落后黄昏时飞回土中产卵。成虫喜产卵于腐殖质多的土壤中、撂荒地、枯枝落叶层下。6~7 月始见幼虫，8 月成虫逐渐减少。

天敌　参考本书"红脚绿丽金龟"的相关内容，这些天敌对控制害虫有重要作用，应加强保护利用。

主要控制技术措施　若该害虫种群密度很高，需要进行防治时，参考本书"红脚绿丽金龟"的油茶金龟类害虫主要控制技术措施。

成虫背面观

成虫腹面观

鞘翅目

金龟科

8 白星花金龟南方亚种

别名：白星花潜

学名：*Potosia (Liocola) brevitarsis seueusis* (Kolbe)

分类：鞘翅目 ISOPTERA　金龟科 Scarabaeidae

分布与为害　在我国主要分布在广西、广东、台湾、浙江、江西、江苏、安徽、湖南、湖北、云南、四川、陕西、山西、山东、河北、内蒙古、辽宁、吉林、黑龙江等地；在国外分布于日本等。主要为害油茶、板栗、椿、杏、樱花、苹果、梨、李、桃、美人蕉、鸡冠花、构树、柑橘、槐、杨、木槿、海棠、麻栎、榆树、梅花、月季、小叶女贞、蜀葵、腊肠树、雪松等。成虫不仅取食寄主叶片及芽，亦能蛀食果实，尤其喜欢取食由其他病虫为害造成伤斑的果实，造成更大的窟窿，致使果实腐烂脱落，对树势生长和产量均有很大影响。

形态特征　**成虫**　体长18~24mm，椭圆形，背面扁平，全体黑紫铜色带有绿色或紫色闪光。头方形，前缘微凹，稍向上翘起。前胸背板梯形，小盾片三角形，前胸背板和鞘翅上散布不规则的白斑纹，并有小刻点列。腹部两侧及末端也有白斑纹。**卵**　乳白色，圆形或椭圆形。**幼虫**　体柔软、肥胖而多皱纹，弯曲呈"C"字形，体长可达24~39mm。头部褐色，胴部乳白色，腹部末节膨大，肛腹片上的刺毛呈倒"U"字形，呈两纵列排列，每行有刺毛19~22枚。**蛹**　裸蛹，外包有土室，卵圆形，体长20~23mm，先端钝圆形，后端渐削。

发生特点　1年发生1代，以幼虫潜伏在土中越冬。翌年6~7月成虫发生较多时，常群集树上的果实、树干的烂皮、凹穴等部位吸取汁液，这种现象在雨后晴天常见。稍受惊迅速飞翔，对糖醋液有趋性。喜把卵产于粪土堆里，孵化的幼虫则在土中生活。土层愈厚，则入土愈深，多雨时入土浅，干旱时入土较深。如天久雨，土壤含水量过高，幼虫常逸出土表，在地面以背贴地，腹面朝上蠕动而行。幼虫不取食生长的植物的根，专食腐殖质。幼虫老熟后即吐黏液混合土和沙粒，结成土室，在其中化蛹。从结土室到变蛹，大约7天，羽化后成虫在土室内停留7~10天，破室而出。土室对幼虫有保护作用，因为破坏了土室，在自然条件下，极易被蚂蚁、步甲等天敌猎食。试验证明，无土室的幼虫不能化蛹，也不能羽化。

天敌　参考本书"红脚绿丽金龟"的相关内容。这些天敌对控制害虫有重要作用，应加强保护利用。

主要控制技术措施　若该害虫种群密度很高，需要进行防治时，参考本书"红脚绿丽金龟"的油茶金龟类害虫主要控制技术措施。

鞘翅目

金龟科

成虫背面观

成虫各足绒毛特征

9 铜绿异丽金龟

别名：铜绿丽金龟

学名：*Anomala corpulenta* Motschulsky

分类：鞘翅目 ISOPTERA　丽金龟科 Rutelidae

分布与为害　在我国主要分布于广西、广东、海南、四川、湖南、湖北、江西、浙江、江苏、安徽、山东、河南、河北、山西、陕西、甘肃、宁夏、内蒙古、辽宁、吉林、黑龙江等地；在国外分布于朝鲜等。主要寄主有油茶、桉树、龙眼、荔枝、油桐、杨、柳、榆、松、杉、栎、乌桕、板栗、核桃、枫杨、柏、苹果、沙果、花红、海棠、葡萄、丁香、梨、桃、杏、樱桃、柿、木麻黄等。成虫为害成林、幼林、采穗圃及苗木的叶、花蕾等，食叶致孔洞或缺刻，残留叶脉似网络状，也可把全树或局部林分叶子吃尽；初孵幼虫取食腐殖质，幼虫长大后取食为害各类寄主植物的根部及幼苗根基部。据报道，1981 年广东雷州林业局柠檬桉林被害株率达 100%，伞房花桉的花蕾全部被食光，以至致不能结实。

形态特征　**成虫**　体长 16~22mm，体宽 8.3~12mm。体中型，长卵圆形，背腹扁圆形。体背铜绿色，头、前胸背板色泽明显较深，鞘翅色较浅而泛铜黄色，唇基前缘、前胸背板两侧呈淡褐色条斑。臀板黄褐色，常有 1~3 个形状多变的铜绿色或古铜色斑点，腹面多呈乳黄色或黄褐色。头大，唇基短阔，梯形，头面布稠密刻点。触角 9 节，黄褐色。前胸背板大，侧缘略呈弧形；前侧角尖锐前伸，后侧角钝角形；前缘边框有显著角质饰边，后缘边框中断，表面散布浅细刻点。小盾片近半圆形。鞘翅密布刻点；背面有 2 条纵肋，缘折长达后端，边缘有膜质饰边。胸下密被绒毛，腹部每节腹板有毛 1 排。前足胫节外缘有 2 齿，内缘距发达。前、中足爪大小相等，大爪端部分叉，后足大爪不分叉。臀板三角形。**卵**　初产时乳白色，长 1.6~1.9mm，宽 1.3~1.4mm。孵化前近圆形，长 2.4~2.6mm，宽 2.1~2.3mm，卵壳表面比较光滑。**幼虫**　第 3 龄成熟幼虫体长可达 30~33mm，头宽 4.9~5.3mm。头部前顶刚毛每侧 6~8 根，呈一纵列。额中侧毛每侧 2~4 根。内唇端感区的刺多数 3 根，少数 4 根。圆形感觉器 9~11 个，其中 3~5 个较大，感前片新月形，内唇前片连接在其下方，左上唇根侧突向下呈近直角状弯

中龄幼虫

大龄幼虫

背面观（郑霞林　提供）

腹面观（郑霞林　提供）

土中卵粒

曲。肛腹片后部复毛区的刺毛列，每列由13~19根长针状刺毛组成，刺毛列的刺尖相交或相遇，后端稍向外岔开。刺毛列的前端不达复毛区的前部边缘。**蛹**　体长18~22mm，体宽9.6~10.3mm，土黄色，长椭圆形，稍弯，腹部背面有6对发音器。臀节腹面：雄蛹有四裂的瘤状突起，雌蛹较平坦，无突起。

发生特点　1年发生1代，以第3龄幼虫或少数以第2龄幼虫在土中越冬。翌年5月开始化蛹，成虫出现期为6~8月，6月中下旬至7月上旬为盛发期，南方早于北方。成虫高峰期始见卵，幼虫8月出现，11月进入越冬期。成虫羽化出土与5、6月降水量有密切关系，如雨量充沛，出土较早，盛发期提前。成虫白天隐伏于杂灌丛、草皮或表土内，黄昏后出土活动，闷热无风无雨的夜晚活动最盛，低温、大风或降雨天气很少活动。成虫食性杂，食量大，群集为害发生较多的年份，桉树等林木、果树的叶子常被吃光，尤其对小树幼林为害严重。成虫有假死性和强烈的趋光性，对黑光灯尤其敏感。成虫多数在寄主树上交尾，每晚先交尾后取食，21~22时为活动高峰，后半夜逐渐减少，翌日黎明前飞离树冠。成虫一生交尾多次，平均寿命约30天。产卵多选择在5~6cm深土中及寄主根系附近，卵散产，每雌平均产卵约40粒。卵期10天，最适孵化条件为土壤含水量在10%~15%，土壤温度为25℃。第1~2龄幼虫见于7~8月，食量较小；9月后多数进入第3龄，食量猛增，越冬后又继续为害至5月。第1龄幼虫期20~28天，第2龄期23~28天，第3龄期265~268天。老熟幼虫在5月下旬至6月上旬进入蛹期，先做蛹室，预蛹期约13天，蛹期9~10天。

天敌　参考本书"红脚绿丽金龟"的相关内容。这些天敌对控制害虫有重要作用，应加强保护利用。

主要控制技术措施　若该害虫种群密度很高，需要进行防治时，参考本书"红脚绿丽金龟"的油茶金龟类害虫主要控制技术措施。

10 红脚异丽金龟

别名：红脚绿丽金龟、大绿丽金龟
学名：*Anomala rupripes* Linn.
分类：鞘翅目 ISOPTERA　丽金龟科 Rutelidae

分布与为害　在我国主要分布于广西、广东、贵州、台湾、浙江、江苏、安徽、福建、湖北、江西、四川、云南等地。主要寄主有油茶、桉、木麻黄、泡桐、火力楠、红锥、米老排、板栗、栎类、人面果、重阳木、柿、油桐、杧果、肉桂、荔枝、龙眼、阳桃、橄榄、黄檀、大叶相思、蚬木、八角、榕树、凤凰木、松、枫树等林木和其他农作物。成虫将叶片吃成网状，残留叶脉，重者整株叶片被吃光，影响油茶、桉树等材积生长和其他果木产量；初孵幼虫取食腐殖质，稍长大后幼虫为害各种苗木和作物根部及幼茎，20 世纪 90 年代初期，广东、广西沿海速生桉经营者曾以死鱼烂虾作基肥，诱发该害虫大发生，导致大量新造桉树幼树死亡。

形态特征　**成虫**　体长 18~26mm，体宽 9~12mm。体呈椭圆形。前胸背板及鞘翅呈青绿色，有光泽，腹面及足紫铜色，具金属光泽。唇基前、侧缘上卷，前角圆弧形。下颚须末节呈长椭圆形，顶端收缢，其上具阔叶状陷痕。触角 9 节，棕红色，具光泽，柄节基部细小，前端肥大，长度为第 2~4 节之和，外缘生 1 列黄色绒毛。前胸背板两侧圆形有边框，中央凸出，前缘向前呈半圆形弯曲。小盾片钝三角形，后缘具紫红色光泽。鞘翅布满圆形小刻点，边缘稍上卷，带紫红色光泽，末端各具一突起。前足基节密生黄色绒毛，胫节扁阔，外缘具 2 锐齿，内侧有 1 枚棘状距。中足各节细长，散生黄毛。后足各节稀生黄色绒毛，腿节扁宽，肥大，侧边生黄毛 1 列，胫节外缘横生 2 列刺，内侧有 2 距。腹部可见 6 节，背板黑褐色，侧板、腹板紫红色，有光泽，臀板三角形。腹部露出鞘翅外 2 节。雄虫第 6 腹板后缘具一黑褐色带状膜，雌性则无此膜。**卵**　长 2.0mm，宽 1.5mm。乳白色，椭圆形。**幼虫**　共 3 龄，第 3 龄时乳白色，最长体长 40~56mm，头宽 5.5~6.5mm。头部前顶刚毛每侧 4 根，成一纵列；后顶刚毛每侧 1 根较长。额中侧毛各侧 3 根，成一斜列。臀节腹面复毛区的刺毛列由 2 种毛组成，前段为尖端微向中央弯曲的短锥状刚毛，每列 11~16 根；后段为长针状刺毛，每列 13~19 根，其中常夹有极少短锥状刺毛；刺毛列前段稍靠近，后段略宽，但长针状刺毛的尖端相遇或交叉；刺毛的前端超出钩毛区的前沿。刺毛列两侧和后面有钩毛约 130 根。肛门孔呈横裂缝状。**蛹**　体长 20~30mm，体宽 10~13mm。体椭圆形。唇基近横方形，前角钝。触角靴状。前胸背板横宽，前角前伸，侧缘弧形外扩，后缘弧形后弯。腹部第 1~4 节气门淡

成虫背面观

成虫侧面观

成虫腹面观

成虫及卵粒

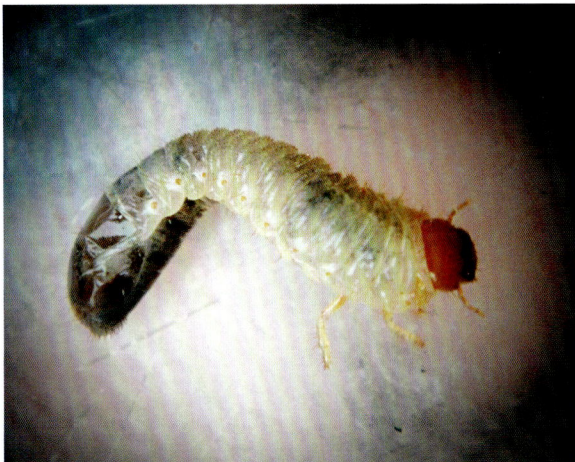
中龄幼虫

大龄幼虫

褐色，近椭圆形，不隆起，气门腔不显；第5~8节气门退化，呈与体同色的小点。发音器6对，分别位于第1~7节背板中央的相邻两节相连处，第6对发音器退化，与体同色。腹部第8节后缘中央呈钝舌状后突。雄蛹臀节腹面阳基侧突呈横扁圆形，阳基位于其前方中央；雌蛹臀节腹面平坦，生殖孔位于第9节前缘中间。

发生特点　1年发生1代，以第3龄老熟幼虫在土中越冬。翌年3~4月在土中2~3cm深处作室化蛹，若蛹室破坏，可导致大多数蛹死亡。成虫发生期在4~8月，盛发期为6~7月。成虫昼夜均可取食，喜食嫩叶和花，在食料不足时也为害老叶。气温高、闷热无风夜晚成虫大量活动。成虫具趋光性、假死性。成虫取食1个月后开始交尾产卵，卵散产于土中，更喜产在新腐熟堆肥内；成虫白天在土中产卵，晚上又可出土取食为害；每雌平均产卵60~80粒，产卵后4~7天死亡。一般卵期为11~16天；幼虫期310~320天，其中第1龄期30~40天，第2龄期40~60天，第3龄期200~280天；蛹期9~21天；成虫期50~80天。

天敌　天敌很多，如鸟类、刺猬、青蛙、步行虫等，都能捕食成虫；食虫虻喜捕食正在飞翔的金龟子，其幼虫在土中也取食蛴螬；捕食性天敌昆虫还有螳螂、步甲、蚂蚁、大斑土蜂、臀钩土蜂等；寄生性天敌有金龟长喙寄蝇、线虫、白僵菌、绿僵菌、病毒、立克次氏体等。天敌对控制

自然态成虫

害虫种群有明显作用，应加强保护和开发利用。

油茶金龟类害虫主要控制技术措施 （1）加强预测预报。设置固定监测点，进行定期踏查，严密监视害虫发生发展动态，做好预测预报工作；重点抓好虫源地测报，及时正确指导防治工作。（2）营林技术措施。砍伐寄主林中的老树、弱树、杂灌木等，剪除树林内枯枝，降低林木密度；清除田间杂草，实行深耕细作，有利于消灭土中蛴螬、卵、蛹等，以降低虫源数量。（3）灯光诱杀。在金龟成虫严重为害区设置诱虫灯或频谱式杀虫灯进行诱杀，同时诱虫灯周围的土壤中有大量的卵及幼虫，给集中消灭创造了条件。（4）人工措施。在高密度虫源区，在成虫羽化盛期，实施人工振落捕杀。（5）科学保护、利用自然天敌。严格控制在林分内施药；必须采用药剂防治其他害虫时，不要滥用化学农药，尽量选用生物农药；使用农药治虫时，要设置天敌保护隔离区；尽量在天敌休眠期或相对安全期用药，避免伤害天敌；加强天敌保护利用。（6）药剂防治。在卵孵化盛期前，在高虫口严重为害区每亩于地面用 15~20g 森得保可湿性粉剂加入 30~35 倍中性载体喷粉，或喷撒 10％吡虫啉可湿性粉剂；成虫为害严重林区，可于成虫始盛发期每亩用 15~20g 森得保可湿性粉剂 1500~2000 倍液喷撒，或喷撒 5％吡虫啉可湿性粉剂 1500~2000 倍液等。

11

棉花弧丽金龟

分布与为害　在我国主要分布于广西、台湾、浙江、山东、山西、河南、河北、北京、山西、陕西、辽宁等地；在国外分布于越南、朝鲜、日本等。已记载的寄主有油茶、竹、柿、棉花、玉米、高粱、豆类及多种花卉植物等。以成虫取食寄主植物嫩梢、嫩叶、花器，钻蛀果实等，导致落叶、落果；以幼虫在土中为害根系，是重要的地下害虫，影响油茶林和其他寄主林木的生长和产量。

形态特征　成虫　体长 11~14mm，宽 6~8mm，属中型；体椭圆形，全体深蓝色带紫色，有绿色闪光。头小，唇基前缘弧形，上卷，复眼土黄色至黑色。触角 9 节，雄大雌小。前胸背板隆拱，基部明显狭于鞘翅，前缘呈弧形内弯，侧缘前段呈弧形外扩，斜边直，仅外侧有很短边框。小盾片圆三角形。鞘翅短，后部略收狭，背面有略低陷点刻沟 6 条，肩突明显，在小盾片后方有深显横凹。臀板强度隆拱，密布刻点，无白色毛斑。足粗壮，前足胫节外侧具 2 齿，前大后小，小齿对面下方，具 1 个内缘距。中、后足胫节外侧各有 2 列带粗刺毛的斜横脊，胫端具有 2 个长短不同的端距。跗节 5 节，末节最长，端部生有 1 对不等大的爪，大爪分叉，小爪不分叉。在中胸中足基节间有一前伸的中胸腹突，超出中足基节前

成虫啃食油茶果皮

成虫钻入裂果内取食

标本成虫背面特征

标本成虫臀斑特征

成虫腹面特征

缘。腿节、各腹节腹面着生黄细毛。**幼虫** 体长24~28mm。肛腹片复毛区有 2 行纵向的刺毛列，每列 5~7 根，由前向后稍分开，两刺毛列的尖端相遇或交叉；刺毛列的附近有斜向上方的长针状刺毛，长针状刺毛的上面和下面密生锥状短毛。**蛹** 属离蛹。

发生特点 各地 1 年发生 1 代，以第 2、3 龄幼虫在土中 20~30cm 深处越冬。5~6 月为化蛹盛期。7~8 月为成虫盛发期。成虫出土后经过 3~8 天补充营养，就在取食场所交尾，每次交尾 10~30分钟，一般经 2~3 次交尾，于 7 月中旬至 8 月产卵。成虫产卵对土质选择性不强。卵产在 5~15cm

深土中，每雌产卵 7~34 粒。成虫寿命约 1 个月，长的达 2 个月。卵期 10~16 天，7 月下旬至 9 月上旬孵化。幼虫历时 286~302 天，第 1~3 龄幼虫历时依次为 16~18、23~116、172~261 天。蛹历期 10~16 天。

天敌 参考本书"红脚绿丽金龟"的相关内容。这些天敌对控制害虫有一定作用，应加强保护和开发利用。

主要控制技术措施 若该害虫种群密度很高，需要进行防治时，参考本书"红脚绿丽金龟"的油茶金龟类害虫主要控制技术措施。

12

华胸突鳃金龟

学名：*Hoplosternus sinenesis* Guerin

分类：鞘翅目 ISOPTERA　鳃金龟科 Melolonthidae

分布与为害　在我国目前仅知分布于广西、广东、海南、江西等地。成虫取食为害油茶等经济林果木的嫩叶、嫩茎、嫩芽、成叶及钻蛀幼果等；幼虫取食为害各种苗木及作物的地下根、茎；为害严重时对寄主的生长、发育及产量有一定影响。

形态特征　**成虫**　体长32.8mm，宽17mm。体长椭圆形，背面密被长和短两种针尖形黄褐鳞片（或称鳞毛）与刻点。头、前胸背板基部中央黑褐色并有金绿色光泽有些标本近后侧角处有2个棕黑色圆斑；鞘翅背面大部栗褐色，但外侧及腹面棕黑色，臀板黑褐色或灰褐色。头大，头面平整，唇基长、大，前缘中微凹，刻点密，额或头顶刻点大而较稀。触角10节，鳃片部7节长大

（♂）或6节短直（♀）。前胸背板阔而弧拱，刻点匀密，侧缘弧形扩出，边框为具毛刻点所断，前侧角钝，后侧角略锐角形或直角形，后缘波形弯曲，中段向后弧凸。小盾片短阔近半圆形。鞘翅后方略收狭，4条纵肋狭，纵肋Ⅲ最弱但可辨，缘折圆匀，后方止于弧弯处。臀板近三角形，末端横截或弧形。胸下密被棕褐绒毛。中胸腹板有前伸滑亮锥形腹突。腹下密被黄褐短鳞毛，前4或5腹板两侧有时有模糊的乳白三角形斑。足较壮，前胫外缘3齿，齿距近等。爪下齿接近爪基。

幼虫　体长50~60mm在肛腹片腹毛区中间的刺毛列，每列由18~24根短锥形刺毛所组成。

发生特点　无详细资料。笔者在海南于4月中旬就拍摄到成虫取食为害油茶树嫩叶、嫩芽、

成虫侧背面观

成虫取食嫩梢

成虫侧腹面观

成虫腹部末端背面特征

嫩茎。其他有关发生特点参考本书"红脚绿丽金龟"的相关内容。

天敌　参考本书"红脚绿丽金龟"的相关内容。这些天敌对控制害虫有重要作用，应加强保护利用。

主要控制技术措施　若该害虫种群密度很高，需要进行防治时，参考本书"红脚绿丽金龟"的油茶金龟类害虫主要控制技术措施。

13	**东方绢金龟**	别名：黑绒金龟子、天鹅绒金龟子、东方金龟子
		学名：*Serica orientalis* Motschulsky
		分类：鞘翅目 ISOPTERA　鳃金龟科 Melolonthidae

分布与为害　在我国主要分布于海南、广东、东北、华北、宁夏、甘肃、河南、山东、江苏、安徽等地。重要林业害虫之一，尤其对苗木为害严重。成虫是重要的食叶害虫，食性甚杂，可为害 40 余科约 150 种植物，如油茶、牡丹、芍药、菊花、月季、羊蹄甲、臭椿、沙枣、大叶相思、泡桐、苦楝、花梨木、腊肠树、苹果、梨、桃、杏、枣、梅花等。在北方部分地区，由于它每年出土活动早，数量大，常群聚为害苗木、防护林、固沙林和果树的芽苞、嫩芽，造成严重损失。幼虫食害作物、树木的地下部分，因食量小，食性杂，一般不造成严重损害。

形态特征　**成虫**　体长 6~9mm，体阔 3.1~5.4mm。小型甲虫，体卵圆形，黑色或黑褐色，也有棕色个体，微有虹彩闪光。头大，唇基长大、粗糙而油亮，刻点稠密，有少数刺毛，中央多少隆凸、额唇基缝钝角形后折，与前缘几平行。触角 9~10 节，多数为 9 节，鳃片部 3 节。头面有绒状闪光层。前胸背板短阔，前后缘几平行，密布粗深刻点，前缘、侧缘有长毛，前侧角前伸锐角形，后侧角钝角形，后缘无边框。小盾片舌形。鞘翅粗糙，密布刻点，有 9 条浅纵沟。臀板大，三角形，雄体臀板末端向前弯，侧缘内弯。腹部每个腹板有毛一排。足较细短，前足胫节扁阔，外缘有 2 齿，后足胫节狭厚，散布着深而明显的刻点，着生于跗节两侧。爪成对，爪端深切。**卵**　呈椭圆形，乳白色，有光泽，孵化前色泽逐渐变暗。**幼虫**　成熟幼虫体长可达 16~20mm。头黄褐色。体弯曲，污白色，全体具黄褐色刚毛。胸足 3 对，后足最长。腹部末节腹毛区中央有笔尖形空隙，腹

成虫交尾侧面观

成虫取食嫩芽

雌成虫在取食嫩梢

毛区后缘有 12~26 根长而扁的刺毛，排列成横弧形，中央明显中断，肛孔呈三射裂缝状。**蛹** 体长为 6~9mm，黄褐色至黑褐色，蛹的腹部末端有臀刺 1 对。

发生特点 1 年发生1代，在北方秋末和初冬以幼虫在 20~30cm 土层内越冬，3 月初化蛹，蛹期 10 天左右。第 2 年当该虫越冬土层解冻时，越冬成虫开始活动。4~5 月初，连续 5 天平均气温在 10℃以上时，成虫开始大量出土；在南方以成虫于土中越冬。出土成虫开始多集中在蒲公英、苦荬菜等发芽早的阔叶杂草上取食，也喜食榆树和杨树的嫩叶。笔者在海南于 4 月中旬就拍摄到成虫为害油茶树，并在油茶树上交尾。夏初成虫开始为害烟草。一般在 4 月下旬至 5 月上旬初见成虫，6 月中、下旬为害盛发期，7 月初仍可有零星虫口出现，7 月中旬后，其他寄主植物茂盛，成虫纷纷离开烟田，迁往其他寄主植物上取食。一般成虫昼伏夜出为害，但在海南成虫白天亦为害；成虫迁飞性较强，傍晚 7 时左右开始活动，10~11 时取食活动最盛。黎明时，成虫潜伏于烟草或其他寄主根部、土壤中、杂草或秸秆内。群集为害，常将新植苗木萌发的芽苞啃光，使成片新植林干枯死亡。成虫有趋光性和假死性。成虫取

成虫触角特征

食期间也是交配产卵的季节，夏末和初秋成虫开始产卵，卵单个产于植物根际附近的表土层中。幼虫食害根系，食量小，为害不严重。老熟后潜入土中 20~30cm 处化蛹，羽化出成虫但不出土，仍在土中越冬。

天敌 参考本书"红脚绿丽金龟"的相关内容。天敌对控制害虫种群有重要作用，应加强保护利用。

主要控制技术措施 若该害虫虫口密度很高，需要进行防治时，参考本书"红脚绿丽金龟"的油茶金龟类害虫主要控制技术措施。

14 黄色大蚊

学名：*Nephrotoma* sp.

分类：双翅目 DIPTERA　大蚊科 Tipulidae

因其全体大致为黄色，故笔者暂给此中文名。

分布与为害　在我国分布地区尚不清楚；在国外分布于越南。主要为害油茶植物。为害特性同本书"斑大蚊"，以幼虫取食种芽、幼苗根茎、嫩根、须根，阴雨天幼虫可钻出地表为害植物叶柄和嫩叶，为害严重植株或地块，会影响寄主正常生长。

形态特征　成虫体长约 20mm，翅展 40mm，雄虫略小，雌虫较大，为较大型种类。成虫体淡黄色至黄白色，头部黄色；复眼黑色，位于头部两侧，大而明显，约占头部一半。触角位于两复眼连线正中前方，鞭状，灰白色。下唇须长，略前伸，灰褐色。胸部背板黄白色；前胸背板弓凸，较窄；中胸背板弓凸，较宽；后胸背板较弓凸，略呈长方形，中央有纵凹。前翅半透明，略有光泽；翅脉显，灰褐色；翅端部区域黑褐色。足黄白色，足特长，超过体长 2 倍以上；跗节也长，约与身体等长。卵及幼虫特征参考本书"斑大蚊"的相关内容。

发生特点　未见报道。有关情况参考本书"斑大蚊"的相关内容。

主要控制技术措施　一般不会大暴发，不需要进行防治。若局部林分种群数量较高，需要进行防治时，参考本书"斑大蚊"的相关内容。

成虫背面观

成虫侧面观

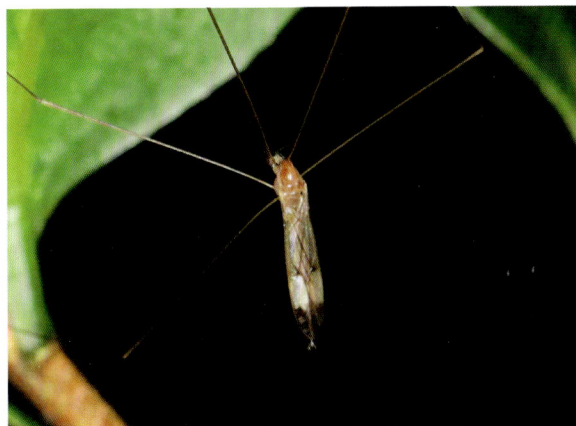
成虫体背面观

成虫侧面虫体放大

斑大蚊

学名：*Nephrotoma appendiculata*

分类：双翅目 DIPTERA 大蚊科 Tipulidae

分布与为害 在我国主要分布于中部和南方地区。主要为害油茶、油桐、板栗、多种花卉植物、棉花、小麦、西瓜、黄瓜等植物，以幼虫取食种芽、幼苗根茎、嫩根、须根，阴雨天幼虫可钻出地表为害植物叶柄和嫩叶，为害严重植株或地块，会影响寄主正常生长。

形态特征 **成虫** 体长 16~26mm，翅展 38~46mm，雄虫略小，雌虫较大，为大型种类。成虫体深黄色至棕黄色，头部深黄色；复眼黑色，位于头部两侧，大而明显，约占头部一半。触角位于两复眼连线正中前方，鞭状，黑褐色。下唇须长，略前伸，灰褐色。前胸背板有 3 条纵向排列的红褐色斑，中纵斑伸达前、后缘；中胸背板四周黄褐色；后胸近方形，四周黄褐色，中央有 1 条褐色纵隐斑。前翅半透明，略有光泽；翅脉显，黑色；在前缘脉与径脉上有很多黑色长毛，在近翅顶处有 1 枚灰黑色痣。足特长，超过体长 2 倍以上；跗节也长，约与身体等长；腿节、胫节除端部黑色外，大部黄褐色，跗节黑褐色。

卵 黑色，椭圆形，直径约 0.2mm。**幼虫** 体长 10~30mm，无足，体深灰色，多横皱褶，体表无光泽，有刚毛；无明显头部，头端黑色，受刺激可缩入体内，尾部向后上方生长 2 对触角状物，其下方有两个眼状斑，尾部下方有 1 对足状物，碰触后可回缩。

发生特点 幼虫白天躲在 2~4cm 潮湿土中，在地下为害植物的种芽和幼苗根茎，早晚及阴雨天钻出地表为害植物叶柄和嫩叶。施用未腐熟鸡粪羊粪等有机肥的地块，虫量大，为害重。与分布在我国东北、华北的花卉植物害虫黄斑大蚊接近。据报道，在北京 1 年发生 2 代，以老熟幼虫在土中越冬，越冬幼虫翌年 5 月化蛹、成虫羽化，6 月第 1 代成虫产卵，7~8 月为第 1 代幼虫为害期，8 月化蛹、成虫羽化，9 月第 2 代成虫产卵、孵化，10 月后幼虫陆续越冬。在广西南宁每年 7 月有 1 次成虫活动盛期，即为成虫的交配、繁殖盛期。成虫非刺吸式口器，不叮人吸血，不取食，仅吸点水分。成虫主要活动是求偶、交配、繁殖。成

成虫正在交尾

雌雄成虫体背特征

虫的寿命约 10 天。成虫产卵于土中。

主要控制技术措施 （1）加强监测和预测预报。设置固定监测点，定期踏查，严密监视害虫发生发展动态，做好害虫预测预报工作。特别是预报虫源地及第 1 代成虫发生始盛期，准确指导防治，提高防治效果。（2）人工捕杀。成虫发生期进行人工捕杀，尤其是越冬成虫发生期比较一致，捕杀成虫效果很好。（3）药剂防治。在害虫局部高虫区，当害虫的幼虫对寄主植物根部为害造成地上部分萎蔫时，在卵孵化盛期前，在高虫口的严重为害区每亩于地面用 15~20g 森得保可湿性粉剂加入 30~35 倍中性载体喷粉，或喷洒 10% 吡虫啉可湿性粉剂，并浅锄浅翻，让药剂掺入土内，在土壤湿度较大时更有利于发挥药效。

成虫在油茶树叶面活动

第三章

油茶其他有害生物

1 同型巴蜗牛

学名：*Bradybaena similaris* (Ferussac)

分类：柄眼目 STYLOMMATOPHORA　巴蜗牛科 Bradybaenidae

分布与为害　分布甚广，在我国主要分布于广东、广西、海南、台湾、福建、浙江、江西、湖南、湖北、四川、重庆、云南、山东、陕西、甘肃、内蒙古等地；在国外分布于泰国等。主要为害油茶、油桐、八角、肉桂、枣、青枣、紫薇、紫荆、芍药、牡丹、海棠、玫瑰、月季、蔷薇、槐、刺槐、杨、椿、圆柏、油松、侧柏、佛手、烟草等。初孵幼贝只取食寄主叶肉，留下表皮，略呈透明状；长大后可用齿舌舔磨叶片致缺刻或孔洞，或咬断嫩枝、嫩茎。

形态特征　**成贝**　体型较小，贝壳扁球形，壳高约 12mm，宽约 16mm。体黄褐色、红褐色或梨色，有 5~6 个螺层，顶部几个螺层增长缓慢，体螺层增长迅速、膨大。壳顶钝圆，缝合线深。在体螺层周缘和缝合线上，常有 1 条暗褐色带，少数个体缺。壳口马蹄形。脐孔呈圆孔状，小而深。**卵**　圆球形，白色。**幼贝**　初孵时贝壳淡黄褐色，半透明，隐约可见壳内乳白色肉体。

发生特点　1 年繁殖 1 代，以成贝或幼贝在枯枝落叶层下面或寄主根部浅土层中越冬。成贝于 4~5 月产卵，大多产在寄主植物根际附近疏松湿润的土中、土缝内，或产于石块及枯枝落叶层下。每雌可产卵数十粒至 200 余粒。常活动于较潮湿的寄主林内、杂灌丛、草丛、枯枝落叶层中，以及温室、畜圈周边阴暗且多腐殖质的环境，适应性很广。每天多在黄昏后至翌日清晨活动，阴天也能全天活动取食，日出后隐伏。

主要控制技术措施　（1）营林控制技术措施。结合中耕除草，将其隐藏场所杂物清除，将产在土壤内的卵翻到表层晒死；设置草堆诱捕幼贝及成贝；在清晨和黄昏蜗牛在寄主上取食为害时，人工捕杀。（2）撒生石灰粉防治。于傍晚在蜗牛活动为害较重的地方撒生石灰粉，可杀成贝、幼贝。（3）药剂防治。蜗牛较多、为害较重的地方可用药剂防治：①每公顷用 8% 灭蜗灵颗粒剂或 10% 蜗牛敌（聚乙醛）颗粒剂 10~15kg，拌细土 150~200kg，于傍晚撒放田间或林间；②每公顷用 6% 密达颗粒剂 6kg 拌干细土或细沙撒于被害寄主附近土面；③每公顷用 380g70% 百螺杀可湿性粉剂稀释喷雾或制成毒土撒施；每亩于地面用 15~20g 森得保可湿性粉剂加入 30~35 倍中性载体喷粉，或喷撒 10% 吡虫啉可湿性粉剂等。

成贝为害油茶叶

幼贝

成贝粪便及为害状

成贝壳顶与螺层（摄于泰国）

成贝斜侧面观（摄于泰国）

成贝侧面观

头部触角两对

参考文献

蔡荣权, 1979. 中国经济昆虫志：第十六册 鳞翅目舟蛾科 [M]. 北京：科学出版社.

陈世骧, 谢蕴贞, 邓国藩, 1959. 中国经济昆虫志：第一册 鞘翅目天牛科 [M]. 北京：科学出版社.

陈世骧, 1986. 中国动物志·昆虫纲：第二卷 鞘翅目铁甲科 [M]. 北京：科学出版社.

陈守常, 曾大鹏, 1989. 油茶病害及其防治 [M]. 北京：中国林业出版社.

陈一心, 1985. 中国经济昆虫志：第三十二册 鳞翅目夜蛾科（四）[M]. 北京：科学出版社.

方承莱, 1985. 中国经济昆虫志：第三十三册 鳞翅目灯蛾科 [M]. 北京：科学出版社.

葛钟麟, 丁锦华, 田立新, 等, 1984. 中国经济昆虫志：第二十七册 同翅目飞虱科 [M]. 北京：科学出版社.

葛钟麟, 1964. 中国经济昆虫志：第十册 同翅目叶蝉科 [M]. 北京：科学出版社.

何学友, 2016. 油茶常见病及昆虫原色生态图鉴 [M]. 北京：科学出版社.

侯陶谦, 1987. 中国松毛虫 [M]. 北京：科学出版社.

黄复生, 朱世模, 平正明, 等, 2000. 中国动物志·昆虫纲：第十七卷 等翅目 [M]. 北京：科学出版社.

黄复生, 2002. 海南森林昆虫 [M]. 北京：科学出版社.

蒋国芳, 郑哲民, 1998. 广西蝗虫 [M]. 桂林：广西师范大学出版社.

蒋书南, 1989. 中国天牛幼虫 [M]. 重庆：重庆出版社.

蒋书楠, 蒲富基, 华立中, 1985. 中国经济昆虫志：第三十五册 鞘翅目天牛科（三）[M]. 北京：科学出版社.

林伟, 蒋露, 徐浪, 等, 2017. 红树害虫斑点广翅蜡蝉研究进展 [J]. 中国森林病虫, 36(6):4.

刘崇乐, 朱弘复, 钦俊德, 等, 1962. 英汉昆虫学辞典 [M]. 北京：科学出版社.

刘崇乐, 1963. 中国经济昆虫志：第五册 鞘翅目瓢虫科 [M]. 北京：科学出版社.

刘广瑞, 章有为, 王瑞, 1997. 中国北方常见金龟子图鉴 [M]. 北京：中国林业出版社.

刘文爱, 范航清, 2009. 广西红树林主要害虫及其天敌 [M]. 南宁：广西科学技术出版社.

刘友樵, 白九维, 1977. 中国经济昆虫志：第十一册 鳞翅目卷蛾科（一）[M]. 北京：科学出版社.

陆家云, 2001. 病原植物真菌学 [M]. 北京：中国农业出版社.

马文珍, 1995. 中国经济昆虫志：第四十六册 鞘翅目 花金龟科 斑金龟科 弯腿金龟科 [M]. 北京：科学出版社.

庞雄飞, 毛金龙, 1979. 中国经济昆虫志：第十四册 鞘翅目瓢虫科（二）[M]. 北京：科学出版社.

蒲富基, 1980. 中国经济昆虫志：第十九册 鞘翅目天牛科（一）[M]. 北京：科学出版社.

谭娟杰, 虞佩玉, 1980. 中国经济昆虫志：第五十四册 鞘翅目叶甲总科（一）[M]. 北京：科学出版社.

王平远, 1980. 中国经济昆虫志：第二十一册 鳞翅目螟蛾科 [M]. 北京：科学出版社.

王子清, 2001. 中国动物志·昆虫纲：第二十二卷 同翅目蚧总科 [M]. 北京：科学出版社.

王子清, 1994. 中国经济昆虫志：第四十三册 同翅目蚧总科 [M]. 北京：科学出版社.

韦维, 吴耀军, 杨忠武, 等, 2014. 广西林业重要有害生物防治技术图鉴 [M]. 南宁：广西科学技术出版社.

魏景超, 1979. 真菌鉴定手册 [M]. 上海：上海科学技术出版社.

吴继传, 2001. 中国鸣虫谱 [M]. 北京：北京出版社.

武春生, 方承莱, 2003. 中国动物志·昆虫纲：第三十一卷 鳞翅目舟蛾科 [M]. 北京：科学出版社.

武春生, 1998. 中国动物志·昆虫纲：第七卷 鳞翅目祝蛾科 [M]. 北京：科学出版社.

奚福生, 罗基同, 李贵玉, 等, 2007. 中国桉树病虫害及害虫天敌 [M]. 南宁：广西科学技术出版社.

夏凯龄, 等, 1994. 中国动物志·昆虫纲：第四卷 直翅目蝗总科 癞蝗科 瘤锥蝗科 锥头蝗科 [M]. 北京：科学出版社.

萧刚柔, 1992. 中国森林昆虫 [M]. 2 版（增订本）. 北京：中国林业出版社.

杨惟义, 1962. 中国经济昆虫志：第二册 半翅目蝽科 [M]. 北京：科学出版社.

杨星科, 2004. 广西十万大山昆虫 [M]. 北京：中国林业出版社.

殷蕙芬, 黄复生, 李兆麟, 1984. 中国经济昆虫志：第二十九册 鞘翅目小蠹科 [M]. 北京：科学出版社.

尤其儆, 黎天山, 张永强, 等, 1988. 广西经济昆虫图册：植食性昆虫 [M]. 南宁：广西科学技术出版社.

余道坚, 刘绍基, 张润志, 2015. 红树重要害虫——斑点广翅蜡蝉 [J]. 应用昆虫学报, 52(5):1.

虞佩玉, 王书永, 杨星科, 1996. 中国经济昆虫志：第十八册 鞘翅目叶甲总科（二）[M]. 北京：科学出版社.

袁锋, 周尧, 2002. 中国动物志·昆虫纲：第二十八卷 同翅目角蝉总科犁胸蝉科 角蝉科 [M]. 北京：科学出版社.

袁嗣令, 1997. 中国乔、灌木病害 [M]. 北京：科学出版社.

张广学, 钟铁森, 1983. 中国经济昆虫志：第二十五册 同翅目蚜虫类（一）[M]. 北京：科学出版社.

张汉鹄, 谭济才, 2004. 中国茶树害虫及其无公害治理 [M]. 合肥：安徽科学技术出版社.

张继祖, 徐金汉, 1996. 中国南方地下害虫及其天敌 [M]. 北京：中国农业出版社.

张芝利, 1984. 中国经济昆虫志：第二十八册 鞘翅目金龟总科幼虫 [M]. 北京：科学出版社.

章士美, 等, 1995. 中国经济昆虫志：第五十册 半翅目（二)[M]. 北京：科学出版社.

章士美, 丁道模, 沈荣武, 1964. 油茶害虫防治 [M]. 北京：中国农业出版社.

章士美, 1985. 中国经济昆虫志：第三十一册 半翅目（一)[M]. 北京：科学出版社.

赵丹阳, 秦长生, 1989. 油茶病虫害诊断与防治原色生态图谱 [M]. 北京：中国林业出版社.

赵养昌, 陈元清, 1980. 中国经济昆虫志：第二十册 鞘翅目象虫科 [M]. 北京：科学出版社.

赵仲苓, 2003. 中国动物志·昆虫纲：第三十卷 鳞翅目毒蛾科 [M]. 北京：科学出版社.

赵仲苓, 1978. 中国经济昆虫志：第十二册 鳞翅目毒蛾科 [M]. 北京：科学出版社.

赵仲苓, 1994. 中国经济昆虫志：第四十二册 鳞翅目毒蛾科（二）[M]. 北京：科学出版社.

郑哲明, 1998. 中国动物志·昆虫纲：第十卷 直翅目蝗总科 斑翅蝗科 网翅蝗科 [M]. 北京：科学出版社.

中国科学院动物研究所, 1981. 中国蛾类图鉴（Ⅰ)[M]. 北京：科学出版社.

中国科学院动物研究所, 1982. 中国蛾类图鉴（Ⅱ)[M]. 北京：科学出版社.

中国科学院动物研究所, 1982. 中国蛾类图鉴（Ⅲ)[M]. 北京：科学出版社.

中国科学院动物研究所, 1983. 中国蛾类图鉴（Ⅳ)[M]. 北京：科学出版社.

中国科学院动物研究所, 1986. 中国农业昆虫（上册）[M]. 北京：中国农业出版社.

中国科学院动物研究所, 1987. 中国农业昆虫（下册)[M]. 北京：中国农业出版社.

中国科学院动物研究所业务处, 1983. 拉英汉昆虫名称 [M]. 北京：科学出版社.

周尧, 路进生, 黄桔, 等, 1985. 中国经济昆虫志：第三十六册 同翅目蜡蝉总科 [M]. 北京：科学出版社.

周尧, 2000. 中国蝶类志 [M]. 郑州：河南科技出版社.

朱弘复, 陈一心, 1963. 中国经济昆虫志：第三册 鳞翅目夜蛾科（一)[M]. 北京：科学出版社.

朱弘复, 方承莱, 王林瑶, 1963. 中国经济昆虫志：第七册 鳞翅目夜蛾科（三)[M]. 北京：科学出版社.

朱弘复, 王林瑶, 1996. 中国动物志·昆虫纲：第五卷 鳞翅目蚕蛾科 大蚕蛾科 网蛾科 [M]. 北京：科学出版社.

朱弘复, 王林瑶, 1991. 中国动物志·昆虫纲：第三卷 鳞翅目圆钩蛾科 [M]. 北京：科学出版社.

朱弘复, 王林瑶, 1997. 中国动物志·昆虫纲：第十一卷 鳞翅目天蛾科 [M]. 北京：科学出版社.

朱弘复, 王林瑶, 1980. 中国经济昆虫志：第二十二册 鳞翅目天蛾科 [M]. 北京：科学出版社.

朱弘复, 杨集昆, 陆近仁, 1964. 中国经济昆虫志：第六册 鳞翅目夜蛾科（二)[M]. 北京：科学出版社.

庄瑞林, 2008. 中国油茶（第二版)[M]. 北京：中国林业出版社.

JIANG N, XUE D, HAN H, 2011. A review of Biston Leach, 1815 (Lepidoptera, Geometridae, Ennominae) from China, with description of one new species[J]. ZooKeys, 139: 45−96.

中文名索引

B

八点广翅蜡蝉 316
八点灰灯蛾 234
白点足毒蛾 215
白盾弧角蝉 340
白蛾蜡蝉 324
白星花金龟南方亚种 401
白痣姹刺蛾 112
斑蝉 332
斑大蚊 414
斑点广翅蜡蝉 313
斑缘巨蟓 285
半带黄毒蛾 191
半灰钩蚕蛾 153
半球盾蟓 261
报喜斑粉蝶 242
碧蛾蜡蝉 322
变色乌蜢 43
波纹枯叶蛾 142

C

菜无缘叶甲 88
茶白毒蛾 181
茶柄脉锦斑蛾 130
茶蚕蛾 149
茶长卷蛾 138
茶尺蠖 164
茶翅蟓 253
茶大蓑蛾 98
茶点足毒蛾 216
茶堆沙蛀蛾 371
茶黄毒蛾 198
茶茸毒蛾 187
茶天牛 356
茶细蛾 105
茶芽粗腿象甲 68
茶用克尺蛾 170
长白蚧 289
长瓣树蟋 46
齿负泥虫 82
吹绵蚧 300
春鹿蛾 226

D

大斑尖枯叶蛾 147
大钩翅尺蛾 168
大丽毒蛾 185
大青叶蝉 346
大蓑蛾 101
岱蟓 249
玳灰蝶 245
盗毒蛾 208
稻绿蟓 255
点蜂缘蟓 279
点足毒蛾 1 217
点足毒蛾 2 218
东方绢金龟 411
东方丽沫蝉 338
东方蝼蛄 386
短额负蝗 39
短角外斑腿蝗 37
堆蜡粉蚧 293

E

鹅点足毒蛾 210

F

分鹿蛾 219

粉蝶灯蛾 236

G

甘薯叶甲 77

柑橘黄卷蛾 135

柑橘灰象 72

沟翅土天牛 363

钩翅尺蛾 166

瓜绢野螟 141

广西灰象 74

桂南越北蝗 35

H

海丽花金龟 398

罕蝗 33

褐三刺角蝉 342

褐蓑蛾 104

褐缘蛾蜡蝉 326

黑翅土白蚁 393

黑额光叶甲 80

黑跗眼天牛 362

黑红胸异跗花萤 54

黑双棘长蠹 369

黑尾大叶蝉 344

黑膝剑螽 52

黑须棘缘蝽 269

黑颜单突叶蝉 352

横带宽盾蝽 263

红蝉 334

红负泥虫 83

红脚异丽金龟 404

红胸异跗花萤 53

弧角散纹夜蛾 237

华沟盾蝽 267

华胸突鳃金龟 409

环茸毒蛾 189

幻带黄毒蛾 201

黄刺蛾 116

黄带楔天牛 368

黄点带锦斑蛾 132

黄胫伏缘蝽 273

黄脸油葫芦 387

黄色大蚊 413

黄雪苔蛾 230

灰双线刺蛾 110

J

蓟跳甲 85

间掌舟蛾 179

肩勃缘蝽 268

娇弱鳎扁蜡蝉 321

堇色突肩叶甲 76

橘二叉蚜 302

巨蝽 287

巨网苔蛾 232

绢祝蛾 108

K

咖啡豹蠹蛾 379

考氏白盾蚧 291

可可广翅蜡蝉 312

阔边梳龟甲 63

L

蜡彩蓑蛾 91

蓝黑闪苔蛾 231

蓝绿象 64

蕾鹿蛾 220

丽盾蝽 259

丽叩甲 57

丽绿刺蛾 120

丽纹广翅蜡蝉 318

粒足赭缘蝽 276

龙眼鸡 308

螺纹蓑蛾 97

落叶松尖胸沫蝉 336

绿草蝉 335

绿金钟 45

绿脉锦斑蛾 129

M

麻皮蝽 251

杧果扁喙叶蝉 350

杧果毒蛾 202

杧果天蛾 157

毛角豆芫菁 55

媚绿刺蛾 122

棉古毒蛾 204

棉红蝽 281

棉花弧丽金龟 407

棉蝗 41

明鹿蛾 222

模蚜连瘤跳甲 87

南鹿蛾 223

N

拟后黄卷蛾 137

奴塔小绿叶蝉 349

P

翩翅缘蝽 275

珀蝽 257

Q

窃达刺蛾 114

清新鹿蛾 225

秋掩耳螽 47

R

日本履绵蚧 298

日本条螽 48

日榕萤叶甲 90

S

三带隐头叶甲 79

山茶片盾蚧 290

山茶象 354

矢尖蚧 294

柿曲广蜡蝉 319

双线盗毒蛾 206

双叶拟缘螽 50

硕蝽 283

丝脉蓑蛾 95

丝棉木金星尺蛾 158

酸浆瓢虫 59

T

台湾乳白蚁 395

桃蛀螟 382

条蜂缘蝽 277

条纹艳苔蛾 228

同型巴蜗牛 417

铜绿异丽金龟 402

土垅大白蚁 389

W

伪角蜡蚧 296

纹须同缘蝽 271

乌桕大蚕蛾 155

无忧花丽毒蛾 183

X

相思拟木蠹蛾 376

小贯小绿叶蝉 347

小金花金龟 400

小蓑蛾 93

斜纹夜蛾 238

星黄毒蛾 194

星天牛 358

锈涩蛾蜡蝉 328

旋心异跗萤叶甲 86

Y

亚星岩尺蛾 172

烟翅白背飞虱 305

眼斑广翅蜡蝉 315

眼纹疏广蜡蝉 309

杨扇舟蛾 176

野茶带锦斑蛾 133

伊贝鹿蛾 227

印度黄脊蝗 34

优美苔蛾 233

油茶白星病 12

油茶半边疯病 20

油茶尺蠖 160

油茶赤叶斑病 22

油茶大枯叶蛾 144

油茶粉虱 306

油茶黑斑病 6

油茶黄化病 27

油茶灰斑病 8

油茶宽盾蝽 264

油茶软腐病 24

油茶桑寄生 30

油茶瘦花天牛 366

油茶炭疽病 2

油茶网饼病 18

油茶叶枯病 10

油茶叶肿病 16

油茶奕刺蛾 124

油茶藻斑病 14

油茶枝肿病 29

油茶织蛾 373

油桐尺蠖 162

圆纹宽广蜡蝉 311

缘点黄毒蛾 196

Z

簪黄点足毒蛾 214

蚱蝉 329

窄斑褐刺蛾 125

樟翠尺蛾 174

折带黄毒蛾 192

赭丽纹象 66

蔗根土天牛 364

直角点足毒蛾 212

中国扁刺蛾 127

中华管蓟马 247

中华丽沫蝉 337

中华新木蛾 107

竹绿虎天牛 61

卓鼍眼蝶 241

棕长颈卷叶象 70

学名索引

A

Abraxas suspecta Warren 158

Acanthoecia larminati Heylaerts 91

Acanthopsyche subferalbata (Hampson) 93

Actincnema rosae (Lib.)Fr.、*Dipocarpon rosae* Wolf 6

Aeolesthes induta (Newman) 356

Agaricodochium camellia、Liu、Wei & Fan 24

Aleurotrachelus camelliae Kuwana 306

Altica cirsicola Ohno 85

Amata divisa (Walker) 219

Amata germana (Felder) *220*

Amata lucerna (Wileman) 222

Amata sperbius (Fabricius) 223

Amatissa snelleni Heylaerts 95

Amplypterus mansoni (Clark) 157

Andraca theae Matsumura 149

Anomala corpulenta Motschulsky 402

Anomala rupripes Linn. 404

Anoplophora chinensis (Forster) 358

Aphrophora tsuruana Matsunura 336

Apophylia flavovirens (Fairmaire) 86

Arbela baibarana Matsumura 376

Archips machlopis (Meyrick) 135

Archips micaceana (Walker) 137

Arctornis alba (Bremer) 181

Asiorestia obscuritarsis (Motschulsky) 87

Aspidomorpha dorsata (Fabricius) 63

Asura strigipennis (Herrich-Schäffer) 228

Atractomorpha sinensis Bolivar 39

Attacus atlas (Linnaeus) 155

B

Bacchisa atritarsis (Pic) 362

Biston marginata Shiraki 160

Biston suppressaria (Guenée) 162

Bothrogonia ferruginea (Fabricius) 344

Bradybaena similaris (Ferussac) 417

Breddinella humeralis (Hsiao) 268

C

Caeneressa diaphana (Kollar) 225

Calliteara horsfieldi (Saunders) 183

Calliteara thwaitesi Moore 185

Caloptilia theivora (Walsingham) 105

Calyptotrypus hibinonis Mastumura 45

Campsosternus auratus (Drury) 57

Cania robusta (Hering) 110

Cantharidae sp.1 53

Cantharidae sp.2 54

Casmara patrona Meyrick 373

Cephaleuros virescens Kunze 14

Ceroplastes pseudoceriferus Green 296

Chalcocelis albiguttata (Snellen) 112

Chalcosia pectinicornis auxo Linnaeus 129

Chlorophorus annularis (Fabricius) 61

Chondracris rosea (De Geer) 41

Cicadella viridis (Linnaeus) 346

Cleorina janthina Lefevre 76

Cletus punctulatus Westwood 269

Clostera anachoreta (Denis & Schiffermüller) 176

Colaphellus bowringi Baly 88

Colasposoma dauricum auripenne (Motschulsky) 77

Colletotrichum gloeosporioides Penz、*Glomerella cingulata*
(Stonem.) S.& S. 2

Comparmustilia semiravida (Yang) 153

Conogethes punctiferalis (Guenée) 382

Coptotermes formosanus Shiraki 395

Corticium scutellare Bertk & Curt 20

Cosmoscarta heros (Fabricius) 338

Creatonotos transiens (*Walker*) *234*

Cryptocephalus trifasciatus Fabricius *79*

Cryptotympana atrata (Fabricius) 329

Curculio chinensis (Chevrolat) 354

Cyana (Chionaema) dohertyi (Elwes) 230

D

Dalpada oculata (Fabricius) 249

Darna furva (Wileman) 114

Dasychira baibarana Matsumura 187

Dasychira dudgeoni Swinhoe 189

Delias pasithoe (Linnaeus) 242

Deudorix epijarbas menesicles Fruhsterfer 245

Diaphania indica (Saunders) 141

Dorysthenes fossatus Pascoe 363

Dorysthenes granulosus (Thomson) 364

Drosicha corpulenta (Kuwana) 298

Ducetia japonica Thnberg 48

Dysdercus cingulatus (Fabricius) 281

E

Ecallpistria duplicans (Walker) 237

Ecphanthacris mirabilis Tinkham 33

Ectropis obliqua (Prout) 164

Elimaea fallax Bey-Bienko 47

Empoasca (Matsumurasca) onukii Matsuda 347

Empoasca notata Melichar 349

Epicauta hirticornis Haag-Rutenberg 55

Epilachna vigintioctomaculata Motschulsky 59

Eressa confinis (Walker) 226

Erianthus versicolor Ingrisch 43

Erthesina fullo (Thunberg) 251

Eterusia aedea (Linnaeus) 130

Eucorysses grandis (Thunberg) 259

Eumeta crameri Westwood 97

Eumeta minuscula (Butler) 98

Eumeta variegata (Snellen) 101

Euproctis digramma (Guerin) 191

Euproctis flava (Bremer) 192

Euproctis flavinata (Walker) 194

Euproctis fraterma (Moore) 196

Euproctis pseudocomspersa Strand 198

Euproctis varians (Walker) 201

Euptyelus sinica 337

Euricania ocellus (Walker) 309

Eurostus validus Dallas 283

Euselates schonfeldti Kraat 398

Eusthenes femoralis Zia 285

Eusthenes robustus (Lepeletier et Serville) 287

Exobasidium gracile (Shirai) Syd. 16

Exobasidium reticulatum Ito & Sawada 18

G

Gaeana maculata (Drury) 332

Geisha distinctissima (Walker) 322

Gryllotalpa orientalis Burmeister 386

H

Halyomorpha halys (Stål) 253

Haplothrips chinensis Priesner 247

Homoeocerus striicornis Scott 271

Homona magnanima Diakonoff 138

Hoplosternus sinenesis Guerin 409

Huechys sanguinea (De Geer) 334

Hyperoncus lateritius (Westwood) 261

Hypomeces squamosus Fabricius 64

Hyposidra aquilaria Walker 166

Hyposidra talaca (Walker) 168

I

Icerya purchasi Maskell 300

Idioscopus nitidulus (Walker) 350

J

Junkowskia athleta Oberthür 170

K

Kunugia undans undans (Walker) 142

L

Lawana imitata Melichar 324

Lebeda nobilis sinina Lajonquiere 144

Lema coromandeliana (Fabricius) 82

Leptocentrus leucaspis (Walker) 340

Lilioceris lateritia (Baly).. 83

Linoclostis gonatias Meyrick 371

Lopholeucaspis japonica (Cockerell)............................... 289

Loranthus parasiticue (L.) Merr 30

Lymantria marginata Walker 202

M

Macrobrochis fukiensis (Daniel)...................................... 231

Macrobrochis gigas (Walker).. 232

Macrotermes annandalei (Silvestri) 389

Mahasena colona Sonan.. 104

Mesophalera stigmata (Butler).. 179

Metanastria hyrtaca (Cramer) 147

Mictis serina Dallas... 273

Miltochrista striata (Bremer et Grey).............................. 233

Mogannia hebes (Walker)... 335

Monema flavescens Walker 116

Morphosphaera japonica (Hornstedt) 90

Myllocerinus ochrolineatus Voss 66

N

Neospastis sinensis Bradley 107

Nephrotoma appendiculata 414

Nephrotoma sp. 413

Nezara viridula (Linnaeus) 255

Nipaecoccus vastator (Maskell)....................................... 293

Notopteryx soror Hsiao... 275

Nyctemera plagifera (Walker).. 236

O

Ochrochira granulipes Westwood 276

Ochyromera quadrimaculata Voss 68

Odontotermes formosanus (Shiraki) 393

Oecanthus longicauda Matsumura 46

Olidiana brevis (Walker)... 352

Orgyia postica Walker.. 204

Oxycetonia jucunda (Faldermann).................................... 400

P

Parasa lepida (Cramer)... 120

Parasa repanda Walker 122

Paratrachelophrous nodicornis Voss 70

Parlatoria camelliae Comstock 290

Patanga succincta (Johansson)... 34

Pestalotiopsis guepinii (Dasm.) Stey 8

Pestalotiopsis microspora (Speg.) Batista & Peres、

Pestalotiopsis theae (Sawada) Steyaert 10

Phenacaspis cockerelli (Cooely) 291

Phlossa sp.. 124

Phyllosticta theaefolia Hara 12

Phyllosticta theicola Petch 22

Pidorus albifascia Moore 132

Pidorus glaucopis (Drury)... 133

Plautia fimbriata (Fabricius) 257

Pochazia guttifera Walker 311

Poecilocoris balteatus (Distant) 263

Poecilocoris latus Dallas... 264

Popillia mutans Newman 407

Porthesia scintillans (Walker) 206

Porthesia similis (Fueszly).. 208

Potosia (Liocola) brevitarsis seueusis (Kolbe) 401

Pseudopsyra bilobata Karny 50

Pyrops candelaria (Linné) 308

R

Redoa anser Collenette 210

Redoa anserella Collenette.. 212

Redoa crocophala Collenette 214

Redoa cygnopsis Collenette... 215

Redoa phaeocraspeda Collenette 216

Redoa sp.1... 217

Redoa sp.2... 218

Ricania cacaonis Chou et Lu 312

Ricania guttata (Walker) 313

Ricania sp. 315

Ricania speculum (Walker) 316

Ricanula pulverosa Stal 318

Ricanula sublimata (Jacobi) 319

Riptortus linearis Fabricius 277

Riptortus pedestris (Fabricius) 279

S

Salurnis marginella (Guérin-Méneville) 326

Satapa ferruginea (Walker) 328

Scopula subpunctaria (Herrich-Schaeffer) 172

Scythropiodes leucostola (Meyrick) 108

Serica orientalis Motschulsky 411

Setora baibarana (Matsumura) 125

Sinoxylon conigerum Gerstacker 369

Smaragdina migrifrons (Hope) 80

Sogatella kolophon (Kirkaldy) 305

Solenostethium chinense Stål 267

Spodoptera litura (Fabricius) 238

Strangalia sp. 366

Sympiezomias citri Chao 72

Sympiezomias guangxiensis Chao 74

Syntomoides imaon (Cramer) 227

T

Tambinia debilis Stål 321

Teleogryllus emma 387

Thalassodes quadraria Guenée 174

Thermistis croceocincta (Saunders) 368

Thosea sinensis (Walker) 127

Tonkinacris meridionalis Li 35

Toxoptera aurantii (Boyer de Fonscolombe) 302

Tricentrus brunneus Funkhouser 342

U

Unaspis yanonensis (Kuwana) 294

X

Xenocatantops brachycerus (C. W. Llemse) 37

Xiphidiopsis geniculate Bey-Bienko 52

Y

Ypthima zodia Bulter 241

Z

Zeuzera coffeae Nietner 379